적외선열화상

기초와 응용

김원태 지음

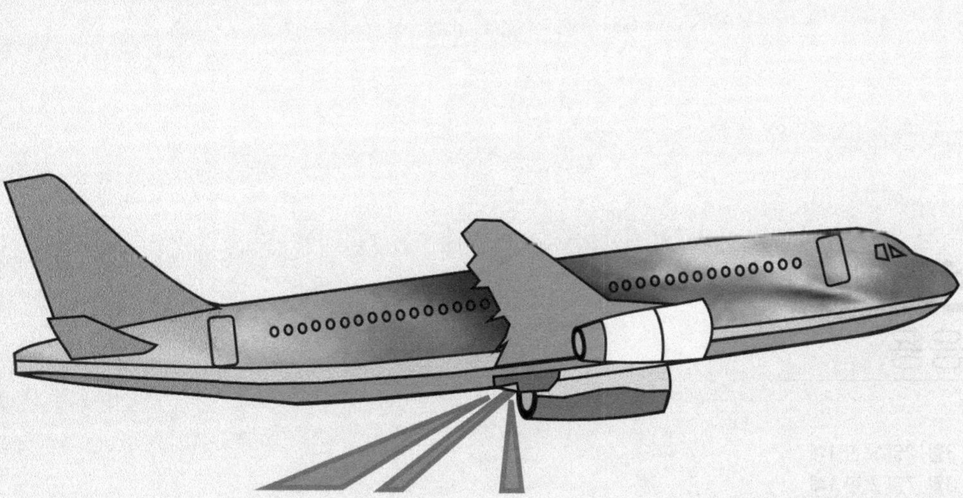

InfraRed Thermography
Fundamentals and Applications

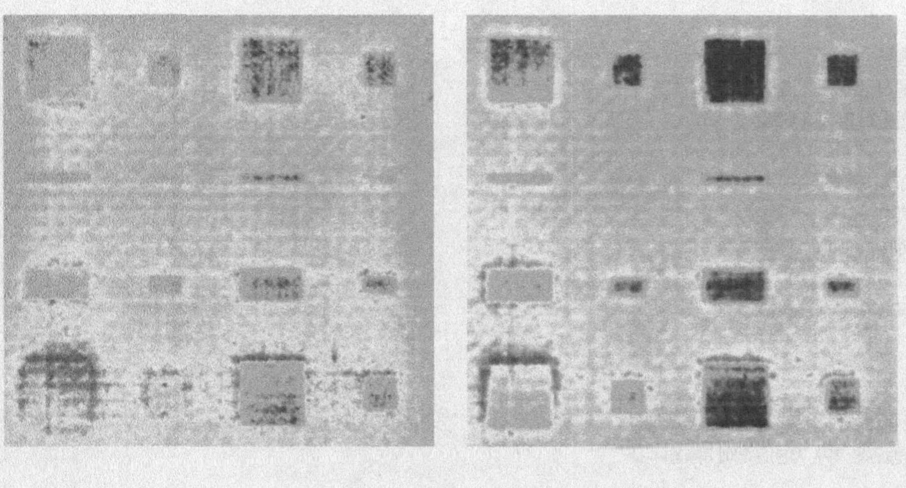

도서출판 홍릉

저자소개

김원태

- 한양대학교 정밀기계공학과 공학사, 기계공학과 공학석사
- 미국 University of Utah 기계공학과 Ph.D.
- 공주대학교 기계자동차공학부 교수
- ISO/TC 135/SC 8 적외선열화상 비파괴검사 Committee Manager, WG 1 컨비너

적외선열화상
기초와 응용

인 쇄: 2022년 3월 2일 초판 1쇄
발 행: 2022년 3월 7일 초판 1쇄

저 자: 김원태
발행인: 송 준
발행처: 도서출판 홍릉
주 소: 01093 서울시 강북구 인수봉로 50길 10
등 록: 1976년 10월 21일 제5-66호

전 화: 02-999-2274~5
팩 스: 02-905-6729
e-mail: hongpub@hongpub.co.kr
http://www.hongpub.co.kr
ISBN: 979-11-5600-958-0(93560)

정 가: 29,000원

머리말

적외선 계측은 기계 · 소재, 전자 · 전기, 의학 · 바이오, 건축학, 항공 · 우주분야 등 매우 다양하고 광범위하게 적용할 수 있는 널리 유용한 기술이다. 또한, 공학, 광학, 자연과학 분야를 공부하는 독자들에게 있어, 전도 및 복사열전달 이론을 기초로 학습함에 있어 적외선열화상 기술은 에너지전달을 수반하는 물리현상이나 열적 화학반응 현상을 데이터 및 시각화해서 보여주어 독자들에게 흥미를 유발하고, 매우 훌륭한 도구로 활용될 수 있다는 이점이 있다.

근래 covid-19로 인하여 온도 감지와 측정으로 인한 적외선카메라는 상당히 친숙한 도구로 자리매김 했으나 이에 대한 교육적 및 기술적인 뒷받침을 해줄만한 학문적 교재 및 전공서적은 아직 출판이 미흡한 실정이다. 따라서, 저자는 본서의 출판을 통해 적외선 열전달, 열화상 비파괴검사, 관련한 계측 및 신호와 영상처리를 망라함으로서 적외선열화상에 대해 data-based 과학융합기반인 기계공학, 전자공학, 물리학 기초 이론 및 원리를 독자들에게 소개하고 보급하고자 한다.

본 적외선열화상 핵심 가이드는 적외선열화상 비파괴검사에 입문하는 자를 포함하여 대학교, 연구소, 산업현장에서 적용할 수 있는 열화상 기술을 공부하고자 하는 연구자 및 전문가들에게 활용이 될 것으로 기대한다. 또한, 적외선카메라 시스템의 광학계나 계측시스템에 대한 기본 및 상세정보에 대한 배경지식을 다루고 있으며, 각 장에 대한 연습문제들을 제공함으로서, 특히 측정 및 분석에서 발생하는 문제들에 대한 인식할 수 있는 힌트 및 사례들을 포함하고 있어 실제 현장 활용에 있어서도 도움이 될 것이다.

끝으로 본 교재의 출판에 도움을 주신 도서출판 홍릉 사장님과 자료 및 교정에 협조여 주신 분들께 감사의 마음을 표하는 바이다.

2021년 12월

저자 씀

차례

PART 1 적외선열화상 기초

부록

01

적외선열화상 기초

1. 적외선열화상 개요
2. 적외선열화상 역사와 발전
3. 열전달 이론
4. 적외선 복사
5. 적외선열화상 장비
6. 적외선열화상 기법

1 적외선열화상 개요

1.1 적외선열화상

적외선열화상 측정은 열화상 카메라를 사용하여 물체에서 나오는 복사(열)를 감지하고 이를 온도로 변환하여 온도분포의 이미지를 표시하는 과정을 말한다. 감지된 온도분포의 이미지를 서모그램이라 하며, 육안으로 볼 수 없는 열발생 물체를 볼 수 있다. 이는 예측 유지보수 및 상태 모니터링에 널리 사용된다.

절대 영도(화씨 -459.67도) 이상의 모든 물체는 열적외선 에너지를 방출하므로 열화상 카메라는 주변 광과는 관계없이 적외선 파장을 쉽게 감지하고 표시할 수 있다. 이것의 일반적인 예는 야간 투시경을 사용하여 어둠 속에서 물체를 감지하는 것이다. 그림 1.1처럼 적외선열화상 측정은 일반적으로 다음을 포함한 다양한 산업 및 응용 분야에 사용된다.

- 기계상태 모니터링
- 습기, 지붕 및 에너지 손실 검사와 같은 건물 진단
- 말초 혈관 질환, 갑상선 이상, 대사 및 염증 상태 모니터링을 포함한 의료 영상
- 보안/감시 분야
- 화학반응
- 지구과학/자연과학 분야
- 전기 시스템 모니터링
- 유체 시스템 모니터링

상태 모니터링과 관련하여 적외선열화상 측정은 다음과 같은 응용 분야에 활용된다.

- 모터의 전기적 및 기계적 상태 모니터링
- 베어링 검사(비정상 베어링 마찰)
- 내화 단열재 모니터링
- 가스, 액체 및 슬러지 레벨 검사

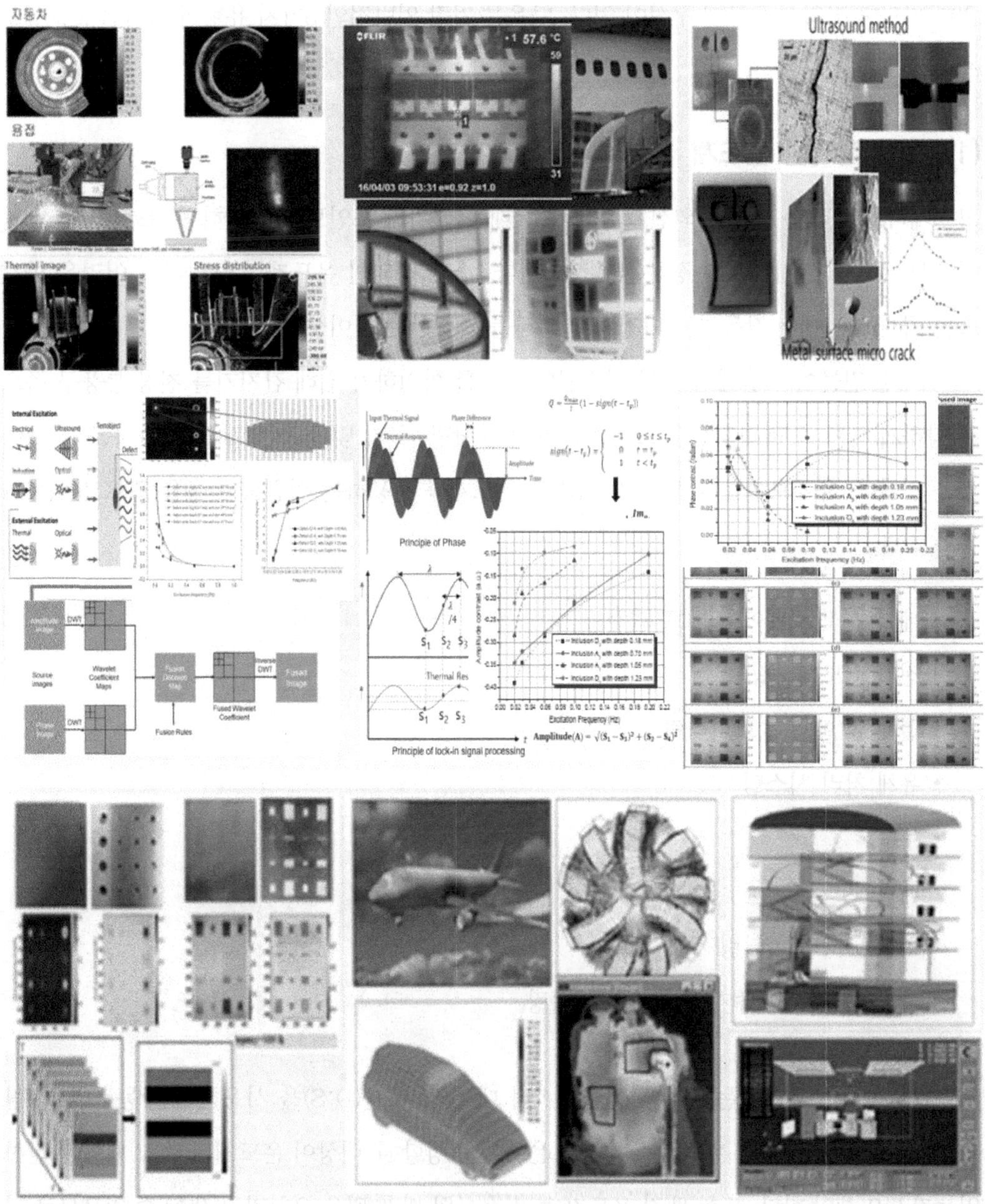

| 그림 1.1 | 적외선열화상 활용 분야

1.1.1 적외선 온도계의 종류

가장 기본적인 형태의 적외선 온도계는 적외선 열복사를 감지기에 초점을 맞추는 렌즈로 구성되어 있으며, 감지기는 복사 에너지를 색상으로 구분된 신호로 변환한다. 적외선 온도계는 멀리서 온도를 측정하도록 설계되어 측정대상과 접촉할 필요가 없다. 오늘날 특정 응용 분야를 위한 다양한 적외선 온도계 구성이 있다. 다음은 가장 일반적인 3가지 유형의 적외선 온도계를 설명한다.

(1) 스팟 적외선 온도계

고온계라고도 하는 스팟 적외선 온도계는 휴대용 레이저 포인트와 유사하며, 표면의 특정 지점에서 온도를 감지하고 측정하는데 사용된다. 스팟 적외선 온도계는 도달하기 어려운 환경 또는 극한 조건에서 작동하는 환경의 열복사를 측정하는데 이상적이다.

사무실 건물이나 집에서 환기 시스템의 온도를 확인하기 위해 감지기를 천장 통풍구 쪽으로 향하게 하여 스팟 적외선 온도계를 사용하는 난방, 환기 및 공조(HVAC) 기술자를 본 적이 있을 것이다. 유지보수를 위해 스팟 적외선 온도계를 사용하는 일반적인 응용 프로그램은 다음과 같다.

- 베어링 및 컨베이어 벨트 점검
- 전기실 모니터링
- 열 손실 에너지 모니터링
- 유체 처리 시스템
- 누수
- 패널 보드
- 회전 모터 모니터링
- 보일러 작동 및 증기 시스템 모니터링

스팟 적외선 온도계는 시야(FOV)와 거리 대 스팟 비율(D:S)을 사용하여 작동하며, 그림 1.2에서 보여준다. 스팟 온도계로 환경의 온도를 측정할 때 대상이 온도계의 FOV 내에 완전히 있는지 확인해야 한다. 또한 배경 온도가 목표 온도와 다를 경우 오차가 발생할 수 있으므로 거리 대 스팟 비율을 고려해야 한다. 거리 대 스팟 비율은 측정 대상까지의 거리와 온도 측정 영역의 직경의 비율이다. 비율 숫자가 클수록 기기의 분해능이 좋아지고 측정할 수 있는 영역이 줄어진다. 예를 들어 비율이 40:1인 스팟 온도계는 비율이 5:1인 것보다 작은 물체를 더 정확하게 측정할 수 있다.

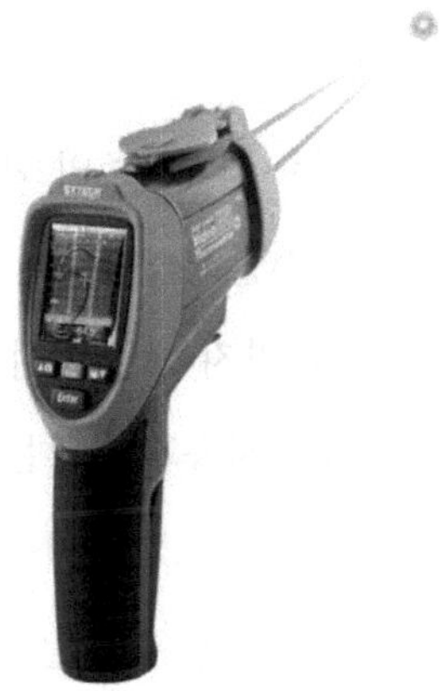

| 그림 1.2 | 스팟 적외선 온도계1)

(2) 적외선 스캐너 시스템

적외선 스캐너 시스템 온도계는 더 넓은 영역을 스캔하며 컨베이어 또는 웹 프로세스가 있는 제조 공장에서 자주 사용된다. 컨베이어 벨트에서 물체를 스캔하거나 오븐에서 나오는 유리 또는 금속 시트는 적외선 스캐너 시스템의 일반적인 응용 프로그램이다.

(3) 적외선열화상 카메라

열화상 카메라는 넓은 지역의 여러 지점에서 온도를 측정하고 2차원 열화상 이미지를 생성하는데 사용되는 고급 복사 온도계이다. 열화상 카메라는 스팟 온도계보다 훨씬 더 소프트웨어 및 하드웨어를 기반으로 한다. 대부분의 카메라는 실시간 이미지를 표시하며 심층 평가, 정확성 및 보고서 생성을 위해 특수 소프트웨어에 연결할 수 있다. 최신 열화상 카메라는 휴대용으로 개발되어 있다.

적외선열화상 카메라를 사용하면 사용자가 여러 색상 팔레트 사이를 전환하여 다양한 온도 차이를 해석할 수 있으며, 그림 1.3은 각 팔레트의 예시를 보여준다.

---

1) Tequipment, Extech VIR50 Video IR Thermometer, https://www.gotopac.com/extech-vir50.html

(가) Iron 팔레트

Iron 팔레트가 가장 일반적이다. 가장 추분 부분을 검은색, 약간 더 뜨거운 부분을 파란색/보라색으로, 중간 범위 온도를 빨간색/주황색/노란색으로, 가장 뜨거운 온도에 대해 흰색으로 표시한다.

(나) Black 및 White 팔레트

회색조라고도 하는 이 색상 팔레트는 여러 수준의 회색을 통과하는 흑백 색상만 표시하여 세부 정보를 매우 잘 표시한다. 그레이 스케일의 가장 일반적인 응용 프로그램은 야간 투시경 또는 보안 카메라이다. 두 가지 색상만 사용하면 온도 변화를 구별하기가 어렵기 때문에 기계 이미징에서는 거의 사용되지 않는다.

(다) Rainbow 팔레트

레인보우 팔레트는 여러 색상을 통해 온도 차이를 표시하여 열감도를 가장 잘 나타낸다. Iron 팔레트와 유사하게 레인보우 팔레트는 더 큰 온도변화를 나타내기 위해 더 많은 색상을 사용한다.

다른 적외선 카메라 기능에는 색상 알람, PIP(Picture-in-Picture) 및 퓨전 블렌딩이 있다. 색상 알람을 사용하면 온도를 선택할 수 있으므로 카메라는 선택한 온도보다 낮거나 높은 환경의 컬러 열화상만 표시한다. Fusion 블렌딩을 사용하면 열화상 이미지의 최소 또는 최대 평균 온도를 표준 디지털 이미지와 혼합할 수 있다.

열화상 카메라의 기능은 주의가 산만해지기 쉽고 이러한 기능 중 상당수는 중요한 정보를 제공한다. 열화상 카메라에서 고려해야 할 가장 중요한 두 가지 기능은 검출기 분해능과 열감도이다.

| 그림 1.3 | 2D 열화상 이미지 팔레트[2)]

(라) 해상도

해상도는 이미지에 표시되는 픽셀 수를 알려준다. 카메라는 160×120, 320×240, 640×480의 가장 일반적인 해상도를 포함해야 한다. 640×480 이미저는 307,200 픽셀로 구성된 이미지를 표시한다.

예제 1-1

다음 해상도에서의 화소수를 구하시오.

1) 160×120

2) 320×240

풀이

1) 화소수는 해상도의 가로×세로의 픽셀수 이므로, 160×120 = 19,200 pixels

2) 320×240 = 76,800 pixels 이다.

(마) 열감도

열화상 카메라가 감지할 수 있는 가장 작은 온도 차이를 나타낸다. 예를 들어 0.05도의 감도를 보여주는 카메라는 1/100도의 온도차이로 두 표면의 차이를 구분할 수 있음을 의미한다.

또한, 카메라가 측정할 수 있는 최소 및 최대 온도인 열화상 카메라의 온도 범위를 고려해야 한다.

예제 1-2

코로나 19 팬데믹 여파로 열화상 카메라 수요가 높아지면서 관련시장이 크게 성장하고 있는 가운데, 주요 사양인 열감도에 대해 서술하시오.

풀이

최적의 기능을 발휘할 수 있는 열화상 카메라의 선택 기준은 무엇인지 살펴보자. 우선 사용 목적에 맞는 해상도와 잡음등가온도차(NETD)라고도 하는 열감도를 지원하는지 살펴봐야 한다. 산

2) ©Noria Corporation

업 · 보안 · 의료 · 방역 등 용도를 구분하고, 그 용도에 맞는 높은 해상도와 열감도를 지원하는 제품인지 확인하는 것이 중요하며, 열화상 카메라는 픽셀마다 온도점이 있어서 픽셀이 증가할수록 정확한 온도 측정이 가능하다. 또한, 사용 목적에 맞는 열감도를 확인하는 것도 매우 중요하다. 미세한 점검이 요구되는 산업 · 의료 분야에서는 특히 열감도가 중요하다. 낮은 열감도는 측정 오류의 가능성을 높일 수 있어 자칫 안전사고로 이어질 수 있다.

(4) 분석을 위한 최상의 이미지 취득

DSLR(Digital Single Lens Reflex) 카메라를 사용하는 것처럼 적외선 카메라에서 최상의 열화상 이미지를 얻으려면 조정이 필요하다. 초점, 방사율 설정, 반사 온도 설정 및 열 조정을 고려해야 한다. 방사율은 두 물체가 같은 온도일 때와 비교하여 물체가 방출하는 복사의 양을 나타낸다.

반사 온도를 조정하면 대상 물체에 반사될 수 있는 주변 물체의 온도를 보정할 수 있다. 마지막으로 카메라 열 보정은 수동 모드에 있는 동안 온도 범위를 조정하는 과정이다. 카메라를 원하는 범위로 조정하면 항상 해당 범위가 표시되어야 한다. 온도를 측정하거나 두 물체의 온도를 비교할 때, 이 네 가지 설정을 조정해야 한다.

1.1.2 적외선열화상 카메라 사용 방법

적외선열화상 측정은 상태 모니터링 및 예방적 유지보수에 유용한 도구이다. 기계의 열 이상을 감지할 수 있을 뿐만 아니라 실시간으로 결과를 얻을 수 있고, 기계 작동에 방해적인 요소 없이 검사가 가능하다. 열화상 검사자는 일반적으로 열 검사를 수행할 때 비교, 기준선 및 열 경향의 3가지 방법 중 하나를 사용해야 한다. 사용할 방법을 결정하는 것은 검사 중인 장비 유형과 보고 싶은 데이터 유형에 따라 결정된다.

(1) 비교 열화상

비교 열화상은 유사한 조건에서 유사한 구성 요소의 온도를 측정하는데 사용된다. 결과를 비교하여 숨겨진 문제를 찾아 구성 요소의 상태에 대한 유용한 정보를 취득할 수 있다. 비교 열화상은 정량적 또는 정성적일 수 있다. 정량적 검사는 정확한 온도 및/또는 온도분포를 측정하며, 일반적으로 숙련된 열화상 검사자가 수행한다.

정성 검사는 실제 온도보다는 온도 차이에 중점을 둔다. 최근 열화상 측정을 위한 거의 모든 산업 및 기계 응용 프로그램은 정성적이지만 정성적 측정과 함께 정량적 측정을 사용하면 현재 대상체의 상태 심각성을 판단하는데 매우 유용하다.

(2) 기준선 열화상 측정

기준선 열화상 측정은 장비가 정상 작동할 때 온도 판독값을 취하여 장비에 대한 선례를 설정하거나 기준점을 설정하는데 사용된다. 다른 열화상과 비교하여 잠재적인 문제를 조기에 식별하는데 사용된다. 모든 주요 장비가 새 장비거나 최근에 유비보수된 경우 기준 측정을 수행하는 것이 유리하다.

(3) 열경향 열화상 측정

경향이 시간에 따른 변화를 보여주는 것처럼 열경향 열화상 온도는 시간이 지남에 따라 구성요소 또는 장비에서 온도가 분산되는 방식을 보여준다. 복잡한 열 신호가 있는 기계 장비를 살펴보거나 열 신호가 느리게 발전하는 경우에 좋은 방법이다. 열경향을 사용하는 예는 가동 중지 시간을 최소화하기 위해 적절한 유지보수 일정을 결정하고, 시간 경과에 따라 보일러의 고온 내화 단열재를 모니터링하는 것이다.

1.1.3 적외선열화상 평가 기준

상태 모니터링을 위한 도구로 적외선열화상을 사용할 때 심각도 기준을 설정하는 것이 유용하다. 심각도 기준은 온도 수준을 식별하는 일반 범주, 기계 또는 구성 요소 특정 범주의 두 가지 형식으로 표시될 수 있다. 심각도 기준은 데이터가 축적되면서 시간이 지남에 따라 정립된다. 또한, 장비의 설계, 작동, 설치, 유지보수 특성, 중요도 및 고장 모드를 기반으로 장비의 각 범주에 특정한 심각도 기준을 정립하는 것이 가장 좋다.

개별 기계 또는 구성 요소에 대한 심각도 기준을 설정하는 것은 온도 상승 대 과거 데이터, 저하율 및 고장 시간 결정, 기계 또는 구성 요소가 전체 프로세스, 안전에 얼마나 중요한지 등을 포함한 여러 요인을 기반으로 한다. 주요 기계, 기계 부품, 베어링, 전기공급 장치 등의 온도 상승은 열화상 전문가가 온도 심각도 또는 기계적 이상을 분류하는데 사용하는 일반적인 척도로써 응용된다.

(1) 상대 온도 기준

상대 온도 기준은 범주로 나누어진 온도 상승을 기반으로 하는 일련의 안전 기준 중 하나이다. 예를 들어 권고, 중간, 심각 및 주요 범주가 있을 수 있다. 권고 범주 아래에는 온도가 기준 또는 기준 온도보다 10도 이상 상승할 때 기계가 권고 범주에 속한다는 설정 규칙이 있을 수 있다. 임계 범주는 온도가 기준 또는 기준 온도보다 104도 이상 상승할 때 기계가 임계 범주에 속한다고 명시할 수 있다.

(2) 절대 온도 기준

열화상 검사자는 이전에 측정된 데이터에서 파생된 절대 최대 허용 온도를 기반으로 하는 재료 또는 설계 기준을 사용할 수 있다. 재료 기준은 모니터링 초점이 기계의 재료에 있을 때 사용되는 반면 설계 기준은 모니터링 초점이 기계의 설계에 있을 때 사용된다. 기준은 이 두 가지 범주로 나뉘지만 일반적으로 디자인은 물질적 측면을 포함하므로 모니터링 신뢰성과 관련하여 선호되는 기준이 된다. 재료 기준을 사용하여 인접한 여러 구성 요소의 가열을 측정하는 경우 온도 사양이 가장 낮은 구성 요소 재료를 "경보 기준"으로 사용해야 한다.

(3) 프로파일 평가 기준

모든 표면에서 온도 차이와 패턴을 비교할 때 프로파일 평가라고 할 수 있다. 열화상 측정의 경우 프로파일 평가를 수행하려면 먼저 심각도 평가를 수행하여 절대 및 차등 온도를 결정해야 한다. 이것은 “이상없음” 또는 “고장”이라는 두 가지 범주를 기반으로 기계 또는 구성 요소의 상태를 알려준다. Hitchcock에 따르면 프로필 평가의 핵심 영역은 온도 구배, 히스토리 변화, 국부적 차이, 절대온도 또는 결함 위치이다.

1.1.4 적외선 데이터의 올바른 해석

앞서 언급한 바와 같이, 적외선열화상 측정이 유지보수에 널리 사용되는 도구가 된 이유는 사용의 용이성 때문이다. 그러나 데이터를 해석하고 이미저 기능을 이해하지 못한다면 다음의 몇 가지 일반적인 실수를 범할 수 있다.

(1) 해상도를 이해하지 못함

적외선열화상 카메라도 대상체 측정하는 것에 대한 한계가 있다. 앞서 설명한 것처럼 적외선 이미저를 구입하기 전에 해상도와 한계를 알고 있는지 확인해야 한다.

(2) 주변 조건 환경

바람, 비, 주변 기온 및 햇빛 모두가 온도 측정에 영향을 미친다. 보고시 바람과 비와 같은 사항을 기록하고 고려해야 한다. 비정상적인 온도를 피하기 위해 직사광선이 비치지 않는 곳에서 표면을 검사해야 한다.

(3) 콜드 스팟 무시

핫스팟을 찾는 것은 당연하지만 문제는 콜드 스팟에서 오는 경우가 있다. 이는 전기 또는 증기 시스템에서 특히 그렇다. 콜드 스팟은 전류가 커패시터를 통해 흐르지 않거나 스팀 트랩이 제대로 작동하지 않음을 나타낼 수 있다.

(4) 표면 온도의 초점

주변 요인으로 인해 열화상은 정확한 온도를 표시하는데 적합하지 않다. 이러한 이유로 겉보기 온도보다는 열패턴의 차이에 주목해야 한다. 간단히 말해서 여러 구성 요소를 적외선열화상으로 비교할 때 다른 구성 요소와 다르게 보이는 것이 문제의 원인일 수 있다.

1.1.5 적외선열화상 및 예방 유지보수

적외선열화상 측정은 거의 모든 산업 분야에서 적극 권장되고 있는 유지보수 관리 도구이다. 가동중지로 인한 기계의 생산성을 방해하지 않으면서 신뢰성 높은 실시간 데이터를 제공하는 다른 검사기술은 없다. 정기적으로 예약된 유지관리 절차에 적외선열화상 측정을 활용하면 구성 요소와 기계의 이상을 신속하게 찾아낼 수 있다. 새 장비 또는 장비 수리 후 기준 열화상 기술을 사용하면 다른 모든 테스트를 비교하기 위한 일련의 열화상 이미지를 제공하고 향후 문제를 보다 쉽게 해결할 수 있다.

(1) 적외선열화상의 장점과 단점

유지보수에 적외선열화상 기술을 사용하면 다음과 같은 이점이 있다.

- 구성 요소 또는 기계와 접촉할 필요 없음
- 실시간 검사

- 넓은 검사면적에 대한 데이터 취득 가능
- 해석하기 쉬운 시각적 이미지
- 소프트웨어를 활용한 데이터 추가 분석 가능
- 적외선 카메라의 뛰어난 이동성
- 검사를 위한 가동 중지 또는 생산 중단이 불필요

적외선열화상 기술을 사용하면 많은 이점이 있지만 다음과 같은 몇 가지 단점도 존재한다.

- 적외선 장비는 상당히 고가이며, 적외선 기술의 조기 감지 경고를 통해 얻을 수 있는 비용 절감은 물론 관련 시간과 노동 비용을 고려해야 함
- 적외선 기술은 구성 요소가 유리 덮개와 같은 불투명한 재료로 분리되어 있는 경우 온도를 감지할 수 없으며, 적외선 이미저로 보면 유리가 불투명하게 보임
- 적외선 데이터 이미징 결과를 평가하기 위해 상당한 전문 지식과 광범위한 지식 기반이 필요

1.2 적외선열화상 목적

적외선열화상은 고장을 예측하거나 진단하는 수단으로써 온도와 열흐름을 측정하는 것을 목표로 한다. 이러한 검사의 경우 접촉 또는 비접촉 장치 또는 이 둘의 조합이 사용된다. 재료의 열흐름 및 열거동에 대한 기본지식은 검사 대상체를 기반으로 하는 온도변화의 중요성을 이해하는데 필수적이다.

온도 또는 열(또는 열에너지)을 측정하기 위한 접촉 및 비접촉 방법이 있다. 접촉식 장치로는 열전대, 열전퇴 및 열변색 코팅과 같은 여러 유형의 온도계가 있다. 그리고 비접촉 장치에는 대류(열유속) 장치, 광학 고온계, 적외선 복사 온도계, 적외선 라인 스캐너, 적외선열화상 카메라 및 시스템 장비가 포함된다.

적외선열화상 측정은 물체 표면의 열패턴을 비파괴, 비침습, 비접촉 매핑하는 것이다. 이로부터 열거동은 일반적으로 장비 성능, 재료, 제품 및 공정 무결성 등을 진단하는데 사용할 수 있다. 적외선열화상에 사용되는 적외선열화상 장비의 유형은 용도 및 제조 특성에 따라 매

우 다양하며 매우 복잡하다.

즉, 적외선열화상 기술은 적외선열화상 장비의 신호 감지 시스템에서 물체에서 방출되는 적외선 또는 에너지를 감지하여 물체의 온도, 온도변화, 온도분포 등의 이상 유무를 파손 없이 감지하거나 또는 재료의 파괴를 판단하는 기술이다.

또한, 적용되는 적외선열화상 장비의 사양, 측정대상의 재질, 측정방법 등이 적외선 비파괴 검사에 큰 영향을 미친다. 적외선열화상과 관련된 기기의 성능 매개변수를 포함하여 보다 자세한 참조를 고려해야 한다.

결함이 있는 재료의 표면에 나타나는 결함 및 손상으로 인한 온도변화의 적외선 이미지로 결함을 감지한다. 측정하는 열적 비파괴검사 방법을 적외선열화상 검사라고 한다. 적외선열화상을 이용한 검사는 비파괴 방식의 검사로 이루어지므로 적외선열화상 비파괴검사라고도 한다.

한편 일련의 적외선열화상을 수행하는 과정에서 열데이터 이미지의 열화상으로부터 생성된 열맵을 서모그램(thermogram)이라고 한다. 열화상 기록을 이해하고 해석하기 위해 적외선열화상 검사를 수행하는 열화상 검사자(적외선 열화상 검사자)는 온도 및 열전달, 적외선 복사 열유속, 적외선열화상 기기 성능 및 기타 열 측정을 담당하며, 계측기의 기초가 잘 확립되어 있어야 한다.

1.3 적외선열화상 용어

KSB ISO 10878 : 2013 국제 표준은 비파괴검사를 위해 적외선열화상 검사에 사용되는 용어를 정의하고 표준 일반 사용을 위한 공통적인 기초 지식을 형성한다. 적외선열화상의 용어는 부록 A에 서술하였다.

1.4 적외선열화상 비파괴검사

1.4.1 비파괴검사란?

비파괴검사(Non-destructive testing: NDT')란 용어 그대로 파괴하지 않고 검사를 수행하는 것이다. 교량, 철도, 구조물, 파이프 등의 철강재를 활용하여 금속끼리 접합하는 경우 대부분 용접을 하고, 이러한 금속 연결부에 물리적인 영향을 주지 않고 각종 검사기법을 활용하여 용접 부위에 대한 건전성을 검사하는 것이다. 즉, 비파괴검사는 재료나 제품의 원형과 기능을 변화시키지 않고 물리적 에너지(햇빛, 열, 방사선, 초음파, 전기) 등을 가진하여 결함의 존재로 인해 적용된 에너지의 성질 및 특성 등이 변화되는 것을 측정 장비를 통해 계측함으로써 결함의 유무를 판단하는 검사를 의미한다.

1.4.2 비파괴검사의 목적은?

비파괴검사는 화학, 항공우주, 자동차 및 방위 산업을 비롯하여 여러 다른 산업, 석유/가스 및 석유 화학 산업에서 필수적인 요소이다. 이 모든 산업의 전반적인 목표는 구성 요소의 결함을 감지하여 오류를 줄이고 신뢰성을 높이는 것이다.

석유화학 산업에서 비파괴검사는 시설의 수명 주기 전반에 걸쳐 활용된다. 이러한 요람에서 접근 방식은 자산 무결성 관리의 중요한 요소다. 뿐만 아니라 비파괴검사는 시설의 프로세스 단위에 대한 과거 데이터를 제공하고 구성 요소를 검사, 수리 또는 교체해야 하는 빈도에 대한 정보를 제공한다. 검사 주기와 테스트는 장비의 수명 주기(예: 새로 제조된 장비와 노후된 장비)에 따라 변경될 수 있다. 장비의 수명 주기 전반에 걸쳐 여러 평가를 수행하는 것은 비용이 많이 드는 것처럼 보일 수 있다. 그러나 특정 간격으로 수행되는 검사를 통해 테스트 결과 위협이 드러났고 시설을 폐쇄하거나 치명적인 오류가 발생하기 전에 장비를 수리한 경우 조직에서 수백만 달러를 절약할 수 있다.

비파괴검사의 목적은 크게 세 가지로 분류할 수 있다. 첫째, 신뢰성을 높이는 것으로 시편의 상태를 판단하여 영향을 줄 수 있는 결함을 사전에 제거하여 수명을 연장하거나 안심하고 사용할 수 있다. 두 번째는 제조기술의 향상이다. 비파괴검사 결과를 분석, 검토하여 제조공정을 수정하거나 보완하여 제조기술의 향상을 판단할 수 있다. 세 번째는 원가절감으로 제조과정에서 불량품을 조기에 발견하여 공수와 시간, 원가를 절감할 수 있다. 인 관리를 통해 비용을 절감할 수 있다.

비파괴검사는 종종 구성 요소, 안전에 중요한 부품 및 사용 중인 장비의 제조에 대한 코드 및 표준에 의해 규정된다. 따라서 모든 정유, 화학 플랜트, 가스 플랜트 및 파이프라인은 비파괴검사의 학제 간 분야에 대한 철저한 이해와 경험이 중요하다.

특정 코드, 표준, 사양, 규정 및 권장 관행은 비파괴검사를 수행하는 국가 및 산업에 따라 다를 수 있다. 다음은 비파괴검사 방법에 대한 산업 코드, 표준 및 권장 사례를 개발하고 발표하는 표준 기관 목록이다.

- 미국 비파괴검사 학회(ANST)
- 국제표준화기구(ISO)
- 유럽 표준화 위원회(CEN)

(1) ASNT

1941년 "The American Industrial Radium and X-Ray Society"라는 이름으로 설립된 ASNT(American Society for Nondestructive Testing)는 다양한 산업 분야의 비파괴검사 전문가를 위한 세계 최대 조직이다. ASNT는 ANSI(American National Standards Institute)의 제3자 인증기관으로 인정받아 비파괴검사와 관련된 다양한 인증을 제공하고 있다.

ASNT는 개인과 전문가와의 네트워크를 형성하고 빠르게 진화하는 비파괴검사 기술을 따라갈 수 있도록 멤버십을 제공한다. 15,000명 이상의 회원들이 10개국에 600개 이상의 법인 회원과 90개 지역 지사와 함께 15,000명이 넘는 사람들이 ASNT의 회원이다. 이 조직은 오하이오주 콜럼버스에 본사가 있다.

여러 협의회로 조직된 비영리 조직으로, 각 협의회는 정기적으로 만나 다른 영역을 관리한다. 이러한 영역은 기술 및 교육, 연구, 섹션 운영 및 표준화 등이 있다. ASNT가 제공하는 서비스 중에는 정기 회의 및 학술대회,학술 저널, 여러 NDT 관련 서적을 포함한 다양한 인증 및 표준 등이 있다.

(2) ISO

국제 표준화기구 ISO(International Organization for Standardization)는 전 세계의 다양한 상황과 산업 안전, 효율성, 신뢰성을 보장하기 위해 전문적인 연구를 기반으로 규격을 개발 및 발간하는 독립적인 비정부 단체이다. 제네바에 기반을 두고 165개 회원국으로 구성된 ISO는 자발적인 국제표준을 제정하며, 세계에서 가장 큰 규모를 자랑한다. 처음 1946년 25개국 대표단이 런던에서 모였을 때 시작되었다.

ISO는 위험 관리에 관한 ISO 31000을 포함하여, ISO 14000 환경 표준, 그리고 가장 많이 적용되고 있는 ISO 9000 품질 관리 표준에 이르기까지 다양한 주제에 대해 19,500개 이상의 표준을 개발하였다.

1.4.3 비파괴검사는 누가 수행하는가?

비파괴검사를 수행하는 검사자는 KSB ISO 18436-7[3]에 의거하여 다음과 같은 적외선열화상 측정을 수행할 수 있는 자격을 갖추어야 한다.

(1) 카테고리 1

카테고리 1로 분류된 검사자는 다음에 따라 적외선열화상 검사를 수행할 수 있는 자격이 있다.

- 지정된 열측정 기술의 적용
- 안전한 열화상 데이터 수집을 위해 열화상 장비를 설치하고 운영
- 불량 데이터 수집 및 오류 소스를 식별, 예방, 최소화 및 제어
- 확립된 기준에 따라 기본적인 결함 감지, 심각도 평가 및 진단 수행
- 기본 이미지의 후처리 수행(측정 도구, 방사율 조정, 범위 및 배율 조정 등)
- 결과 및 경향 데이터베이스의 유지
- 열측정 시스템의 보정 확인
- 테스트 결과를 평가 및 보고하고 관심 영역의 강조

(2) 카테고리 2

카테고리 2로 분류된 검사자는 다음에 따라 적외선열화상 검사를 수행할 수 있는 자격이 있다.

- 적절한 적외선열화상 기술의 선택 및 한계성의 이해
- 조사 결과의 측정 및 해석을 포함하여 열화상 이론 및 기술의 적용
- 적절한 하드웨어 및 소프트웨어 지정
- 고급 오류 진단 수행
- 적절한 현장 시정 조치의 권장
- 확립된 절차에 따라 적외선열화상 및 고장 진단을 위해 일반적으로 인정되는 고급 기술 사용
- 장비 상태, 결함진단, 시정 조치 및 수리 효과에 대한 보고서 준비

---

3) ISO 18436-7: 2014

- 대체 또는 보충 상태 모니터링 기술의 사용 숙지
- 카테고리 1 검사자에게 지침의 제공 및 감독

(3) 카테고리 3

카테고리 3으로 분류된 검사자는 다음에 따라 적외선열화상 검사를 수행할 수 있는 자격이 있다.

- 열화상 프로그램을 개발 및 설정하고, 주기적/지속적인 모니터링을 위한 기계 설정, 테스트 빈도, 고급 기술 사용을 포함한 작업 절차 및 지침 작성
- 신규, 서비스 중 결함이 있는 장비에 대한 심각도 평가, 허용 기준 및 테스트 절차 결정
- 코드, 표준, 사양 및 절차를 해석하고 평가
- 사용할 특정 테스트 방법, 절차 및 지침 지정
- 오류 상태에 대한 예후 수행
- 적절한 유형의 열역학(복사, 대류, 전도 기반) 시정 조치의 권장
- 적절한 유형의 기계 공학 시정 조치의 권장
- 카테고리 1 및 2 검사자에게 지침의 제공 및 감독
- 대체 또는 보충 상태 모니터링 기술의 사용 권장
- 상태 모니터링 프로그램의 관리

1.4.4 비파괴검사의 주요 방법

(1) 육안 검사(Visual Testing)

육안 검사(VT)는 가장 오래되고 가장 기본적인 검사 방법이다(그림 1.4). 육안으로 장비의 일부를 살펴보고 결함을 찾는 과정이다. 훈련된 검사자의 육안 외에는 장비가 필요하지 않다.

육안 검사는 저장 탱크, 압력 용기, 배관 및 기타 장비를 포함한 다양한 장비 유형의 내부 및 외부 표면 검사에 사용할 수 있다.

육안 검사는 다른 방법에 비해 간단하고 기술적으로 덜 발전되어 있다. 그럼에도 불구하고 더 많은 첨단 기술에 비해 몇 가지 장점이 있다. 다른 방법에 비해 훨씬 비용 효율적이다. 이를 수행하는 데 필요한 장비가 없기 때문이다. 비슷한 이유로 수행하기 가장 쉬운 검사기술 중 하나이기도 하다. 또한, 가장 신뢰할 수 있는 기술 중 하나이다. 잘 훈련된 검사자는 대부분의 손상 징후를 감지할 수 있다.

| 그림 1.4 | 육안 검사 예시[4)]

(2) 방사선 검사(Radiographic Testing)

방사선 검사(RT)는 구성 요소의 내부 구조를 보기 위해 X선 또는 감마선을 사용하는 비파괴평가(Non-Destructive Evaluation; NDE) 기술이다(그림 1.5). 산업 분야에서 RT는 종종 압력 용기 및 밸브와 같은 기계를 검사하여 결함을 감지하는데 사용된다. RT는 또한 용접 수리를 검사하는 데 사용된다.

다른 비파괴검사 기술과 비교하여 방사선 검사는 몇 가지 장점이 있다. 재현성이 높고 다양한 재료에 사용할 수 있으며 취득된 데이터는 나중에 분석하기 위해 저장할 수 있다. 방사선 검사는 대상체 표면 처리가 필요하지 않은 효과적인 도구이다. 또한, 많은 방사선 촬영 시스템은 휴대가 가능하여 현장 및 높은 위치에서 사용할 수 있다.

기존 방사선 검사 및 다중 형태의 디지털 방사선 검사를 포함하여 다양한 유형의 기술이 있다.

| 그림 1.5 | 방사선 검사 예시[5)]

4) ZETEC, The inspection advantage

CHAPTER 01 02 03 04 05 06 07 08 09 10

(가) 기존 방사선 검사

기존의 방사선 검사는 방출된 방사선에 반응하여 테스트 중인 부품의 이미지를 캡처하는 민감한 필름을 사용한다. 그런 다음 이미지에서 손상 또는 결함의 증거를 검사할 수 있다. 이 기법의 가장 큰 한계는 필름을 한 번만 사용할 수 있고 처리하고 해석하는 데 시간이 오래 걸린다는 것이다.

(나) 디지털 방사선 검사

기존의 방사선 검사와 달리 디지털 방사선 검사는 필름이 필요하지 않다. 대신에 디지털 검출기를 사용하여 거의 순간적으로 컴퓨터 화면에 방사선 이미지를 표시한다. 이미지를 더 빨리 해석할 수 있도록 훨씬 더 짧은 노출 시간을 허용한다. 또한, 디지털 영상은 기존의 방사선 영상에 비해 훨씬 높은 품질을 제공한다. 고품질 이미지를 캡처할 수 있는 기능을 통해 이 기술을 활용하여 재료의 결함, 시스템의 이물질을 식별하고 용접 수리를 검사하고 단열재 아래의 부식을 검사할 수 있다.

1) 컴퓨터 방사선 검사

컴퓨터 방사선 검사(Computed Radiography; CR)은 기존의 방사선 검사 기술에서 필름을 대체하는 형광체 이미징 플레이트를 사용한다. 이 기술은 필름 방사선 사진보다 훨씬 빠르지만 직접적인 방사선 사진보다 느리다. CR은 직접 방사선 촬영에 비해 몇 가지 추가 단계가 필요하다. 먼저 인광판에 있는 구성 요소의 이미지를 간접적으로 캡처한 다음 이미지를 컴퓨터 모니터에서 시각화할 수 있는 디지털 신호로 변환한다. 이미지 품질은 적절한 도구와 기술을 사용하여 향상시킬 수 있다(즉, 무결성을 손상시키지 않으면서 대비, 밝기 등을 조정). 대비 조정과 같은 도구가 이미지에 미치는 영향을 아는 것이 중요하다. 또한, 이미지 품질을 개선한 후 사소한 결함이라도 숨겨지지 않도록 주의해야 한다.

2) 다지털 방사선 검사

디지털 방사선 촬영(Digital Radiography; DR)도 디지털 방사선 검사의 한 형태이며, 컴퓨터 방사선 검사와 매우 유사하다. 주요 차이점은 이미지를 캡처하는 방법에 있다. DR에서 평면 패널 감지기는 이미지를 직접 캡처하고 컴퓨터 화면에 해당 이미지를 표시하는 데 사용된다. 이 기술은 빠르고 고품질의 이미지를 생성하지만 컴퓨터 방사선 촬영보다 비용이 많이 든다.

---

5) PH Tool Reference Standards, Pipersville, PA, USA

3) 실시간 방사선 검사

실시간 방사선 검사(Real-Tiem Radiography; RTR)는 이름에서 알 수 있듯이 실시간으로 발생하는 디지털 방사선 촬영의 한 형태이다. RTR은 물체를 통해 방사선을 방출하여 작동한다. 그런 다음, 방사선은 특수 형광체 스크린 또는 마이크로 전자 센서가 포함된 평면 패널 검출기와 상호 작용한다. 패널과 방사선 사이의 상호 작용은 실시간으로 보고 분석할 수 있는 디지털 이미지를 생성한다.

이미지에서 더 밝은 영역은 화면에 접촉하는 더 높은 수준의 방사선 결과를 말한다. 이는 구성 요소에서 더 얇거나 덜 조밀한 섹션에 해당한다. 반대로 더 어두운 영역은 화면과 상호 작용하는 방사선이 적어서 구성 요소가 더 두꺼운 부분을 나타낸다.

이미지를 보다 빠르게 제공하고 실시간으로 분석할 수 있는 것 외에도 RTR에는 몇 가지 다른 장점이 있다. 하나는 디지털 이미지가 물리적 저장 공간을 필요로 하지 않기 때문에 필름보다 저장, 전송 및 보관이 더 쉽다는 것이다.

한편 이 방법에는 여러 가지 단점도 있다. 기존의 방사선 촬영에 비해 RTR은 대비 감도가 낮고 이미지 해상도가 제한적이다. RTR을 통해 생성된 이미지는 종종 균일하지 않은 조명, 제한된 해상도, 선명도 부족 및 노이즈로 인해 어려움을 겪는다. 이러한 요소는 이미지 품질에 큰 영향을 미친다.

4) 컴퓨터 단층 검사

컴퓨터 단층 검사(Computed Tomography; CT)는 2D 방사선 촬영 스캔의 수백에서 수천(구성 요소의 크기에 따라 다름)배의 데이터를 취득하고 이를 중첩하여 3D 방사선 영상을 생성하는 기술이다.

산업 환경에서 CT는 두 가지 방법으로 접근되고 있다. 하나는 검사할 구성요소는 고정된 상태로 유지되는 반면 방사선 소스와 x-선 검출기는 구성요소 주위를 회전한다. 이 기술은 대형 구성 요소에 더 많이 활용된다. 두 번째 방법은 구성 요소가 360도 회전하는 동안 고정된 상태로 유지되는 방사선 소스와 X선 검출기로 구성된다. 이 두 번째 기술은 구성요소가 작거나 복잡한 형상을 가질 때 더 유용하다.

이 기술은 비용이 많이 들고 많은 양의 데이터 저장을 필요로 하지만 CT는 매우 정확한 이미지를 제공하고, 반복성 및 제현성이 훌륭하고, 오류를 최소화한다.

(3) 초음파 검사(Ultrasonic Testing)

초음파 검사(UT)는 재료의 결함을 식별하기 위해 짧은 고주파수 초음파를 사용하는 비파괴검사 기술이다(그림 1.6). 일반적으로 물질에 파동을 방출하여 작동한다. 이러한 파동을 측정하여 재료의 특성과 내부 결함을 식별할 수 있다. 대부분의 UT 장치는 여러 개의 개별 장치로 구성된다. 여기에는 초음파 발생기 및 수신기, 신호 변환기 및 디스플레이 모니터가 포함될 수 있다. 포함된 구성 요소는 검사자가 수행하는 UT 유형에 따라 다르다.

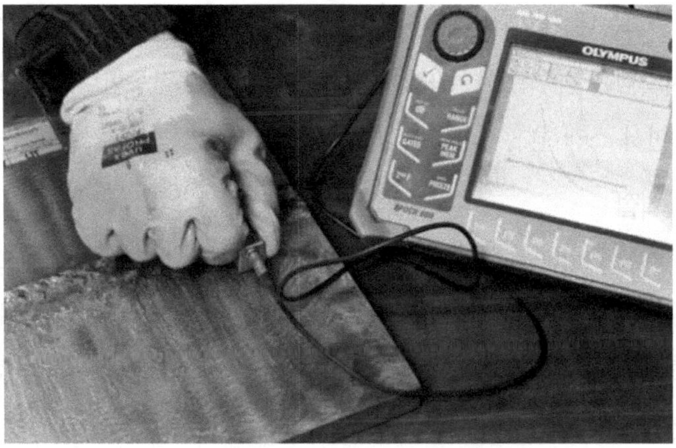

| 그림 1.6 | 초음파 검사 예시[6)]

(가) 자동 초음파 후방 산란 기법

AUBT(Advanced Ultrasonic Backscatter Technique)는 HTHA(High Temperature Hydrogen Attack)으로 인한 손상을 감지하기 위해 개발된 UT 기술이다. 이 기술은 압력 용기 및 배관에 사용된다. 이 기술은 고주파, 광대역 UT 프로브 및 디지털 오실로스코프를 사용한다. 이를 통해 A-스캔 디스플레이와 주파수 분석을 모두 제공할 수 있다.

(나) 위상 배열 초음파 테스트

위상배열 초음파 검사(Phased Array Ultrasonic Testing; PAUT)는 수많은(16개에서 250개 이상) 작은 요소로 구성된 UT 프로브 세트를 활용하는 UT 기술이다. PAUT 시스템의 각 요소는 개별적으로 펄스할 수 있다. 이것은 페이징이라고 하는 프로세스를 통해 컴퓨터 계산 타이밍으로 수행된다. 이를 통해 시스템은 다양한 각도와 초점 거리를 통해 집중된 빔을 조정할 수 있다.

---

6) Joe-Hephz, Technical & Energy Servies Ltd., https://joehephz.com/services-ultrasonic-testing

(다) 장거리 초음파 테스트

LRUT(Long Range Ultrasonic Testing)는 단일 테스트 지점에서 많은 양의 재료를 테스트할 수 있도록 개발된 UT 방법이다. 이 방법은 변환기 링을 파이프 주위에 균일하게 고정하여 작동한다. 이 링은 일련의 저주파 유도파를 생성한다. 그러면 파동이 파이프 축을 따라 대칭으로 전파될 수 있다.

(라) 내부 회전 검사 시스템

내부 회전 검사 시스템(Internal Rotary Inspection System; IRIS)의 배관 및 배관의 부식을 검출하는데 사용되는 초음파 기술이다. 음파를 생성하는 내부 삽입 프로브를 사용한다. 시스템은 침수된 파이프에 프로브를 삽입하여 작동한다. 프로브는 파이프를 통해 이동하면서 스캔한다.

(마) 비행 시간 회절

TOFD(Time of Flight Diffraction)는 용접의 결함을 찾는 데 사용되는 방법이다. 초음파 펄스의 진행시간을 사용하여 반사경의 위치를 찾는다. TOF를 찾기 위해 이 방법은 한 쌍의 초음파 변환기를 사용한다. 송신기는 비스듬히 전파되는 저주파를 방출한다. 결함이 있는 경우에만 수신기로 회절된다

(바) 건식 초음파 검사

DCUT(Dry-Coupled Ultrasonic Testing)는 금속 및 비금속 재료를 검사하기 위해 액체 결합제가 필요하지 않는 저렴한 기술이다. 또한, DCUT 변환기는 고전압을 견딜 수 있다. DCUT는 유연, 접촉, 휠 또는 원격 변환기를 사용하여 수행할 수 있는 다용도 방법이다.

(아) 급속 초음파 그리드(RUG)

RUG(Rapid Ultrasonic Gridding)는 미리 정의된 또는 임시 공간에서 두께 측정값을 신속하게 수집하기 위해 여러 초음파 두께 프로브를 동시에 사용하는 초음파 두께를 수행하는 비파괴검사 방법이다. 다른 UT 방법과 마찬가지로 RUG는 B-스캔 또는 C-스캔 모드로 표시하거나 3D 모델로 시각적 표현을 만드는데 사용할 수 있는 원시 A-스캔 데이터를 캡처한다. 그러나 RUG는 기존의 두께 측정 기술보다 훨씬 빠른 속도로 여러 A-Scan 데이터 포인트를 캡처할 수 있다.

(3) 자분탐상검사(Magnetic Particle Testing)

자기 입자 검사라고도 하는 MPT(자분 탐상 검사)는 철, 니켈, 코발트 및 일부 합금과 같은 대

부분의 강자성 재료에서 표면 및 약간의 표면 결함을 감지하는데 사용되는 비파괴검사 기술이다(그림 1.7). 다른 비파괴 검사법에서 요구하는 표면 처리 정도가 필요하지 않기 때문에 MPT를 수행하는 것이 비교적 빠르고 쉽다. 이로 인해 더 일반적으로 사용되는 NDE 기술 중 하나가 되었다.

MPT는 습식 자기 입자 테스트(WMPT)와 건식 자기 입자 테스트(DMPT)의 두 가지 변형이 있는 매우 간단한 과정이다. 어느 쪽이든 과정은 구성 요소를 통해 자기 전류를 흐르게 함으로써 시작된다. 모든 균열이나 결함이 재료에 전류의 흐름을 방해하고 자기는 그들로부터 퍼져하게 된다. 이것은 손상 부위에 "플럭스 누출 필드"를 생성한다.

두 번째 단계는 부품 위에 금속 입자를 퍼뜨리는 것이다. 표면 위나 근처에 결함이 있는 경우 플럭스 누출 필드가 입자를 손상 부위로 끌어들인다. 이것은 결함의 대략적인 크기와 모양의 가시적인 표시를 제공한다.

다른 비파괴검사 방법에 비해 MPT의 몇 가지 이점이 있다. 휴대가 간편하고 일반적으로 저렴하며 엄격한 사전 청소 작업이 필요하지 않다. MPT는 또한 미세하고 얕은 표면 균열을 감지하는 최고의 옵션 중 하나이다. 빠르고 쉬우며 얇은 코팅을 통해 작동한다. 마지막으로 시험편의 크기/모양에 관한 몇 가지 제한 사항이 있다.

장점에도 불구하고 이 방법에는 제한이 몇 가지 존재한다. 재료는 강자성이어야 한다. 마찬가지로 자기장의 방향과 강도가 중요하다. 이 방법은 표면 및 표면에 가까운 결함만 감지하여, 더 아래에 있는 것은 대체 방법이 필요하다. 때때로 이 방법을 수행하는 데 큰 전류가 필요하므로 테스트 부품의 "연소"가 때때로 가능하다. 또한, MPT가 완료되면 구성 요소의 자기를 제거해야 하며 이는 때때로 어려울 수 있다.

| 그림 1.7 | 자분탐상검사 예시[7)]

7) PRO Integrity NDT

(4) 액체침투탐상검사(Liquid Penetrant Testing)

침투 테스트(PT), 액체 침투 테스트(LP) 및 염료 침투 테스트(DP)라고도 하는 액체 침투 검사는 형광 염료를 사용하여 부품의 표면 결함을 확인하는 비파괴검사 방법이다. 이 기술은 액체가 중력의 도움 없이 좁은 공간으로 흐르는 과정인 "모세관 작용"의 원리를 통해 작동한다. 수행하기 가장 쉽고 가장 저렴한 비파괴검사 기법 중 하나 이기 때문에 LPT는 석유 및 가스를 포함한 많은 산업에서 가장 일반적으로 사용되는 검사 기법 중 하나이다.

이 방법은 간단하고 정확하기 때문에 효과적이지만 단점도 있다. 표면의 결함만 감지할 수 있다. 따라서 표면 아래 결함의 경우 MPT(자성 입자 테스트)와 같은 기술 이 더 적합하다. 또한 매끄러운 표면에서만 작동하므로 일부 부품에는 적합하지 않을 수 있다.

(5) 와전류탐상검사(Eddy Current Testing)

유도코일에 전류가 흐르면 그 주위에 자기장이 형성되고 자기장의 영향으로 자기장에 의해 유도된 와전류가 피검체의 표면에 발생한다. 도체에 형성되는 와전류의 크기와 분포는 주파수, 전도도, 투자율, 시편의 크기와 형상, 코일의 형상과 크기, 전류강도, 도체로부터의 거리, 균열 등의 결함에 의해 영향을 받는다. 따라서 시험편에 흐르는 와전류의 변화를 분석하여 시험을 수행한다(그림 1.8).

| 그림 1.8 | 와전류검사 예시[8)]

8) E.T. MECHANICAL

(6) 누설검사(Leak Testing)

누설검사는 봉인된 물질의 누출 여부를 확인하기 위해 시행하는 검사기법(그림 1.9)으로, 시료의 내부와 외부의 압력차로 인해 시료의 결함을 통해 액체나 기체 등의 유체가 흐르는 성질을 이용한다. 일반적으로 탱크나 고압용기 용접부의 기밀성, 유밀성, 수밀성을 검사하는데 사용된다.

| 그림 1.9 | 누설검사 예시[9]

(7) 음향방출검사(Acoustic Emission Testing)

음향방출검사 AET(Acoustic Emission Testing)는 재료의 갑작스러운 응력 재분배에 의해 생성되는 파동 생성을 기반으로 하는 비파괴검사 방법이다(그림 1.10). 장비의 일부가 압력, 부하 또는 온도의 변화와 같은 외부 자극을 받으면 응력 파동의 형태로 에너지가 방출되어 표면으로 전파되고 센서에 의해 기록된다. 음향 방출은 지진이나 암석 폭발과 같은 자연적인 원인이나 용융, 쌍정 및 금속의 상 변형과 같은 장비 자체에서 발생할 수 있다. AET 신호의 탐지 및 분석은 재료의 불연속성의 기원과 중요성에 대한 정보를 제공할 수 있다.

AET는 두 가지 주요 면에서 다른 NDT 기술과 다르다.

- AET는 검사 중인 물체에 에너지를 공급하는 대신, 물체에서 자연스럽게 방출되는 에너지를 활용한다. AE 검사는 결함 전파 및 음향 방출 유발에 적절한 하중을 제공하기 때문에 작동 중인 구조물에 대해 수행될 수 있고 종종 수행된다.
- AET는 재료의 동적 프로세스를 다룬다. 이는 검사 중에 활성 기능만 강조 표시되기 때문에 특히 유용하다. 따라서 발달 결함과 정체 결함을 구별하는 것이 가능하다. 그러나 부

9) TUV Southwest,

하가 시스템에서 감지할 수 있는 음향 수준을 일으킬 만큼 높지 않은 경우 결함이 감지되지 않을 수 있다는 점을 알아야 한다.

AET는 동적 테스트 환경에서 가장 자주 사용된다. 즉, 장비에 응력이 증가할 때 압력 장비의 균열 감지를 모니터링하는데 사용된다. AET 시스템은 일반적으로 측정, 디스플레이 및 저장 장비와 함께 센서, 전치 증폭기, 필터 및 증폭기를 포함한다. 음향 방출 센서는 음향 방출 이벤트로 인한 모든 동적 움직임에 반응한다. 이것은 기계적 움직임을 전압 신호로 변환하는 변환기를 통해 달성된다. 대부분의 AET 장비는 30kHz ~ 1MHz 범위의 움직임에 반응한다. 플라스틱 합성물과 같이 감쇠가 높은 재료의 경우 음향 방출 신호를 더 잘 구별하기 위해 더 낮은 주파수를 사용할 수 있다.

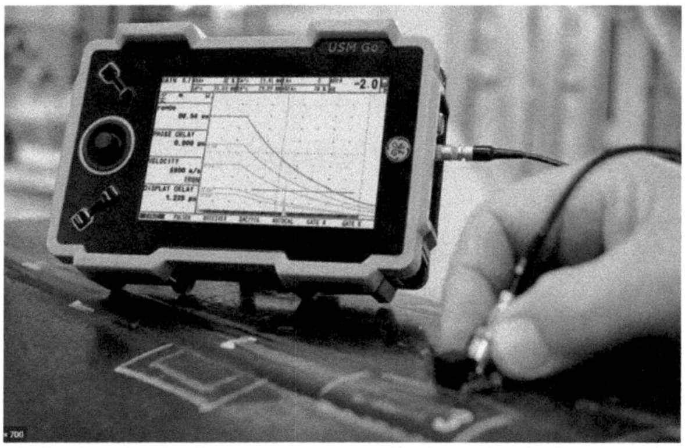

| 그림 1.10 | 음향방출검사 예시[10]

(8) 고급 비파괴검사 기법

고급 비파괴검사 기법은 불확실한 이점이나 한계, 기술자 자격 기준의 부족 또는 산업 성문화가 거의 또는 전혀 없는 등 신흥 기술로 발전함에 따라 덜 이해되는 경향이 있다. 일반적으로 고급 방법의 설정, 절차 및 데이터 해석은 더 복잡하며 적절하게 훈련된 기술자의 전문적인 이해와 경험이 필요할 수 있다.

또한, 일부 방법은 기존 기술과 고급 기술로 더 나눌 수 있다. 두 가지 형태의 초음파 테스트를 예로 들어 보면, 직선 빔 초음파 테스트(UT)는 간단한 응용 프로그램에 사용되는 기존 기

10) PT. BONNE INDO TEKNIK

술인 반면 PAUT(위상 배열 초음파 테스트)는 고급 UT 기술이다. 고급 기술이 발전됨에 따라 각각의 새롭고 고급 버전이 등장하여 기술 이해 및 기술자 교육의 새로운 주기를 시작한다.

연습문제

1. **적외선열화상이 응용 가능한 분야에 대해 5가지 이상 서술하시오.**

2. **대표적인 적외선 온도계 3가지를 나열하고, 이에 대한 원리를 서술하시오.**

1)

2)

3)

3. **다음 적외선열화상 카메라에 대한 서술 중 틀린 것을 고르시오.**

① 적외선 카메라는 검사중인 대상체 유형과 보고 싶은 데이터 유형을 고려하지 않고 모두 활용가능하다.

② 온도를 측정하거나 두 물체의 온도를 비교할 때 초점, 방사율 설정, 반사 온도 설정 및 열조정을 고려해야 한다.

③ 적외선열화상 카메라 해상도는 640×480이 가장 대표적이며, 307,200 픽셀로 구성된다.

④ 적외선열화상 카메라를 사용하면 사용자가 여러 색상 팔레트 사이를 전환하여 다양한 온도 차이를 해석 할 수 있다.

4. 적외선열화상의 장점과 단점을 각각 3가지 이상 서술하시오.

| 장점 |

①

②

③

| 단점 |

①

②

③

5. 다음 KSB ISO 10878 : 2013 – 적외선열화상 용어에 대한 서술 중 틀린 것을 고르시오.

① 겉보기 온도(apparent temperature) : 복사원에 관계없이 검출기에 입사하는 모든 복사를 포함하는 적외선열화상 카메라에서 보여주는 보상되지 않은 표시 값
② 흑체(black body) : 모든 파장에서 열복사의 이상적인 완전한 방사체
③ 회색체(grey body) : 방사율이 특정 트럼 범위에서 0.7 미만인 방사체
④ 최소 분해 온도차(minimun resolvable temperaure difference) : 적외선 영상 시스템과 관찰자가 영상표시장치에서 주기적인 막대 표적을 인식하는 능력의 척도

6. 다음 KSB ISO 10878 : 2013 – 적외선열화상 용어에 대한 서술 중 옳은 것을 고르시오.

① 순간시야(Instantaneous filed of view) : 표적 평면에서 검출기 소자의 복사 선속
② 대기 온도(atmospheric window) : 물체 표면에서 측정되는 온도
③ 적외선 복사에너지(infrared radiant energy) : 파장이 가시광선보다 짧고, 1 mm보다 긴 전자기파인 적외선으로 복사되고 전파되는 에너지
④ 잡음 등가 온도차(noise equivalent temperature difference) : 특정 적외선 기기에 대해 신호대 잡음비가 1과 같게 되는 흑체 표적과 흑체 배경사이의 표적 대 배경 온도차

7. **다음 비파괴검사의 목적에 관한 서술 중 틀린 것을 고르시오.**

① 비파괴검사의 목적은 다양한 산업에서 구성 요소의 결함을 감지하여 오류를 줄이고, 신뢰성 높이는 것이다.
② 비파괴검사 주기와 시험은 장비의 수명 주기(새로 제조된 장비와 노후된 장비)와 무관하게 변경되지 않는다.
③ 비파괴검사를 수행함으로써 치명적인 사고를 예방하고, 많은 유지보수 비용을 절약할 수 있다.
④ 비파괴검사 특정 코드, 표준, 사양, 규정 및 권장 사항은 비파괴검사를 수행하는 국가 및 산업에 따라 다를 수 있다.

8. **KSB ISO 18436-7의 Level II의 검사자 자격요건에 대한 서술 중 틀린 것을 고르시오.**

① 검사 결과의 측정 및 해석을 포함하여 열화상 이론 및 기술의 적용
② 적절한 하드웨어 및 스프트웨어 지정
③ 코드, 표준, 사양 및 절차를 해석하고 평가
④ 적절한 현장 시정 조치의 권장

9. **비파괴검사의 주요 방법에 대한 서술 중 틀린 것을 고르시오.**

① 육안검사(VT) : 육안으로 장비의 일부를 살펴보고 결함은 찾는 방법이며, 가장 오래되고 기본적인 검사방법이다.
② 방사선검사(RT) : X선 또는 감마선을 사용하는 비파괴검사 기술이다.
③ 초음파검사(UT) : 재료의 결함을 식별하기 위해 긴 저주파수 초음파를 사용하는 비파괴검사 기술이다.
④ 자분탐상검사(MT) : 철, 니켈, 코발트와 같은 강자성 재료에서 표면 결함을 감지하는데 사용되는 비파괴검사 기술이다.

10. **비파괴검사의 목적에 대하여 상세히 서술하시오.**

11. **적외선열화상 검사의 특징과 목적에 대하여 상세히 서술하시오.**

12. 다음 적외선열화상에 대한 설명 틀린 것을 고르시오.

① 측정대상물에 전혀 영향을 미치지 않는 비접촉 · 비파괴 측정이다.
② 2차원 열화상으로 측정 · 분석할 수 있는 패턴 계측이다.
③ 고속 응답이며 광범위를 단시간에 측정 가능하다.
④ 한번 보존된 데이터는 후처리로 해석할 수 없다.

13. KSB ISO 18436-7 에서 카테고리 1에 속하는 검사자의 자격에 대해 서술하시오.

14. KSB ISO 18436-7 에서 카테고리 2에 속하는 검사자의 자격에 대해 서술하시오.

15. KSB ISO 18436-7 에서 카테고리 3에 속하는 검사자의 자격에 대해 서술하시오.

16. 다음중 캘빈(T, K)과 섭씨(t, ℃) 온도 스케일의 관계로 옳은 것을 고르시오.

① $T = t + 273.15$
② $T = t - 273.15$
③ $T = 273.15/t$
④ $T = 273.15 - t$

2 적외선열화상 역사와 발전

2.1 적외선 기원

Frederick William Herschel(1738–1822)은 독일 하노버에서 태어나 음악가이자 천문학자로 유명해졌다(그림 2.1). 1757년 영국으로 건너간 그는 여동생 캐롤라인과 함께 밤하늘을 관측하기 위한 망원경을 만들었다. 그들의 작업으로 이중성과 성운의 목록이 여러 개 만들어졌다. Herschel은 1781년 고대 이래 처음으로 발견된 새로운 행성인 천왕성을 발견한 것으로 유명하다.

| 그림 2.1 | Frederick William Hershel(1738~1822)[11]

11) Wikipedia

Herschel은 1800년에 또 다른 극적인 발견을 했다. 그는 햇빛을 관찰하는데 사용한 다양한 색상의 필터를 통해 얼마나 많은 열이 통과되는지 알고 싶었다. 그는 서로 다른 색상의 필터가 서로 다른 양의 열을 전달하는 것처럼 보인다는 점에 주목하였다. Herschel은 색상 자체가 다양한 온도를 가질 수 있다고 생각하고 그의 가설을 조사하기 위해 영리한 실험을 고안하였다.

그는 유리 프리즘을 통해 햇빛을 조사하여 스펙트럼(빛이 색으로 나뉠 때 생기는 무지개)을 만들고 각 색의 온도를 측정하였다. Herschel은 (열을 더 잘 흡수하기 위해) 검게 칠해진 전구가 있는 3개의 온도계를 사용하고 스펙트럼의 각 색상에 대해 하나의 전구를 가시색으로 배치하고 나머지 두 개는 스펙트럼 너머에 대조군 샘플로 배치하였다. 그는 보라색, 파란색, 녹색, 노란색, 주황색 및 빨간색 빛의 개별 온도를 측정했을 때 모든 색상의 온도가 대조군보다 높다는 것을 발견하였다. 또한 그는 스펙트럼의 보라색에서 빨간색 부분으로 색상의 온도가 증가한다는 것을 발견하였다.

이 패턴을 알아차린 후 Herschel은 분명히 햇빛이 없는 영역에서 스펙트럼의 빨간색 부분 바로 너머의 온도를 측정하기로 결정했다. 놀랍게도 그는 이 지역이 가장 높은 온도를 가지고 있다는 것을 발견하였다.

Herschel은 스펙트럼의 빨간색 부분을 넘어 열에 대한 라틴어 단어에서 파생된 열량 광선이라고 부르는 것에 대해 추가 실험을 수행하였다. 그는 그것들이 가시광선과 유사한 방식으로 반사, 굴절, 흡수 및 투과된다는 것을 발견하였다. 그가 발견한 것은 지금은 적외선으로 알려진 적색광 너머의 빛(또는 복사)의 한 형태였다. (접두사 infra는 아래를 의미)Herschel의 실험은 우리 눈으로 볼 수 없는 유형의 빛이 있다는 것을 누군가가 처음으로 증명했기 때문에 중요했다.

검출기 기술의 최근 발전은 적외선을 사용하는 많은 유용한 응용 프로그램으로 이어졌다. 의료용 적외선 기술은 신체 조직 및 체액의 비침습적 분석에 사용된다. 적외선 카메라는 경찰 및 보안 작업은 물론 군사 감시에도 사용된다. 소방에서 적외선 카메라는 연기에 휩싸인 사람과 동물의 위치를 파악하고 산불의 핫스팟을 감지하는 데 사용된다. 적외선 이미징은 건물의 열 손실을 감지하고, 기계 및 전기 시스템의 스트레스와 결함을 검사하고, 오염을 모니터링하는데 사용된다. 적외선 위성은 일반적으로 전 세계 기후에 영향을 미치는 엘니뇨 현상에 대한 조기 경보를 제공하여 해양 온도를 측정하는 데 일상적으로 사용된다. 이 위성은 또한 구름 내의 대류를 모니터링하여 잠재적으로 파괴적인 폭풍을 식별하는 데 도움이 된다. 항공 및 우주 분야에서는 적외선을 이용하여 초목 패턴을 연구하고 암석, 광물 및 토양의 분포를 연구한다.

고고학에서 열적외선 영상은 수백 마일의 고대 도로와 보도를 발견하는 데 사용되어 사라진 문명에 대한 귀중한 정보를 제공한다.

적외선 천문학 분야에서 우리 우주에 대한 새롭고 매혹적인 발견이 이루어지고 있다. 우주에는 엄청난 양의 먼지가 포함되어 있으며, 별 형성의 가려진 고치와 먼지투성이 은하의 심장을 들여다보는 한 가지 방법은 단파장 적외선 망원경의 꿰뚫는 눈을 사용하는 것이다. 우리 우주도 빅뱅의 결과로 팽창하고 있으며, 아주 멀리 있는 물체에서 방출되는 가시광선은 전자기 스펙트럼의 적외선 부분으로 적색 편이되었다.

적외선열화상 장치(Infrared Thermography System)는 피사체의 실물을 측정하는 것이 아닌 피사체의 표면으로부터 복사(방사)되는 에너지(열에너지)를 전자파의 일종인 적외선 파장(Infrared Wavelength)형태로 검출하고, 피사체 표면의 복사열의 강도량(radiant heat intensity)을 측정하여 강도량에 따라 각각의 다른 색상으로 표현하여 주는 것을 의미한다. 초기에는 군수용으로 제작되어 활용되었다가 1950년대 말 스웨덴의 AGA INFRARED SYSTEMS AB.사에서 산업용으로 활용할 목적으로 제작하였다. 1960년대에 적외선열화상이 개발되고 현재에 이르기까지 적외선 센서의 개발과 디지털 신호 처리 기술이 발전되었다.

초기의 적외선열화상은 기계 주사형이였으며, 단일 또는 소수의 적외선 검출 소자를 이용하여 2매의 평면거울의 요동 또는 다각형 거울의 회전에 의한 영역 주사를 수행하는 열화상으로 구성되어 있었다. 점차 기술의 발전으로 인해 고성능의 적외선 검출 소자의 온도 분해능은 0.1℃ 정도로 정밀해졌다. 그러나 기계적 2차원 주사에 의해 이미지를 구성하기 때문에, 1매의 열화상 내에서의 적외선 계측치에 관한 동시성이 낮고, 시간이 변동하는 온도장의 계측, 이동하는 물체의 온도장 계측을 수행하는 경우에는 측정의 정밀도에 문제가 발생하였다.

또한, 고감도 적외선 소자의 경우, 액체 질소 온도까지 냉각하지 않으면 사용할 수 없어서 측정 장치 내에 냉각 장치를 장착해야만 했으며, 일반적으로 장치의 크기가 크고, 성능이 우수하지 못했다.

1980년대 후반에는 매트리스 형상의 적외선 검출 소자를 배치한 Focal Plane Array 센서를 활용한 적외선열화상이 개발되었다. 어레이 센서는 적외선 검출 소자로부터 발생하는 신호를 전자 주사에 의해 판독하여 기계 주사형과 비교하여 열화상 데이터의 동시성은 크게 향상되었다.

1990년대에는 어레이 센서의 화소수가 증가하고, 소자로부터 발생하는 신호를 전자로 주시하는 기술이 발전하여 동시성이 우수하고 정밀한 온도분포 화상을 고속 및 고분해능으로의 계측이 가능해졌다.

현재는 인듐안티몬(InSb) 검출 소자를 활용한 NETD(Noise Equivalent Temperature Difference; 잡음 등가 온도차)값은 0.025℃ 이하로 개발되었다. 계측 속도는 화소수에 의해 결정된다. 예를 들어 320×256 화소의 적외선열화상의 경우에는 풀 프레임으로 계측 시 345 frame/sec이지만, 공용하는 화소수를 1/4로 감소시키면 계측 속도는 대략 4배로 증가되며, 밀리초 수준의 디지털 계측이 가능하다. 디지털 계측의 경우, 데이터 길이는 일반적으로 12~14 비트이다.

최근에는 비냉각식 적외선열화상의 기술이 발전되었다. 현재까지의 적외선 어레이 센서는 액체 질소 온도까지 냉각시켜야 하는 전자형 적외선 검출 소자가 활용되었지만, 비냉각형 적외선 어레이 센서는 볼로미터 등의 열형 적외선 검출 소자가 활용되고 있다. 비냉각형 적외선 센서의 발전으로 인해 소형 · 경량화 및 비용 절감의 효과를 가져왔다. 또한, 0.06 ~ 0.08℃ 수준의 NETD값을 갖는 마이크로볼로미터형 적외선 어레이 센서를 장착한 적외선열화상이 개발되고 있다.

앞서 언급된 바와 같이 초기의 적외선열화상은 기계 주사형이며, 시간적인 변동이 정상적인 온도 분포가 발생되어야 양호한 정밀도의 열화상을 취득할 수 있었다. 이로 인해 기계 조작형의 적외선열화상에 의한 비파괴검사는 준정상 상태에서도 결함에 의한 온도 분포 변화가 명백하게 발생되었고, 단시간에 온도 분포 변화가 소실되기 어려운 경우에 효과적으로 활용되었으며, 건축물의 파손 · 콘크리트 이면의 박리 검출, 송전 · 배선 설비의 이상 발열 감지 등을 예로 들 수 있다.

고성능 적외선열화상의 발전으로 인해 물체 표면의 온도를 고분해능 · 고민감도로 계측하고 동시성이 우수한 열화상 데이터를 빠른 속도로 취득할 수 있게 되었다. 이로 인해, 검출할 수 없었던 결함에 대한 미세 온도 분포 변화를 검사할 수 있게 되어 검출 분해능이 크게 향상되었다. 또한, 열확산에 의한 열평형에 도달하기 전에 결함의 온도 변화를 측정할 수 있게 되어 열확산률이 높은 금속 재료나 탄소 섬유계의 복합재료에 존재하는 결함을 측정할 수 있게 되었다.

2.2 적외선열화상 발전

2.2.1 산업 응용

산업용 적외선열화상은 산업 및 상업 부문의 많은 응용 분야에서 안전, 품질 및 비용 효율성을 위해 필수적이다. 용접 및 압력 용기 모니터링에서 유리 제품 제조 및 플라스틱 인젝터 성형에 이르기까지 산업용 적외선열화상은 장비가 정상적으로 작동하고 작업자가 안전한 환경에 있으며 제품이 일관성이 있는지 확인한다.

산업용 적외선 검사 카메라는 작업자의 온도나 장비 및 전기 시스템의 작동 온도에 관계없이 시설의 열을 매핑하는 이미지를 생성한다. 이러한 이유로 적외선 카메라는 예방에서 생산에 이르기까지 산업 환경에서 널리 사용된다. 이를 통해 제조업체는 더 많은 비용과 정전이 발생하기 전에 유지 관리 문제와 에너지 낭비를 식별하고 예방할 수 있다. 적외선 카메라는 또한 광학 가스 이미징 검사기를 사용하여 작업자에게 위험해지기 전에 가스 누출 및 전기 문제를 감지할 수 있다. 카메라는 모든 품목이 비즈니스 표준을 충족하는지 확인하기 위해 생산 공정을 모니터링 한다.

(1) 오일 및 가스 산업

비파괴검사 기술은 계측, 프로브 및 소프트웨어의 혁신으로 항상 개선되고 있다. 이러한 혁신에 보조를 맞추면 석유 및 가스 생산업체가 생산 주기의 모든 단계에서 용접, 파이프, 압력 및 저장 용기의 비파괴 검사의 정확성과 속도를 개선하는 데 도움이 될 수 있다. 작업의 안전성과 신뢰성을 보장하면서 생산 효율성을 향상시킨다.

기술 발전은 석유 및 가스 산업에서 초음파 및 와전류 비파괴검사를 위한 새로운 기술을 개척하고 있다. 새로운 도구와 기존 도구의 개선 사항이 개발되고 있다. 이러한 혁신적인 솔루션을 사용하면 더 높은 확률로 용접 및 재료 불연속성을 감지하여 중요한 오일 및 가스 인프라를 보다 정확하게 검사할 수 있다.

(2) 파이프

파이프라인은 석유 및 가스 산업에서 가장 길고 가장 시간이 많이 소요되는 검사이다. 1마일의 파이프에 대한 초음파 또는 와전류 검사는 시간이 많이 소요되며 석유 및 가스 파이프라인은 말 그대로 대륙을 가로질러 뻗어 있다. 파이프라인 용접 검사 효율성을 개선하면 안전성과 신뢰성이 향상될 뿐만 아니라 운영 비용도 절감된다.

적외선열화상은 가장 개발되고 휴대가 간편하고 사용하기 쉬운 비파괴검사 방법 중 하나이다. 석유 및 가스 산업에서 적외선열화상은 석유 추출 작업과 정유 작업을 연결하는 중간 파이프 및 파이프 라인과 같은 현장 검사에 가장 적합한 방법 중 하나임을 의미한다. 다양한 적외선 열화상 검사 방법이 있으며 파이프라인 검사 기술에 주로 적용되며, 그림 2.2에서 보여준다.

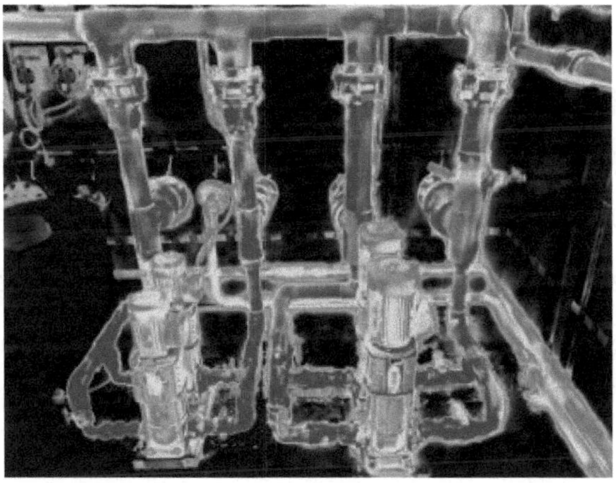

| 그림 2.2 | 적외선열화상을 활용한 파이프의 온도 분포 검사 예시[12)]

종종 석유 및 가스 산업의 비파괴 검사는 적외선열화상 수행을 전문으로 하는 서비스와 계약한다. 파이프라인은 석유화학 산업에서 가장 길고 가장 큰 유형의 인프라 중 하나이며 산업이 비파괴검사 서비스를 위해 하청업체에 가장 많이 의존하는 영역 중 하나이다. 이러한 검사 서비스는 정확성과 비용 효율성을 위해 정기적으로 평가되어야 한다.

(3) 비파괴검사를 사용하여 석유 및 가스 산업의 부식 완화

연마 제품으로 인한 시간 경과에 따른 부식 및 침식은 석유 및 가스 산업에서 사용되는 파이프, 압력 용기 및 돔 끝단의 벽을 얇아지게 할 수 있다. 적외선열화상은 금속 기반 시설의 벽 두께를 일상적으로 검사하는 비침습적 방법이다. 해당 인프라를 중단하지 않고 두께를 일상적으로 검사하는 방법을 제공한다.

수소는 이러한 재료의 철과 반응하여 강철 및 스테인리스강을 취화시킬 수 있다. 석유 및 천

12) PCMSENG

연 가스와 같은 탄화수소는 대부분의 석유 및 가스 기반 시설을 구성하는 강철을 깨뜨릴 수 있는 수소가 풍부하다. 이 문제는 대부분의 기반 시설이 작동하는 고온 및 고압에서 더 심각하다.

석유 및 가스 기반 시설의 부식을 조기에 감지하는 것은 해당 기반 시설의 장기적 생존 가능성을 유지하는 데 매우 중요하다. 석유 및 가스 산업의 적외선열화상 기법은 파이프와 탱크를 배수하고 카메라로 내부를 육안으로 검사하는 기존 방법보다 훨씬 사용하기 쉬운 방법을 제공한다.

석유와 가스에는 탄소, 수소 및 황화물이 포함되어 있어 강철을 예측할 수 없는 속도로 부식시킬 수 있다. 오일 및 가스 적외선열화상은 부식이 더 큰 문제가 되기 전에 이러한 재료를 검사하고 부식을 조기에 감지하는 데 장벽을 제공한다. 효과적인 부식 매핑 테스트는 설정하기 어려울 수 있지만 전문 공급업체는 문제를 해결하는 효과적인 부식 매핑 솔루션을 제공한다.

적외선열화상 검사는 석유 및 가스 산업에서 필수적이다. 석유 및 가스 추출, 운송 및 정제 작업이 운영되는 엄격한 국제 조사를 감안할 때 석유 기반 시설의 장기적인 안전과 신뢰성을 보장하기 위해 가능한 모든 조치를 취해야 한다. 적외선열화상은 인프라 무결성을 유지하기 위한 가장 안전하고 효율적이며 효과적인 솔루션을 제공한다.

(4) 플라스틱 산업

딥 드로잉 및 사출 금형에서 플라스틱의 온도 분포는 생산되는 성형 부품의 품질에 매우 중요한 요소이다. 접촉 측정은 고온계의 응용만큼 광범위하다. 대조적으로 적외선 카메라 시스템은 금형 또는 성형체의 온도 분포에 대한 완전한 이미지를 제공하는 이점을 제공한다. 그러나 금형은 금속으로 만들어지고 배경 복사를 반사하는 문제가 발생한다.

성형체 자체를 측정할 때 적외선열화상 분석을 훨씬 쉽게 수행할 수 있으며, 그림 2.3에서 보여준다. 온도 측정은 금형 개봉 직후와 성형품을 꺼내기 직전에 실시하여 신제품이 거의 냉각되지 않도록 해야 한다. 따라서 금형의 온도는 성형 결과의 온도를 나타낼 수 있다.

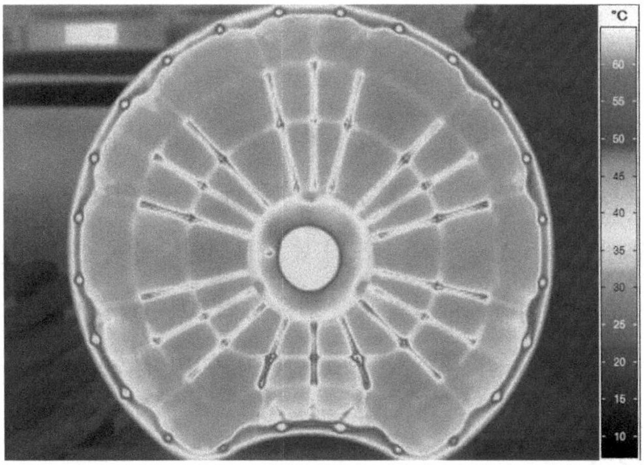

| 그림 2.3 | 적외선열화상을 활용한 플라스틱 검사 예시[13]

(5) 야금 공정

야금 프로세스, 특히 알루미늄 산업의 프로세스는 높은 에너지 소비를 수반한다. 따라서 효율적인 적용에 특별한 주의를 기울인다. 적외선 카메라 시스템은 팬이나 같은 디바이스에서 절연의 문제를 신속하고 정확하게 검출하는데 도움이 된다. 결함을 목표로 수정하면 프로세스 저반에 걸쳐 필요한 에너지를 줄일 수 있을 뿐 아니라 깨진 팬에서 흘러나오는 용융금속으로 인한 심각한 사고와 고비용을 피할 수 있다.

(6) 화학 산업

화학반응은 열류를 가져오는 내인성 또는 외인성의 과정이다. 열화상에 의한 온도 분포의 화상화는 정확한 열류 측정을 가능하게 할 뿐만 아니라 전체 프로세스 체인의 분석을 가능하게 한다. 비접촉식 측정은 반응하는 화학물질의 측정이 최초로 가능하며, 추가적인 이점을 제공한다. 복수의 접촉 온도 센서에 대한 접속을 생략할 수 있다.

(7) 유리 산업

가시광선 스펙트럼과 달리 적외선 카메라로 보는 유리는 투과율이 적외선 범위에서 매우 낮아 일반적으로 불투명하게 보인다. 따라서 유리층이 보다 얇아져 유리 뒤의 온도가 높을 경우 투과방사에 의해 열화상 측정결과가 왜곡될 수 있는데 특정한 배치 없이 유리의 온도를 결정할

13) InfraTec

수 있는 경우가 대부분이다. 이러한 경우 유리온도는 불균형으로 높아진다.

유리 측정 문제는 고성능 카메라 시스템을 적용함으로써 해결할 수 있다. 이는 필터 휠에 배치된 스펙트럼 필터를 장착할 수 있다. 필터는 고객의 특정 유리에 따라 개별적으로 조정된다. 한편 이들 필터를 사용하면 유리 뒤에 있는 물체의 투과복사에 영향을 주지 않고 유리표면 온도를 측정할 수 있다. 한편 유리 등 뒤의 온도가 높은 물체의 측정은 유리표면온도에 영향을 주지 않고 실시할 수 있다. 적외선 카메라의 필터 휠은 동력으로 구동되어 리모트로 제어할 수 있으며 제어 컴퓨터에서 키를 눌러 2가지 모드를 전환할 수 있다.

(8) 전자/전기 공학

전자 부품 및 어셈블리의 열화상 검사는 최초 프로토타입 개발에서 연속 생산까지 결함 검출 및 품질 관리를 위해 확립된 검사 절차이며. 다음의 항목들을 검사한다.

- 프린트회로기판(그림 2.4), 집적회로, 멀티칩모듈 표면의 핫스팟과 비정형온도분포
- 접촉저항의 증가
- 전선 수축으로 인한 저항 증가
- 조인트로 덮인 균열
- RF 미스매치로 인한 전력손실
- 히트싱크 오열연결
- 단락, 콜드 납땜 조인트 등의 납땜 결함

각 개발 단계에서의 열화상 분석은 열관리의 최적화와 복잡한 전자 어셈블리 설계를 위한 중요한 결론을 제공한다. 전자제품 제조에서의 열화상 온도 측정은 품질 보증을 위한 다목적 기기로 사용된다. 고성능 열화상은 중요한 기술적 파라미터를 설정하여 항구적인 감시뿐만 아니라 생산 프로세스에서 제품의 인라인검사와 최종기능검사에 필수적인 요소가 되고 있다.

전기 및 전자공학에서의 열화상 측정 사용의 또 다른 특성은 다음과 같다.

- 측정 대상 저항 임피던스나 열발산에 영향을 주지 않음
- 동작 중 부품에 영향을 주지 않고 측정 가능
- 복잡한 어셈블리의 온도분포와 시간의 경과에 따른 완전한 기록 가능
- 많은 픽셀과 광기계적 MicroScan 검출기 디바이스를 갖춘 측정 시스템을 사용한 최고의

공간 분해능 제공

- 클로즈업 렌즈와 적외선 현미경 렌즈를 사용한 기하학적 구조의 해상도
- 냉각 광자 검출기와 고정 측정법을 사용한 최소 온도차 검출
- 강력한 분석 소프트웨어로 사용하기 쉬운 분석 및 측정 결과 문서화

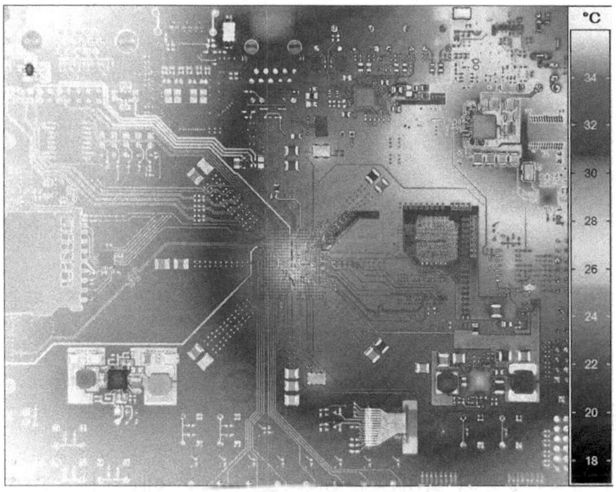

| 그림 2.4 | PCB의 온도분포[14)]

(9) 자동차 산업

자동차의 안전성을 보여주는 궁극의 마케팅 도구는 충돌 검사이다. 이 과정에서 검사 중인 장치가 파괴되기 때문에 엔지니어와 컨트롤러에게 최악의 검사방법 중 하나이다. 따라서 더 이상의 검사를 수행할 수 없으며, 제품의 결함을 수정할 수도 없다.

열 이미지는 검사 중 장비 손상 없이 결함을 가시화하는 데 도움이 된다(그림 2.5). 따라서 적외선 카메라 시스템의 도움을 받아 자동차 및 모터 어셈블리의 전기 시스템뿐만 아니라 촉매 기능도 검사할 수 있다. 또한 자동차 산업용의 다양한 제품 결함은 온도변화를 통해서만 감지가 가능하다. 따라서 열선 시트와 창문 난방은 적외선 카메라 시스템을 적용해 기능을 검사할 수 있다.

14) InfraTec

| 그림 2.5 | 적외선 카메라를 활용한 자동차 표면의 온도 분포[15)]

(10) 열화상 생물학 및 지질학 연구

대부분의 생물학적 과정은 생물이 피하려고 하는 약간 높은 에너지 소비와 항상 연결되어 있기 때문에 작은 온도차 밖에 발생하지 않는다. 마찬가지로 열 스펙트럼 내의 수문 및 지구물리학의 이상은 열신호가 비교적 낮다.

열화상은 열분해능의 결과요건에 맞는 적외선 카메라 모델을 제공하여 연구의 유용한 결과를 보증한다. 예를 들어 외부응력에 대한 비오톱의 반응을 감시할 때 새로운 결과로 이어질 수 있는 식물의 열 사이클을 가장 정확하게 추적할 수 있다.

(11) 의학 분야

체온은 인간의 건강을 결정하는 필수 지표이므로 체온을 결정하는 관심이 크게 증가하고 있다. 적외선 카메라 시스템으로 온도를 측정하면 의사와 환자 모두에게 특별한 이점이 있다. 비접촉 및 비침습적 특성을 갖는 열화상 검사은 친화적이고 정확한 체온 측정을 제공할 뿐만 아니라 환자의 체온 분포에 대한 상세한 이미지를 제공한다.

체내의 온도분포에 대한 정보를 사용하여 다양한 질환 패턴을 진단할 수 있으며, 열화상 측정은 의료공학의 다른 프로세스에 비해 친절하고 매우 유연한 절차를 제공한다. 열화상 진단은 종종 신체 자극과 관련되어 있다. 따라서 조절 열화상을 적용하면 영향을 받는 신체 부위가

---

15) InfraTec, https://www.infratec.eu/thermography/industries-applications/automotive-industry/

차가운 자극을 받게 된다. 건강한 신체 부위와 기관은 건강하지 못한 부위와는 다른 방식으로 체온에 대한 이 개입의 균형을 유지한다. 예를 들어 이 과정은 유방암의 조기 발견에 일반적이다. 그러나 타액을 정확한 위치에 두었는지에 따라 발열에 차이가 날 수 있으며 타액의 정확한 위치도 적외선 카메라로 제어가 가능하다.

(12) 바이러스에 의한 체열 검사

공항, 항구, 철도역, 장거리버스 정류장 등 주요 여행 중심지는 신종 코로나 바이러스 감염증 등 전염병 발생 시 공공기관의 보안 조치가 취해진다는 점 중 하나다.

- 코로나바이러스(2019-n CoV, COVID-19, 사스-CoV-2)
- 중증급성호흡기증후군(SARS)
- 에볼라 바이러스 질환(EVD)
- 중동호흡기증후군 코로나바이러스(MERS-CoV)

적외선 카메라는 승객 체온 상승 스캔, 직원 스캔, 건물 출입구 스크리닝에 사용할 수 있다. 적외선 카메라로 바이러스 자체나 바이러스를 이동하는 사람을 감지할 수 없지만 기술적인 온도 측정 기술을 사용하면서 표면 온도의 정확한 비반응성, 비접촉식 및 평면형 기록을 가능하게 한다. 따라서 검사 대상의 바이러스 감염의 가능성을 나타낼 수 있는 상승한 체온을 신속하고 용이하게 검출하는데 매우 적합하다.

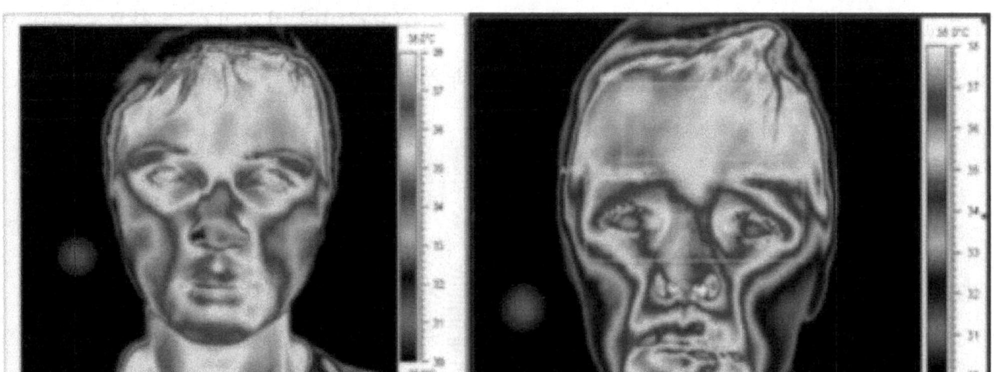

| 그림 2.6 | 열의 유무에 따른 체열 검사[16]

16) Khaksari, Kosar, et al. "Review of the efficacy of infrared thermography for screening infectious diseases with applications to COVID-19." 2021.

그림 2.6처럼 체온은 흔히 적외선 카메라로 눈 안쪽 각도로 감지된다. 미미한 차이와 그에 따른 비정상적인 체온이 표시되어 알람이 발생할 수 있다. 직원검진 등 체온측정을 통해 선별된 인원에 대한 향후 건강검진을 위한 의사결정의 근거로 중요한 정보를 수집하고 공공장소를 확보하는 역할을 한다. 물론 그러한 징후에는 질병에 관한 신뢰할 수 있는 긍정적 또는 부정적인 성명을 허용하고 적절한 조치를 개시할 수 있는 다른 검사 방법이 항상 따라야 한다.

2.2.2 과학 응용

(1) 적외선 카메라의 높은 프레임률을 제공하는 특수 부품

최대수 kHz 범위의 프레임률을 갖는 고속적외선 카메라 시스템은 새로운 용도를 위한 열화상 측정이다. 고속 프로세스의 열거동을 감시 및 분석할 수 있다. 폭발 중의 열 분포를 잘 분석할 수 있어 에어백의 최적화가 한 예이다.

100kHz 이상의 프레임 레이트를 가진 고속 열화상 측정은 특별한 검출기와 수집 장비를 기반으로 한다. 특히 병렬로 데이터를 수집하고 읽을 수 있는 기능은 밀리초의 범위에서 정확하게 열화상 측정을 제공한다.

(2) 마이크로 열화상

복잡한 전자제품은 갈수록 강력해지고 소형화 추세여서 개발과정에서 열관리의 중요성이 대두되고 있다. 프린트회로기판에 전자부품을 실장하는 것은 좁은 공간에서 이루어지기 때문에 방열 문제는 매우 중요하다. 마이크로서모그래피는 마이크로미터 범위의 아주 작은 구조의 열 분석을 가능하게 하며, 복잡한 전자 어셈블리 및 부품의 온도분포를 상세하게 보여준다.

| 그림 2.7 | 적외선 카메라를 활용한 마이크로 열화상 검사[17)]

예를 들어 그림 2.7처럼 8배의 현미경을 사용하면 최대 2픽셀 크기로 전자 어셈블리와 컴포넌트의 고해상도 상세컷을 생성할 수 있다. 연속 동작을 위해 설계된 적외선 카메라 시리즈의 광기계식 실시간 MicroScan 디바이스를 사용하여 고해상도의 IR픽셀을 취득할 수 있다. 이 분해능으로 측정 영역의 최소 결함도 안정적으로 검출이 가능하다.

(3) 적층 제조

적층제조에서의 온도는 최종제품의 품질이 좌우되는 요인 중 하나이다. 열화상 카메라는 온도 변화와 편차를 실시간으로 기록해 진행 중인 프로세스에 신속히 개입할 수 있다.

3D 인쇄라고도 불리는 적층 제조란 3차원 물체를 만들기 위해 재료를 층별로 적용하는 제조 공정을 뜻한다. 이로 인해 온도가 결정적인 역할을 하는 화학적 및 물리적 경화 및 용융 프로세스가 발생한다. 적외선 카메라는 전체 제조 및 가공 과정의 체계적인 감시를 지원한다.

이러한 제조 프로세스의 상당수는 레이저 용융, 소결 또는 빌드업 용접등의 레이저 기술에 근거하고 있다. 바인더 스프레이 등의 다른 과정은 재료를 완전히 경화하기 위한 소결 과정을 거쳐 완료된다. 이 프로세스에서 열적으로 현저한 부분을 특정하고 상세하게 설명하기 위해 적외선 카메라는 인라인 모니터링을 통해 열 프로세스 파라미터의 결정과 그 후의 준거를 지원한다. 적외선 카메라는 프로세스 제어 시스템에 직접 내장되어 있어 비접촉 및 비침습적인 온도 측정이 가능하다.

적층 제조에서 분말바닥 표면의 온도분포 검출과 용융 온도 측정은 대부분의 경우에 적합하며, 2,000℃이상의 온도 범위에서, 레이저가 동작하고 있는 동안온도측정 및 분포에 대한 분석이 가능하다.

첨가제 부품의 제조 및 가공 중 기계, 가공 공장, 재료 및 온도를 면밀히 감시하는 것은 산업과 연구 양쪽에 있어서 기본적으로 중요하다. 부품의 열류매핑은 프로세스를 완전히 이해하기 위하여 필요하며 프로세스의 정확한 열제어 뿐만 아니라 처리하는 부품 및 재료의 온도 발생을 정확하게 제어할 수 있다. 따라서 생산 오류를 조기에 검출하여 불량품을 적극 방지하고 반품을 최소화할 수 있다.

프로세스와 사이클 시간을 대폭 최적화할 수 있어 프로세스 파라미터와 (용융) 온도 간의 상관관계를 도출할 수 있다. 적층 제조에 있어서 레이저의 특성을 위해서 사용되는 적외선 카메라는 특징의 요건을 만족할 필요가 있다. 이것은 예를 들면 시간적 해상도에 관해서 적용된다.

---

17) InfraTec

레이저 조작은 통상, 짧은 레이저 동작시간으로 특징지어져 열입력이 1초 미만으로 발생한다. 실시하려면 전체 화상과 부분 화상 모두에서 높은 화상 주파수로 측정할 필요가 있다. 특히 펄스 레이저광을 이용한 미세 재료 가공에서의 열화상 시스템에 대한 요구는 매우 높다.

적외선 카메라의 열 및 기하학적 해상도도 중요하다. 프로세스 및 재료에 따라 레이저를 사용하여 매우 크거나 작은 온도차를 생성할 수 있으며, 이를 끊임없이 매우 정확하게 감시해야 한다.

(4) 레이저 응용

레이저 응용은 오늘날의 산업, 과학, 의학에 있어서 매우 중요하다. 레이저 방사의 특성에 따라 다양한 용도가 가능하다. 특히 거리, 재료 두께 또는 표면 프로파일의 고정밀 비접촉 측정을 위한 측정에 사용된다. 또한, 예를 들어 화학화합물 분석과 같은 분광분석에서도 자주 실시된다. 의료기술은 레이저 방사선의 이점을 이용해 안과 또는 종양 제거 등의 분야에서 사용된다. 또한, 카운터에서 바코드를 스캔 할 때는 오피스내의 레이저 프린트나 도로 교통기관에서 속도를 측정하는 등, 일상의 다양한 장치로 레이저 기술을 사용하게 된다.

많은 긍정적인 특성 때문에 레이저는 주로 재료 가공에서 오랫동안 산업에서 사용되어 왔다. 예를 들어 생산 엔지니어링에서는 다른 툴을 대체하여 폭넓은 재료를 정확하게 처리할 수 있다. 레이저는 금속, 플라스틱 또는 유리뿐만 아니라 다양한 복합 재료를 절단, 용접 및 제거하는 과정을 수행하며 적층 제조에도 사용된다. 이들은 보호코팅 적용을 지원하고 경화, 건조 및 연화를 위한 열처리를 한다. 레이저 자체는 마모되지 않고 교체할 필요 없이 유연하게 조정되어 다양한 재료를 정확하고 부드럽게 처리할 수 있다.

많은 산업용 레이저 가운데 재료 가공에 열에너지를 적용하는 레이저가 있다. 열발생의 항구적인 감시와 제어는 재료의 특성에 따라 재료를 처리하고 품질과 안전기준을 준수하기 위해 중요한 역할을 하는 것이다.

열화상 측정에 의해, 각 측정 및 검사 대상 또는 부품의 열류를 비접촉으로 가시화 및 분석할 수 있다. 표면의 온도 측정을 통해 레이저의 에너지 입력을 제어할 수 있기 때문에 처리할 대상이 최적으로 가열된다.

(5) 재료 검사

열화상을 사용한 재료 검사는, 프로세스 중에 검사 대상이 파괴되지 않기 때문에 시간과 비용을 절약한다. 추가적인 검사나 수정이 가능한 품질 문제를 발견하는데 활용된다. 적외선 카메라 시스템을 사용한 비파괴 검사는 다양한 재료와 종류의 결함에 사용할 수 있기 때문에 더 많은 애플리케이션에서 뛰어난 솔루션을 제공한다. 큰 장점은 열화상 검사 절차가 더 작은 영역에 초점을 맞춘 초음파 또는 다른 방법과 비교하여 더 큰 영역에 대하여 적용할 수 있다는 것이다.

재료 검사에 이용되는 열화상의 측정 방법은 검사 대상의 가열 원인에 관한 질문에 따라 결정적으로 달라진다. 한 검사 모드에서는 제조 중에 검사 대상의 이득을 가열하는 것에 직접 기인할 수 있다. 이러한 경우 수동 열화상으로 한다. 다른 가능성은 액티브 적외선 열화상이 있다. 이는 검사대상이 할로겐 라디에이터나 플래시 램프 등 외부에너지 입력에 의해 열적으로 활성화되는 경우이다.

(6) 본딩(bonding) 및 실링(sealing)

차체에서 헤드폰까지 현대의 섬유 복합 재료와 실적이 있는 금속으로 만들어진 혁신적인 재료 믹스는 산업 및 가정 용품을 위한 경량 구조의 재료로서 점점 중요한 역할을 하고 있다. CFRP 및 GFRP 등 가장 다양한 복합섬유재료는 알루미늄 및 마그네슘 및 고강도 및 초고장력강과 조합된다. 그러한 복합재료 혼합물을 결합하는 것은 그것에 관련된 기술 및 제조업자에게 부분적으로 매우 높은 요구를 부과한다.

본딩 및 실링은 리벳, 나사조임 및 클린칭에 덧붙여 실용적인 접합기술로 자리 매김 되었다. 따라서 예를 들면 일반적인 큰 접촉면은 결합을 위한 크고 얇은 경량복합재료의 강도를 용이하게 한다. 그 결과 벽 두께가 얇고 중량이 더 가벼운 부품을 설치할 수 있다. 동시에 접착제와 접착 테이프를 사용하면 기술적 유연성이 향상된다. 어느 쪽이나 수동으로 자동적으로 처리할 수 있다. 이는 단품 생산뿐 아니라 연속 생산을 위한 새로운 가능성을 제시한다.

적외선열화상은 접착용도의 기하학, 접착온도 및 피착체온도, 경화온도 등의 기술적 파라미터를 감시 및 제어하기 위하여 접착 및 씰 안에 이미 다년간 사용되어 왔다. 예를 들어 접착조인트가 실제로 접착영역 및 접착본드의 기하학적 구조에 관하여 필요한 특성을 갖고 있는지 여부는 적외선 열화상측정에 의해 시험할 수도 있다. 각 조인트의 품질은 열화상 및 기하학적 고해상도의 열화상 카메라로 촬영한 이미지를 통해 비파괴적이고 정확하게 테스트할 수 있다. 위상 잠금식 열화상 측정 등의 액티브 열화상 측정의 특정 방법이 실제로 특히 적합한 것이 증명되고 있다. 따라서 사용자는 다양한 구조와 부분적으로 다층 재료의 혼합물로 이루어진 훨씬 복잡한 경량 컴포넌트를 특징지을 수 있다.

2.3 적외선열화상 최신동향

핵심 기기는 재생 가능하고 지속 가능한 에너지(Renewable Sustainable Energy, RSE) 시스템의 필수 요소이다. RSE 시스템에서는 전력의 생산, 전송, 배전 및 사용의 계속성을 위해 주요 기기의 안전하고 신뢰성 높은 동작에 대한 높은 요건이 필요하다. 특히 전력 산업은 대형화, 대용량화, 고전압화 방향으로 급속히 발전하고 있다. 주요 기기의 동작 신뢰성 확보는 안전한 생산을 위한 최우선 과제가 되었다. RSE 시스템에서는 핵심 기기의 동작 상태는 온도와 밀접하게 관련되어 있다. 온도상승 형태로 다양한 종류의 결함(결함, 접촉불량, 절연열화, 자기회로 결함 포함)이 발생한다. 적외선열화상은 RSE 시스템의 핵심 기기의 고장 진단에 특히 적합하다. 게다가 RSE시스템의 운용 및 보수(O&M) 코스트를 삭감하기 위해서 적외선열화상 기술은 신속한 검출, 비접촉, 정량적 검출, 및 정밀 평가를 가능하게 한다. 구조 상태 감시, 이미지 처리 알고리즘 및 결함 진단 방법과 조합하여 서비스 중 주요 기기를 분석한다. 최근 5년간 RSE 시스템 핵심 기기에 대한 IRT 기술 적용과 IRT 기술의 장단점, 향후 연구 동향 등을 간단히 분석하였으며, 또 적외선열화상 기술에 대한 과제와 미래 동향도 제시한다.

2.3.1 적외선열화상 카메라 시장/기술 동향

(1) 적외선열화상 카메라 기술 현황 개요

적외선 카메라 시장은 2020년에 66억4,000만 달러로 평가되는 것으로 보고되었으며 예측 기간(2021 ~ 2026년) 동안 연평균성장률(Compound Annual Growth Rate: CAGR)은 8.3%였으며 2026년까지 106억8,000만 달러에 이를 것으로 예상된다. 일례로서 첨단 드라이버 지원 시스템(Advanced Driver Assistant System; ADAS)에 대한 수요가 향 후 증가하고 자율주행차 투자가 늘어나면서 적외선 카메라가 차량에 많이 쓰일 것으로 예상된다.

감시 수요는 능동 유도 및 스텔스 기능을 포함해 군사 · 방위, 에너지, 상업 공간(은행 등), 소방 · 안전, 재난을 포함한 다양한 용도로 증가하고 있다. 에너지 사용이 천연자원 관리를 위한 글로벌 전략의 중요한 부분이 되면서 태양 에너지가 주목받고 있다. 태양광 발전의 보급 활성화에 따라 태양광 패널이 고가이고 열적으로 취약한 제품 특성으로부터 뛰어난 상태 모니터링 및 결함 탐상이 필수적이다. 또한 국방분야에서는 지속적이고 엄격한 감시 요구가 높아짐에 따라 이 해결책으로서 미국 등 정부에서는 IRT 적용하여 연구르 수행하였다. 전 세계는 이미 약 100 km 영역을 커버하는 다수의 드론 카메라를 배치해 놓고 있다.

4차 산업혁명은 산업 자동화의 중요한 역할을 하는 로봇 등의 기술 발전을 촉진하며, 산업의 많은 중요한 작업은 로봇에 의해 관리되고 있다. InGaAs 카메라는 비전 유도 로봇 공학 및 자동화된 도살 등의 새로운 어플리케이션을 제공한다. 비전가이드 로봇은 병으로부터 임의의 부품을 찾아내 선택해 카메라가 각 부품의 방향을 분석해 컨베이어 벨트에 올리는 IR 이미저의 조합이다.

COVID-19는 올해 시장에 큰 영향을 줄 것으로 예상된다. COVID-19가 팬데믹(전 세계적인 대유행)으로 선포되면서 공급망(supply-chain)이 상당한 차질을 빚었기 때문에 다음해에도 계속 영향을 미칠 것으로 예상된다.

기업들은 코로나 바이러스와의 전쟁을 위해 지속적인 제품혁신을 하고 있다. 예를 들어 최근 2020년 5월 의료, 항공 우주, 방위 애플리케이션을 위한 고도의 적외선(IR) 및 전자 광학(EO) 테스트 하드웨어 제조사인 Santa Barbara Infrared Inc.(SBIR)은 인체 온도를 검출하기 위한 기준 흑체 시스템인 나이팅게일 제온을 도입했다.

또한 InGaAs 적외선 카메라를 제공하는 시장의 주요 공급업체들도 COVID-19에 대한 주도권을 잡기 위해 제휴를 모색하고 있다. 예를 들어 2020년 4월 Hamamatsu와 Kiko Knowledge Hub는 COVID-19의 영향을 받는 의료기관에 무료 원격병리학 솔루션을 제공하기 위한 Inspira(사)의 연구에 참여하였다.

(2) 핵심 기술 동향

"장파장 적외선(LWIR)" 및 "중파장 적외선(MWIR)"은 상당한 성장이 예상된다. LWIR 및 MWIR은 보안 및 감시 애플리케이션에 가장 많이 사용되는 IR 카메라 파장이다. 그러나 LWIR이 MWIR보다 더 효율적인 특정 응용 프로그램이 있다. 여기에는 뜨거운 물체와 차가운 물체 모두에 대한 장면 내 이미징이 필요한 매우 넓은 온도 범위에 걸쳐 있는 탐지 물체가 포함된다.

연기나 에어로졸을 통한 이미징에서 MWIR이 잘 수행되지 않는 열악한 환경에서는 일반적으로 LWIR이 선택되는 기술이다. 여기에는 주로 소방 및 군사 응용 프로그램이 포함된다.

또한 대부분의 감시 상황(주변 온도 배경 내에서 사람 또는 차량이 감지됨)의 경우 더 많은 플럭스(표석 빛 환경 배경에서 방출되는 열에너지)가 있으며, 이는 MWIR에 의해 효율적으로 억제되지 않는다. 이러한 애플리케이션은 또한 LWIR의 채택이 증가하는 것을 목격했다.

북미 지역은 미국이 주도하는 국방비 지출이 가장 많은 지역으로 꼽힌다. 2019 회계연도에 중국은 국방 활동에 7,170억 달러 이상을 지출했으며 그 뒤를 중국이 1,170억 달러를 지출하였다.

2019년 6월, 미 육군은 야간 및 가시성이 저하된 상태에서 차량을 안전하게 지원하기 위해 육군의 현장 DVE(Driver's Vision Enhancer)를 대체할 고해상도 및 광시야 장파장 적외선 센서에 대한 측량에 대해 언급하였다.

또한 2020년 3월, 미국에 기반을 둔 Ratheon Co는 전술 이미징 애플리케이션을 위한 고화질 단파장 적외선(SWIR) 카메라를 구입하기 위해 Quantum Imaging Inc와 파트너십을 맺는 것을 언급하였다. 미화 1,350만 달러 상당의 이 계약 내에서 Quantum Imaging은 우주 및 항공 시스템 부문에서 전술 이미징 애플리케이션을 위한 고화질 SWIR 카메라를 제공할 것이다. 이 적외선 카메라는 10x10미크론 픽셀 피치와 통합 안티블루밍으로 설계되었다.

이에 따라 2019년 12월 미 육군 전투 능력 개발 사령부는 특수 SWIR 카메라를 개발하기 위해 Polaris Sensor Technologies와 협력한다고 발표하였다. 이러한 파트너십은 앞으로도 계속될 것으로 예상되며 북미 시장을 주도할 것으로 예상된다.

업계, 다양한 대학 및 연방 정부가 신흥 자동화 기술에 투자하도록 하기 위해 착수한 Advanced Manufacturing Partnership과 같은 정부 이니셔티브는 머신 비전 시스템의 생산을 증가시킬 것이다.

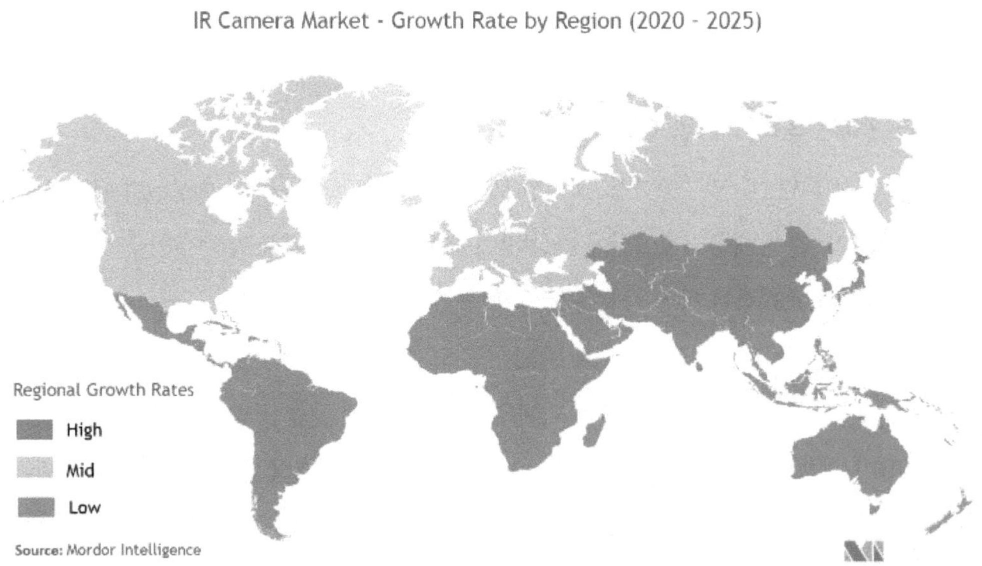

| 그림 2.8 | 적외선 카메라의 세계 성장률[18)]

(3) 시장 동향 전망

적외선 카메라는 적외선 에너지를 감지하고 그것을 전자 신호로 변환하여 처리하여 모니터에 열화상을 생성하는 비접촉 장치다. 열성능을 감시하고 열관련 문제를 식별하기 위해 적외선 카메라가 검출한 열을 정확하게 정량화하여 측정한다. 특히 검출기 기술의 최근 혁신과 자동 기능 및 적외선 소프트웨어 개발과 내장된 시각 이미징의 통합으로 향후 몇 년간 보다 비용 효율이 높은 열분석 솔루션이 제공될 것으로 예상된다.

적외선 카메라 시스템은 카메라가 고감도 기술을 사용하기 때문에 장거리 측정에 주로 사용된다. 냉각식 열화상 카메라는 센서 온도를 극저온으로 내리는 저온 쿨러와 일체화된 이미징 센서로 구성되어 있다. 적외선 카메라는 대부분 진공 밀봉된 케이스에 넣어 극저온으로 냉각된다. 냉각은 반도체 재료의 동작 중 적외선 카메라의 가장 중요한 측면 중 하나이다.

아시아 태평양 지역은 세계에서 가장 빠르게 성장하고 있는 지역이다. 고도의 선진 기술 가용성, 스마트 일렉트로닉스 수요 증가, 제조업계의 성장으로 적외선 카메라로 가장 수익성이 높은 시장이다. 게다가 임베디드 시스템을 서포트하는 다양한 비영리 조직이 시장의 성장을 촉진한다. 이러한 조직은 적외선 카메라의 시장규모를 리드할 것이 기대되는 고도의 기술로 전력 인프라스트럭처를 구축하기 위해서 다양한 이니셔티브를 취한다. 아시아 태평양은 적외선 카메라의 시장점유율을 선도하고 있어 가까운 장래에 가장 높은 CAGR로 가장 빠르게 성장하는 지역섹터가 될 것으로 예상된다. 보안 및 감시 시스템의 수요가 높아지는 것에 따라 다양한 업계의 조직에서 효율적인 검출을 확실히 하기 위해서 적외선 카메라의 중요성이 인식되고 있다.

---

18) Mordor Intelligence, https://www.mordorintelligence.com/industry-reports/machine-vision-systems-market

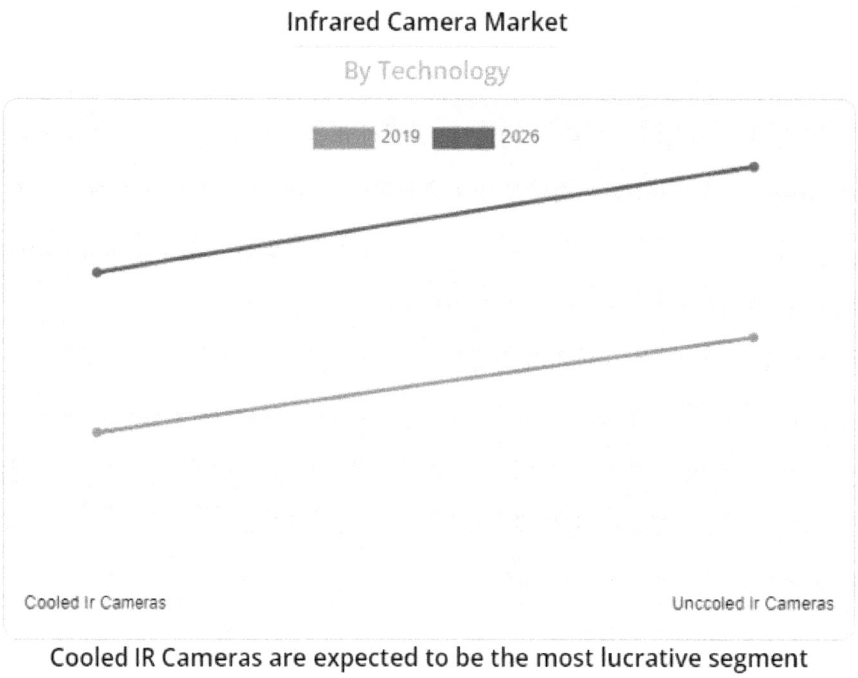

| 그림 2.9 | 적외선 카메라 시장의 예상 성장률[19)]

의료분야의 적외선 카메라는 다양한 질환 패턴을 식별하기 위해 환자의 체온 분포에 관한 상세한 정보를 제공하기 위해 사용된다. 이 카메라를 사용하면 고해상도로 최소의 온도차를 화상화할 수 있다. 예를 들어 독일을 거점으로 하는 열화상측정 기술회사 InfraTec는 냉각식 적외선 카메라 부문에서 최고의 열분해능을 갖춘 Vario CAM 시리즈를 개발하였다. 이 적외선 카메라 시스템에는 클로즈업 렌즈가 장착돼 신체의 가장 작은 부분을 자세히 분석한다. 따라서 이러한 카메라의 도움을 받아 땀과 눈의 온도변화 등 피부 반응을 정확하게 관찰하고 전 세계 적외선 카메라 시장의 트렌드 중 하나로 실증되고 있다.

또한 보안, 감시, 품질관리, 검사 분야에서 적외선 카메라 채용이 증가함에 따라 글로벌 적외선 카메라 시장의 성장이 가속화되고 있다. 그러나 높은 취득과 유지 비용은 시장의 성장을 저해한다. 게다가 상업적인 최종 용도에 있어서의 적외선 카메라의 인기의 증가와 단파 적외선 범위(SWIR)에서의 적외선 카메라 사용의 증가는 온 세상에서 적외선 카메라 시장의 성장에 유리한 기회를 제공할 것으로 예상되고 있다.

19) Allied Market Research

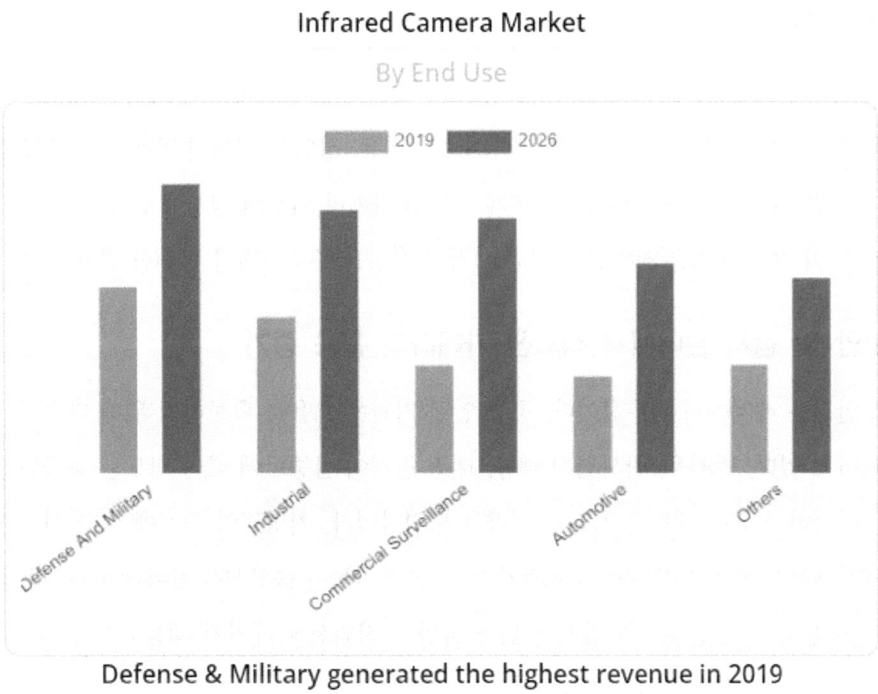

| 그림 2.10 | 적외선 카메라 시장의 활용 분야 예측 성장률[20]

(4) 기술 경쟁 구도

IR카메라의 기술경쟁은 매우 치열하다. IR카메라의 주요 기업으로는 FLIR Systems Inc.와 Opga가 있다.

2020년 5월 FLIR Systems는 FLIR Ignite 클라우드 접속 기능과 제조, 건물 유지보수, 유틸리티 업계 사용자를 위한 추가 Wi-Fi 기능을 갖춘 "FLIR C5 Compact" 열화상 카메라를 발표하였다. FLIR C5 제품은 휴대가 간편한 열화상 카메라로 설계되어 시판 전기 테스트를 위한 간단한 공유 도구와 진단 시간의 단축을 제공한다.

2020년 5월 Teledyne DALSA는 머신 비전용 SWIR 스캔 카메라를 발표하였다. 새로 개발된 제품은 재활용, 식품 및 포장의 양호한 검사, 광물 선별, 태양광 및 실리콘 웨이퍼 검사 등 다양한 용도에 적합한 소형 패키지에 고도의 InGaAs 센서를 갖추고 있다.

20) Allied Market Research, https://www.alliedmarketresearch.com/infrared-camera-market

(5) 주요 영향 요인

보안 및 감시 분야 IR카메라의 최종 사용 증가, 품질관리 및 검사에서의 적외선 카메라 채용 증가, 적외선 카메라의 높은 초기 구입 및 유지보수 비용, 상업용 적외선 카메라의 인기 증가 추세 등의 요인 최종 사용 및 SWIR용은 세계 적외선 카메라 시장의 성장에 큰 영향을 줄 것으로 예상된다. 이 같은 요인은 적외선 카메라 시장의 성장을 주도하거나 방해할 것으로 예상된다.

(6) 보안 및 감시 분야에서 적외선 카메라의 활용 증가

공공의 안전은 세계에서 최우선이다. 공공 안전 기관은 효율을 확보하기 위해 다수의 신기술에 투자하고 있다. 범죄율, 반사회적 행동, 테러 공격이 급증함에 따라 정부는 공공의 안전과 보안을 확보하기 위해 새로운 기술과 전략을 도입하였다. 치명적인 공격에 대한 시스템과 대응을 개선하여 안전하고 비용 대비 효과가 높은 실행 가능한 솔루션을 찾아야 했다. 방위, 국토안보, 주변감시 및 보안분야의 감시를 위해 다양한 적외선 카메라가 채용되고 있다. 고성능, 높은 이미징 기능, 및 현장에서의 높은 신뢰성 등의 개선된 기능은 시장의 성장을 주고하고 있다. 또한 적외선 카메라를 틸트 위치 결정 시스템과 통합하여 다양한 최종 용도에 최적인 감시 시스템을 만들 수도 있다. 적외선 카메라는 완전한 어둠 속에서도 최대 50km의 장거리 감지 기능을 제공한다. 이 기능은 시장의 성장에 견인력을 더해 전 세계에서 적외선 카메라의 시장 점유율에 유리한 기회를 제공한다.

(7) 높은 초기 구입 및 유지 비용

적외선 카메라는 상당히 고가여서 주로 개발도상국에서 채용에 상당한 장애물에 직면하고 있다. 카타르, 한국 등 개발도상국에서 보안기술을 도입하기 위한 정부의 적절한 자금지원 부족은 시장의 성장을 저해할 것으로 예상된다. 개량된 기술을 사용하는 것은 적외선 카메라 시장의 장벽으로 기능하는 대규모 투자를 수반한다. 다양한 최종 용도를 위한 개선된 감시 카메라는 기능 및 구입한 카메라 및 감시 시스템의 수에 따라 다양한 범위가 있다. 이러한 적외선 카메라의 설치 및 보수 비용은 일반적으로 높기 때문에 기술 비용이 증가한다. 따라서 초기 투자는 적외선 카메라 시장 분석의 성장을 억제할 것으로 예상된다.

(8) SWIR용 적외선 카메라 활용 증가

냉각식 적외선 카메라는 주로 장거리 및 중거리에 사용된다. 그러나 기술의 진보로 이 같은 적외선 카메라는 단거리의 최종 용도로 사용되고 있다. 냉각식 적외선 카메라는 암전류가 낮고, 화소수가 적은 InGaAs 초점면 어레이를 주로 사용하고 있다. 단거리의 최종 사용을 위해 적외선 카메라는 SWIR 스펙트럼 측정에 사용된다. 게다가 단거리 적외선 카메라는 약 220fps의 속도로 저노이즈 레벨을 가능하게 한다. 여러 회사에서 중장거리 파장과 함께 단거리에 사용되는 제품을 개발하고 있다. SWIR용 적외선 카메라는 시력 향상을 제공하고 다양한 최종 용도로 수동 냉각을 촉진한다. 또한 이들 근거리 카메라는 반도체 검사, 분광, 초분광 이미징 및 레이저 빔 프로파일링에 사용되어 세계적으로 수익성이 높은 적외선 카메라 시장의 기회를 창출할 것으로 예상된다.

2.3.2 국내외 비파괴검사 시장/기술 동향

(1) 시장 동향 전망

비파괴검사 시장은 2020년 167억 2000만 달러로 평가되고 2021 ~ 2026년 예측기간 중 6.7%인 CAGR로 2026년까지 246억 4000만 달러에 이를 것으로 예상된다. 영국의 비파괴검사연구소(British Institute of Non-Destructive Testing)에 따르면 영국의 공장과 현장에서 매일 25,000건 이상의 검사가 이루어지고 광범위한 제품, 공장, 구조물의 결함과 손상을 감지한다. 세계적으로 120,000명 이상의 검사관이 활동하고 있는 것으로 추정된다.

산업의 제조와 인프라의 자동화가 증가하는 것에 따라, 균열, 다공성, 제조 장해 등에 관련되는 결함 검출의 수요가 큰 폭으로 증가했다. 따라서 산업안전기준을 준수하는 것은 NDT시장 성장의 중요한 요소이다.

또한 ASME(American Society of Mechanical Engineers)나 ISO(International Organization for Standardization) 등의 여러 정부기관이나 지역기관이 전 세계에 설립되어 기기의 안전을 확보하고 엔지니어링 서비스를 감독하기 위한 엄격한 조치를 취했다. 이는 관계 당국으로부터 허가 및 증명서를 취득하기 위해 중요하다. 이는 전 세계 NDT 시장에 플러스 영향을 준다. 하지만 숙련된 전문가 부족과 높은 기기 비용과 높은 유지보수 비용 때문에 예측 기간 중 시장을 제한하고 있다.

(2) 비파괴검사 활용 분야

비파괴검사는 부품 또는 시스템의 유지보수성을 파괴하지 않고 재료, 부품 또는 어셈블리의 불연속성 또는 특성 차이를 검사, 테스트 또는 평가하는 과정이다. 항공우주, 방위, 석유 및 가스, 발전 및 자동차는 비파괴검사 기술을 사용하여 제품 품질을 보증하는 주요 분야이다. 내충격성, 연성, 항복, 극한인장강도, 파괴인성, 피로강도 등의 재료의 물리적 특성을 결정하기 위해 비파괴검사기술을 사용하며, 육안 검사는 가장 널리 사용되고 있는 비파괴검사 방법이다.

(3) 핵심 기술 동향

전력 및 에너지 섹터는 잠재적인 성장을 제공한다. 원자력은 세계 여러 나라에서 전력을 생산하기 위해 필수적인 역할을 하고 있다. 많은 나라에서 원자력 발전소에서 발전하는 전력은 50% 이상을 차지하고 있다(리투아니아- 81.5%, 프랑스- 78.2%, 벨기에-60.1%). 원자력 발전소의 안정적이고 안전한 운영을 확보하는 것은 원자력 공학의 중요한 과제이다. 특히 핵연료의 품질과 연료 제조 공정 장치에 의존하고 있다. 이 문제의 해결은 비파괴검사 및 진단의 적용과 직접적으로 관련되어 있다.

비파괴 방법은 연료검사 등 여러 용도로 매우 널리 사용되고 있다. 이 분야에서는 초음파, 와전류, 방사선 검사, 음향 기술 등 많은 기술이 사용되고 있다. IAEA(International Atomic Energy Agency) 연구에 따르면 전 세계 연료고장률은 약 5 ~ 10%에서 작동 중인 100,000개의 연료봉 가운데 1 ~ 3개의 고장난 연료봉을 의미한다. 비파괴검사의 실시로 실패율이 감소하고 있다.

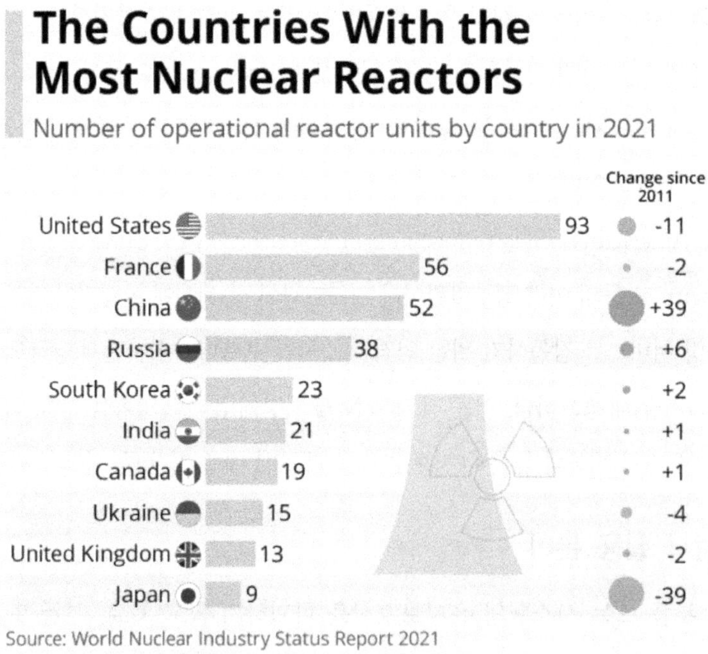

| 그림 2.11 | 세계 원자력 발전소의 가동갯수21)

게다가 향후 4년간 세계에서 67개 이상의 원자로가 가동기간 40년 이상에 이를 것으로 추정된다. 원자력 발전소가 노화됨에 따라 유지보수의 중요성이 높아져 검사 기술의 적용이 필요하다. 이것은 비파괴검사 시장에 거대한 시장 기회를 낳는다.

세계원자력협회(World Nuclear Association)에 따르면 중국과 인도는 2019년 5월까지 각각 43기와 14개의 원자로를 계획했다. 따라서 이와 같은 발전소 유지보수의 필요성도 증가하고 그 대가로 비파괴검사 시장이 창출될 것이다.

또한 APAC(Asia Pacific Activities Conference) 지역은 정부의 인프라 지출 증가로 비파괴검사 시장에 기회를 제공하고 있다. 예를 들면 이 지역에서 최대의 인프라 구조의 대처는 아시아와 유럽간의 무역 접속을 개선해 생산성과 효율성을 향상시키는 것을 목적으로 한 중국의 「벨트 앤드 로드 이니셔티브」이다..

| 그림 2.12 | 세계 비파괴검사 시장의 성장률[22)]

(4) 시장 경쟁 구도

근본적으로 비파괴검사 시장은 매우 경쟁적이다. 기기의 손상을 확인하고 필요한 정기적인 검사와 함께 안전대책으로서 다른 조직에서 수명평가절차를 의무적으로 실시해야 하는 규정이

21) World Nuclear Industry Status Report 2021,
https://www.statista.com/chart/20750/number-of-operational-reactor-units-by-country/

22) Mordor Ingelligence,
https://www.mordorintelligence.com/industry-reports/global-non-destructive-testing-market-industry

증가함에 따라 비파괴검사시장이 창출되고 있다. 이에 기업들은 엄청난 기회를 통해 이 시장에 뛰어들고 있다. 주요 기업의 몇 가지는 Olympus Corporation, GE Measurement & Control Solutions이다. 최근 개발 사항은 다음과 같다.

2018년 6월 – Comet의 Lab One 및 Yxlon의 비파괴 검사시설은 비파괴 검사 계약 서비스를 위해 고객에게 샘플을 제공하였다. 이는 RF전력, X선/CT, 전자빔재료테스트 등의 기술로 제공되는 제품을 사용하여 고객 엔지니어가 계측 및 측정테스트 및 NDT이노베이션의 경우에 접근할 수 있도록 설계되어 있다.

2.3.3 신재생 및 지속가능 에너지 발전시스템 IRT 적용

광열 발전 시스템은 태양열 에너지를 수집한다. 하지만 대형 어레이 미러는 열전달 매체와 열교환 장치를 통해 증기를 생성한다. 발전의 목적을 달성하기 위해서 전통적인 터보 발전기를 이용하고 있다. 광열발전의 주요 장점은 다음과 같다.

- 축열을 통하여 지속적이고 안정적인 전력공급이 가능하므로 PV 및 풍력발전의 피크 면을 포함한 어려운 문제를 회피할 수 있다.
- 흐린 날에는 보조연소 또는 기존 화력과의 복합운전으로 전기를 생성하기 위한 안정된 발전을 보증하고 기저부하를 허용할 수 있다.
- 이산화탄소의 평균 배출량은 13–19 g/kWh에 불과하며, 이는 최소한의 환경 리스크를 가진 청정 생산 프로세스에 속한다.

국제 에너지 기관(International Energy Organization)에 의하면, 광열 발전은 2050년까지 세계 전력 부하의 11%를 차지할 것으로 예상된다. 광열발전의 핵심 설비는 발전의 효율과 품질에 직접적인 영향을 줄 뿐 아니라 발전의 품질에도 영향을 미친다. 최근 생산의 안전, 제조자, 오퍼레이터 및 발전소는 광화력 발전소 시스템의 핵심기기 검출과 감시에 주력하기 시작하고 있다.

광열발전 시스템에서 PTR은 태양에너지를 열에너지로 변환하는 가장 중요한 장치이다. PTR의 성능과 품질은 광화력 발전시스템의 효율과 경제성에 직접적인 영향을 미친다.

350℃의 흡수기 온도에서 아르곤–수소 및 크세논–수소 혼합물의 전이, 온도 점프 및 연속체 영역에서 PTR의 열전도를 측정한 예가 있다. 그림 2.13(a)는 NREL(National Renewable

Energy Laboratory)의 PTR 열손실 시험장치이다. 이 테스트 스탠드는 실내에 위치하고 PTR 흡수기 내부의 전기저항 히터를 사용하여 흡수기 표면을 원하는 테스트 온도로 한다. 원하는 온도에 이르러 시스템이 정상 상태가 되면 전력 변환기는 열전대로 측정되는 흡수체 온도를 유지하는 데 필요한 전력을 측정한다. H Price 등은 적외선 카메라를 이용해 태양광 발전소 현장에서 PTR의 현장열 성능을 평가하는 기술을 도입했다. 그림 2.13(b)는 17년간 사용된 SEGS(Solar Electric Generating Systems) VI의 Luz 서멧 수신기의 예를 나타내고 있다. 수신기 상태는 시각적으로 양호하며, 바륨게터는 진공상태가 양호한 것을 나타낸다. 게다가 수신기는 약 330℃에서 열전달유체에서 작동한다. 하지만 유리온도는 범용 진공수신기보다 훨씬 높다. 이는 부분적으로 새로운 소렐 범용 진공선택코팅에 비해 원래의 루즈 서멧 코팅의 보다 높은 방사율에 의한 것이다.

NREL은 IRT기술을 이용하여 PTR의 벽온도를 측정하고 진공 및 필름의 온도를 평가하여 PTR의 열손실에 대한 다양한 가스의 영향을 분석하였다. Electrical Engineering Chinese Academy of Sciences는 PTR의 진공 및 필름 특성 테스트를 실시하였다.

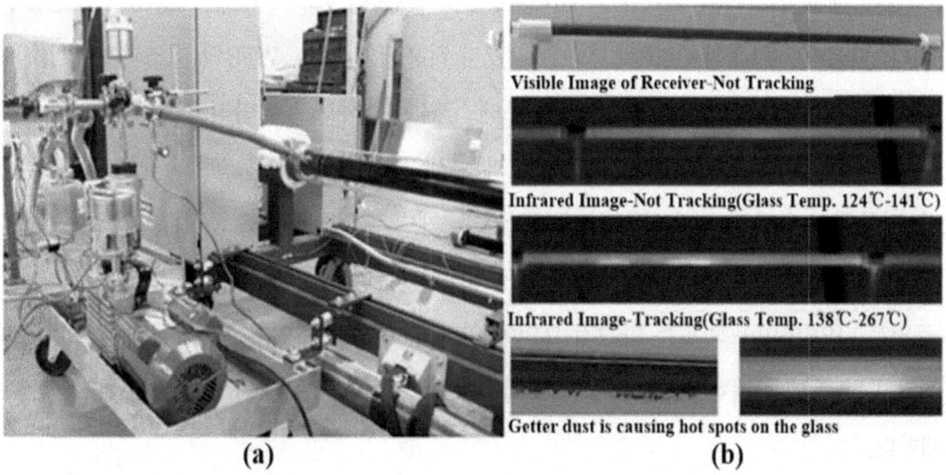

| 그림 2.13 | (a) Heat loss test stands at NREL; (b) Original Luz cermet receiver with hydrogen removal and getters.[23)]

23) "Progress and trends in fault diagnosis for renewable and sustainable energy system based on infrared thermography: A review.", Du, Bolun, et al.

2.3.4 풍력 터빈 블레이드

많은 나라에서 풍력은 안정적이고 경제적인 동력원으로 인식되고 있다. 풍력 기술은 고도의 기술, 우수한 인프라스트럭처 및 상대적인 비용 경쟁력 때문에 RSE기술의 타 애플리케이션보다 우수하다. 풍력 터빈(Wind Turbine; WT)은 RSE 시스템의 불가결한 부분이다. 통계 자료에 의하면, 풍력 에너지는 2020년까지 세계 전체의 전력 공급의 약 12%를 차지해 2030년까지 20%에 증가할 것으로 예측되었다. WT는 그림 2.14에서 나타내듯이 샤프트, 기어박스, 풍력 터빈 블레이드(Wind Turbine Blade; WTB) 등의 발전기 등의 많은 컴포넌트를 포함하는 전형적인 메카트로닉스 시스템이다. 그러한 구성요소에서는 블레이드 코스트는 총비용의 약 20%를 차지하고 블레이드는 풍력에너지를 포착하는 WT의 효율을 결정한다. 따라서 WTB 상태는 WT의 발전용량과 수명에 직접적인 영향을 미친다. 가용성을 높이고 O&M 비용을 절감하기 위해서는 WTB의 온컨디션 유지관리(OCM)를 지원하기 위한 라이프 사이클 평가, 결함 진단 및 NDT 평가가 필수적이다. 이러한 이류에 의해 비파괴검사 기술은 결함을 검출해 특징짓기 위해서 사용된다. 다음은 분석 모델을 사용하여 컴포넌트 또는 시스템 상태와 신뢰성을 평가한다.

고분자 매트릭스 복합 재료는 저밀도, 내식성, 높은 비강도 및 높은 비강성의 특성을 가지고 있다. 따라서 GFRP과 CFRP은 WTB에 널리 적용되고 있다. WTB의 제조과정에서 전체구조는 여러 복합재료에 의해 접합 및 열간 프레스 되어야 하므로 필연적으로 여러 결함이 형성된다. 그림 2.15에 나타나듯이 이러한 결함에는 세공, 피부박리, 겔코트의 균열, 접합손상 및 박리, 접착제의 박리 및 섬유의 분할이 포함된다. 게다가 일반적으로 풍력 발전 복합시설은 원격지 또는 연안에 설치된다. 수송, 설치, 조작 및 유지관리 과정에서 내부 균열 및 국소적인 표면 균열은 다양한 인공적 또는 환경적 요인에 의하여 야기될 수 있다. 풍력 발전 시스템의 작동 리스크가 한층 더 증가해, 생산 과정에서 발생할 가능성이 있는 미지의 많은 숨겨진 리스크가 존재한다.

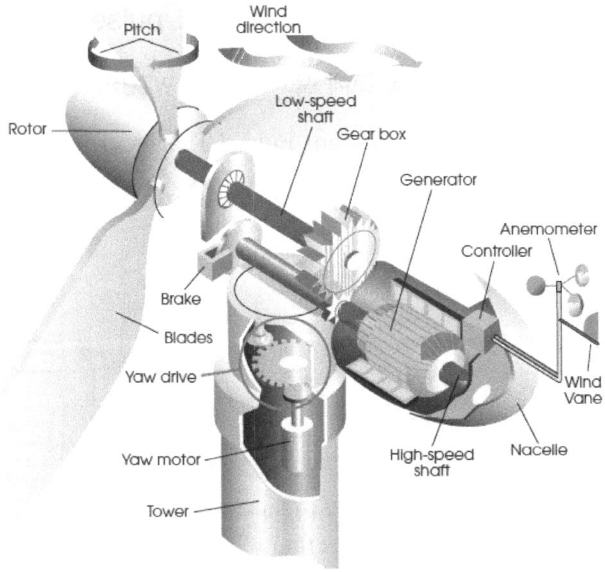

| 그림 2.14 | Structure of a geared wind turbine.[24)]

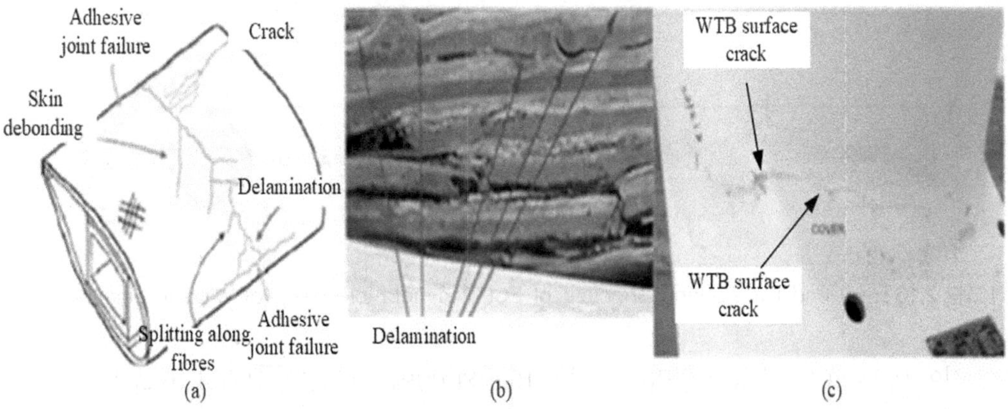

| 그림 2.15 | Typical defects of WTB. (a) Typical defect type; (b) Blade internal layered; (c) Blade surface crack.[25)]

---

24) "Onshore and Offshore Wind Energy: An Introduction", Lynn. P.

25) "Progress and trends in fault diagnosis for renewable and sustainable energy system based on infrared thermography: A review.", Du, Bolun, et al.

(1) 동적 와전류 열화상(dynamic eddy current pulsed thermography)

박리 및 해산은 WTB 제조 또는 사용 중에 불가피하다. WTB의 결함 검출을 실현하기 위해 DSE CPT(Dynamic Scanning Eddy Current Pulsed Thermography)를 제안했다. 다음으로 PCA(주성분 분석), ICA(독립성분 분석), NMF(Non-negative Matrix Factorization) 알고리즘을 화상 처리에 사용한다.

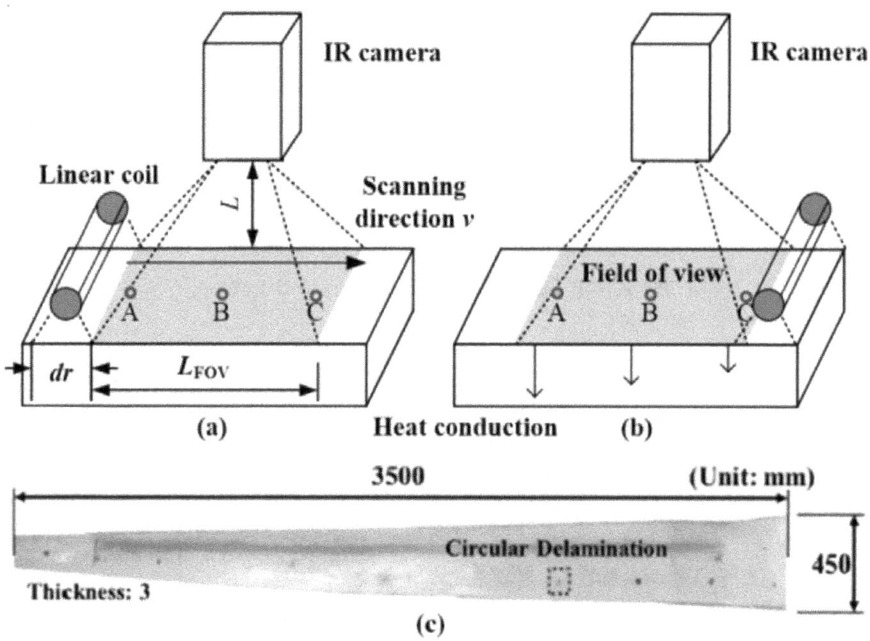

| 그림 2.16 | (a) and (b) Working principle of ECPT in-field-of-view; (c) Wind turbine blade.[26]

시야 내 DSECPT의 동작 원리를 그림 2.16(a)와 (b)에 나타낸다. 그림 2.16(c)에 나타나듯이 실제의 10 kW WTB를 결함 검출용 샘플로서 적용했다. 시스템은 주로 정적 IR카메라, 이동식 자기코일 및 라이너 여기코일을 포함한다. WTB와 IR카메라가 고정되어 있다. 먼저 IR카메라는 3차원 배열인 원래의 열 시퀀스를 취득한다. 이후 MATLAB에서 3차원 배열을 2차원 배열로 변경한다. 2차원 배열의 각 행 벡터는 열화상상의 각 픽셀의 온도 시퀀스를 나타내며, 이것은 과도 온도 응답으로 이해할 수 있다. 다음으로 PCA, ICA, NMF를 이용해 열화상 시퀀스를 처리한다. 대응하는 주요 컴포넌트(PC), 독립 컴포넌트(IC) 및 NMF 컴포넌트(NC)를 취득

26) "Dynamic scanning electromagnetic infrared thermographic analysis based on blind source separation for industrial metallic damage evaluation.", He, Yunze, et al.

한다. 마지막으로 적절한 PC, IC 및 NC를 선택하여 결함이 있는 WTB의 2차원 이미지를 재구성한다. 그림2.17(a) ~ (c)과 같이 각각 첫 번째, 두 번째, 네 번째 PC에 의해 형성된 이미지이며, 첫 번째와 두 번째 PC 이미지에서 결함 A ~ F를 검출할 수 있다. ICA의 경우 그림 2.17(d)과 (e)에 각각 8번째와 10번째 IC를 나타낸다. 또한 다른 IC 화상에서 표면 균열(A, B, C 및 D)과 박리(E 및 F)를 분리할 수 있음을 알 수 있었다. 그림2.17(f)은 NC에 의해 형성된 이미지를 보여준다. PCA, ICA 및 NMF에 의한 열 시퀀스 분석 후 모든 WTB 결함의 특징이 더욱 좋아 보이는 것을 알 수 있다.

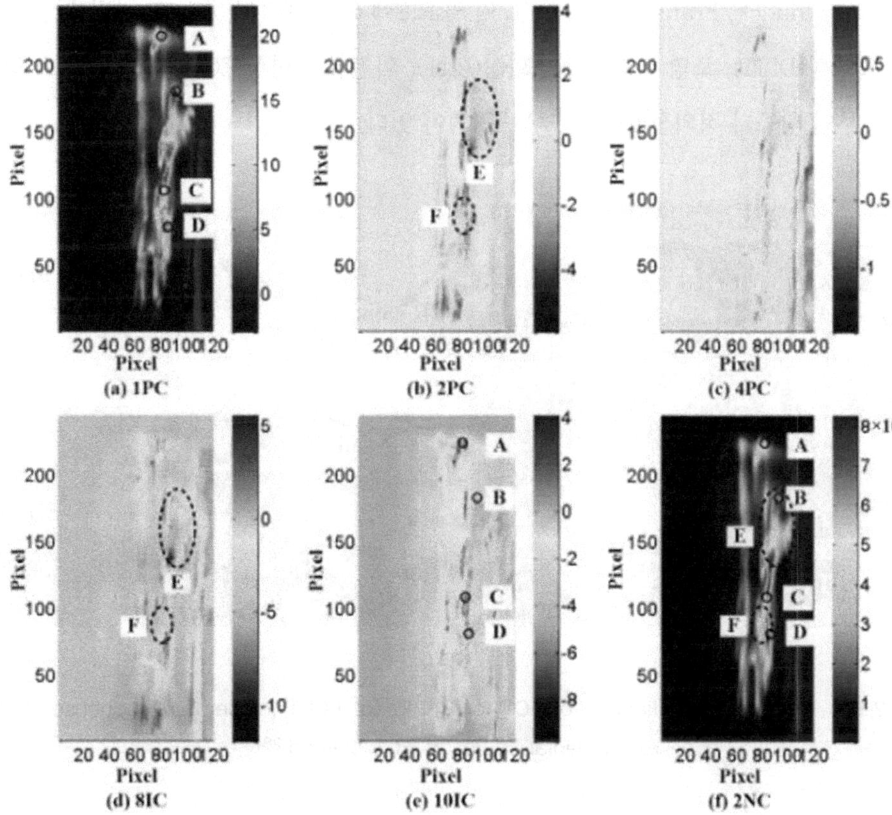

| 그림 2.17 | (a)–(c) The images formed first, second, and fourth PC, respectively. (d) and (e) the images formed by eighth and 10th IC, respectively. (f) The image formed by NC.[27]

27) "Dynamic scanning electromagnetic infrared thermographic analysis based on blind source separation for industrial metallic damage evaluation.", He, Yunze, et al.

2.3.5 태양광 전지

태양광 발전 시스템의 효율은 태양전지의 품질에 영향을 받는다. 태양전지의 공업생산에서는 기계 설비의 불충분한 정도에 의해 결함이 발생하기 쉽다. 결함은 실리콘 웨이퍼 원료 오염과 PV 전지 손상 두 가지 범주로 나눌 수 있다. 실리콘 웨이퍼 원료 오염이란 방향성 응고, 슬라이싱 및 세척 과정 결함을 말한다. PV 전지 손상은 PV 전지 제조 공정에서 발생하는 파손된 모서리, 표면 불순물, 흠집, 깨짐 등의 결함을 말한다. PV전지에 적용된 적외선열화상 기술 관련 현황은 다음과 같다. 태양전지의 정성적 특성 평가 및 정량적 분석에 IRT법에 사용되며 UNSW, Max Planck, Fraunhofer, NREL 및 SERIS에 의해 제안되었다. 그 방법에는 다크 위상잠금 열화상(DLIT), 조명 위상잠금 열화상(ILIT), 와전류 열화상(ECT), 와전류 펄스 열화상(ECPT), 무인 항공기 적외선열화상(UAV-IRT)이 있다.

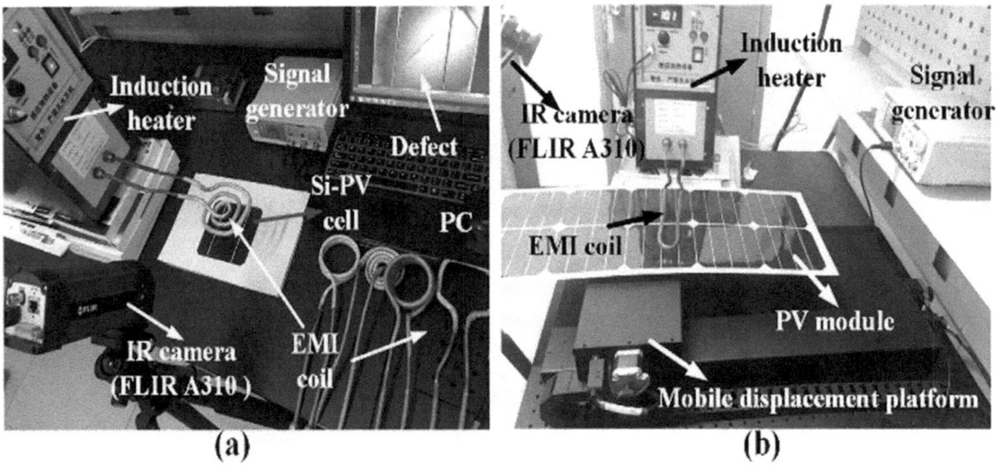

| 그림 2.18 | (a) Schematic diagram of ECT for CFRP, (b) ECPT temperature response, and (c) Experimental setup for ECT method.28)

(1) 와전류 열화상(eddy current pulsed thermography)

ECT(ECLT)의 경우 IRT 기술과 디지털 위상잠금 기술의 이점을 겸비하여 열원의 에너지를 줄이고 가열과 표면 방사율의 균일성 요건을 줄여 신호 대 노이즈 비를 향상시킨다. ECPT의 경우 펄스 와전류 발생기는 EMI 코일을 가지고 있어 고주파 교류를 생성하기 위해 수십 밀리초

28) "Intelligent classification of silicon photovoltaic cell defects based on eddy current thermography and convolution neural network.", Du, Bolun, et al.

에서 수백 밀리초의 펄스 신호를 생성한다. PV 셀에 대한 ECT 결함 검출 방법이 제안되었으며, 이 방법은 PV 셀의 핫스팟, 크랙, 게이트 파손, 과도한 도핑 및 다른 결함을 시각적으로 검출한다. 그림2.18(a)과 (b)에 나타나 있듯이 ECT 시스템의 그림은 PV셀, PV모듈, EMI코일, 신호발생기, 고전력 유도히터, 수냉 시스템, IR카메라 및 PC로 구성되어 있다. 게다가 기존의 공업 생산 라인에 있어서의 결함 검출의 낮은 효율과 높은 인공 검출 오류율의 문제를 해결하기 위해서, Deep Convolution Neural Network를 베이스로 한 인텔리전트 결함 분류 방법도 제안되고 있다. 이 방법에서는 ECT를 이용하여 PV 셀의 다양한 결함에 대한 IRT 결과를 취득하고, LeNet-5, VGG-16, 구글Net 등의 화상분류 모델을 결함분류에 적용한다.

(2) 다크 위상잠금 열화상(DARK lock-in thermograph)

DLIT 기술은 PV전지에 암전류가 존재하는 양극 및 음극 편견을 가진 PV전지를 나타낸다. DLIT의 실험 장비도를 그림 2.19에 나타낸다. PV 셀은 전원(THORLABS LDC3065-488)에 연결되어 있다. 적외선 카메라는 원하는 프레임 레이트로 PV전지의 표면 온도를 기록한다. PV 셀의 누출 전류 영역에서는 증가한 전류에 의해 열이 축적된다. 열이 축적되면 PV 셀의 온도가 올라가고 검출이 용이하다. 따라서 DLIT 기법은 PV 셀의 리크 전류를 식별하기 위해 자주 사용된다. 독일의 막스플랑크 미세구조물리연구소는 LIT에 대해 깊은 연구를 진행해 왔다.

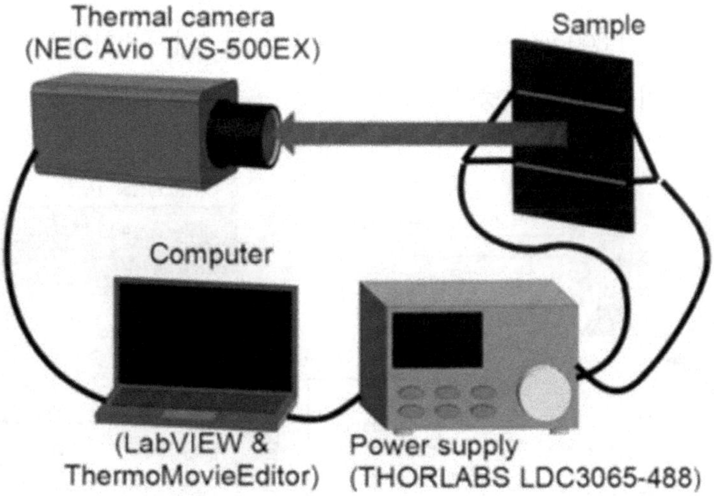

| 그림 2.19 | Experimental setup for acquiring DLIT images.[29)]

29) "Evaluation of the spatial distribution of series and shunt resistance of a solar cell using dark lock-in thermography.", Chung, Te-yuan, et al.

DLIT는 Breitenstein에 의해서 PV전지의 검사를 위해서 최초로 제안되었다. 그는 적외선 카메라를 사용하여 PV 전지의 션트 저항 분포를 정량적으로 연구하고 결정 실리콘 PV 전지 결함에 대한 캐리어의 재결합 속도를 측정하기 위해 DLIT와 레이저 빔 유도 전류를 조합하는 방법을 제안하였다. 단결정 실리콘 PV전지의 국소 열효율을 평가하기 위하여 DLIT법을 사용하였다. 또한 태양에너지연구소에서는 DLIT 방식을 이용하여 박막 태양 전지의 누출 전류를 검출하여 누출전류가 I-V특성 곡선에 따라 포화전류밀도와 효율에 미치는 영향을 분석하였다.

(3) 조명 위상잠금 열화상(Illuminated lock-in thermography)

ILIT는 재료 품질을 조사하고 PV 전지 결함을 검출하기 위하여 주로 개회로 조건(Voc-ILIT)에서 사용되었다. 독일에서는 ILIT법으로 저조도 조건(100 W/m^2)으로 CuInGa Se2 박막 PV 전지의 개방 전압을 측정하였다. 박막 PV 전지 결함의 영향을 ILIT법으로 정량적으로 분석하였다. Pletzer는 ILIT와 자유 캐리어의 흡수와 캐리어 방출에 기초한 2차원 카메라 공간 분해 기술에서 찾아볼 수 없는 이미터, 프론트 필드 및 로컬 리어 필드의 구조를 특징짓는 방법을 제안하였다. 그림 2.20의 (a)에 나타나 있듯이 그는 수직배치에 의한 기계구조를 연구하기 위해 ILIT 시스템을 사용하였다. IR 발광다이오드 어레이의 파장은 850nm이며 IR카메라의 파장대역은 3 ~ 5 μm 이다. 그림 2.20의 (b)에 나타나 있듯이 PV셀의 공간분해능 CDI/ILM 측정은 고농도 이미터 영역(진회색)과 저농도 도핑 영역(밝은 회색)에서 버스바와 격자선을 명확하게 구별한다. 가로 치수가 300 μm 미만인 선택적 에미터의 구조가 뚜렷하게 보인다. 약 250 nm의 발광 깊이의 차이는 ILIT법에 충분하다.

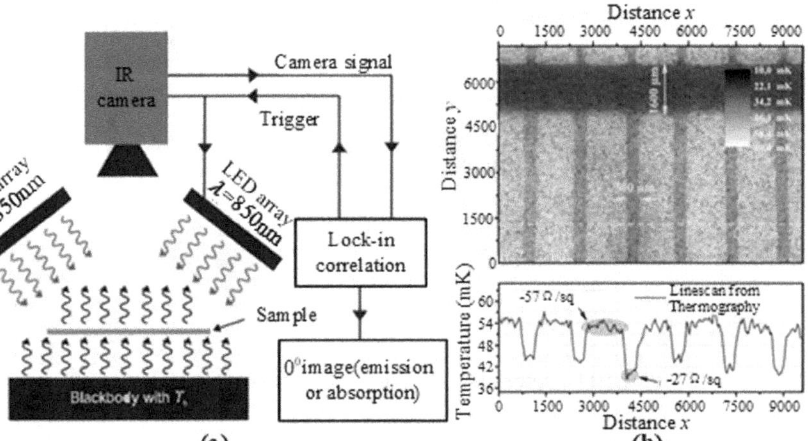

| 그림 2.20 | Schematic of the ILIT system; (b) CDI/ILM image of a PV cell.[30)]

2.3.6 무인체를 활용한 TT NDT적용

관심대상이 표면 아래에 있고 자연적으로 발생하는 열구배 없는 구조의 경우 수동적 접근은 거의 도움이 되지 않는다. 이런 경우 제어된 에너지원으로 검사되는 구조를 자극하고 데이터 처리를 사용하여 결과를 개선하는 것은 훨씬 실용적이며 효과적이다. 한편 결함 검출과 특성 평가(크기, 깊이 또는 열물리 특성의 결정)를 목적으로 한 대형 구조물을 검사하려면 입력 에너지(지속시간, 파형 타입)와 데이터 기록에 대한 신중한 제어(프레임 레이트, 시간 창)가 필요하다. 열전달 속도와 최종표면하의 이상현상(얕은 결함이 보다 빨리 나타나 깊은 결함보다 뛰어난 열대비를 통해 나타난다)과의 관계를 활용한다. 한편 일반적인 적외선열화상 실험설정을 사용하면 한 번에 비교적 작은 표면을 알아볼 수 있다(통상 면적이 클수록 공간분해능이 낮다). 전체 검사된 표면의 맵은 몇 가지 개별 검사를 통해 재구성할 수 있다.

혹은 카메라와 열원이 부품 표면에 대해 평행하게 이동하는(카메라가 가열 직후 열기록을 기록한다) 라인 스캔 열화상 등의 다이내믹 구성을 사용해 대형 구조를 검사할 수 있다. 검사 중에는 통상 정적인 상태이다. 이는 로봇 또는 이축 액추에이터에 카메라와 열원을 장착함으로써 실시할 수 있다. LST를 사용하면 기존의 정적 IRT보다 더 빠르고 대형 또는 복잡한 형상의 컴포넌트를 검사할 수 있다. 생산 중 품질관리를 위한 뛰어난 옵션일 수 있다. 가동 중인 검사를 위한 이상적인 상황은 컴포넌트를 제거할 필요 없이 대상을 검사하는 것이다. 이 경우 LST 시스템은 검사해야 하는 모든 영역을 커버하기 위해 거대한 로봇 팔 또는 여러 개의 작은 로봇을 적절히 설치하여 사용해야 한다. 여기서 UAV 기반의 액티브 IRT 시스템은 좋은 선택지일 수 있다. 최근 연구에 따르면 건축 재료의 열-물리적 특성을 검사하고 평가하기 위해 활성화 열화상 카메라를 갖춘 UAV를 적용하였다. 플래시 기반 시스템의 실현가능성을 실증하고 안정적인 후처리 방안을 모색 또는 개발하면서 UAV 안정성을 대폭 개선할 필요성을 지적하였다. 갑작스런 스파이크와 같은 예기치 않은 동작은 크거나 얕은 결함 검출에 거의 또는 전혀 영향을 미치지 않을지도 모르지만, 소형 또는 보다 깊은 결함 검출에는 종종 추가적인 처리가 필요하다. 이는 저온 데이터 시퀀스는 PPT(시간에 의한 픽셀 단위)로 처리되며 위상화상(위상)을 재구성하기 위해 결합된 위상프로파일을 얻을 수 있는 그림 2.21에 나타나 있다. PPT는 결함검출을 향상시킨다. 바람직하지 않은 동작은 연속 프레임의 픽셀 단위의 위치 맞추기를 방

30) "Progress and trends in fault diagnosis for renewable and sustainable energy system based on infrared thermography: A review.", Du, Bolun, et al.

해할 가능성이 있어 결함 검출에 사용되는 온도 변화 분석에 오차를 더하는 것에 의해서, 이미 노이즈가 많은 것이 많다. 따라서 신호처리 기술(예를 들어 그림 2.21에 나타나 있는 PPT)을 적용하기 전에 바람직하지 않은 움직임을 최소화하고 줄이기 위한 첫 단계로 비디오 안정화가 필요하기 때문에 UAV 기반 액티브 서멀 이미징 기술의 결함 검출 기능이 향상시킬 수 있다.

두 번째 실험 세트에서는 동영상의 안정화와 선택 방법을 더욱 평가하고 UAV를 1.5 m, 2 m, 3 m의 서로 다른 높이로 항공기 부품 위로 비행하는 UAV 기반의 활성 서멀 이미징 기술의 예비 시연기로 평가하였다. 그림 2.22의 (a)는 다른 높이로 촬영한 광학 프레임과 열화상 프레임을 나타내고 있다. 여기서 손상(드릴 구멍)은 열화상 프레임에서는 볼 수 있지만 광학 프레임에서는 볼 수 없다. 손상을 검출하기 위한 UAV 기반의 능동 적외선열화상을 나타내고 있다. 개발된 OSM 접근방식을 사용하여 평활화 기술을 평가할 경우 첫 번째 실험 세트(그림 2.22(b))에서 사용된 것과 같은 가중치 점수가 여기에서 사용되었다. 2번째의 실험 세트(그림 2.22(c))에서는, 열화상 비디오만을 분석하였다.

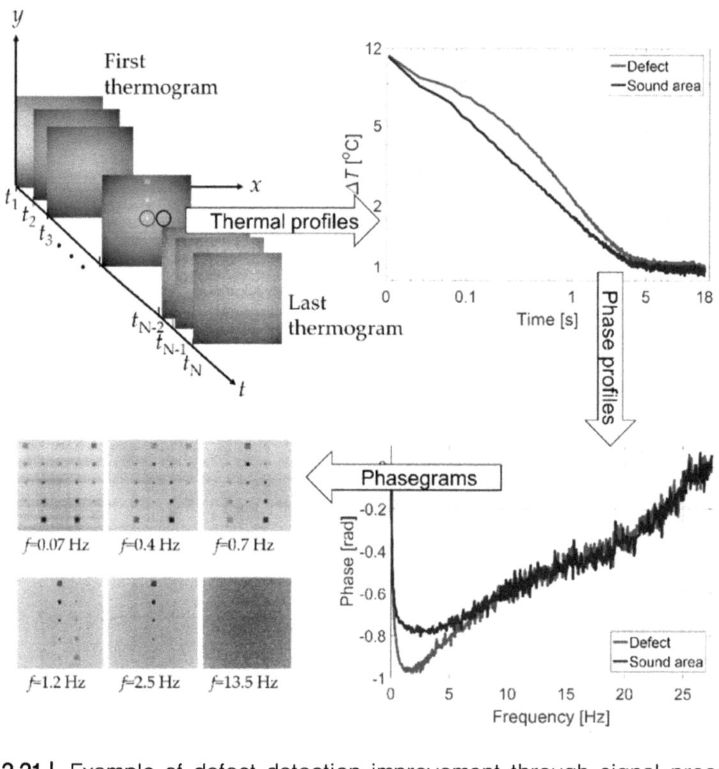

| 그림 2.21 | Example of defect detection improvement through signal processing[31)]

31) "Evaluation and Selection of Video Stabilization Techniques for UAV-Based Active Infrared Thermography Application.", Pant, Shashank, et al.

(a)

(b)

(c)

| 그림 2.22 | UAV를 활용한 콘크리트 표면의 열화상 검사[32)]

32) "Evaluation and Selection of Video Stabilization Techniques for UAV-Based Active Infrared Thermography Application.", Pant, Shashank, et al.

연습문제

1. 다음 적외선열화상 역사와 기원에 대한 서술 중 틀린 것을 고르시오.

① 적외선은 천문학자 William Herschel에 의해 처음 발견되었다.
② 초기에는 군사용으로 제작되었으며, 1950년대 말 산업용으로 제작 및 활용되기 시작하였다.
③ 고성능 적외선열화상의 발전으로 물체 표면의 온도를 구분해능/고민감도로 계측하고, 데이터를 실시간으로 빠르게 취득할 수 있게 되었다.
④ 초기의 적외선열화상은 기계 주사형이었으며, 수많은 적외선 검출 소자가 사용되었다.

2. 다음 적외선열화상의 산업적 응용에 관한 서술 중 틀린 것을 고르시오.

① 산업용 적외선열화상은 안전, 품질 및 유지보수 효율을 위해 필수적이다.
② 온도나 장비 및 전기 시스템의 열 매핑 이미지를 생성하는데는 대상체 작동온도와 매우 관계가 높다.
③ 광학 가스 검출기를 활용하여 가스 누출 및 전기 문제를 감지할 수 있다.
④ 전자 부품 표면의 핫스팟과 같은 비선형 온도분포를 감지할 수 있다.

3. 다음 적외선열화상의 산업적 응용에 관한 서술 중 옳은 것을 고르시오.

① 코로나바이러스 등의 전염병 감지 등과 같은 바이러스 자체를 검출할 수 있다.
② 열화상을 활용한 재료검사는 프로세스 중에 검사 대상이 파괴되지 않기 때문에 시간과 비용을 절약할 수 있다.
③ CFRP와 같은 복합재료의 표면 결함은 감지할 수 있으나, 표면 뒤에 존재하는 접착제의 디본딩과 같은 결함은 감지할 수 없다.
④ 비접촉식 적외선열화상 측정은 화학물질 측정이 불가능하다.

4. 다음 적외선열화상 최신동향 서술 중 틀린 것을 고르시오.

① 보안, 감시, 품질관리, 비파괴검사 분야에서 적외선 카메라 적용이 증가함에 따라 글로벌 성장이 계속되고 있다.
② 최근에는 무인체에 탑재하여 무인검사에도 활용 중에 있다.
③ 적외선 센서 기술의 비약적인 발전으로 인해 적외선카메라의 가격은 더욱더 비싸지고 있다.
④ 적외선열화상 기술의 성장은 산업 제조의 자동화가 증가하는 것에 따라 균열, 다공성, 제조 방해 등과 관련된 결함 검출의 수요가 큰 폭으로 증가함에 따른 것이다.

5. 무인이동체(UAV)와 적외선열화상 융합하여 검사를 수행할 시 얻을 수 있는 장점들에 대해 상세히 서술하시오.

6. 적외선열화상 검사를 활용하여 재료 검사에 적용할 시 얻을 수 있는 장점은 무엇인지 서술하시오.

7. 적외선열화상 기술에 최신동향에 대해 간략하게 설명하시오.

8. 풍력 터빈 블레이드의 재료와 이에 대한 특징을 서술하고, 열화상으로 검출가능한 결함에 대해 설명하시오.

9. 다크 위상잠금 열화상(DARK lock-in thermography)과 조명 위상잠금 열화상(Illuminated lock-in thermography) 의 특징과 기존 위상잠금 기법과 차이점을 설명하시오.

10. [   ] 열화상은 기기의 전체적인 온도분포를 측정할 수 있는 기기의 상태 감시 및 진단 수법으로 중요한 진단기술이다. [   ] 안에 들어갈 가장 적절한 사항을 보기에서 고르시오.

① 자외선
② 적외선
③ X선
④ 초음파

11. 전기설비에는 발전기, [   ], 송전˙변전설비, 전동기 등이 있다. [   ] 안에 들어갈 적절한 사항을 보기에서 고르시오.

① 터빈
② 배관
③ 엔진
④ 배전함

12. 배관계 열화, 고장 원인으로는 [   ], 폐색 등에 의한 온도변화가 있다. [   ] 안에 들어갈 적절한 사항을 보기에서 고르시오.

① 변형
② 팽창
③ 누출
④ 내압

13. 회전기계의 열화, 고장원인으로는 [   ] 손상, 윤활부족 등으로 인한 발열이 있다. [   ] 안에 들어갈 적절한 사항을 보기에서 고르시오.

① 구동축
② 베어링
③ 케이스
④ 피로

14. 회전기계에는 발전기, 터빈, [ ], 감속기, 펌프, 압축기 등이 있다. [ ] 안에 들어갈 적절한 사항을 보기에서 고르시오.

① 오리피스
② 전동기
③ 브레이커
④ 차단기

15. 적외선열화상은 정량 열화상과 정성 열화상으로 분류된다. 정량 열화상에서는 대상체 온도를 측정하기 위한 보정으로, 미리 [ ], 반사율 및 투과율을 설정한다.

① 전도율
② 분산율
③ 변화율
④ 방사율

3 열전달 이론

3.1 열전달 기초

열전달은 열공학의 기본적인 부분이다. 이는 서로 다른 온도의 시스템 사이의 열전달을 관장하는 규칙의 과학이다. 열역학에서 한 시스템에서 주변으로 전달되는 열은 주어진 프로세스 매개변수로 가정된다. 이 가정은 열이 전달되는 방식과 전달된 열의 양을 결정하는 규칙에 대한 정보를 제공하지 않는다.

열전달은 해당 온도 차이 및 기타 물리적 조건에서 발생하는 열전달 속도의 종속성을 설명한다.

3.1.1 열전달 모드

정의에 따르면 열은 온도 차이로 인해 전달되는 에너지다. 매체 또는 매체 사이에 온도차가 존재할 때마다 열흐름이 있어야 한다. 다양한 유형의 열전달 프로세스를 모드라고 한다. 이러한 모드는 그림 3.1에 나와 있다. 고체 또는 유체일 수 있는 고정된 매체에 온도 구배가 존재할 때 열은 전도 열전달 법칙에 따라 흐른다. 반면에 표면과 움직이는 유체 사이에 온도 구배가 존재하는 경우 대류라는 용어를 사용한다. 열전달의 세 번째 모드는 복사라고 하며 유한 온도의 모든 표면에서 방출되는 전자기파에 의해 구동되기 때문에 전달할 매체가 필요하지 않으므로 서로 다른 온도의 두 표면 간에 복사에 의한 열전달이 있다.

공간적 온도 구배가 존재할 때 재료에서 열전도가 발생한다. 계산 절차와 관련하여 정적 재료(고체 및 정적 유체)와 움직이는 유체 사이에는 차이가 있다. 정적 재료의 열전달은 공간 온도 구배 및 재료 속성에만 의존한다.

단단한 벽과 움직이는 유체 사이의 열전달은 벽과 유체 사이 및 유체 내부의 열전도에 의해 발생한다. 또한 엔탈피의 이동이 발생하여 온도가 다른 영역이 혼합된다. 열 달은 열전도율과 유체 경계층의 두께에 의해 결정되며 후자는 흐름 및 재료 매개변수에 따라 달라진다. 경계층에서 열은 전도에 의해 전달된다.

계산 방법이 다르기 때문에 단단한 벽과 유체 사이의 열전달을 대류 열전달 또는 더 간결하게는 대류라고 한다. 자유 대류와 강제 대류 사이에는 더 큰 차이가 있다.

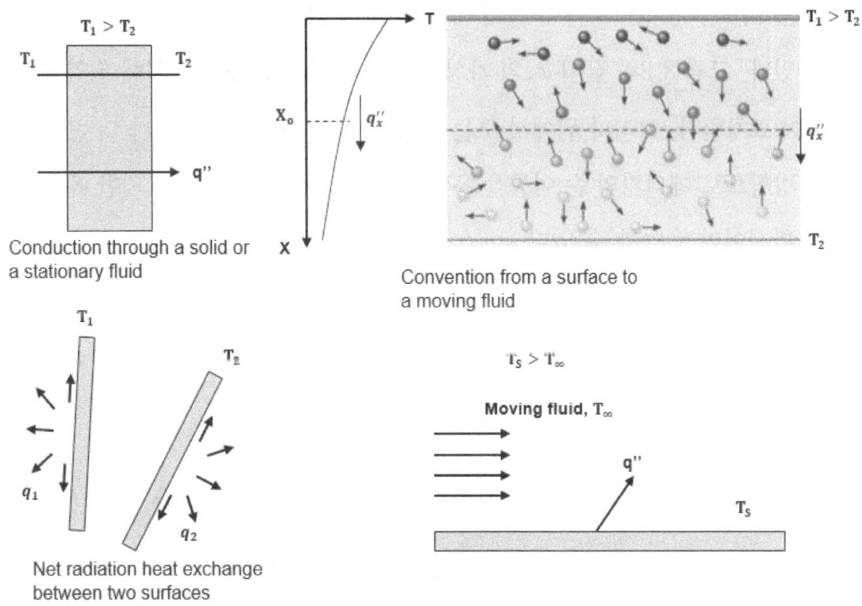

| 그림 3.1 | 열전달 모드(전도, 대류, 복사)

열복사는 매개체 없이 발생할 수 있다. 유한한 온도의 분자 당 2개 이상의 원자로 구성된 모든 표면과 기체는 전자기파의 형태로 에너지를 방출한다. 열복사는 온도가 다른 두 표면 사이의 전자기파 교환의 결과다.

열전달은 결합된 열전도와 복사를 통해 발생할 수 있다. 많은 경우 열전달 모드 중 하나는 무시할 수 있다. 열전달 모드는 물에서 내벽으로 내부의 강제 대류, 단단한 벽의 열전도 및 외벽에서 실내로의 복사와 자유 대류의 조합이다.

3.1.2 전도

전도는 원자 수준에서 입자 또는 입자 그룹 사이의 운동 에너지 전달에 의해 연속체의 부분 사이에서 에너지가 전달되는 열전달 메커니즘이다. 우리는 원자 및 분자 활동의 개념을 생각해 내야한다. 가스에서 전도는 분자의 탄성 충돌로 인해 발생한다. 온도 구배가 있는 기체를 고려하고 벌크 운동이 없다고 가정한다. 가스는 그림 3.2와 같이 서로 다른 온도로 유지되는 두 표면 사이의 공간을 차지할 수 있다. 우리는 어떤 지점의 온도를 그 지점에 근접한 기체 분자의 에너지와 연관시킨다. 이 에너지는 분자의 내부 회전 및 진동 운동뿐만 아니라 무작위 병진 운동과 관련이 있다. 그림 3.2와 같이 x_o의 가상 평면은 무작위 운동으로 인해 위와 아래에서 분자가 끊임없이 교차한다. 그러나 위에서 오는 분자는 아래에서 오는 것보다 더 큰 온도와 연관되어 양의 x 방향으로 에너지의 순 이동을 유발한다. 무작위 분자 운동에 의한 에너지의 순 이동을 에너지 확산이라고 말할 수 있다.

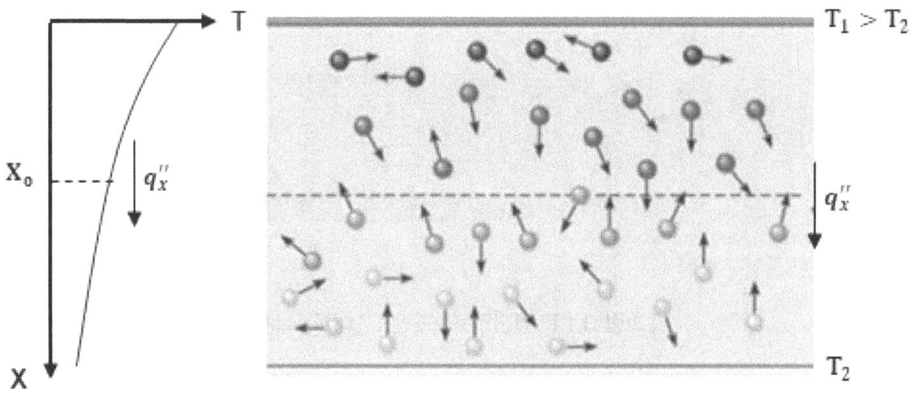

| 그림 3.2 | 전도 현상에 의한 분자들의 이동

액체 및 전기적으로 비전도성인 고체에서는 격자 구조의 세로 진동에 의해 발생하는 것으로 간주된다. 금속의 열전도는 전기 전도와 마찬가지로 자유 전자의 운동을 통해 발생한다. 열에너지 전달은 열역학 제 2법칙의 결과로 온도가 감소하는 방향으로 발생한다.

고체 불투명체에서 열전도는 공정에서 순 물질이 흐르지 않기 때문에 중요한 열전달 메커니즘이다. 흐르는 유체의 경우, 유동이 층류이고 표면과 평행하고 소용돌이 운동이 없는 고체 경계에 매우 가까운 영역에서 열전도가 지배적이다.

전도 열전달의 예는 엄청나다. 여름날에는 외부 공기로부터 방으로 상당한 에너지 증가가 있다. 이러한 현상은 주로 실내 공기와 외부 공기를 분리하는 벽을 통한 전도 열전달로 인한 것이다. 또한 전자 장치 냉각 공정에서 전도는 모든 전자 장치 설계에 사용되는 열전달 메커니즘이다. 시스템이 회로 기판의 대류 냉각을 위해 설계된 경우에도 전도는 여전히 구성 요소 장치 및 회로 기판에서 지배적인 열전달 메커니즘이다. 이것은 전력 실리콘 및 자기와 같은 구성 요소에서 열집중이 발생하는 전력 전자 장치에 특히 해당된다. 이 열은 전도를 통해 구성 요소 케이스, 회로 기판 또는 방열판으로 전달되어야 시스템 수준 냉각 메커니즘에서 처리할 수 있다. 결과적으로 모든 전자 설계자는 열전도 기술과 그 분석에 대해 알고 있어야 한다.

적절한 비율 방정식의 관점에서 열전달 과정을 정량화하는 것이 가능하다. 이러한 방정식은 단위 시간당 전달되는 에너지의 양을 계산하는데 사용할 수 있다. 열전도율 방정식은 푸리에의 법칙으로 알려져 있다.

푸리에의 법칙은 현상학적이다. 그것은 첫 번째 원칙에서 파생되는 것이 아니라 관찰된 현상에서 발전된 것이다. 일반적인 비율 방정식은 많은 실험적 증거를 기반으로 한다. 온도 분포가 $T(x)$인 그림 3.3에 표시된 1차원 평면 벽의 경우 속도 방정식은 다음과 같이 표현된다.

$$q_x'' = -k\frac{dT}{dx} \tag{3.1}$$

열유속 $q''(W/m^2)$은 전달 방향에 수직인 단위 면적당 x 방향의 열전달 속도이며 이 방향의 온도 구배 dT/dx에 비례한다. 비례 상수 k는 열전도율($W/m\,K$)로 알려진 수송 특성으로 벽재의 특성이며 마이너스 기호는 열이 온도가 감소하는 방향으로 전달된다는 사실의 결과이다.

온도 분포가 선형인 그림 3.3의 정상 상태 조건에서 온도 구배는 다음과 같이 표현될 수 있다.

$$\frac{dT}{dx} = \frac{T_2 - T_1}{L} \tag{3.2}$$

그리고 열유속은 다음과 같다.

$$q_x'' = -k\frac{T_2 - T_1}{L} \tag{3.3}$$

이 방정식은 열유속, 즉 단위 면적당 열전달 속도를 제공한다. 영역 A의 평면 벽을 통한 전도에 의한 열률 $q_x(W)$는 플럭스와 영역의 곱, $q_x = q_x''$이다.

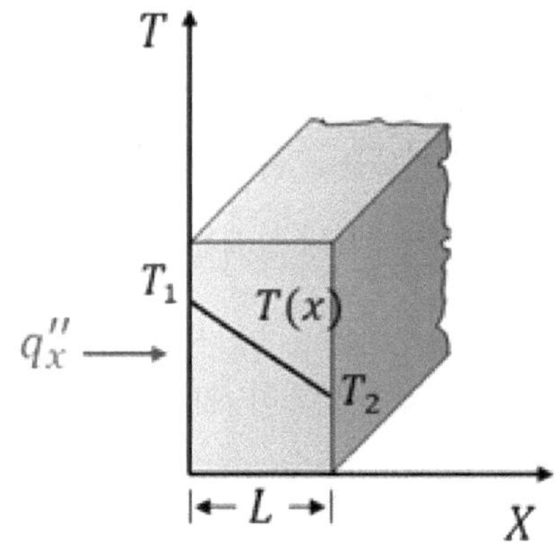

| 그림 3.3 | 1차원 평면 방정식의 전도 방정식

3.1.3 대류

대류 열전달 모드는 유체 이동과 분자 확산에 의한 에너지 전달을 포함한다. 평판 위를 흐르는 유체로의 열전달을 고려했을 때, 레이놀즈 수가 충분히 크면 세 가지 다른 흐름 영역이 존재한다.

벽 바로 옆에는 열전도에 의해 열전달이 일어나는 층류 하위층이 있다. 층류 하위층 외부에는 완충층이라고 하는 전이 영역이 있으며, 여기에서 소용돌이 혼합과 전도 효과가 모두 중요하다. 완충층 너머에는 난류 영역이 있다.

대류 열전달은 유동의 성질에 따라 자유 대류 또는 자연 대류 유동이 유체의 온도 변화에 의한 밀도 차이로 인해 발생하는 부력에 의해 유도되는 것으로 분류될 수 있다. 예는 그림 3.4의 (a)와 같이 정지된 공기에서 회로 기판의 수직 어레이에 있는 뜨거운 구성 요소에서 발생하는 자유 대류 열전달이다. 구성 요소와 접촉하는 공기는 온도가 상승하여 밀도가 감소한다.

강제 대류의 경우; 흐름은 팬, 펌프 또는 대기 바람과 같은 외부 수단에 의해 발생한다. 그 예는 그림 3.4의 (b)와 같이 인쇄 회로 기판의 뜨거운 전기 부품에 강제 대류 공기 냉각을 제공하기 위해 팬을 사용하는 것이다.

예제 3-1

어떠한 가열로의 벽이 두께가 0.1 m이고, 열전도유리 1.7 $1.7\ W/m.K$인 내화 벽돌로 만들어져 있다. 정상상태에서 안쪽 표면과 바깥쪽 표면의 온도를 측정해 보니 각각 1500 K와 1200 K이다. 높이 0.5 m, 폭 1.2 m인 한 측면 벽을 통한 열손실률은 얼마인가?

[가정]

1. 정상상태 조건이다.
2. 벽을 통한 1차원 전도이다.
3. 열전도율은 일정하다.

풀이

벽을 통한 열전달은 전도에 의한 것이므로 열유속은 Fourier의 법칙으로부터 구할 수 있다.

$$\ddot{q_x} = k\frac{\Delta T}{L} = 1.7\ W/m.K \times \frac{300\,K}{0.1\,m} = 5100\ W/m^2$$

열유속은 단위면적의 단면을 통한 열전달률을 나타내고, 이것은 벽 표면 전체에 대해 균일하다. 따라서 벽 면적 $A = H \times W$를 통한 열손실은 다음과 같다.

$$q_x = (HW)\ddot{q_x} = (0.5\,m \times 1.2\,m)5100\ W/m = LSUP23060\ W$$ 이다.

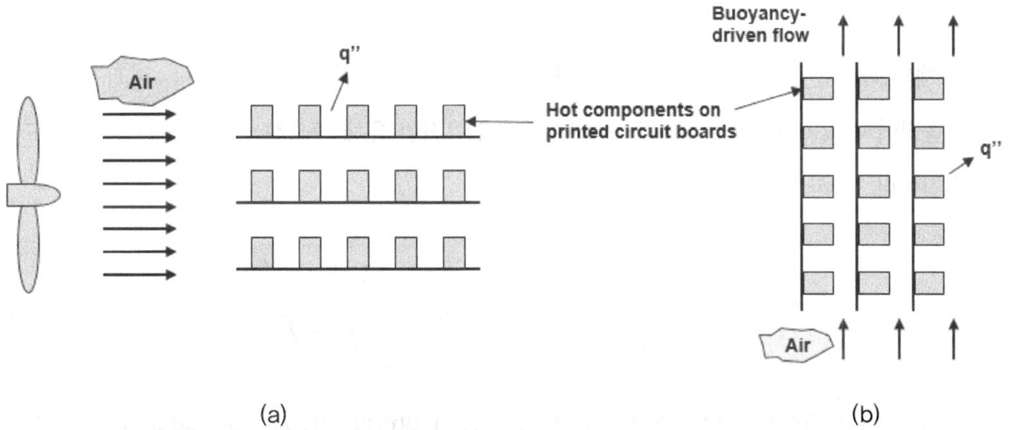

| 그림 3.4 | 회로 기판의 대류 열전달

대류 열전달은 뉴턴의 냉각 법칙으로 설명된다.

$$q = hA(T_W - T_\infty) \tag{3.4}$$

여기에서 q는 열전달률, h는 열전달 계수, T_W는 벽의 온도 및 T_∞는 유체의 온도를 의미한다.

(1) 강제 대류

대류 열전달은 유체 운동과 열전도를 포함하기 때문에 복잡하다. 유체 운동은 열전달을 향상시킨다(속도가 높을수록 열전달 속도가 높음). 대류 열전달 계수 h는 유체 특성과 고체 표면의 거칠기, 유체 흐름의 유형(층 또는 난류)에 크게 의존한다.

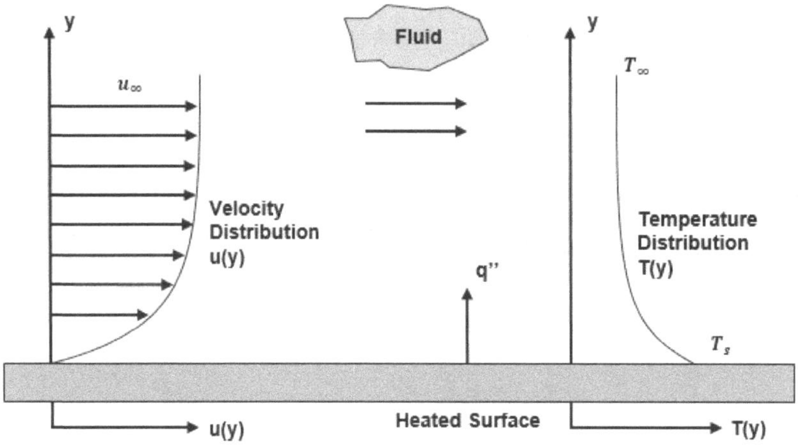

| 그림 3.5 | 강제 대류

유체의 속도는 벽에서 0이라고 가정하고 이 가정을 노슬립 상태라고 한다. 결과적으로 유체는 움직이지 않기 때문에 고체 표면에서 표면에 인접한 유체 층으로의 열전달은 순수 전도에 의한 것이다. 따라서

$$\left.\begin{matrix} q_{conv}' = q_{cond}' = -k_{fluid}\dfrac{\partial T}{\partial y_{y=o}} \\ q_{conv}' = h(T_s - T_\infty) \end{matrix}\right\} \rightarrow h = \frac{-k_{fluid}\dfrac{\partial T}{\partial y_{y=0}}}{T_s - T_\infty} \tag{3.5}$$

대류 열전달 계수는 일반적으로 흐름 방향을 따라 변한다. 표면에 대한 평균 또는 평균 대류 열전달 계수는 전체 표면에 대한 국부 열전달 계수를 (적절하게) 평균화하여 결정된다.

예제 3-2

지름 3 mm 이고 길이가 2 m 인 152 ℃ 강봉이 있다. 외부 온도가 15℃가 일 때 대류 열전달 계수 h를 구하여라.

풀이

$Q = VI = (60\,V)(1.5A) = 90\,W$이고,
$A_s = \pi DL = \pi(0.003m)(2m) = 0.01885m^2$이다.

따라서, 대류열전달 계수(h)는

$$h = \frac{Q}{A_s(T_s - T_\infty)} = \frac{90\,W}{(0.01885m^2)(152-15)℃} = 34.9\,W/m^2.℃ \text{ 이다.}$$

(2) 자연 대류

찬 공기에 노출된 뜨거운 물체를 고려했을 때, 물체 외부의 온도는 (찬 공기와의 열전달의 결과로) 떨어지고 물체에 인접한 공기의 온도는 상승한다. 결과적으로 물체는 따뜻한 공기의 얇은 층으로 둘러싸여 있고 열은 이 층에서 공기의 외부 층으로 전달된다.

뜨거운 물체에 인접한 공기의 온도가 높으면 밀도가 낮아진다. 결과적으로 가열 된 공기가 상승한다. 이러한 움직임을 자연 대류라고 한다(그림 3.6). 이러한 움직임이 없으면 열전달은 전도에 의해서만 이루어지며 그 속도는 훨씬 더 낮을 것이다.

중력장에는 더 무거운 유체에 있는 가벼운 유체를 위쪽으로 밀어내는 알짜 힘이 있다. 이 힘을 부력이라고 한다(그림 3.7).

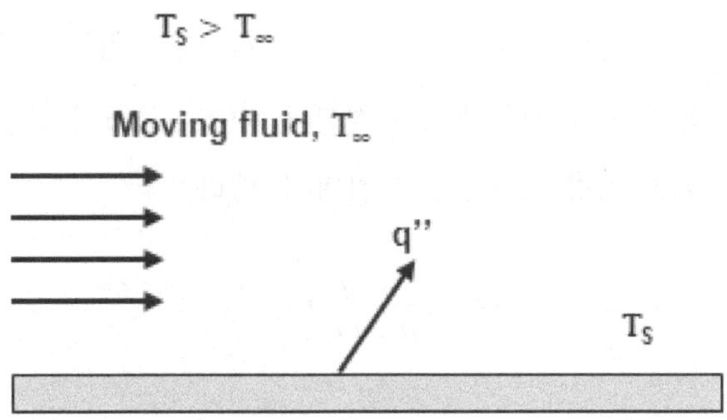

| 그림 3.6 | 자연 대류

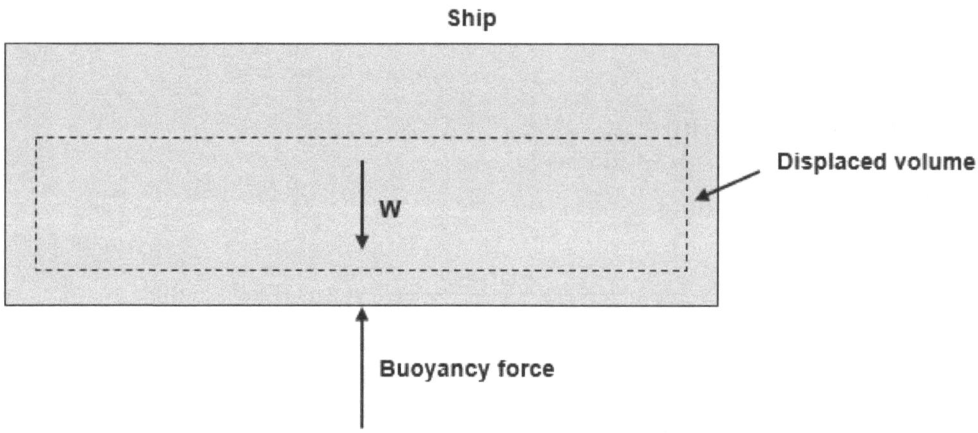

| 그림 3.7 | 물에 떠있는 배의 부력

부력의 크기는 신체에 의해 변위된 유체의 무게이다.

$$F_{buoyancy} = \rho_{fluid} g V_{body} \quad (3.6)$$

여기에서 V_{body}는 유체에 잠긴 몸체 부분의 체적을 의미한다. 정미(net) 힘은 다음과 같다.

$$F_{\neq t} = W - F_{buoyancy} \quad (3.7)$$

$$F_{net} = (\rho_{body} - \rho_{fluid}) g V_{body} \quad (3.8)$$

알짜 힘은 유체와 몸체의 밀도 차이에 비례한다. 이를 아르키메데스의 원리라고 한다. 우리 모두는 부력으로 인해 물속에서 "체중 감소"를 경험한다. 다른 예로는 열기구 상승과 굴뚝 효과가 있다. 부력에는 중력장이 필요하므로 중력이 존재하지 않는 우주에서는 부력 효과가 존재하지 않는다. 밀도는 온도의 함수이며, 일정한 압력에서 온도가 있는 유체의 밀도 변화는 다음과 같이 정의되는 체적 팽창 계수 β로 표현될 수 있다.

$$\beta = -\frac{1}{\rho}\left(\frac{\partial \rho}{\partial T}\right)_P \quad (3.9)$$

$$\beta \approx -\frac{1}{\rho}\frac{\Delta \rho}{\Delta T} \rightarrow \Delta \rho \approx -\rho \beta \Delta T \quad (3.10)$$

이상기체에 대해서는 다음과 같다.

$$\beta_{ideal\,gas} = \frac{1}{T} \tag{3.11}$$

CHAPTER
01
02
03
04
05
06
07
08
09
10

여기에서 T는 절대 온도를 의미한다.

매개변수 $\beta \Delta T$는 일정한 압력에서 온도 변화 ΔT에 해당하는 유체의 부피 변화 비율을 나타낸다. 부력은 밀도차에 비례하므로 유체와 물체 사이의 온도차가 클수록 부력이 커진다. 접촉하는 두 물체가 서로에 대해 움직일 때마다 마찰력이 운동의 반대 방향으로 접촉면에서 발생한다. 정상 상태에서 부력에 의해 구동되는 공기 유량은 부력과 마찰력의 균형을 통해 설정된다.

3.1.4 복사

복사에 의한 열전달 메커니즘은 $0.1 \sim 100\ \mu m$의 파장 간격으로 전자파에 의한 표면 간의 에너지 전달에 따라 달라진다. 복사 열전달은 태양 에너지와 같은 진공 상태에서 이동할 수 있다. 복사 열전달은 색상, 표면 방향 및 표면의 절대 온도(T^4)의 4승과 같은 표면 속성에 따라 달라진다. 두 회색 표면 사이의 복사 열전달에 대한 기본 방정식은 다음과 같이 주어준다.

$$q = \sigma \varepsilon f A (T_1^4 - T_2^4) \tag{3.12}$$

여기에서 σ는 스테판 볼츠만 상수($5.67 \times 10^{-8}\ W/m^2 K^4$), ε는 흑체에서 표면이 에너지를 상대적으로 얼마나 효율적으로 방출하는지를 제공하는 표면의 방사율 및 f는 표면 사이의 방향에 따라 달라지는 기하학적 요소를 의미한다.

3.2 재료의 열물성치

3.2.1 녹는점(Melting Point)

일반적으로 용융은 고체에서 액체로 물질의 상변화를 의미한다. 물질의 녹는점은 이러한 상변화가 일어나는 온도다. 융점은 또한 고체와 액체가 평형 상태로 존재할 수 있는 조건을 정의한다. 열을 가하면 고체가 온도 변화 없이 액체로 변환된다. 녹는점에서 물질의 두 상(액체와 증기)은 동일한 자유 에너지를 가지므로 동일하게 존재할 가능성이 있다. 녹는점 아래에서는 고체가 둘 중 더 안정적인 상태인 반면 액체 형태가 선호된다. 물질의 녹는점은 압력에 따라 달라지며 일반적으로 표준 압력으로 지정된다. 액체에서 고체로 역변화하는 온도로 간주할 때 어는점 또는 결정화점이라고 한다.

벌크에서 용융 메커니즘을 설명하는 첫 번째 이론은 결정 내 원자의 진동을 사용하여 용융 전이를 설명한 Lindemann에 의해 제안되었다. 고체는 둘 다 응축된 상태라는 점에서 액체와 유사하며 입자는 기체보다 훨씬 더 가깝다. 고체의 원자는 규칙적인 기하학적 격자(금속 및 일반 얼음을 포함하는 결정질 고체) 또는 불규칙(일반적인 창 유리와 같은 비정질 고체)에서 서로 단단히 결합되어 있으며 일반적으로 에너지가 낮다. 고체에서 개별 원자, 이온 또는 분자의 운동은 고정점에 대한 진동 운동으로 제한된다. 고체가 가열되면 고체가 운동 에너지를 흡수함에 따라 입자가 더 빠르게 진동한다. 어떤 지점에서 진동의 진폭이 너무 커서 원자가 가장 가까운 이웃의 공간을 침범하기 시작하여 원자를 교란시키고 용융 과정이 시작된다. 융점은 고체 입자의 파괴적 진동이 고체 내에서 작용하는 인력을 극복하는 온도다.

끓는점과 마찬가지로 고체의 녹는점은 인력의 강도에 따라 달라진다. 예를 들어, 염화나트륨(NaCl)은 다수의 강한 이온 결합으로 구성된 이온 화합물이다. 염화나트륨은 801℃에서 녹는다. 다른 한편으로 얼음(고체 H_2O)은 분자가 수소 결합으로 결합되어 있는 분자 화합물로 이는 두 개의 영구 쌍극자 사이의 상호 작용을 효과적으로 보여주는 강력한 예다. 수소 결합은 분자간 힘 중 가장 강하지만 수소 결합의 강도는 이온 결합보다 훨씬 약하다. 얼음의 녹는점은 0℃다.

공유 결합은 종종 분자라고 하는 더 잘 연결된 원자의 작은 집합체를 형성한다. 분자는 내부적으로 분자를 함께 유지하는 공유 결합보다 훨씬 약한 힘에 의해 고체와 액체에서 다른 분자에 결합된다. 이러한 약한 분자 간 결합은 왁스 및 오일과 같은 유기 분자 물질, 부드러운 벌크 특성 및 낮은 융점을 제공한다(액체에서 분자는 서로 가장 구조화되거나 배향된 접촉을 중단해야 함).

3.2.2 끓는 점(Boiling Point)

일반적으로 끓는 것은 액체에서 기체 상태로 물질의 상변화를 의미한다. 물질의 끓는점은 이러한 상변화(비등 또는 기화)가 발생하는 온도다. 주어진 압력에서 기화(비등)가 발생하기 시작하는 온도를 포화 온도라고도 하며 이 조건에서 증기와 액체의 혼합물이 함께 존재할 수 있다. 액체는 열에너지로 포화 상태라고 할 수 있다. 열에너지가 추가되면 상전이가 발생한다. 끓는점에서 물질의 두 상(액체와 증기)은 동일한 자유 에너지를 가지므로 존재할 가능성이 동일하다. 끓는점 아래에서 액체는 둘 중 더 안정적인 상태인 반면, 기체 형태가 선호된다. 주어진 온도에서 기화(비등)가 발생하기 시작하는 압력을 포화 압력이라고 한다. 증기에서 액체로의 역변화 온도로 간주할 때 응결점이라고 한다.

일반적으로 액체의 끓는점은 주변 환경 압력에 따라 다르다. 부분 진공 상태의 액체는 액체가 대기압에 있을 때보다 끓는점이 낮다. 고압의 액체는 그 액체가 대기압에 있을 때보다 끓는점이 높다. 원소 주기율표에서 끓는점이 가장 낮은 원소는 헬륨이다. 레늄과 텅스텐의 끓는점은 모두 표준 압력에서 5000K를 초과한다.

3.2.3 재료의 열전도율

고체 재료의 열전달 특성은 W/m.K 단위로 측정되는 열전도율 k라는 특성으로 측정된다. 전도에 의해 물질을 통해 열을 전달하는 물질의 능력을 측정한 것이다. 푸리에의 법칙은 상태(고체, 액체 또는 기체)에 관계없이 모든 물질에 적용되므로 액체 및 기체에도 정의된다.

대부분의 액체와 고체의 열전도율은 온도에 따라 다르다. 증기의 경우 압력에도 의존한다.

$$k = \frac{\vec{q}}{\partial T / \partial x} \tag{3.13}$$

대부분의 재료는 거의 균질하므로 일반적으로 $k = k(T)$라고 쓸 수 있다. 유사한 정의가 y 및 z 방향(ky, kz)의 열전도율과 관련되어 있지만 등방성 재료의 경우 열전도율은 전달 방향과 무관하다($kx = ky = kz = k$).

(1) 금속의 열전도율

고체의 열에너지 전달은 일반적으로 두 가지 효과로 인해 발생할 수 있다.

- 자유 전자의 이동
- 격자 진동파(포논)

전자와 포논이 열에너지를 전달하여 고체에서 전도 열전달을 유도할 때 열전도율은 다음과 같이 표현될 수 있다.

$$k = k_e + k_{ph} \tag{3.14}$$

금속은 고체이므로 이온(핵심 전자의 주변 껍질을 가진 핵)이 결정 격자에서 번역적으로 동등한 위치를 차지하는 결정 구조를 가지고 있다. 금속은 일반적으로 높은 전기 전도도, 높은 열전도도 및 고밀도를 가지고 있다. 따라서 열에너지의 전달은 두 가지 효과로 인한 것일 수 있다.

구조에 관한 한 금속의 독특한 특징은 전하 캐리어, 특히 전자의 존재다. 금속의 전기 및 열전도도는 외부 전자가 비편재화된다는 사실에서 비롯된다. 열전도율에 대한 이들의 기여도를 전자 열전도율, k_e라고 한다. 사실, 금, 은, 구리, 알루미늄과 같은 순수한 금속에서 전자의 흐름과 관련된 열전류는 포논의 흐름으로 인한 작은 기여를 훨씬 초과한다. 대조적으로, 합금의 경우 k에 대한 k_{ph}의 기여는 더 이상 무시할 수 없다.

(2) 비금속의 열전도율

비금속 고체의 경우 k는 주로 k_{ph}에 의해 결정되며, 이는 원자와 격자 사이의 상호작용 빈도가 감소함에 따라 증가한다. 사실 격자 열전도는 비금속에서 유일한 열전도 메커니즘은 아닐지라도 지배적인 열전도 메커니즘이다. 고체에서 원자는 평형 위치(결정 격자)에 대해 진동한다. 원자의 진동은 서로 독립적이지 않고 오히려 인접한 원자와 강하게 결합되어 있다. 격자 배열의 규칙성은 중요한 영향을 미치며 석영과 같은 결정질(잘 정렬된) 재료는 유리와 같은 비정질 재료보다 열전도율이 높다.

수정 진동장의 양자를 "포논"이라고 한다. 포논은 고체 및 일부 액체와 같은 응축 물질에 있는 원자 또는 분자의 주기적이고 탄성적인 배열에서 집합적인 여기이다. 포논은 열전도도 및 전기전도도와 같은 응축 물질의 많은 물리적 특성에서 중요한 역할을 한다. 사실 다이아몬드와 같은 결정질, 비금속 고체의 경우 k_{ph}는 알루미늄과 같은 우수한 전도체와 관련된 k값을 초과하여 상당히 클 수 있다. 특히 다이아몬드는 모든 벌크 재료 중 가장 높은 경도와 열전도율을 가지고 있다.

(3) 액체 및 기체의 열전도율

물리학에서 유체는 적용된 전단 응력 하에서 지속적으로 변형(유동)하는 물질이다. 유체는 물질 상(phase)의 하위 집합이며 액체, 기체, 플라즈마 및 어느 정도는 플라스틱 고체를 포함한다. 분자 간 간격이 훨씬 더 크고 분자의 운동은 고체 상태보다 유체 상태에서 더 불규칙하기 때문에 열에너지 전달은 덜 효과적이다. 따라서 기체와 액체의 열전도율은 일반적으로 고체의 열전도율보다 작다. 액체에서 열전도는 원자 또는 분자 확산에 의해 발생한다. 가스에서 열전도는 분자가 더 높은 에너지 준위에서 더 낮은 준위로 확산되어 발생한다.

(가) 기체의 열전도율

기체의 열전도도에 대한 온도, 압력 및 화학종의 영향은 기체의 운동론으로 설명할 수 있다. 공기 및 기타 가스는 대류가 없는 경우 일반적으로 우수한 절연체다. 따라서 많은 단열재(예: 폴리스티렌)는 대규모 대류를 방지하는 많은 수의 가스가 채워진 포켓을 갖는 것만으로도 기능하다. 가스 포켓과 고체 재료의 교류는 많은 계면을 통해 열을 전달해야 하므로 열전달 계수가 급격히 감소한다.

기체의 열전도율은 기체의 밀도, 평균 분자 속도, 특히 분자의 평균 자유 경로에 정비례한다. 평균 자유 경로는 또한 분자의 직경에 따라 달라지며, 큰 분자는 충돌을 경험하기 전에 에너지 운반체(분자)가 이동한 평균 거리인 작은 분자보다 충돌을 겪을 가능성이 더 크다. 수소 및 헬륨과 같은 가벼운 가스는 일반적으로 열전도율이 높다. 크세논 및 디클로로디플루오로메탄과 같은 고밀도 가스는 열전도율이 낮으며, 기체의 열전도율은 온도가 증가함에 따라 증가한다.

(나) 액체의 열전도율

앞서 기술한 바와 같이 액체에서 열전도는 원자 또는 분자 확산에 의해 발생하지만 액체의 열전도도를 설명하는 물리적 메커니즘은 잘 알려져 있지 않다. 액체는 기체보다 열전도율이 더 좋은 경향이 있으며 흐름 능력으로 인해 액체는 기계적 구성 요소에서 과도한 열을 제거하는 데 적합하다. 열 교환기를 통해 액체를 전달하여 열을 제거할 수 있다. 원자로에서 사용되는 냉각제는 물 또는 나트륨이나 납과 같은 액체 금속을 포함한다. 비금속 액체의 열전도율은 일반적으로 온도가 증가함에 따라 감소한다.

3.2.4 재료의 열팽창 계수

열팽창은 일반적으로 온도 변화에 따라 크기가 변하는 물질의 경향이다. 일반적으로 단위 온도 변화 당 길이 또는 부피의 분수 변화로 표현된다. 열팽창은 고체, 액체 및 기체에 일반적이다. 기체나 액체와 달리 고체 물질은 열팽창을 겪을 때 형태를 유지하는 경향이 있다. 선형 팽창 계수는 일반적으로 고체의 팽창을 설명하는 데 사용되는 반면 부피 팽창 계수는 액체 또는 기체에 더 유용하다.

선형 열팽창 계수는 다음과 같다.

$$\alpha_L = \frac{1}{L}\frac{dL}{dT} \tag{3.14}$$

여기에서 L은 측정 분자 길이 및 dL/dT는 단위 온도의 변화 당 선형 치수의 변화율을 의미한다.

체적 열팽창 계수는 가장 기본적인 열팽창 계수이며 유체와 가장 관련이 있다. 일반적으로 물질은 온도가 변하면 팽창하거나 수축하며 모든 방향에서 팽창 또는 수축이 일어난다. 체적 열팽창 계수는 다음과 같다.

$$\alpha_V = \frac{1}{V}\frac{dV}{dT} \tag{3.15}$$

여기에서 V은 재료의 부피이고 dV/dT는 온도의 단위 변화 당 부피의 변화율을 의미한다.

고체 또는 액체에서 원자 또는 분자를 함께 유지하는 응집력과 온도에 의해 생성된 조건 사이에는 동적 균형이 있다. 따라서 더 높은 온도는 원자 사이의 거리가 더 멀다는 것을 의미한다. 재료마다 결합력이 다르므로 팽창 계수가 다르다. 결정질 고체가 등척성인 경우(전체적으로 동일한 구조 구성을 가짐) 결정의 모든 차원에서 팽창이 균일하다. 이러한 재료의 경우 면적 및 체적 열팽창 계수는 각각 선형 열팽창 계수($\alpha_V = 3\alpha_L$)보다 약 2배 및 3배 더 크다. 등각 투영이 아닌 경우 다른 결정학적 방향에 대해 다른 팽창 계수가 있을 수 있으며 온도 변화에 따라 결정의 모양이 변경된다.

3.2.5 재료의 비열

비열 또는 비열용량은 열역학에서 매우 중요한 내부 에너지와 관련된 속성이다. 집중 속성 c_v 및 c_p는 각각 내부 에너지 $uu(T,v)$ 및 엔탈피 $h(T,p)$의 부분 도함수로 순수 단순 압축성 물질에 대해 정의된다.

$$c_v = \frac{\partial u}{\partial T} \tag{3.16}$$

$$c_p = \frac{\partial h}{\partial T} \tag{3.17}$$

여기에서 첨자 v와 p는 미분 동안 고정된 변수를 의미한다. 특성 c_v 및 c_p는 특정 특수 조건에서 시스템의 온도 변화를 열전달에 의해 추가된 에너지양과 관련시키기 때문에 비열(또는 열용량)이라고 한다.

다른 물질은 열을 가하면 다른 크기로 영향을 받는다. 주어진 양의 열이 다른 물질에 추가되면 온도가 다른 양만큼 증가한다.

열용량은 물질의 광범위한 특성으로 시스템의 크기에 비례한다. 열용량 C는 섭씨 온도당 에너지 또는 켈빈 당 에너지의 단위다. 같은 현상을 집약적 성질로 표현할 때 열용량은 물질의 양, 질량 또는 부피로 나눈다. 따라서 양은 시료의 크기나 정도에 무관하다.

3.2.6 재료의 기화 잠열

일반적으로 물질이 고체에서 액체로, 또는 액체에서 기체로 상이 변할 때 이 상 변화에는 일정량의 에너지가 관련된다. 액체에서 기체상으로 변화하는 경우 이 에너지양은 기화 엔탈피로 알려져 있으며 기화(잠재)열 또는 기화열이라고도 한다.

잠열은 상변화를 생성하기 위해 물질에 추가되거나 제거된 열의 양이다. 이 에너지는 분자 간 인력을 분해하고 기체를 팽창시키는 데 필요한 에너지를 제공해야 한다. 잠열을 가하면 온도 변화가 일어나지 않는다. 기화 엔탈피는 변환이 일어나는 압력의 함수다.

주어진 압력에서 기화(비등)가 발생하기 시작하는 온도를 포화 온도라고도 하며 이 조건에서 증기와 액체의 혼합물이 함께 존재할 수 있다. 액체는 열에너지로 포화 상태라고 할 수 있다. 열에너지가 추가되면 상전이가 발생한다. 끓는점에서 물질의 두 상(액체와 증기)은 동일한 자유 에너지를 가지므로 존재할 가능성이 동일하다. 끓는점 아래에서 액체는 둘 중 더 안정적인 상태인 반면, 기체 형태가 선호된다.

3.2.7 재료의 융해 잠열

고체에서 액체로의 상변화의 경우, 상태를 변경하는 데 필요한 엔탈피의 변화는 융해 엔탈피로 알려져 있으며 (잠재)융해열이라고도 한다. 잠열은 상변화를 생성하기 위해 물질에 추가되거나 제거된 열의 양이다. 이 에너지는 분자 간 인력을 분해하고 시스템을 확장하는데 필요한 에너지를 제공해야 한다.

액체상은 고체상보다 내부 에너지가 더 높다. 즉, 고체를 녹이기 위해서는 고체에 에너지를 공급해야 하고 액체가 얼 때 에너지를 방출해야 한다. 액체의 분자는 분자간 힘이 약하고 위치 에너지(결합-해리 에너지의 일종)가 더 높기 때문이다.

상전이가 일어나는 온도가 융점이다. 융점은 또한 고체와 액체가 평형 상태로 존재할 수 있는 조건을 정의한다. 열을 가하면 고체가 온도 변화 없이 액체로 변환된다. 녹는점에서 물질의 두 상(액체와 증기)은 동일한 자유 에너지를 가지므로 동일하게 존재할 가능성이 있다. 녹는점 아래에서는 고체가 둘 중 더 안정적인 상태인 반면 액체 형태가 선호된다. 물질의 녹는점은 압력에 따라 달라지며 일반적으로 표준 압력으로 지정된다. 액체에서 고체로 역변화하는 온도로 간주할 때 어는점 또는 결정화점이라고 한다.

3.2.8 재료의 방사율

재료 표면의 방사율은 에너지를 열복사로 방출하는 효율성이며 0.0에서 1.0 사이에서 다양하다.

정의에 따르면 열평형 상태의 흑체는 $\varepsilon = 1$의 방사율을 갖는다. 실제 물체는 완전한 흑체만큼 많은 열을 방출하지 않는다. 흑체보다 열을 덜 방출하므로 회색체라고 한다. 실제 물체가 회색 물체라는 사실을 고려하려면 스테판-볼츠만 법칙에 방사율이 포함되어야 한다. 양적으로 방사율은 표면의 열복사 대 스테판-볼츠만 법칙에 의해 주어진 동일한 온도에서 이상적인 검은색 표면의 복사열의 비율이다. 방사율은 단순히 흑체가 이상적인 경우임을 고려하여 흑체 열전달을 곱하는 요인이다.

흑체 표면은 실온(25℃, 298.15K)에서 평방 미터 당 약 448 W의 속도로 열복사를 방출한다. 방사율이 1.0 미만인 실제 물체(예: 구리선)는 그에 따라 더 낮은 비율로 복사를 방출한다. 방사율은 열전달 문제에서 중요한 역할을 한다. 예를 들어 태양열 집열기는 방사율이 매우 낮은 선택적 표면을 통합한다. 이 집열기는 열복사 방출을 통해 태양 에너지를 거의 낭비하지 않는다.

표면의 또 다른 중요한 복사 특성은 표면에 의해 흡수되는 표면에 입사하는 복사 에너지의 비율인 흡수율(α)이다. 방사율과 마찬가지로 흡수율 값은 $0 < \alpha < 1$ 범위에 있다. 일반적으로 흡수율과 방사율은 키르히호프의 열복사 법칙에 의해 정의된다.

$$emissivity\,\varepsilon = absorptivity\,\alpha \tag{3.18}$$

가시광선은 0.4~0.76 nm의 매우 좁은 스펙트럼 대역을 차지하므로 육안으로 관찰한 결과 표면의 흑색도를 판단할 수 없다. 예를 들어 가시광선을 반사하여 흰색으로 보이는 대상을 고려할 경우에 적외선(흡수율 α=0.94)은 장파장 복사를 강하게 흡수하기 때문에 본질적으로 검은색이다.

3.2.9 열충격

열충격은 재료에 대한 급격한 온도 변화의 영향인 반면 열충격 저항은 고체 표면의 갑작스럽고 심각한 온도 변화로 인한 열응력을 견딜 수 있는 재료의 능력으로 정의할 수 있다.

가열 또는 냉각 시 자유롭게 팽창 또는 수축되지 않도록 견고한 구조를 방지하면 과도한 열응력으로 인해 열충격이 발생하여 본체의 파손이 발생할 수 있다. 표면에 인장 응력을 유발하는 냉각으로 인한 열 충격은 가열로 인한 충격보다 훨씬 더 위험하다.

고체의 열충격 저항은 다음과 같다.

$$Thermal\,shock\,resistance = k\frac{\sigma_t}{E\alpha} \tag{3.19}$$

여기에서 k는 열전도율, σ_t는 인장 강도, E는 영의 계수 및 α는 선형 열팽창 계수를 의미한다.

3.2.10 열응력

온도 변화에 따른 신체의 팽창이나 수축이 전체적으로 또는 부분적으로 방지되면 신체에 열응력이 발생한다. 열응력은 예를 들어 용접 구조, 철도 열 수축 부품과 같이 응력을 받는 외부 본체에 연결된 외부 본체에서 발생할 수 있다. 또는 온도 조절 장치에 사용되는 바이메탈 스트립과 같이 본체 자체의 불균일한 팽창 때문일 수 있다. 열응력, 팽창 또는 수축의 값은 간단한 응력 계산 이론을 적용하여 계산할 수 있다.

3.3 고체에서의 열전달

점 $P(x,y,z)$시간 t의 함수로 3차원 물체의 온도 분포 $T(x,y,z)$를 얻으려면 열전달의 3가지 종류 중 하나인 열전도 문제를 연구해야 한다. 대류와 복사는 매우 중요하지만 고체 및 구조가 관련된 경우 온도 분포를 결정하는 역할이 제한적일 뿐이다. 열전도는 고전 물리학의 두 가지 기본 원리를 기반으로 한다.

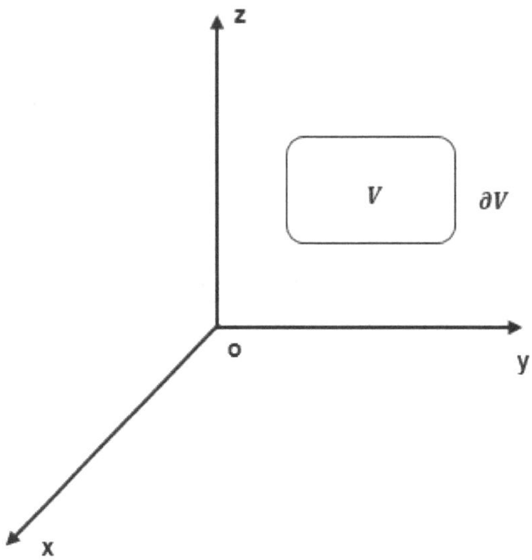

| 그림 3.8 | 체적 V와 경계조건 ∂V

- 열전도율이라고 하는 재료 특성에 따라 고체의 고온 지점에서 저온 지점으로 열이 전달된다.
- 물체의 물질 지점에 열이 축적되면 비열이라고 하는 물질의 다른 속성에 따라 해당 지점의 온도가 증가한다. 열전도 문제에 대한 수학적 모델을 설정하기 위해 우리는 3D 직교 프레임워크(O,x,y,z)에서 경계 ∂V를 가진 3D 재료 본체가 체적 V를 차지한다고 가정한다 (그림 3.8).

각 점 $P(x,y,z)$에 대해 온도 $T(x,y,z,t)$를 공간 및 시간 좌표의 연속 함수로 정의하고 P를 통과하는 법선 n의 등온 표면을 고려하여 다음을 정의한다. 열유속 q_n은 단위 표면당 및 표면을 통과하는 단위 시간당 열 Q를 의미한다. 온도와 열유속은 일반적으로 각각 K와 W/m^2로 측정된다. 열유속의 물리적 치수는

$$[q] = [FLL^{-2}T^{-1}] \tag{3.20}$$

n에 따른 T의 도함수를 고려하고 열유속 q_n이 고온에서 저온으로, 즉 법선 n과 반대 방향임을 기억함으로써 열전도의 첫 번째 원리는 다음과 같이 표현할 수 있다.

$$q_n = -\lambda_n \frac{\partial T}{\partial n} \tag{3.21}$$

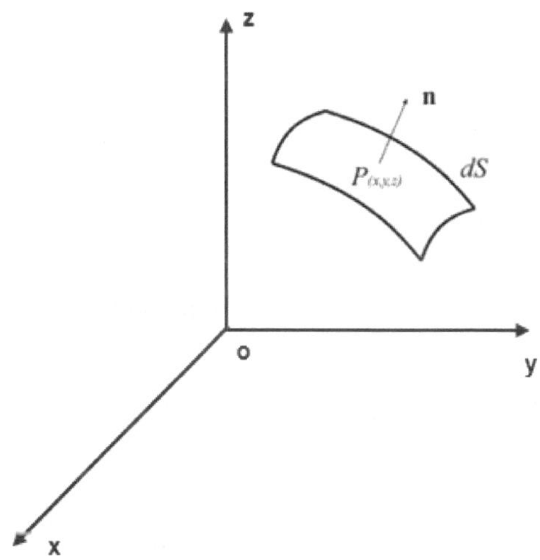

| 그림 3.9 | 점 P를 지나는 수직벡터 n의 등온 표면 요소 dS

여기에서 λ_n은 측정한 n에 따른 고체의 열전도율이다. 이방성 몸체에서 열전도율은 모든 방향에서 다르다. 일단 열유속이 세 개의 직교 방향, 즉 좌표 x, y, z를 따라 알려지면 n의 방향이 주어지면 q_n 값을 얻을 수 있음을 입증하는 것이 가능하다. λ_x, λ_y, λ_z가 x, y 및 z를 따라 측정된 열전도율이라고 가정하면 열유속 q의 세 가지 구성요소는 다음과 같이 쓸 수 있다.

$$q_x = -\lambda_x \frac{\partial \lambda}{\partial x} \tag{3.22}$$

$$q_y = -\lambda_y \frac{\partial \lambda}{\partial y} \tag{3.23}$$

$$q_z = -\lambda_z \frac{\partial \lambda}{\partial z} \tag{3.24}$$

이제 우리는 열전달의 지배 방정식을 얻는 데 기반을 둔 두 번째 원리를 고려한다. 점 P에서 우리는 고체의 아주 미세한 부피의 열에너지 균형을 고려한다. 난순화를 위해 볼륨 요소 $dxdydz$를 고려한다.

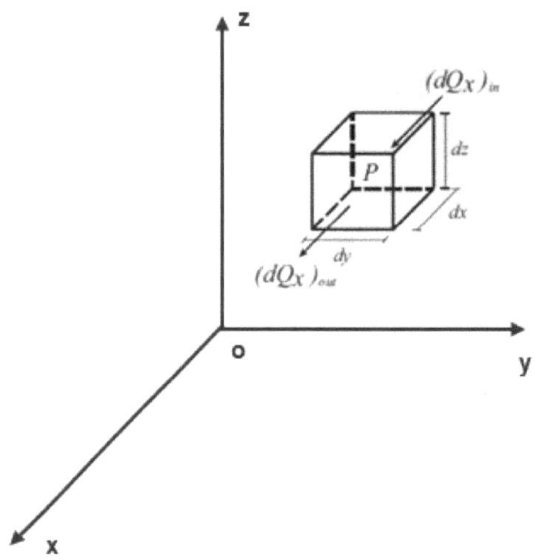

| 그림 3.10 | 점 P를 향한 유한 체적의 열균형

우리는 모든 표면을 통해 요소로 들어가는 열의 양을 고려한다. P를 통과하는 표면 $dydz$를 통해 시간 간격 dt에서 x 방향으로 체적에 들어가는 열의 부분은 다음과 같다.

$$(dQ_x)_{IN} = q_x dydzdt = -\lambda_x \frac{\partial T}{\partial x} dydzdt \tag{3.25}$$

이전 것에서 표면 거리 dx에서 q_x의 값은 좌표 x에서 좌표 $x+dx$로 이동하고 열이 재료 부분에서 빠져나간다는 사실로 인해 달라진다.

$$(dQ_x)_{out} = (q_x + \frac{\partial q_x}{\partial x} dx) dydzdt = -[\lambda_x \frac{\partial T}{\partial x} + \frac{\partial}{\partial x}(\lambda_x \frac{\partial T}{\partial x}) dx] dydzdt \tag{3.26}$$

x 방향을 따른 열 흐름으로 인해 체적에 남아 있는 열의 양은 다음과 같다.

$$(dQ_x)_{IN} - (dQ_x)_{out} = \frac{\partial}{\partial x}(\lambda_x \frac{\partial T}{\partial x}) dxdydzdt \tag{3.27}$$

y 및 z 방향의 흐름에 대해 유사한 표현식을 얻을 수 있다.

$$(dQ_y)_{IN} - (dQ_y)_{out} = \frac{\partial}{\partial y}(\lambda_y \frac{\partial T}{\partial y}) dxdydzdt \tag{3.28}$$

$$(dQ_z)_{IN} - (dQ_z)_{out} = \frac{\partial}{\partial z}(\lambda_z \frac{\partial T}{\partial z}) dxdydzdt \tag{3.29}$$

시간 간격 dt에서 요소 체적의 표면을 통한 열전도로 인해 체적 $dxdydz$에 남아 있는 열의 양은 다음과 같다.

$$dQ_1 = -(\frac{\partial q_x}{\partial x} + \frac{\partial q_y}{\partial y} + \frac{\partial q_z}{\partial z})dxdydzdt = - \div (q)dxdydzdt =$$

$$[\frac{\partial}{\partial x}(\lambda_x \frac{\partial T}{\partial x}) + \frac{\partial}{\partial y}(\lambda_y \frac{\partial T}{\partial y}) + \frac{\partial}{\partial z}(\lambda_z \frac{\partial T}{\partial z})]dxdydzdt \qquad (3.30)$$

단위 시간 Q당 단위 체적 당 간격 발열이 있는 경우 시간 간격 dt에서 체적 $dxdydz$의 발열량은 다음과 같다.

$$dQ_2 = Qdxdydzdt \qquad (3.31)$$

다른 쪽에서 열 $dQ_3 = dQ_1 + dQ_2$는 다음과 같이 dQ_3과 관련된 온도 dT의 증가를 생성한다.

$$dQ_3 = c\rho dTdxdydz \qquad (3.32)$$

여기에서 c_p는 단위 질량 당 비열 및 ρ는 밀도를 의미한다. 양 변을 $dxdydzdt$로 나누면

$$c_p\rho\frac{\partial T}{\partial t} = \frac{\partial}{\partial x}(\lambda_x \frac{\partial T}{\partial x}) + \frac{\partial}{\partial y}(\lambda_y \frac{\partial T}{\partial y}) + \frac{\partial}{\partial z}(\lambda_z \frac{\partial T}{\partial z}) + Q \qquad (3.33)$$

푸리에 방정식 또는 열전도 방정식이라고 하는 이 방정식은 비균질 이방성 고체에 대해 성립한다. 그것은 공간 변수의 2차와 시간의 1차 편미분 방정식이다. 동질체 λ_x, λ_y 및 λ_z는 점 $P(x,y,z)$에 의존하지 않으며 방정식은 다음과 같이 감소한다.

$$c_p\rho\frac{\partial T}{\partial t} = \lambda_x\frac{\partial^2 T}{\partial x^2} + \lambda_y\frac{\partial^2 T}{\partial y^2} + \lambda_z\frac{\partial^2 T}{\partial z^2} + Q \qquad (3.34)$$

등방성 물체의 단순화를 추가하면

$$\lambda_x = \lambda_y = \lambda_z = \lambda \qquad (3.35)$$

$$c_p\rho\frac{\partial T}{\partial t} = \lambda(\frac{\partial^2 T}{\partial x^2} + \frac{\partial^2 T}{\partial y^2} + \frac{\partial^2 T}{\partial z^2}) + Q \qquad (3.36)$$

$$c_p\rho\frac{\partial T}{\partial t} = \lambda\nabla^2 T + Q \qquad (3.37)$$

여기에서 $\nabla^2(\cdot) = \frac{\partial^2(.)}{\partial x^2} + \frac{\partial^2(.)}{\partial y^2} + \frac{\partial^2(.)}{\partial z^2}$는 라플라시안 연산자이며, 열확산율은 다음과 같다.

$$k = \frac{\lambda}{c_p \rho} \tag{3.38}$$

$$\frac{1}{k}\frac{\partial T}{\partial t} = \nabla^2 T + \frac{Q}{\lambda} \tag{3.39}$$

만약 체적 내부의 열이 발생되지 않는다면

$$\frac{1}{k}\frac{\partial T}{\partial t} = \nabla^2 T \tag{3.40}$$

만약 시간에 대한 변화가 없다면

$$\nabla^2 T + \frac{Q}{\lambda} = 0 \tag{3.41}$$

그리고 만약 $Q=0$이면 방정식은 라플라스 방정식으로 축소된다.

$$\nabla^2 T = 0 \tag{3.42}$$

3.4 불연속성이 있는 고체의 열전도

강제 함수 F가 적분 범위 내에서 불연속적으로 변할 때 약간의 주의를 기울여야 한다. 이 발생의 가장 간단한 경우는 강제 함수가 단계 함수 $H(t)$의 형태를 취할 때 강제는 $t=0$에서 소스의 단위 단계 변화를 나타낸다. 그러나 일반적으로 강제 함수는 $t=t_1, t_2, \ldots$에서 임의의 수의 불연속을 가질 수 있다. 불연속의 $dF/d\tau$ 값은 무한대다. 이는 예측된 솔루션이 불연속 강제 함수에 대해 단수가 된다는 것을 암시하는 것으로 해석할 수 있다.

그렇지 않다는 것을 나타내려면 단위 단계 $F(t)=H(t)$를 고려해야 한다. $t=0$에서 H의 도함수는 다음과 같이 정의되는 델타 함수 $\delta(t)$에 의해 모델링된다.

$$\frac{dH}{dt} = \delta(t) \begin{cases} = 0, & t \neq 0 \\ \rightarrow \infty, & t = 0 \end{cases} \tag{3.43}$$

적분하였을 때, 델타 함수는 다음과 같다.

$$\int_0^t f(\tau)\delta(t_1 - \tau)d\tau = f(t_1) \tag{3.44}$$

여기에서 f는 임의의 연속 함수이고 불연속 포인트 t_1은 0과 t사이에 있다.

$$\int_0^t f(\tau)\delta(t_1-\tau)d\tau = -\int_0^t f(\tau)\frac{dH(t_1-\tau)}{d\tau}d\tau$$

$$= -f(t)H(t_1-t)+f(0)H(t_1-0)+\int_0^t \frac{df(\tau)}{d\tau}H(t_1-\tau)d\tau$$

$$= f(t_1) \tag{3.45}$$

여기에서 $H(t-\tau)$는 $t \leq \tau$에 대해 0이고 $t > \tau$에 대해서는 1이라는 사실을 활용하였다.

3.5 주기적 열변화에 따른 열확산

수년 동안 다양한 에너지 수요를 충족시키기 위해 열에너지의 수집, 저장 및 사용에 상당한 관심을 기울였다. 산업, 건자 장치 및 주거 시설 등의 열 수요를 충족하기 위해 태양 에너지를 사용하는 것이 세계 여러 국가에서 빠르게 성장하고 있다. 태양 에너지는 태양에서 오는 빛 에너지에 의해 제공된다. 이러한 목적으로 설계된 열시스템의 중요한 구성 요소는 열에너지 저장 장치다. 태양열 집열기는 단파장을 장파장으로 변환하고 이 에너지를 열 형태로 가두어 열 저장고로 전달 및 전달된다. 에너지가 저장되는 매체는 유체 또는 고체일 수 있다. 예를 들어 중저온 태양 에너지 시스템에서 물과 돌은 가장 저렴하고 가장 좋은 저장 에너지 매체다. 태양열 집열기에 의해 수집된 열에너지는 매체의 온도를 증가시키므로 열에너지는 매체에 저장된다. 필요할 때 열에너지를 탈착하여 사용한다. 액체 열저장 시스템의 효율성은 환경에 대한 열 손실의 결과로 시스템 온도가 어떻게 감소하는지에 따라 결정된다. 온도 의존적 열전도도를 갖는 매체의 열에너지 저장 문제는 비정상 비선형 열확산 문제를 구성하고 공간 및 시간의 솔루션은 시스템의 열 붕괴의 모습을 드러낼 수 있다. 이러한 현상의 발생을 예측하려면 본질적으로 복잡한 물리적 메커니즘에 대한 통찰력을 얻을 수 있는 단순화된 수학적 모델을 분석해야 한다.

한편 직교좌표, 원통좌표, 구면좌표에서의 비정상 비선형 열확산 방정식의 해는 공학계에서 매우 중요한 문제로 남아 있다. 최근에 비선형 미분 방정식을 풀기 위한 하이브리드 해석-수치 체계의 아이디어가 대두되고 있다. 이러한 경향 중 하나는 그룹 이론 접근 방식과

Adomian 분해 방법의 조합과 관련이 있다. 이 하이브리드 분석 및 수치적 접근 방식은 순수 수치 체계의 검증에도 매우 유용하다.

3.5.1 지배 방정식

시간에 따라 변하는 열전달 계수를 갖는 외부 환경으로의 대류에 의해 표면이 열전달되는 물체의 불안정한 열 장 문제를 고려하였을 때, 직사각형, 원통형 또는 구면 좌표계의 에너지 방정식은 간격 $0 < r < a$으로 정의된 영역을 통한 온도 분포를 찾는 데 사용할 수 있다. 비정상 열전도 문제는 다음 지배 방정식으로 설명할 수 있다.

$$\rho c_p \frac{\partial \theta}{\partial t} = \frac{1}{r^m}\frac{\partial}{\partial r}(K(\theta) r^m \frac{\partial \theta}{\partial r}) - Q(\theta - \theta_\infty) \tag{3.46}$$

초기 상태는 다음과 같다.

$$\theta(r,t) = \theta_i, t = 0 \tag{3.47}$$

경계조건은 다음과 같다.

$$\frac{\partial \theta}{\partial r} = 0, r = 0 \tag{3.48}$$

$$K(\theta)\frac{\partial \theta}{\partial r} = -h(t)(\theta - \theta_\infty), r = a \tag{3.49}$$

여기에서 θ는 온도, $K(\theta) = K_0((\theta - \theta_\infty)/(\theta_i - \theta_\infty))^n$은 멱법칙 온도 종속 열전도율, n은 상수, t는 시간, θ_i는 물체의 초기 온도, θ_∞는 환경 온도, ρ는 밀도, c_p는 비열, Q을 열손실 매개변수, $h(t) = h_0 f(t)$는 시간 종속 열전도율을 의미한다. 물체 구조의 $m = 0,1,2$는 각각 직교, 원통, 구좌표계를 각각 나타낸다. 식 (3.46–48)은 다음의 방정식은 대입함으로써 무차원으로 표현할 수 있다.

$$\bar{r} = \frac{r}{a} \tag{3.50}$$

$$\bar{t} = \frac{K_0 t}{\rho c_p a^2} \tag{3.51}$$

$$\bar{\theta} = \frac{\theta - \theta_{\infty}}{\theta_i - \theta_{\infty}} \tag{3.52}$$

$$s = \frac{Q}{\rho c_p} \tag{3.53}$$

$$Bi = \frac{a h_0}{K_0} \tag{3.57}$$

명확성을 위해 막대 기호를 무시하면 무차원 경계 조건은 다음과 같다.

$$\frac{\partial \theta}{\partial t} = \frac{1}{r^m}\frac{\partial}{\partial r}\left(\theta^n r^m \frac{\partial \theta}{\partial r}\right) - s\theta \tag{3.58}$$

$$\frac{\partial \theta}{\partial r} = 0,\ r = 0 \tag{3.59}$$

$$\theta^n \frac{\partial \theta}{\partial r} = -Bi f(t)\theta,\ r = 1 \tag{3.60}$$

Bi는 Biot 수 및 s는 열손실 매개변수를 의미한다.

예제 3-3

단열되지 않은 증기 파이프가 공기와 벽의 온도가 25℃인 방을 통과하고 있다. 파이프의 바깥지름은 50 mm이고, 표면온도와 방사율은 각각 150℃와 0.90이다. 표면 방사도와 조사는 얼마인가? 표면으로부터 공기로의 자연대류 열전달계수가 14 $W/m^2 \cdot K$이라면, 파이프의 단위길이당 표면으로부터의 열손실률은 얼마인가?

[가정]

1. 정상상태 조건이다.
2. 벽을 통한 1차원 전도이다.
3. 열전도율은 일정하다.

풀이

표면 방사도는 $G = \sigma T_{sur}^4$ 이다. 따라서

$$E = \varepsilon \sigma T_s^4 = 0.9(5.67 \times 10^{-8}\ W/m^2 \cdot K^4)(423\ K)^4 = 1633.75\ W/m^2$$
$$G = \sigma T_{sur}^4 = 5.67 \times 10^{-8}\ W/m^2 \cdot K^4 (298\ K)^4 = 447\ W/m^2$$

파이프로부터의 열손실은 방 안 공기로 대류에 의한 것과 벽과 복사 열교환에 의한 것이다. 따라서 $q = q_{conv} + q_{rad}$이고 $A = \pi DL$이므로,

$$q = h(\pi DL)(T_s - T_\infty) + \varepsilon(\pi DL)\sigma(T_s^4 - T_{sur}^4)$$

따라서 파이프의 단위길이당 열손실은 다음과 같다.

$$\grave{q} = \frac{q}{L} = 14\ W/m^2.K(\pi \times 0.05\,m)(150-25)℃$$
$$+0.9(\pi \times 0.05\,m)5.67 \times 10\,LSUP-8\ W/m^2.K^4(423^4 - 298^4)K^4$$
$$\grave{q} = 274.89 + 193.42 = 468.31\ W/m$$

연습문제

1. **열에너지는 어떠한 열전달 메커니즘으로 고체에서 고체로 이동되는지 다음 보기에서 옳은 것을 고르시오.**

① 복사
② 대류
③ 전도
④ 전도, 대류, 복사 모두 작용

2. **절대온도 스킬에서 초기점에 대한 올바른 값을 다음 보기에서 고르시오.**

① −273.15 ℃
② −173.15 ℃
③ 173.15 ℃
④ 273.15 ℃

3. **햇빛에 의해 가열된 자동차가 바람에 의해 냉각될 때 이 현상은 어떤 열전달 효과에 의한 것인지 다음 보기에서 고르시오.**

① 전도
② 대류
③ 복사
④ 잠열

4. **다음 잠열에 대한 서술 중 틀린 것을 고르시오.**

① 마찰열은 잠열의 일종이다.
② 융해열은 잠열의 일종이다.
③ 기화열은 잠열의 일종이다.
④ 증발열은 잠열의 일종이다.

5. **다음 온도에 대한 서술 중 옳은 것을 고르시오.**

① 열운동에 의해 생기는 에너지의 양을 수치화한 것.
② 물체를 구성하는 원자나 분자가 불규칙적으로 운동하는 것으로 인해 생기는 에너지.
③ 단위질량 1Kg의 물체의 온도를 1℃올리는 데 필요한 열량
④ 분자의 운동 에너지의 교환 등으로 인한 열의 이동.

6. 단열재 두께가 40 mm에서 20 mm로 감소할 때 전도열전달에 미치는 영향에 대하여 옳은 것을 고르시오.

① 열전달은 같다.
② 열전달은 1/2만큼 증가한다.
③ 열전달은 1/2만큼 감소한다.
④ 열전달은 2배 증가한다.

7. 건물 내부와 외부의 온도차가 24 에서 8℃로 감소할 때, 벽을 통해 전도열전달에 어떤 영향을 미치는가?

① 열전달은 3배 증가할 것이다.
② 열전달은 3배 감소할 것이다.
③ 열전달은 1/3만큼 증가할 것이다.
④ 열전달은 동일하게 유지된다.

8. 재료의 주요 열물성치 종류에 서술하고, 각 물성치에 대해 설명하시오.

9. 대류 열전달 모드에서의 뉴턴의 냉각법칙에 대해 상세히 설명하시오.

10. 주기적 열변화에 따른 열확산에서의 지배 방정식에 서술하시오.

11. **다음은 열전달에서의 용어에 대한 서술이다 서로 관련되는 것끼리 선으로 연결하시오.**

① 대류 •		• 단위질량 물체의 온도를 1℃ 증가시키는 데 필요한 에너지
② 열 •		• 단위 시간 동안 전달된 열
③ 열전달률 •		• 분자의 운동에너지와 잠재에너지의 합
④ 내부에너지 •		• 물질 내 원자나 분자의 전기적 특성이 변하면서 전자기파 또는 광자의 형태로 방출되는 에너지
⑤ 전도 •		• 온도차에 의하여 하나의 시스템에서 다른 시스템으로 전달되는 에너지
⑥ 열전달 •		• 고체면과 인접하여 이동하는 액체 또는 기체 사이에서 발생하는 에너지 전달현상
⑦ 비열 •		• 에너지를 많이 가진 입자에서 적게 가진 인접한 입자로 입자간의 상호작용에 의한 에너지 전달 현상
⑧ 복사 •		• 에너지전달 과정의 시간에 따른 비율

12. **그림과 같이 열전도도 $k = 1.2\ W/m.K$ 이고 높이 3 m, 폭 5 m 그리고 두께 0.3 m인 벽이 있다. 어느날 벽의 내부와 외부의 온도가 각각 24℃ 와 11℃로 측정되었다. 그 날의 벽을 통한 열손실률(W)을 구하라.**

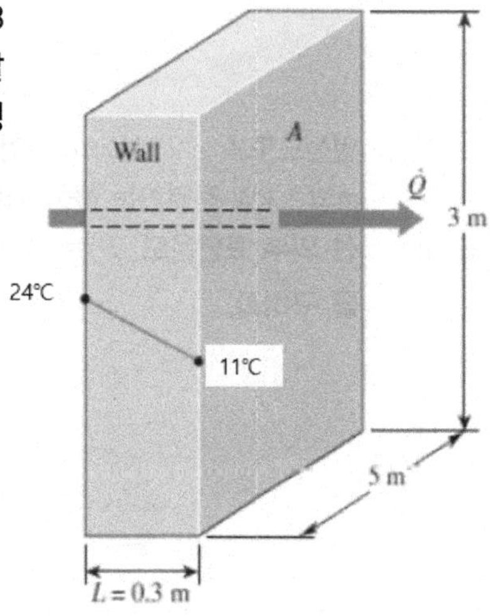

13. 그림과 같이 두께 $L = 0.5\,m$인 대형 평면벽이 있다. 열전도도는 $k = 1.5\ W/m.K$ 이고, 면적은 $A = 20\,m^2$이다. 벽의 양쪽 면은 각각 $T_1 = 110℃$와 $T_2 = 65℃$로 일정하게 유지된다. 다음 물음에 답하여라.

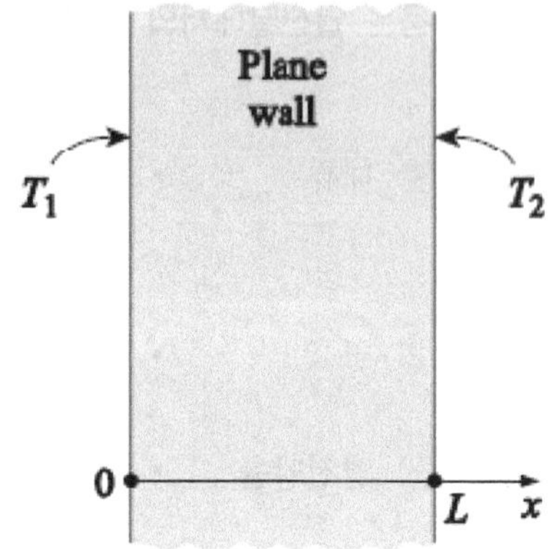

1) $x = 0.2\,m$ 에서의 온도와 벽 내의 온도 변화(℃)를 구하라.

2) 정상상태하에서 벽을 통한 전도 열전달률(W)을 구하라.

14. 그림으로부터 원통의 내부 반경 r로부터 이 내부 원통에 발생되는 열은 원통의 바깥 표면을 통해 전도되는 열과 같다. 따라서 중심과 표면에서의 최대 온도차(T)가 $\triangle T_{\max,원통} = T_0 - T_s = \dfrac{\dot{e}_{gen}\, r_o^2}{4k}$ 임을 보여라.

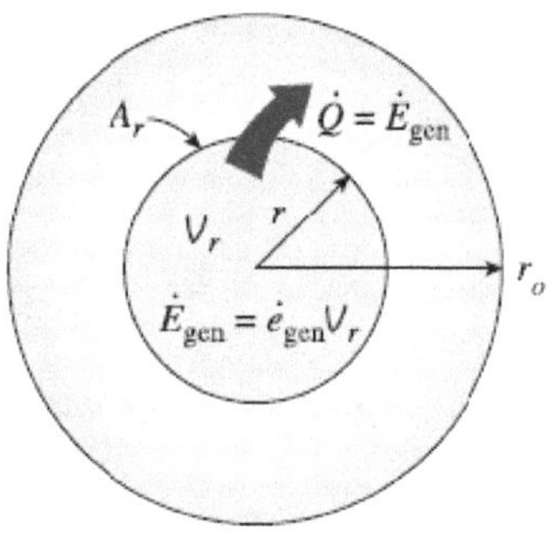

15. 열전도도 $k = 25\ W/m.k$ 이고, 지름 4 mm, $L = 0.3$ m의 1 kW 전열기는 물을 가열하는 데 사용된다. 저항선 외부 표면온도 $T_s = 105℃$ 일 때, 중심선의 온도를 구하라.

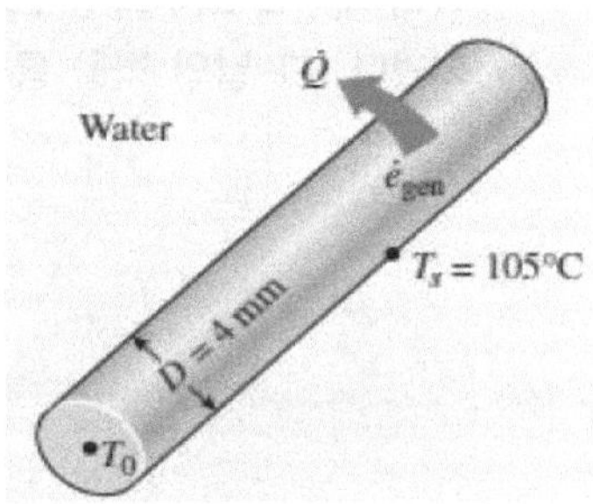

16. **아래 그림과 같이 길이 $L = 12\,m$, 내부 반경 $r_1 = 0.1\,m$, 외부 반경 $r_2 = 0.14\,m$, 열전도도 $k = 15\,W/m.K$ 인 증기관이 있다. 관의 내외 면의 평균온도는 $T_1 = 30℃$, $T_2 = 85℃$ 이다. 이때 다음을 구하여라.**

1) 정상상태에서 관 내부의 온도분포에 대한 일반 관계식을 구하라.

2) 증기로부터 관을 통한 열손실률을 구하라.

17. **그림과 같이 높이 0.5 m, 폭 1m, 두께 4 mm인 2중 유리 창문($k = 0.88\,W/m.K$)이 있다. 그 안에 폭 10 mm 정체된 공기층 ($k = 0.045\,W/m.K$)이 존재하며, 2중 유리 창문을 통한 정상 열전달률과 문밖의 온도가 $-10℃$ 이고 방안의 온도가 $20℃$ 로 유지되고 있다. 다음을 구하여라.(유리창문 안쪽과 바깥쪽의 열전달계수는 각각 $h_1 = 19\,W/m^2.K$, $h_2 = 50\,W/m^2.K$이다)**

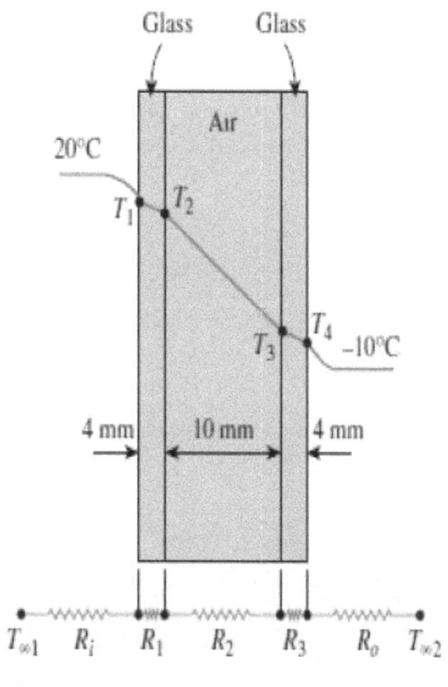

1) 2중 창문 유리를통한 정상 열전달률 구하라.

2) 안쪽 유리 내부 표면온도를 구하라.

18. 열전도도 $k = 0.92\ W/m.K$이고, 높이 1.2 m, 폭 1.8 m, 그리고 두께 8 mm인 유리 창문이 있다. 밖의 온도가 −5℃ 이고 방안의 온도가 25℃ 로 유지될 때 유리 창문을 통한 정상 열전달률과 내부표면의 온도를 구하라. 복사의 영향을 포함한 창문의 안쪽과 바깥쪽의 열전달계수는 각각 $h_1 = 12\ W/m^2.K$, $h_2 = 36\ W/m^2.K$이다.

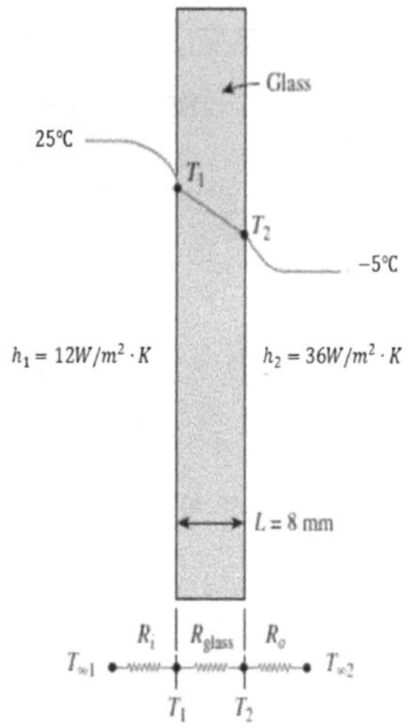

4 적외선복사

4.1 전자기파 및 전자기 스펙트럼

빛, X선, 열복사, 마이크로파, 전파 및 감마선의 공통점은 모두 같은 종류의 요소이다. 그것들은 모두 물질에 유사한 전기적 및 자기적 영향을 미친다. 이 "물질"은 이동(방사)하고 전기 및 자기 효과를 갖기 때문에 전자기 복사라고 한다.

전자기 복사는 우리가 세상과 상호작용하는 많은 수단을 제공한다. 빛은 우리가 볼 수 있게 해준다. 전파는 우리에게 TV와 라디오를 제공한다. 마이크로파는 레이더 통신에 사용되며, X-ray는 우리의 내부 장기를 엿볼 수 있다. 그리고 감마선은 수천 광년 떨어진 곳에서 폭발하는 별을 관찰할 수 있게 해준다. 전자파는 메신저, 즉 발신자에서 수신자에게 보내는 신호다. 발신자는 TV 방송국, 별 또는 난로 위의 버너일 수 있다. 수신기는 TV, 눈 또는 X선 필름일 수 있다. 각각의 경우에 발신자는 일종의 전자기 복사를 방출하거나 반사한다.

이러한 모든 종류의 전자기 복사는 실제로 파장이라는 단일 속성에서만 다르다. 전자기 복사가 파장에 따라 퍼지면 결과는 그림 4.1과 같은 스펙트럼이다. 무지개에서 볼 수 있는 가시 스펙트럼은 전체 전자기 스펙트럼의 일부분일 뿐이다. 전자기 스펙트럼은 다섯 가지 주요 유형의 복사로 분류된다. 그림 4.1과 같이 전파(마이크로파 포함), 빛(자외선, 가시광선, 적외선 포함), 열복사선, X선, 감마선 등이 있다. 인간의 눈은 빛 스펙트럼의 일부만 감지할 수 있다. 인간은 특별한 장비 없이는 전자기 스펙트럼의 다른 부분을 감지할 수 없다. 꿀벌과 같은 다른 동물은 자외선을 볼 수 있고, 뱀 같은 일부 동물은 **적외선**을 볼 수 있다.

그림 4.1은 전자기 스펙트럼을 보여주며, 전자기 방사선에 대한 인간 눈의 평균 감도를 보여준다. 이 그래프에서 알 수 있듯이 인간의 눈은 가시 스펙트럼의 중간 부분인 녹색과 노란색에 가장 민감하다. 이것이 바로 긴급 차량이 종종 밝은 노란색이나 녹색으로 칠해지는 이유다.

안개를 포함한 모든 날씨에서 눈에 띄고 밤에는 소방차 빨간색보다 더 잘보이게 된다. 눈은 가시광선의 끝 부분인 빨간색과 보라색에 훨씬 덜 민감하다. 스펙트럼의 가시광선 대역 밖의 적외선 및 자외선 부분은 인간의 눈에 보이지 않는다.

과학기술의 발전으로 인류는 전자기 스펙트럼의 가시광선 대역 외의 스펙트럼을 감지하는 기술을 발전시켰다. X선은 인체와 같이 불투명한 물체의 내부를 보는 데 유용한 것으로 입증되었다. 전파는 사람들이 음성과 사진을 통해 먼 거리에 있는 의사소통을 가능하게 했다. 오늘날 스펙트럼의 다양한 활용을 통해 우리는 지구와 우주를 탐험하면서 다양한 대상들에 대해 들여다볼 수 있게 되었다.

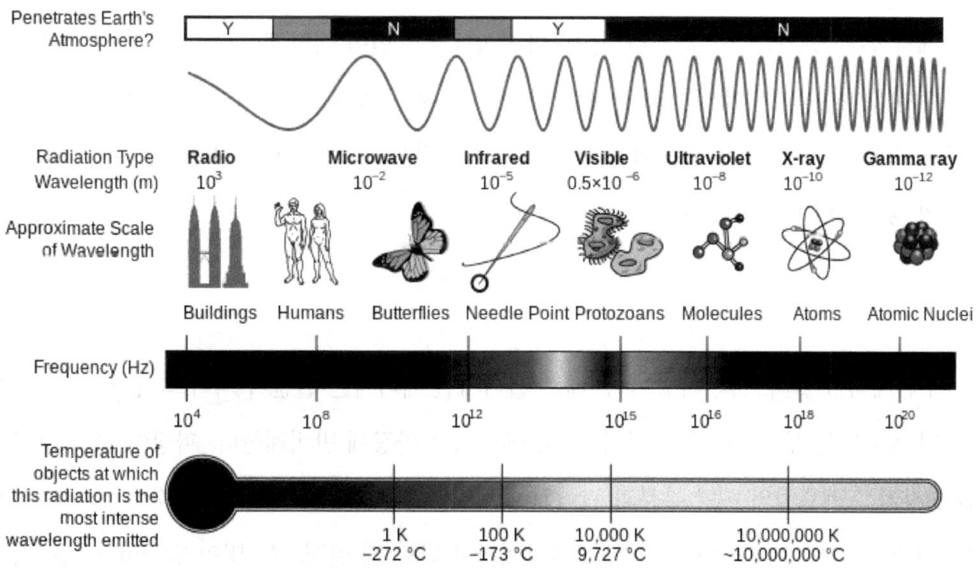

| 그림 4.1 | 전자기장 스펙트럼[33)]

그림 4.1과 같이 전자기 복사의 각 유형에는 고유한 파장이 있다. 전자기 복사는 물 표면의 파동과 유사한 전기적 및 자기적 특성의 변화로서 파동으로 공간("우주"뿐만 아니라 대기, 건물, 렌즈 등)을 통해 이동한다. 전자기 복사의 파장은 파동의 피크에서 다음 피크까지의 거리다.

$$wavelength \times frequency = the\,speed\,of\,light \tag{4.1}$$

$$\lambda \times f = c \tag{4.2}$$

33) WIKIMEDIA COMMONS,
https://commons.wikimedia.org/wiki/File:EM_Spectrum_Properties_edit.svg

이 방정식에서 λ는 파장의 약어로 주파수를 나타내는 데 사용된다. c는 빛의 속도, 즉 음속을 말한다.(초당 186,000마일 또는 초당 3억 미터). 빛의 속도는 일정하기 때문에 파장과 주파수가 제한된다. 하나가 크면 다른 하나는 작아야 한다. 그렇기 때문에 큰(높은) 주파수는 작은 파장에 해당하고 큰 파장은 작은(낮은) 주파수에 해당한다. 이 동일한 관계("파동 방정식"이라고도 함)는 전자기파 또는 기타 모든 종류의 파동에 적용된다.

어떤 경우에는 특히 빛이 원자와 상호 작용할 때 입자처럼 행동하며, 이러한 입자를 광자라고 한다. 빛의 각 광자는 고유한 에너지를 나타내며, 빛의 주파수가 클수록 에너지가 커진다.

$$Energy = hf = \frac{hc}{\lambda} \tag{4.3}$$

여기에서 h는 플랑크 상수를 말하며, 이 방정식에서 요인이 어떻게 관련되는지 고려했을 때, 주파수가 두 배가 되면 에너지도 두 배가 된다. 주파수가 절반으로 감소하면 에너지 또한 절반으로 감소한다. 두 번째 관계는 이미 설명된 파동 방정식으로부터 파생된다. 각 항을 파장으로 나누어 정리하면 다음과 같다.

$$f = \frac{c}{\lambda} \tag{4.4}$$

이 관계식을 살펴보면, 파장이 두 배로 길어지면 에너지는 절반이 되며, 파장이 반으로 줄어들면 에너지는 두 배가 된다. 이와 같이, 에너지는 파장에 반비례한다. 파장이 클수록(길수록) 전자기 스펙트럼의 해당 부분과 관련된 에너지가 줄어드며, 파장이 짧을수록 에너지가 커진다. 다시 그림 4.1을 보면 빛이 특정 색상이라고 말할 때 실제로는 빛이 방출하는 에너지가 특정 주파수 또는 파장이며 우리의 눈이 이를 유용한 정보로 해석한다는 것을 알 수 있다.

전자기 복사는 에너지를 한 장소에서 다른 장소로 이동시키는 자연의 원리중 하나다. 물리학 용어로 이것을 에너지 전달이라고 한다. 예를 들어, 상점 간판과 같은 네온 간판을 살펴보면, 램프의 네온 가스를 통해 고전압 전기가 흐르고 일부 전기 에너지는 네온 원자에 포착된다. 포획된 에너지는 원자핵에서 멀리 이동함으로써 원자의 전자에 저장된다. 그런 다음 전자는 빛의 광자로 일부 에너지를 방출하여 네온 원자의 평소 위치로 돌아갈 수 있다. 이 빛은 네온 램프의 주황색-빨간 빛이다. 이 과정은 그림 4.3에 나와 있다. 네온 원자(및 다른 모든 종류의 원자)의 전자는 매우 정확하고 질서 있는 방식으로 배열되어 있기 때문에 네온 원자는 빛의 특정 에너지(또는 주파수 또는 색상)만 방출할 수 있으며, 전자는 원래 위치로 돌아간다. 전자가 시작하고 끝나는 곳 사이의 에너지 차이는 빛의 광자에게 주어지는 에너지를 말한다.

대부분의 원자는 에너지를 흡수하고 거의 순간적으로 광자를 다시 방출하며, 일부 원자는 에너지를 오랫동안 저장하므로 에너지원이 사라진 후에도 오랫동안 광자를 방출한다.

물질은 에너지를 흡수하는 것과 다르게 에너지(또는 파장)의 빛을 방출할 수도 있으며, 이를 형광이라고 한다. 대부분의 경우 방출된 빛은 흡수된 빛보다 에너지가 더 낮으며,(더 긴 파장) 우리가 볼 수 있는 대부분의 형광은 가시광선보다 높은 에너지(짧은 파장)를 가진 빛에 의해 생성된다. 이 더 짧은 파장의 빛은 일광 화상을 일으키는 종류의 자외선이다. 형광등은 빛을 만들기 위해 먼저 자외선을 생성한다. 형광등 튜브 내부에는 약간의 수은과 가스가 혼합되어 있다. 고전압 전기가 가스를 통과할 때 가스의 원자는 일부 전기 에너지를 흡수하고 전자는 네온 램프에서와 같이 상승한다. 형광등의 가스는 전자가 원래 위치로 돌아갈 때 자외선을 방출한다. 그런 다음 자외선은 램프 튜브 내부의 얇은 코팅에 의해 흡수된다(이 코팅은 램프가 꺼져 있을 때 흰색으로 보인다). 이 코팅의 전자는 고에너지 위치로 밀려나며, 그런 다음 코팅의 전자가 원래 위치로 돌아갈 때 형광을 발하여 가시광선을 방출한다.

자연에서 빛의 기하학적 형태는 정현파인 경우가 많다. 즉, 수학적 사인함수로도 설명할 수 있다. 그림 4.2는 공간에서 왼쪽에서 오른쪽으로 이동하는 정현파의 스냅샷을 대략적으로 보여준다. 아래의 스냅샷은 $t = 0$ 시작 시간을 나타낸다. 하나의 파장 λ은 빨간 태선으로 나타낸다. 반주기의 진동 후 파동은 $\lambda/2$만큼 이동하고 전파 방향으로 1파장 이동한다.

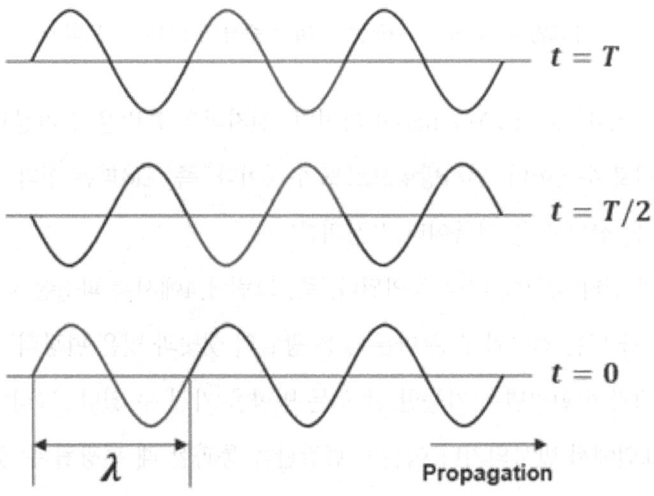

| 그림 4.2 | 왼쪽에서 오른쪽으로 이동하는 사인파의 3가지 스냅샷

파장과 비슷한 외란은 매우 다양할 수 있다. 예를 들어 가스의 음파는 압력의 변화에 의한 것이며, 물의 물결은 표면의 수직변위이다. 외란의 종류에 따라 일반적으로 두 가지 물결 모양이 정의된다. 세로파에서는 혼란이 전파방향과 평행한데 반해 가로파에서는 이에 수직이다.

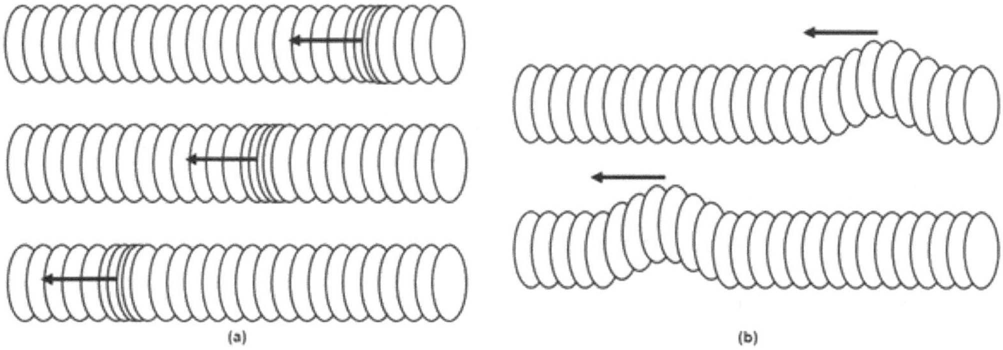

| 그림 4.3 | (a) 종파 및 (b) 횡파

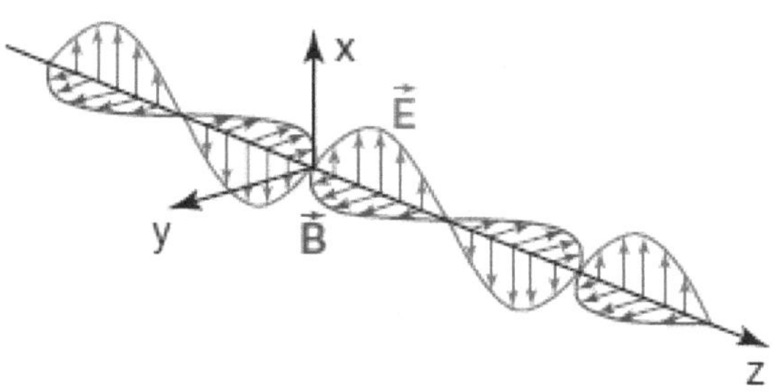

| 그림 4.4 | IR 복사에는 특별한 종류의 EM파가 포함

빛과 적외선은 EM(Electro Magnetic) 파이며, 전자파의 혼란은 전기장과 자기장에 의한 것이다. 이들은 서로 수직이며, 전파방향으로도 수직이다. 즉, EM파는 횡파로서 설명할 수 있다. 최대 외란(또는 신장률)을 진폭이라고 정의한다.

분극은 전장과 전파 방향에 따라 정의된다. 즉, 그림 4.4에서는 파장은 x-z평면으로 분극되어 있다. 불, 촛불 또는 전구와 같은 다른 많은 광원의 햇빛과 빛은 편광되지 않는다. 바꾸어 말하면, 그러한 광파의 편광면은 가능한 한 모든 방향을 가질 수 있다. 그러나 이런 편광되지 않은 방사선은 표면에서 반사되거나 이른바 편광판을 통과할 때 편광될 수 있다.

VIS 및 IR방사의 경우, 가장 단순한 편광판은 미시적으로 작은 도전성 그리드로 구성된다. 비편광복사가 그러한 그리드에 입사하면 전계는 그리드 와이어에 수직으로 진동하는 파동 송

신된다. 이러한 편광 필터는, 카메라로 사진을 찍을 때의 반사를 억제하는데 도움이 된다.

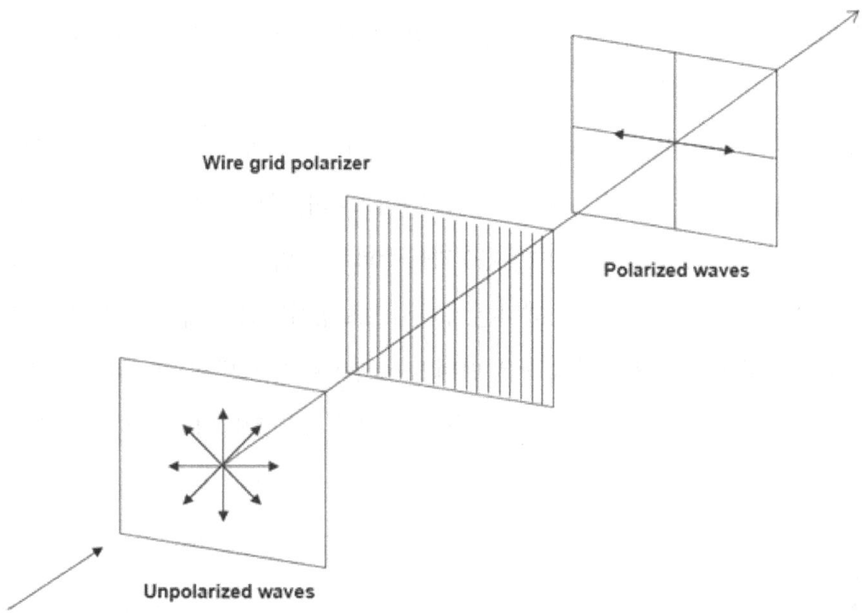

| 그림 4.5 | 미세한 와이어 그리드는 IR 복사에 대한 편광판 역할 수행

그림 4.6은 파장 또는 주파수에 맞추어 정렬한 EM파의 개요를 나타내고 있다. 그림에서 보이는 것과 같이, 스펙트럼은 매우 다양한 파장으로 구성되어 있다. 이들 모두는 자연에서 관찰할 수 있고 많은 기술적 응용을 가지고 있다.

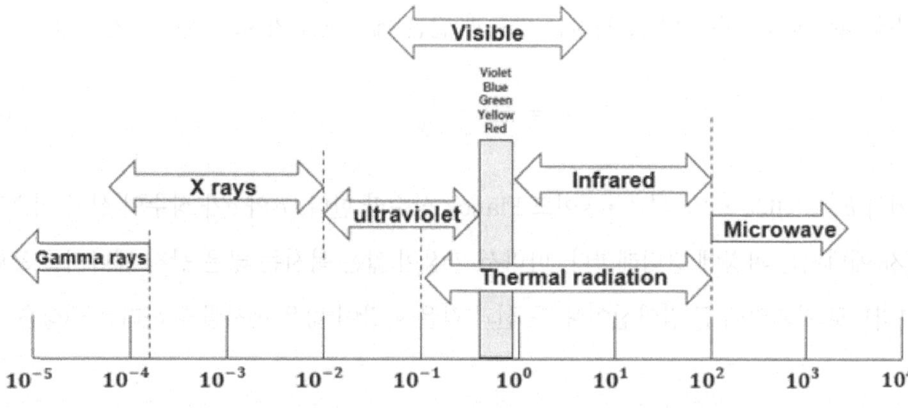

| 그림 4.6 | EM 파동의 가장 일반적인 유형의 개요

예를 들어 그림 위에서 시작하는 γ–선은 가장 높은 주파수, 즉 가장 짧은 파장을 가진다. X–선은 의료용도로 잘 알려져 있으며 상층대기의 오존이 적으면 태양으로부터의 더 많은 UV방사가 지구표면에 도달하여 피부암을 일으킬 수 있으므로 UV방사는 오존혈과 관련하여 중요하다. 우리 눈의 광수용체의 민감한 범위로 정의된 가시광선은 이 스펙트럼 내의 파장이 380 ~ 780 nm인 아주 작은 범위만을 나타낸다. 780 ~ 1 mm까지의 파장을 가지는 인접하는 스펙트럼 영역을 적외선이라고 정의한다. 이 범위에는 마이크로파, 레이더와 라디오, TV 등에 사용되는 모든 EM파가 다르다. 최근에는 0.1 ~ 10 THz 주파수 범위에서 새로운 검출 기술이 발전하고 IR 및 마이크로파 범위의 일부와 겹치는 테라헤르츠 방사범위가 새롭게 정의되고 있다.

IR 이미징에서는 IR 스펙트럼의 작은 범위만이 사용된다. 일반적으로 열화상 측정에는 3개의 스펙트럼 범위가 정의되어 시판의 카메라는 3개의 스펙트럼 범위에 사용할 수 있다.

4.2 흑체 복사

4.2.1 플랑크 법칙

플랑크의 복사법칙이라고 부르는 이 법칙은, 1900년 Max Planck가 양자원리(quantum theory)에서 제안하였다. 이는 전자기복사를 기존 파동의 형태를 띄는 것이 아닌 광자(Photon)나 양자(Quantum)라고 하는 불연속적인 에너지 묶음이 전파되는 것이라 하는 것이다. 이에 의하면 주파수 ν의 각 광자는 다음과 같은 에너지를 가지고 있다고 간주한다.

$$e = h\nu = \frac{hc}{\lambda} \tag{4.5}$$

여기에서 $h = 6.625 \times 10^{-34} J \cdot s$이고 Planck 상수라 한다. h와 c가 상수인 상기 식으로부터 광자 에너지는 파장에 반비례한다. 따라서 파장이 짧은 복사는 많은 광자 에너지를 포함한다. 그러므로 파괴력이 큰 감마선이나 X–선과 같은 파장이 짧은 복사를 피하려는 현상은 당연하다.

이처럼 복사 열전달은 유한한 온도의 물질에 의하여 방사(emission)되는 에너지로 진공에서 열손실이 없으므로 가장 잘 이루어진다.

그림 4.7은 흑체 표면에서 방출되는 에너지의 강도와 파장의 관계를 나타내는 곡선을 나타내고 있다. 이 곡선은 흑체 표면에서 방출된 에너지의 강도가 파장에 따라 다르게 보이기 때문이다. 흑체에서 방출되는 방사 에너지의 최대 파장은 표면 온도가 높을수록 짧아지는 경향을 확인할 수 있다.

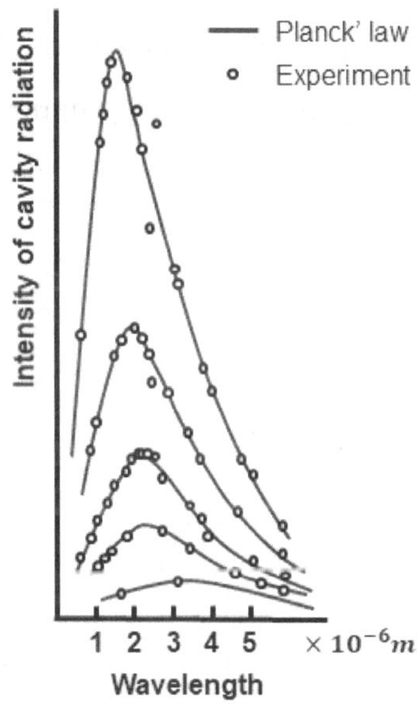

| 그림 4.7 | 흑체복사 곡선

4.2.2 비인의 변위 법칙

비인의 변위 법칙은 흑체로부터 방출되는 파장 가운데 에너지 밀도가 최대인 파장과 흑체의 온도가 반비례한다는 것을 의미한다. 흑체가 에너지를 복사의 형태로 방출할 때 에너지 밀도가 가장 높은 파장을 λ_m 라 하면, 파장과 흑체의 절대온도 T 사이에는 다음과 같은 식이 성립한다.

$$\lambda_m - T = b\,(b\text{는 상수}) \tag{4.6}$$

이는 1893년 Wilhelm Wien이 열역학적 고찰에서 도입한 식으로, b의 값은 양자론에 의해 다음과 같은 값으로 결정된다.

$$b = \frac{hc}{4.965\,k_B} = 0.28978\,cm \tag{4.7}$$

여기에서 h는 플랑크 상수, c는 광속도, k_B는 볼츠만 상수이다.

위 법칙에 따르면 물체의 온도와 물체가 방출하는 빛의 최대에너지 파장은 반비례한다는 것으로, 물체가 온도가 높으면 최대에너지의 파장이 짧아진다.

그림 4.8을 보면 온도가 낮으면 파장이 긴 붉은 빛 또는 적외선이 많이 발생하며, 온도가 높으면 파장이 짧은 푸른 빛 또는 자외선이 많이 발생한다. 여기에서 더 온도가 증가하면 최대 피크가 가시광선 영역을 벗어나 자외선 영역이 되어 가시광 영역만 보면 붉은색 성분이나 파란색 성분의 차이가 작아져 육안으로는 하얗게 보이게 된다. 여기서 더욱더 고온이 되면 자외선 영역을 넘어 x-선이나 감마선을 내게 되며, 온도가 낮으면 마이크로파 등 전파의 영역에서 최대 파장이 나오게 된다.

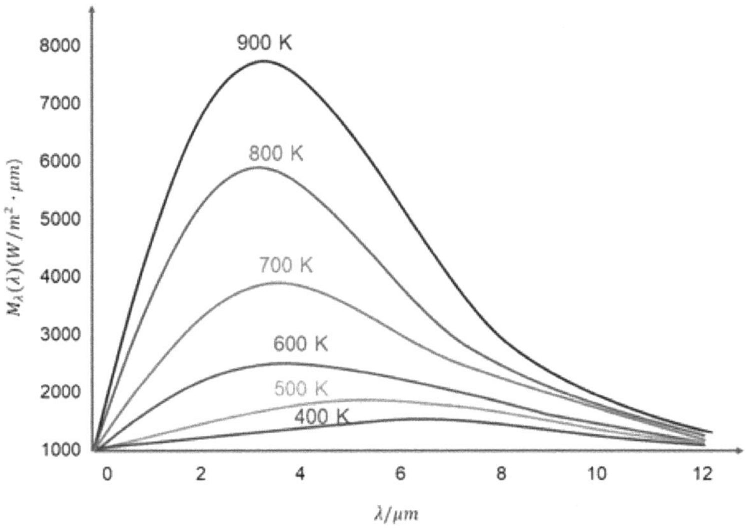

| 그림 4.8 | 온도에 따른 에너지 밀도-파장 길이 그래프

4.2.3 슈테판-볼츠만 법칙

흑체는 완벽한 방사체와 복사 흡수체로 정의된다. 지정된 온도와 파장에서 어떤 표면도 흑체보다 더 많은 에너지를 방출할 수 없다. 흑체는 확산 방사체로 모든 방향으로 균일하게 복사를 방출한다. 또한, 흑체는 파장과 방향에 관계없이 모든 입사 방사선을 흡수한다.

단위 시간 및 표면 당 흑체로부터 방출되는 복사 에너지는 스테판 볼츠만 법칙에 의해 정의된다.

$$E_b = \sigma T^4 \,(W/m^2) \tag{4.8}$$

여기에서 $\sigma = 5.67 \times 10^{-8}\ W/m^2k^4$, T는 절대온도, E_b는 흑체 방사력을 의미한다.

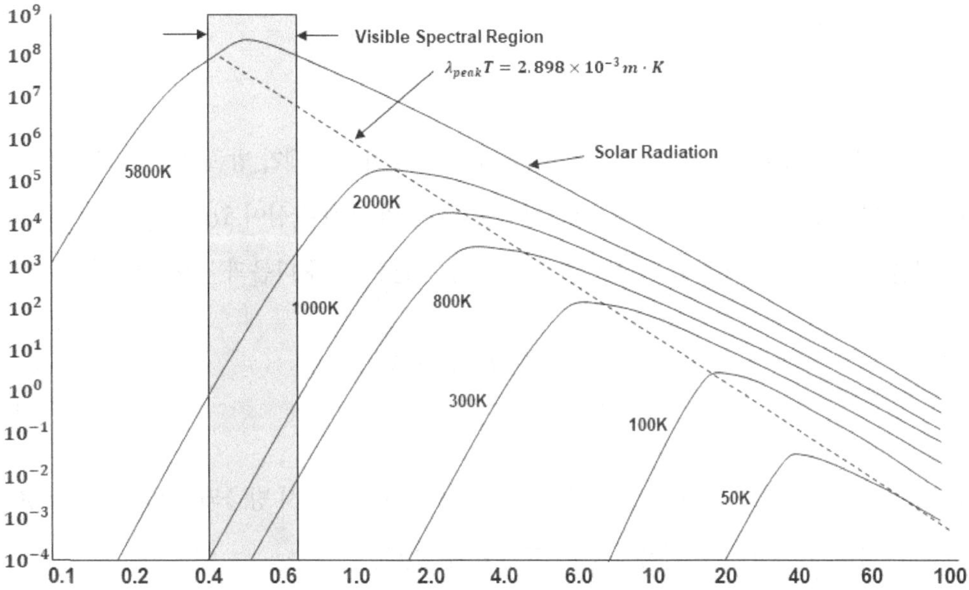

| 그림 4.9 | Planck 법칙과 Wein의 법칙

분광 흑체 방사력은 단위 시간당, 단위 표면적당, 단위 파장당 절대온도 T에서 흑체가 방출하는 복사 에너지의 양이다.

$$E_{b\lambda}(T) = \frac{C_1}{\lambda^5[\exp(C_2/\lambda T) - 1]} \tag{4.9}$$

$C_1 = 2\pi h c_0^2 = 3.742 \times 10^8\ (W\mu m^4/m^2)$

$C_2 = hc_0/k = 1.439 \times 10^4\ (\mu m\, K)$

$k = 1.3805 \times 10^{-23}(J/K)$

이를 플랑크의 분배 법칙이라고 하며 진공 또는 가스 표면에서 유효하다. 다른 매체의 경우 C_1을 C_1/n^2으로 대체하여 활용하며 여기에서 n은 매체의 굴절률을 의미한다.

주어진 온도에 대해 최대 방사력이 발생하는 파장은 비인의 변위 법칙에서 얻을 수 있다(그림 4.9).

$$(\lambda T)_{\max power} = 2897.8\ \mu m\, K \tag{4.10}$$

총 파장 스펙트럼에 걸쳐 스펙트럼 흑체 방사력 $E_{b\lambda}$을 통합하면 총 흑체 방사력 E_b를 계산할 수 있다 (그림 4.10).

$$E_b(T) = \int_0^{\infty} E_{b\lambda}(T)d\lambda = \sigma T^4\ (W/m^2) \tag{4.11}$$

스테판 볼츠만 법칙은 0에서 무한대까지의 모든 파장에서 흑체가 방출하는 총 복사를 제공한다. 그러나 종종 일부 파장 대역에서 방출되는 방사선의 양에 관심이 있다. 플랑크 법칙의 수치 적분을 피하기 위해 흑체 복사 함수라고 하는 무차원수 f_λ를 다음과 같이 정의할 수 있다.

$$f_\lambda(T) = \frac{\int_0^{\lambda} E_{b\lambda}(T)d\lambda}{\sigma T^4} \tag{4.12}$$

함수 f_λ는 0에서 λ까지의 파장 대역에서 온도가 T인 흑체에서 방출되는 방사선의 비율을 나타낸다. 따라서 위의 식은 다음과 같이 표현할 수 있다.

$$f_{\lambda_1-\lambda_2}(T) = f_{\lambda_2}(T) - f_{\lambda_1}(T) \tag{4.13}$$

$$f_{\lambda-\infty}(T) = 1 - f_\lambda(T) \tag{4.14}$$

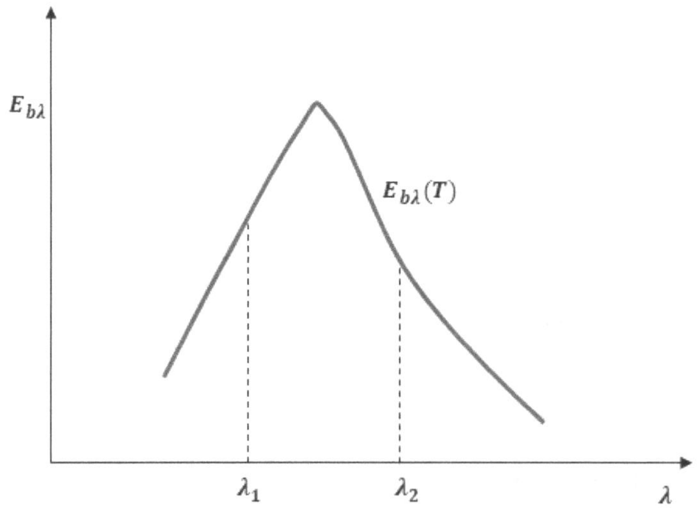

| 그림 4.10 | λ_1과 λ_2 사이의 파장에서 방출되는 복사 에너지

예제 4-1

어떠한 발열체의 온도가 2000 K일 때, 이것을 흑체로 가정하고 발열체의 방사도가 가장 높은 파장을 구하라.

풀이

발열체에서 방사도가 가장 높은 파장은 Wien의 변위법칙으로 쉽게 구할 수 있다.

$$(\lambda T)_{max\,power} = 2897.8\,\mu m \cdot K$$
$$= \lambda_{max\,power} = \frac{2897.8\,\mu m \cdot K}{2000\,K} = 1.45\,\mu m$$

예제 4-2

지름 0.5 m의 물체가 500 K의 온도로 천정에 매달려 있을 때, 다음을 구하여라.

1) 총 흑체방사도
2) 3분동안 방사한 총 복사량
3) 파장 1 μm에서의 파장 흑체방사도

풀이

구를 흑체와 같은 성질을 지녔다고 가정

1) 총 흑체방사도는 Stefan–Boltzmann 법칙을 이용

$$E_b = \sigma T^4 = (5.67 \times 10^{-8}\ W/m^2.K^4)(500\,K)^4 = 3543.75\ W/m^2$$

이것은 구가 3.54 kJ의 에너지를 전자기복사 형태로 구의 표면에서 초당, 단위 미터제곱에서 복사한다는 것을 말함

2) 3분동안 구 전체에서 방사한 총 복사에너지 양은 얻은 흑체방사도에 구의 전체 표면적과 주어진 시간을 곱해서 구해짐

$$A = \pi D^2 = \pi(0.5\,m)^2 = 0.7854\,m^2$$
$$\Delta t = (3\text{min})\frac{60\text{sec}}{1\text{min}} = 180\text{sec}$$
$$Q_{rad} = E_b A \Delta t = (3.54k\,W/m^2)(0.7854\,m^2)(180\text{sec}) = 500.46\,kJ$$

3) 파장 1 μm일 때 파장 흑체방사도는 Planck의 분배법칙에 의해 구할 수 있다.

$$E_{b\lambda} = \frac{C}{\lambda^5[\exp(\frac{C^2}{\lambda T}) - 1} = \frac{3.743 \times 10^8\ W\mu m^4/m^2}{(1\,\mu m)^5[\exp(\frac{1.4387 \times 10^4\,\mu m.K}{(1\mu m)(500K)} - 1]}$$

(1) 복사 특성

흑체는 실체 표면의 방출 및 흡수 특성을 설명하는데 편리한 기준 데이터로 활용될 수 있다.

(가) 방사율

표면의 방사율은 동일한 온도에서 표면에서 방출되는 복사와 흑체에서 방출되는 복사의 비율로 정의된다.

$$0 \le \varepsilon \le 1 \tag{4.15}$$

방사율은 표면이 흑체에 얼마나 근접한지를 측정한 것이다. 표면의 방사율은 상수가 아니라 표면과 파장의 온도와 방출된 방사선의 방향의 함수이며 $\varepsilon = \varepsilon(T, \lambda, \theta)$. 여기에서 θ는 표면의 방향과 법선 사이의 각도를 의미한다.

표면의 총 방사율은 모든 방향과 파장에 대한 표면의 평균 방사율이다.

$$\varepsilon(T) = \frac{E(T)}{E_b(T)} = \frac{E(T)}{\sigma T^4} \rightarrow E(T) = \varepsilon(T)\sigma T^4 \tag{4.16}$$

스펙트럼 방사율은 다음과 같다.

$$\varepsilon_\lambda(T) = \frac{E_\lambda(T)}{E_{b\lambda}(T)} \tag{4.17}$$

여기에서 $E_\lambda(T)$는 실체 표면의 스펙트럼 방사력을 의미한다. 실체 표면에서 방출되는 방사는 플랑크 분배와는 다르다 (그림 4.11).

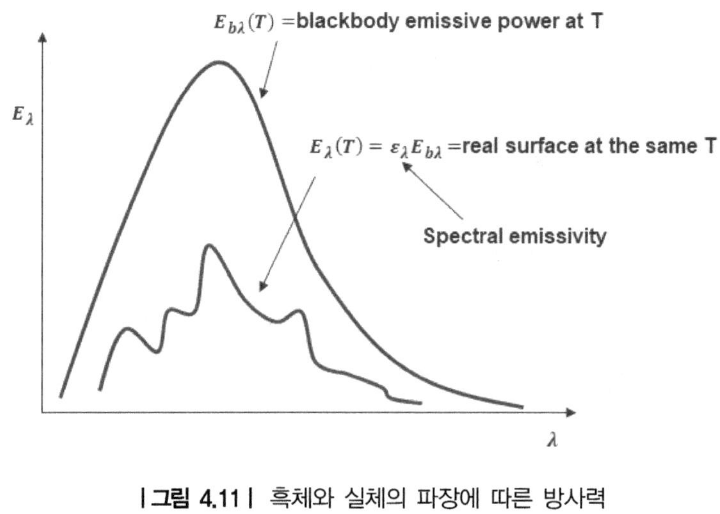

| 그림 4.11 | 흑체와 실체의 파장에 따른 방사력

4.3 방사율

4.3.1 키르히호프의 법칙

등온 cavity와 동일한 온도 T의 표면을 고려할 때 정상 상태 열조건에서 다음과 같다.

$$G_{abs} = \alpha G = \alpha \sigma T^4 \tag{4.18}$$

그리고 방출된 복사는

$$E_{emit} = \varepsilon \sigma T^4 \tag{4.19}$$

대상체가 열평형 상태이기 때문에, $G_{abs} = E_{emit}$이 되고, 다음과 같이 정리된다.

$$\varepsilon(T) = \alpha(T) \tag{4.20}$$

온도 T에서 표면의 총 반구형 방사율은 동일한 온도 T에서 흑체에서 방출되는 복사에 대한 총 반구형 흡수율과 동일하다. 이를 키르히호프의 법칙이라 한다.

키르히호프의 법칙은 스펙트럼 형태로 표현할 수 있다.

$$\varepsilon_\lambda(T) = \alpha_\lambda(T) \tag{4.21}$$

그리고 스펙트럼 방향성의 형태는

$$\varepsilon_{\lambda,\theta}(T) = \alpha_{\lambda,\theta}(T) \tag{4.22}$$

키르히호프의 법칙은 특히 $\rho = 1 - \alpha$인 불투명체 표면에서 복사의 분석을 간단하게 수행할 수 있다.

4.3.2 방사율에 영향을 미치는 매개변수

(1) 방사율의 면각 의존성

방사율에 영향을 미치는 기하학적 요인은 다양한 검사 대상 표면의 방사 또는 흡수 특성을 결정할 때 매우 복잡할 수 있다. 표면이 거친 불투명체 또는 몸과 같은 경우 키르히호프의 법칙 $\alpha + \rho + \tau = 1$은 $\varepsilon + \rho = 1$으로 감소한다. 면각이 표면에 수직일 경우 방사율이 높다. 면각을

45도로 변경하면 방사율과 반사율이 모두 약간의 영향을 미친다. 면각이 90도에 가까울수록 반사율이 크고 방사율은 최소가 된다. 흑체는 확산방사체로서 반구에 등방적으로 방사되며 방사는 방사방향과는 무관하다. 그러나 이것은 회체의 경우가 아니다. 구체는 면각이 표면법선에 대해서 커져 최종적으로 90도에서 0이 되는 경향이 있어 높은 면각의 의존성을 나타낸다. 그림 4.12에 나타낸 2차원 극좌표계의 등방성으로 방출하는 흑체와 구체에 대한 복사방향의 차이를 나타내어 방사율의 각도의존성을 나타낸다.

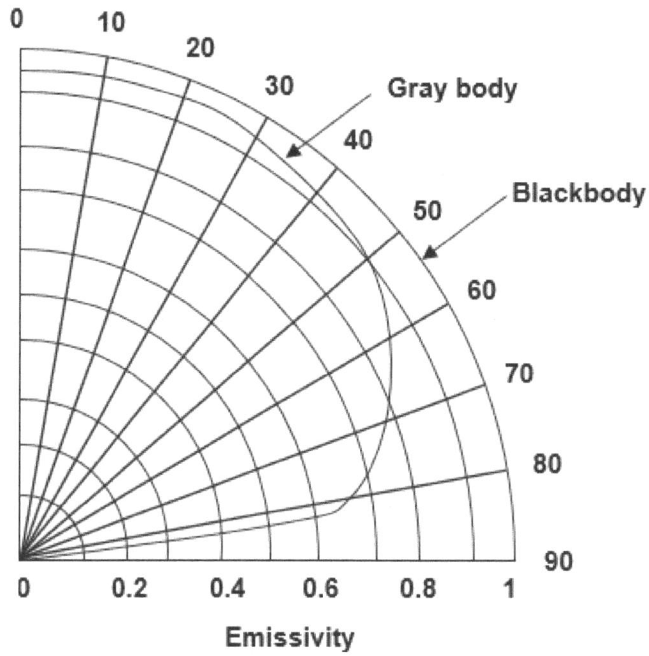

| 그림 4.12 | 방사율 면각에 따른 방사율

면각에 대한 방사율의 의존성은 주로 적외선열화상 카메라를 이용하는 온도제어 연구에서 가장 먼저 발견됐다. 이들 연구의 대부분은 실험실 조건 하에서 이루어지므로 열 표지에 걸친 방사율 변화의 영향은 훨씬 현저하다.

방사면각에 대한 방사율의 변화는 그림 4.12에 나타나 있듯이 대상의 강력한 기능으로서 기능한다. 그림 4.13에서 0도는 법선방향이며 모든 방사율이 0이 되는 90도는 표면과 평행하다. 세라믹인 산화알루미늄의 방사율은 0~60도로 거의 일정하며 그 점부터 감소하기 시작한다. 얼음은 0도에서 최대 방사율을 가지며, 각도가 증가함에 따라 꾸준히 감소한다. 금속은 약 70~80도에서 정상에서 최대로 증가한 후 90도에서 급속히 제로로 이동하는 특성을 갖고 있다. 이는 전자이론에 의해 예측할 수 있으며 특히 높은 파장에서는 참인데 반해 낮은 파장에서는 방사율이 크게 변화할 가능성이 있다.

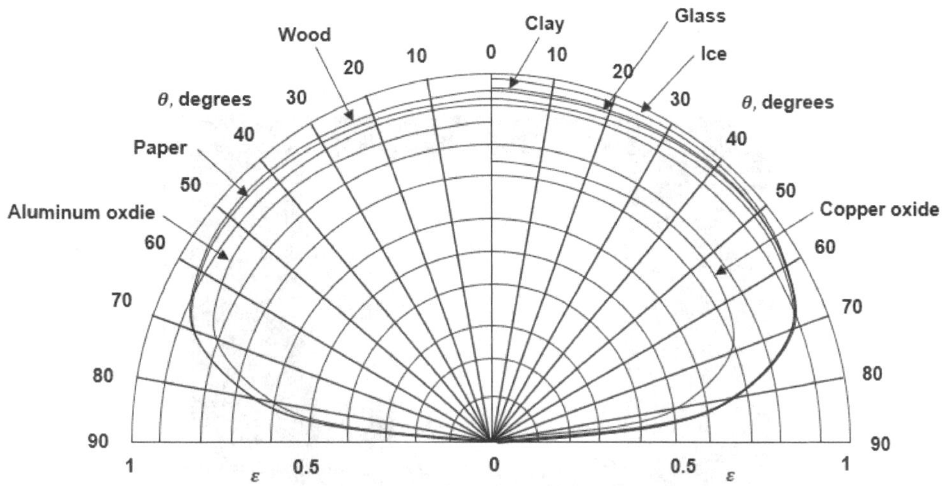

| 그림 4.13 | 방사율 면각에 따른 재료의 방사율

(2) 방사율의 온도 의존성

적외선열화상을 이용하여 온도를 측정하기 위한 가장 중요한 변수는 방사율이다. 이 변수는 같은 온도에서 흑체와 비교하여 얼마만큼의 방사선이 검사 대상에 방출되는지에 관한 요소다. 따라서, 같은 온도에서 낮은 방사율의 물체는 높은 방사율의 물체보다 적외선 방사에너지를 적게 방출한다.

정확한 방사율 측정은 특히 낮은 방사율 물체에서 중요하다. 높은 방사율 물체의 경우 설정된 방사율 값의 약간의 변화는 표면 온도 결과에 약간의 변화를 가져온다. 그러나 광택이 낮은 금속이나 알루미늄 등 방사율의 물체의 경우 경도의 방사선 변화가 온도 측정에 큰 영향을 미치기 때문에 매우 복잡하다.

방사율을 측정하기 위한 일반적인 절차가 있다. 검사 대상은 실제 동작하는 온도까지 가열해야 한다. 열전대를 활용하여 기준온도를 취득할 수 있으나 낮은 온도의 경우 적외선열화상 장치를 활용하는 것이 일반적이다. 전자의 방법은 접촉법이라 불리며, 후자의 방법은 기준 방사율 기법으로 불린다. 방사율의 구성은 실제 온도가 측정이 될 때까지 변경이 되는 것이다. 최종 구성 방사율이 검사 대상체의 방사율이 된다.

반사온도는 특히 검사대상의 반사율이 높을 때 중요한 파라미터로 기능하다. 반사온도를 측정하는 방법으로는 리플렉터법과 다이렉트법이 있다. 리플렉터법은 적용하기 쉽고 비교적 양호한 결과를 제공함으로써 보편적으로 이용되는 방법이다. 이것은 금속 코팅 등의 보정된 반사 기준을 이용한다 (그림 4.14).

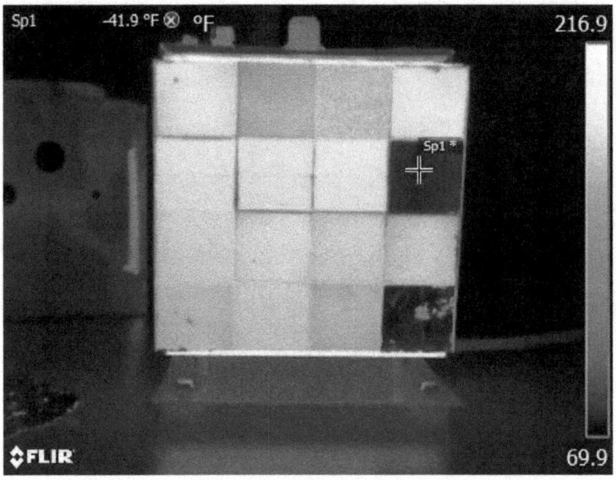

| 그림 4.14 | 코팅과 비-코팅된 재료의 열화상 이미지

구리나 알루미늄등의 금속 표면의 방사율은 일반적으로 0.1미만이다. 거칠거나 산화된 표면은 비교적 높은 방사율을 갖고 있다(약 0.6 이상). 대부분의 블랙 페인트의 방사율은 0.9 이상, 사람의 피부와 물은 0.98의 방사율을 가지고 있다.

방사율이 낮아 광택이 나는 금속 표면은 거울처럼 작용할 수 있다. 이 경우 검사 대상물 자체의 온도를 측정하는 대신 적외선열화상 카메라가 반사한 온도를 측정하게 된다. 반사된 온도는 측정 중의 대상으로부터 반사되어 다른 대상으로부터 방출되는 열방사다.

검사대상물을 신체에 접촉시키면 차가워질 수 있지만 가까운 열원이 표면에서 반사될 경우 적외선열화상 카메라에 의해 고온의 온도가 표시될 수 있다. 혹은 대상은 인접한 대상과 같은 온도일 수 있지만, 훨씬 차갑게 느껴질 수 있다.

방사율이 높은 대상의 경우 반사 온도는 영향을 받지 않는다. 그러나 방사율이 낮은 대상일 경우에는 신중하게 고려해야 할 요소가 있다. 방사율이 저하됨에 따라 측정되는 대상은 검사대상이 아니라 주위 대상의 표면에서 더 많이 발생할 가능성이 있다.

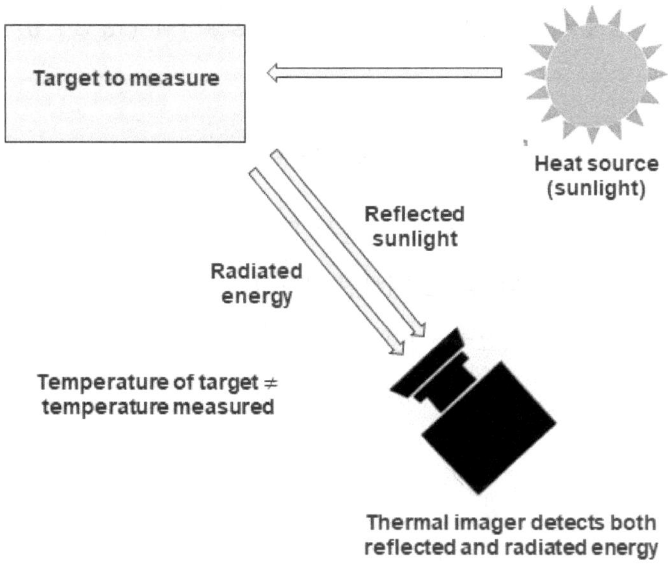

| 그림 4.15 | 반사된 온도의 측정 구성도

측정하려는 대상물의 방사율이 높을 경우 적외선열화상 카메라 설정으로 방사율과 반사온도를 보정할 수 있다(그림 4.15). 예를 들어 신체 온도를 측정할 경우 방사율을 0.98로 설정하고 반사 온도를 주위 환경 온도로 설정할 수 있다.

다른 표면 타입과 온도 측정 정밀도가 검사에 중요한 경우 측정 시 방사율을 올바르게 보정하기 위해 적외선열화상에 교육이 필요하다. 방사율은 다양한 요인의 영향을 받기 때문에 측정이 어려운 표면의 경우 이에 대한 지식이 필요하다.

일반적으로 측정대상물의 방사율이 0.5 미만일 경우 정확한 온도 측정에 어려움이 생긴다. 이것은 대상의 방사율을 높이는 방법을 고려해 볼 필요가 있는 것이다. 방사율은 온도 측정을 실행할 때 매우 중요한 요소 중 하나다.

(3) 방사율의 파장 의존성

주어진 온도로, 실체는 흑체보다 적은 방사에너지를 방출한다. 에너지를 방출할 때 물질의 효과는 방사율 계수 ε로 나타나며, 이는 같은 온도에서의 물질의 실제 에너지 방출과 흑체 방출률을 의미한다.

방사율은 같은 온도에서 표면에서 방출되는 방사선과 흑체에서 방출되는 방사선의 비율이다. 흑체는 모든 파장에서 가능한 최대 복사량을 방출하며, 방사율은 $0 < \varepsilon < 1$ 범위 안에 있다.

방사율은 비이상적인 표면의 방출 특성을 이상적인 흑체에 관련된 방정식으로서 나타낼 수 있다. 예를 들어, 실제 표면의 총방출력 E은 흑체의 총방사력과 총반구형의 방사율의 곱으로 나타낼 수 있다.

$$E(T) = \varepsilon(T)E_b(T) = \varepsilon(T)\sigma T^4 \tag{4.23}$$

그러나 실제 표면에서 방사되는 에너지는는 표면온도, 방사파장 및 방향 함수로서 매우 복잡한 형태를 지닌다. 파장 의존성을 고려하면 실제 표면에 대한 방사력과 흑체 또는 구체의 복사력 편차를 확인할 수 있다 (그림 4.16).

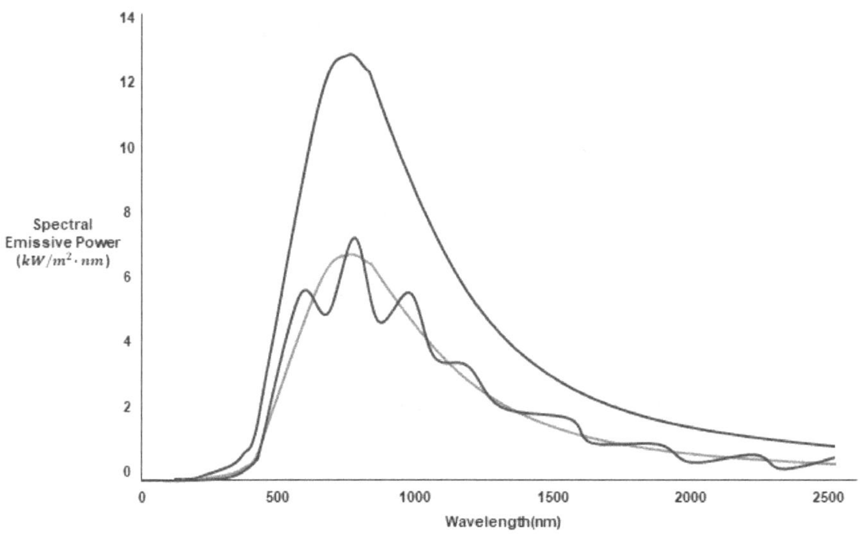

| 그림 4.16 | 흑체, 실체, 회체 표면의 방사력과 파장의 관계

(가) 방사율 근사

방사율이 모든 파장과 방향에 대해 일정하다고 가정하느냐에 따라 다른 4개의 기본 방사율 방정식이 있다.

| 표 4.1 | 실체, 회체간의 방사율 의존도

Surface	$\varepsilon_{\theta,\phi}$	ε_λ
실체	$\neq$	$\neq$
회체	$\neq$	$=$
확산	$=$	$\neq$
확산, 회체	$=$	$=$

(나) 분광 방사율

실체 표면에서 방출되는 열복사는 복잡한 형태를 띄고 있으며 파장 λ, 방향 θ,ϕ 및 온도 T에 의존한다. 4가지 매개변수에 대한 의존성을 고려할 때 파장 방향 방사율을 통해 복사열전달을 계산할 수 있다. 방사율은 실체 표면으로부터의 방출과 흑체의 방출 비율이라는 것을 고려하면 파장 방향의 방사율은 다음과 같다.

$$\varepsilon_{\lambda,\theta}(\lambda,\theta,\phi,T) = \frac{I_\lambda(\lambda,\theta,\phi,T)}{I_{b,\lambda}(\lambda,T)} \tag{4.24}$$

4차원에 걸쳐 방출을 특성화하는 고유의 문제로 인해 파장 방향의 방사율은 거의 활용되지 않는다. 대신 방출 표면의 특성에 의존하는 가정을 통해 하나 이상의 매개 변수의 독립성을 가정한다.

(다) 총 방사율(회체 표면)

일부 재료의 경우 방사율이 파장에 독립적이라고 가정하여 방출 과정을 단순화할 수 있다. 즉 방사율은 파장에 대해 일정한 관계를 가지고 있다. 이러한 경우 단순한 방사율을 방향 방사율이라고 하며 방출의 '평균 파장'을 나타내며, 회체 표면 근사라 정의한다. 방향성 방사율 ε_θ는 다음과 같다.

$$\varepsilon_\theta(\theta,\phi T) = \frac{I(\theta,\phi,T)}{I_b(T)} \tag{4.25}$$

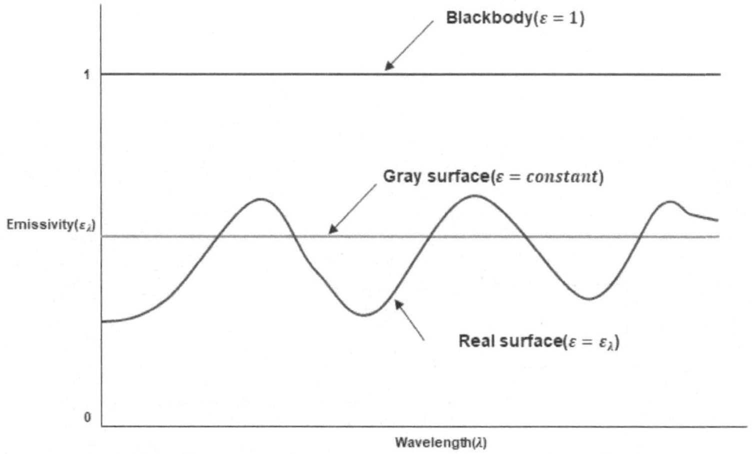

| 그림 4.17 | 흑체, 회체, 실체의 방사율과 파장의 관계

회체의 표면은 동일한 온도에서 근접한 실체 표면과 동일한 양의 복사를 방출해야 한다. 따라서, 회체의 방향성 방사율은 그림 4.17과 같이 방사 곡선 아래 영역이 위의 영역과 동일하도록 선택되어야 한다.

(라) 반구형 파장 방사율

방사 특성이 방사의 방향 (θ,ϕ)과 무관하다는 적절한 가정이 있을 때 적용될 수 있다. 결과적으로 이러한 방사율을 파장 반구형 방사율이라 정의한다. 즉, 방출은 모든 방향에서 동일하다. 파장 반구형 방사율은 다음과 같이 정의할 수 있다.

$$\varepsilon_\lambda(\lambda, T) = \frac{E_\lambda(\lambda, T)}{E_b(\lambda, T)} \tag{4.26}$$

실체 표면은 흑체처럼 완벽하게 확산 방출을 나타내지 않지만, 방출 각도가 더 예리할수록 가까울 수 있다. 이는 일반화된 전기 전도체 및 부도체에 대한 방출 방향에 따른 방사율의 변화를 보여주며 그림 4.18에 설명되어 있다.

여기에서 방사율은 전도체와 부도체에 대해 방사 각도가 표면 법선으로부터 40도 및 70도보다 작을 때 거의 일정하다. 많은 실체 표면에 대해 합리적인 근사치를 제공하면서 분석을 크게 단순화하므로 확산 방출 가정을 사용하는 것이 일반적이다. 그러나 전자기파 이론에 따르면 $\theta = 90$에서 실체 표면은 완벽한 확산 방사체가 될 수 없다.

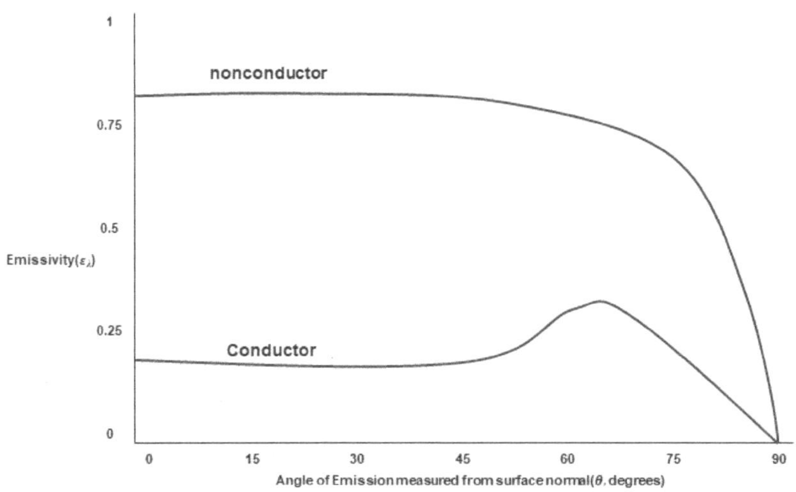

| 그림 4.18 | 전도체와 비-전도체의 방사율과 면각의 관계

(마) 총 반구형 방사율

복사가 방사각도(확산) 및 파장과는 무관하다는 새로운 간략화에 의해 아래에 정의된 모든 파장 및 방향에 대한 평균 방사율을 나타내는 총 반구상의 방사율을 얻을 수 있다.

$$\varepsilon(T) = \frac{E(T)}{E_b(T)} = \frac{E(T)}{\sigma T^4} \tag{4.27}$$

전반구상 방사율은 표면이 회체로 확산되고 있는 것과 같으며, 방사율을 단일 숫자로 단순화할 수 있으며, 표면에서 방출되는 방사를 비교적 쉽게 측정하여 실험적으로 결정할 수 있어 방사분석의 일반적인 과정이다.

(4) 방사율의 표면 조도 의존성

조도는 열복사 특성에 영향을 미치는 고체 표면 결함 중 하나다. 표면의 기계적 처리 결과 방사율이 큰 폭으로 변동될 가능성이 있다. 표면의 방사율과 반사율을 조도 파라미터에 따라 무엇보다도 특성 조도 높이에 따른 연구가 활발히 진행 중이다.

열전달에 대한 표면의 거칠기의 영향에 내해서는 알려진 바가 거의 없는 실정이다. 표면 거칠기가 열전달에 미치는 영향 중 하나는 방사율이다. 방사율은 주어진 온도에서 표면에서 방출되는 방사선과 같은 온도에서 흑체에서 방출되는 방사선의 비율로 정의된다.

흑체는 완전한 방사체와 방사 흡수체라고 정의된다. 지정된 온도와 파장에서 어떤 표면도 흑체보다 많은 에너지를 방출할 수 없다. 방사율은 방사열 전달에만 영향을 미친다.

(5) 방사율의 산화 피막 두께 의존성

산화는 일반적으로 표면이 거칠어지기 때문에 표면의 구성뿐만 아니라 구조도 변화한다. 조면화된 표면은 입사광과 더 큰 컷팅면 접촉을 유발하여 반사가 적고 투과율과 흡수율이 높아진다. 따라서 방사율은 증가한다. 다음은 산화에 의한 방사율의 의존성에 관한 연구사례를 보여주고 있다.

- Brannon 등은 $Al - Al_2O_3$과 $Cu - CuO$ 표면의 산화물 두께에 따른 총 정상 방사율의 변화를 설명하고 산화물 두께가 증가함에 따라 측정된 정상 방사율이 증가함을 기술하였다.
- Greene 등은 산화된 시험편이 산화되지 않은 시험편에 비해 방사율이 크게 증가하는 점을 발견하였지만 산화 시간의 함수로써 방사율의 변화에서 명시적인 패턴을 보고하지는 않았다.
- G. Cao 등은 파장의 함수로써 스펙트럼 방사율에 대한 산화물 층의 영향을 조사하였다

- HangJin Jo 등은 산화되어 거칠어진 표면의 방출 현상을 이해하기 위한 실험적 및 이론적 조사를 수행하였다.

앞에서 서술한 연구의 대부분은 특정 재료에 대한 새로운 모델과 상관관계 개발의 배경을 보고하고 있지만 금속산화에 의한 방사율 변화의 명확한 영향은 불충분하다.

방사율은 산화물층의 두께에 크게 영향을 받는다. 이 같은 효과는 가벼운 산화조건 하에서도 단파장에서 중요하며 산화층 두께가 증가함에 따라 영향을 받는 파장의 범위가 넓어진다. 이는 기본금속과 비교하여 산화물층의 광학상수가 크게 다르기 때문이다.

방사율에 대한 표면 거칠기의 영향은 스펙트럼 방사율에 대한 표면 산화의 영향보다 낮다. 실험값과 키르히호프의 법칙에 의거한 수치모델에 의해 예측된 값 사이에 일치하는 연구사례도 기록되어 있다. 수치모델에서 산화물층의 방사에너지 굴절, 반사 및 흡수를 측정된 스펙트럼 광학정수로 시뮬레이션을 하였다. 조면의 방사율은 멀티코사인 함수를 이용한 푸리에 변환에 의한 랜덤 표면 프로파일 생성을 이용해 효과적으로 설명했다.

4.3.3 재료의 방사율

적외선열화상으로 온도를 측정할 때는 측정대상 방사율을 미리 알고 있으면 그 방사율을 미리 적외선열화상으로 설정하여 측정할 필요가 있다. 적외선열화상의 방사율 설정은 1인 경우가 많으며 그 설정에서는 일반적인 물질의 1보다 작기 때문에 측정온도가 낮게 표시된다.

방사율은 일반적으로는 실험에 의해서 구할 수 있다. 표 4.2에 적외선열화상 상에서 주로 사용되는 측정 파장 영역인 8 ~ 14 μm에서 주요 재질의 방사율을 나타냈다. 방사율은 재료, 온도, 표면 상태에 따라 변화하므로 온도 측정에 주의해야 한다.

| 표 4.2 | 주요 재질의 방사율값

물질명	온도[℃]	방사율	비고(표면상태)
(금속과 산화물)			
알루미늄	100	0.05	연마면
	20	0.04	진공증착면
황동	100	0.03	잘 연마한 면
	20	0.2	80번 사포로 연마
	100	0.61	산화면

동	100	0.05	연마면
	20	0.78	충분히 산화한 면
철	40	0.21	주조재, 연마면
	100	0.64	주조재, 산화면
은	100	0.03	연마면
스테인리스	20	0.16	18-8 스테인리스 버프 연마
	60	0.85	18-8 스테인리스, 800℃ 산화
(그 외 물질)			
벽돌	20	0.93	일반적인 붉은 벽돌
카본	20	0.95	양초의 검댕
	20	0.98	줄로 연마한 그라파이트면
유리	20	0.94	연마면
종이	20	0.93	백상지
피부	32	0.98	인간
물	20	0.96	증류수
목재	20	0.9	대패질한 오크목

(1) 재료의 특수 방사율

(가) 재료

방사율에 영향을 주는 중요한 변수 중 하나는 재료의 종류다. 열화상 측정 기법에 따라 특정 각도와 파장 범위를 측정한 평균값을 활용한다. 일반적으로 비금속과 금속으로 분류하여 설명할 필요가 있다. 그 이유는 열화상 검사에서 일반적으로 이용되는 비금속 재료(유리, 석재, 도료, 종이, 피부 등)는 회색체로서 0.8 이상의 높은 방사율을 가지고 있으며, 금속재료는 0.2 이하의 방사율을 가지고 있다.

(나) 표면구조

열화상 검사에 사용되는 재료의 표면 구조에 따른 방사율 변화는 매우 다양하다. 이는 검사 시에 매우 불리한 상황으로 연결되어 같은 재료여도 방사율의 값이 다른 일이 있다. 이들의 특성은 금속재료에서 흔히 볼 수 있다. 표면이 연마될 경우 방사율은 0.02 정도로 유지되지만 거친 상태일 경우 방사율은 높아져 0.8에 가까울 수 있다. 시간이 경과함에 따라 산화 및 부식이 진행될 경우 매우 높은 값의 방사율 값이 측정된다. 이러한 특성은 전기부품 등의 검사를 실행할 때 이상 및 비정상적인 기준을 판단할 때 매우 중요한 요소다. 따라서 방사율이 알려져 있는 주위환경과 비교해 요소의 명확한 열대비를 알고 있을 필요가 있어 정량적 분석이 가능하다. 또한, 같은 재료의 경우 실제 방사율 값이 같아도 측정된 온도는 다를 수 있다. 예를 들어 각 면이 다르게 처리된 중공의 구리 큐브를 들 수 있다.

(다) 시야각

흑체는 표면으로부터 방출되는 방사에 대해 방출된 방사량이 방향에 의존하지 않는 완전한 등방성인 확산 방사체이다. 실제 표면의 방사휘도가 방출되는 방향에 따라 변화하는 거동특성을 나타내며 이를 그림 4.19에 나타낸다. 실제 표면은 같은 온도에서 흑체보다 적은 방사 에너지를 방출하고 방사된 방사는 각도에 따라 달라진다. 방위각은 δ으로 나타나며 표면 ($\delta = 0$)에서 기울어진 각도보다 수직 방향으로 많은 복사선을 방사해 적외선 카메라를 활용한 온도 측정에 많은 영향을 미친다. 이는 표면의 방사율이 수직 방향에 대한 측정 각도에 따라 다르다는 것을 의미한다. 현재 수많은 측정 사례가 있으며 방사율의 지향성에 관한 연구 데이터가 도출되었다. 그림 4.20에 일반적인 실험장치를 제시하였다. 0 ~ 180도 범위를 가진 각도계가 90도 방향으로 적외선 카메라를 향하도록 배치됐다. 검사 대상물은 적외선 카메라와 90도 방향으로 배치돼 있으며 각도계의 회전 방향에 따라 방출된 방사 에너지의 양을 기록한다.

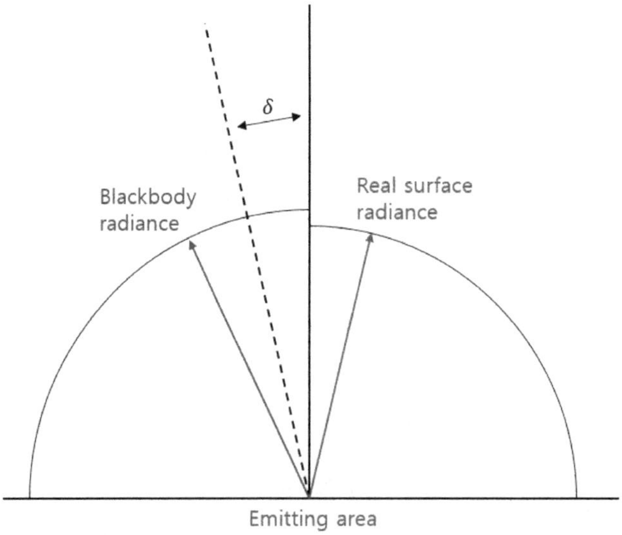

| 그림 4.19 | 흑체의 각도에 따른 복사휘도

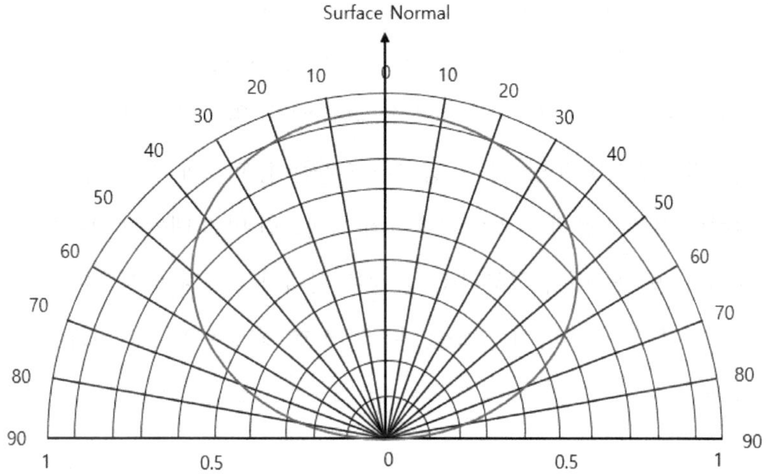

| 그림 4.20 | 물체의 측정 각도에 따른 방사율 변화

큰 각도의 거동은 금속과 비금속 재료에 따라 다르다. 예를 들어 부도체의 경우 큰 각도에서는 방사율이 감소하고 금속표면은 보통 각에서 다시 감소하여 큰 각도로 증가하는 특성을 나타낸다 (그림 4.21).

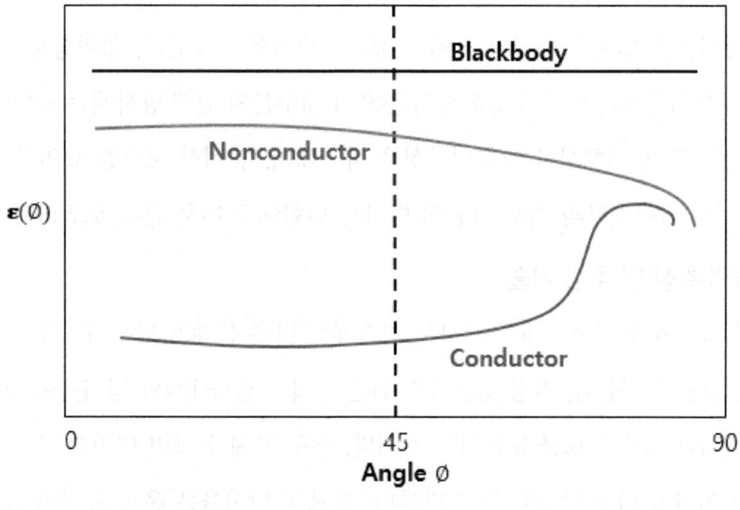

| 그림 4.21 | 흑체, 부도체, 전도체의 각도에 따른 방사율 변화 곡선

(라) 파장

재료의 특성은 파장에 따라 다르다. 예를 들어 금속재료로 일반적으로 사용되는 금, 은 및 구리 반사율의 경우 가시광선 영역에서 중간대 천이가 발생하고 파장 대역에 의존하는 반사율 특성이 발생하여 적갈색 또는 황금색을 띤다. 반사율은 재료의 방사율과 깊이 관련되며 반사율의 파장 의존성은 방사율과도 관련된다.

금속의 방사율은 일반적으로 파장이 증가하면 감소하는 특성을 가지며 산화물과 다른 비금속재료는 방사율이 증가하는 특성을 갖고 있다. 알루미늄 합금의 경우 가공으로 표면의 거칠기가 증가하면 방사율이 급격히 증가한다. 파장에 의존하는 방사율을 갖는 물질을 검사할 경우 적용된 적외선 카메라의 스펙트럼 범위 내에서 방사율이 일정함을 확인해야 한다. 방사율이 일정하지 않을 경우 협대역 필터나 방사율이 일정한 파장대로 설정하는 것이 좋다. 정량적 열화상 분석의 신호 평가는 방사율 변화에 민감함을 인식해야 한다.

(마) 온도

일반적으로 재료의 특성은 온도에 따라 다르며, 방사율과도 관련이 있다. 검사 중에 방사율이 정수로 간주되도록 재료가 특정 온도 범위에서 방사율이 일정하게 유지되는 것에 주의해야 한다. 또 문헌을 참고로 방사율 값을 설정할 경우 이에 대한 온도 값도 알아야 한다.

적외선열화상 검사에서 가장 중요한 것은 재료의 방사율이 다양한 변수에 의존하는 것이다. 열화상 검사를 이용한 온도 측정은 정확한 기본지식을 토대로 해야 하며 검사 대상의 방사율은 몇몇 문헌이나 카메라 제조업체에서 제공된다. 열화상분석에서는 파장과 온도의 의존성은 비교적 중요하지 않으며 대부분의 실제 방사체는 표면에 대해 45도를 넘는 신갱에 대해서만 방향의존성을 나타내며, 앞에서 서술한 요인은 중요하지 않다. 그러나 금속재료의 경우 약간의 방사선 변화에도 매우 큰 온도변화가 생긴다.

(바) 방사율의 측정 및 추정 기술

재료의 방사율을 정확하게 추정하는 기술에는 많은 문제가 발생하며 일반적으로 직접 방사율 값을 측정한다. 가장 접근하기 쉬운 방법은 검사대상에 방사율이 보정된 테이프를 붙이거나 검은 도료를 도포하는 것이다. 연구 사례를 보면 테이프 또는 도료의 표면 온도는 이미 알려진 방사율 값을 따른다. 물체의 방사율은 온도가 이미 알려진 보정테이프의 표면온도와 같아질 때까지 소프트웨어의 방사율 값을 바꿈으로써 구할 수 있다. 또 열전쌍이 있는 경우 여러 점의 온도를 측정해 적외선 화상을 보정해 찾을 수 있다.

(사) 흑체 방사체: 보정을 위한 방사율 기준

적외선열화상에서 모든 카메라 제조업체는 검사자가 온도를 읽어낼 수 있도록 적절한 방사율을 선택할 수 있도록 보정하는 기능이 있다. 보정은 일반적으로 흑체 보정 기준으로 불리는 가장 실체에 가까운 가상 흑체를 통해 이루어진다. 보조 흑체는 특수 표면 구조의 1에 가까운 방사율을 가지는 재료로 구성되어 있으며, 표면 온도는 매우 안정되어 있다. 키르히호프 법칙에 의해 높은 방사율을 취득할 수 있다.

4.3.4 방사율 측정 및 추정

방사율 계수는 일반적으로 ε로 표현한다. 실제 실체 방사율은 일반적으로 파장에 따라 다르며 기호는 ε_λ, 스펙트럼 방사율 계수라고 불린다. 실제 실체는 같은 온도와 파장에서 흑체 $E_{\lambda b}$에서 방출되는 방사의 일부 E_λ만 방출한다.

$$\varepsilon_\lambda = \frac{E_\lambda}{E_{\lambda b}} \tag{4.28}$$

비흑체 물체의 경우 방사율은 파장에 따라 변화하지 않는다. 이 물체들을 회체라고 부른다. 앞에의 그림 4.16에서는 같은 온도에서의 흑체, 회체, 실체 간의 스펙트럼 방사율을 보여주었다. 그래프 중 동체의 복사곡선은 계수에 의해 복사력에 대하여 축소되는 것을 제외하고는 흑체의 복사곡선과 같다. 반대로 실체의 복사 분포는 파장에 따라 다르다는 점을 확인할 수 있다.

열방사율에 대한 지식은 적외선열화상 시스템을 사용한 정확한 온도 측정에 필수적이다. 보편적으로 활용되는 재료의 방사율은 기존의 문헌에서 방대한 데이터가 추출되어 있다. 그렇지만 이러한 값은 이하의 요인 때문에 적외선열화상 시스템을 이용하는데 유용하지 않다.

방향성과 파장에 대한 추가 설명 없이 단순히 방사율이라는 파라미터를 참고한다. 특히 금속의 방사율은 보이는 표면 상태에 관해 다른 문제가 발생하게 된다. 실제로 문헌에 기재된 표에는 광택, 주조, 압연, 산화 등의 용어가 포함되어 있으며, 이들 부분은 방사율 값에 큰 차이가 생긴다. 따라서 이들 값은 온도측정에 이용할 수 없다.

좋은 방법은 같은 적외선열화상 카메라로 방사율을 직접 측정하는 것이다. 이 절차는 단순히 피검체에서 방출되는 방사선과 같은 온도의 흑체에서 방출되는 방사선을 비교하게 된다. 거의 모든 적외선열화상 시스템에는 방사율 계산을 위한 소프트웨어가 탑재되어 있다.

정확한 열 측정을 위해 방사율이 높은 표면에서 실시하는 것이 바람직하다. 도료 또는 그리스의 박막을 퇴적하여 고도로 연마된 금속 또는 반사경의 표면 방사율을 높일 수 있다. 물론 이는 실험실 측정과 코팅이 표면 성능에 영향을 주지 않을 때 할 수 있다. 거의 모든 최종 제조 부품에는 보호 코팅이 도포되어 있다. 표면의 대부분의 경우 불투명 도료를 선택하면 표면 보호를 보장하고 열 측정이 가능하도록 하는 두 가지 요건을 모두 충족시킬 수 있다. 코팅을 도포하기 어려운 경우에는 금속 표면을 미량하게 분사하는 등 다른 방법을 고려해야 한다. 그 후 적절한 스크린을 이용해 고온의 환경에서 바람직하지 않은 반사의 방사를 막는 것은 어려운 프로세스가 아니다.

(1) 투명체 검사 절차

유리 측정 문제는 적외선열화상 시스템을 활용하여 측정이 가능하다. 필터 휠에 배치된 스펙트럼 필터를 카메라에 장착하면 투명체 뒤에 있는 물체의 투과 방사선의 영향을 받지 않고 투명체의 표면 온도를 측정할 수 있다.또한, 투명체 고온의 검사대상물 측정은 투명체 표면 온도에 영향을 주지 않고 측정이 가능하다. 적외선열화상 카메라의 필터는 동력으로 구동되어 원격 제어가 가능하며, 컴퓨터로 제어가 가능하다.

가시광선 파장 대역과는 달리 적외선열화상 카메라로 측정하는 투명체는 투과율이 적외선 범위에서 매우 낮아 일반적으로 불투명하게 보인다. 따라서, 투명체 층이 더 얇고 배면의 온도가 높을 때 투과복사 때문에 열 측정 결과가 왜곡될 수 있으나 특정한 배치 없이 투명체 온도를 측정하는 것이 거의 가능하다. 이렇게 되면 투명체 온도가 불균형으로 높아진다.

A. Aladov 등은 적외선열화상을 활용해 LED 열특성 연구를 수행했다. 일반적으로 LED의 열특성은 다른 반도체 장치와 마찬가지로 열저항이 특징이다. 그렇지만 열저항 파라미터의 주된 결점은 LED 활성 영역의 전 영역에 대한 평균 온도만을 추정하는 것이 가능하다는 것이다.

LED의 열특성을 결정하는 가장 효율적인 방법은 마이크로 적외선열화상을 이용하여 장치의 평균 발열을 추정할 뿐만 아니라 핫스팟 및 온도 구배를 감지하여 해당 영역의 온도분포를 설정할 수 있다. 이는 전류밀도, 광흡수 및 접촉부 열 방출의 영향에 관하여 넓은 면적의 고전력 LED에 특히 중요하다.

적외선열화상 측정 분야에서 일반적인 오차는 특정 물체의 가시성 또는 선명도가 가시광선으로 적외선과 같거나 동일하다는 점이다. 가시광선에서 결정체인 물체가 실제 적외선 스펙트럼에서는 투명하지 않다. 표 4.3은 렌즈 및 창에 일반적으로 적용되는 객체와 적외선 투명도와 관련된 속성 목록이다.

| 표 4.3 | 불투명체의 방사율 목록

Material	Transmission Range (μm)	Material	Transmission Range (μm)
Amtir-1	0.8-13	Barium Fluoride(BaF2)	0.15-12.5
Potassium Bromide(KBr)	0.21-28	Caesium Iodide(CsI)	0.25-55
Potassium Chloride(KCl)	0.21-21	Cadmium Telluride(CdTe)	2-25
Sapphire(Al203)	0.17-5	Silicon(Si)	1.2-10
Calcium Fluoride(CaF2)	0.15-9	Gallium Arsenide(GaAs)	1-15
Sodium Chloride(NaCl)	0.2-20	Germanium(Ge)	2-17
BK7 Schott Glass(BK7)	0.35-2	Fused Silica UV Grade(SiO2)	0.18-3.5
Fused Silica IR Grade(SiO2)	0.18-3.5	Lithium Fluoride Vacuum UV Grade(LiF)	0.12-6.5
Magnesium Fluoride(MgF2)	0.13-7.0	Quartz(SiO2)	0.15-3.3
Thallium Bromoiodide KRS-5(T1Br-Tli)	0.6-40	Zinc Selenide Laser Grade(ZnSe CVD)	0.55-20
Zinc Sulfide Cleartran(ZnS)	0.37-14	Infrared Plastic	8-12

4.4 회색체, 실체의 열복사

4.4.1 표면 방사

물체의 표면 온도가 약 1000K를 초과하지 않는 한 물체의 색상은 주로 적외선 영역에 있는 방출로 인한 것이 아니라는 것은 명심해야 한다. 표면의 흡수 및 반사 특성에 따라 달라지며, 이는 태양이나 백열 전구와 같은 광원에서 나오는 입사 가시광선의 선택적 흡수 및 반사 때문이다. 입사광의 나머지 부분을 흡수하면서 빨간색을 반사하는 안료가 포함된 의복은 눈에 "빨간색"으로 나타낸다(그림 4.22). 잎이 "녹색"으로 보이는 것은 세포에 엽록소라는 색소가 포함되어 있기 때문이다. 이 색소는 녹색을 강하게 반사하고 다른 색상은 흡수한다.

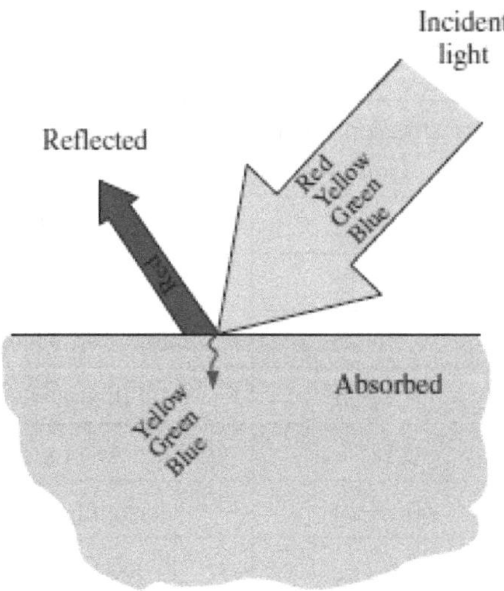

| 그림 4.22 | 입사광의 나머지 부분을 흡수하면서 빨간색을 반사하는 표면은 눈에 빨간색으로 인지[34)]

전체 파장 스펙트럼에 대한 스펙트럼 흑체 방출 전력 $E_{b\lambda}$의 통합이 총 흑체 방출 전력 E_b를 제공함을 보여준다.

$$E_b(T) = \int_0^{\infty} E_{b\lambda}(\lambda, T) d\lambda = \sigma T^4 \tag{4.29}$$

따라서, 우리는 모든 파장에 걸쳐 Planck의 법칙을 통합하여 Stefan-Boltzmann 법칙을 얻었다. $E_{b\lambda} - \lambda$ 차트에서 $E_{b\lambda}$는 곡선의 모든 값에 해당하는 반면 E_b는 지정된 온도에 대한 전체 곡선 아래의 면적에 해당한다(그림 4.23). 또한, total 이라는 용어는 "모든 파장에 걸쳐 통합"을 의미한다.

스테판-볼츠만 법칙은 $\lambda = 0$에서 $\lambda = \infty$까지의 모든 파장에서 흑체에서 방출되는 총 복사를 제공한다. 그러나 우리는 종종 특정 파장 대역에서 방출되는 방사선의 양에 관심이 있다. 예를 들어, 백열 전구는 모든 파장에서 방출하는 복사선보다는 가시 범위에서 방출하는 복사선을 기준으로 판단된다.

34) "Heat and Mass Transfer, Fundamentals & Applications", Yunus A. Cengel

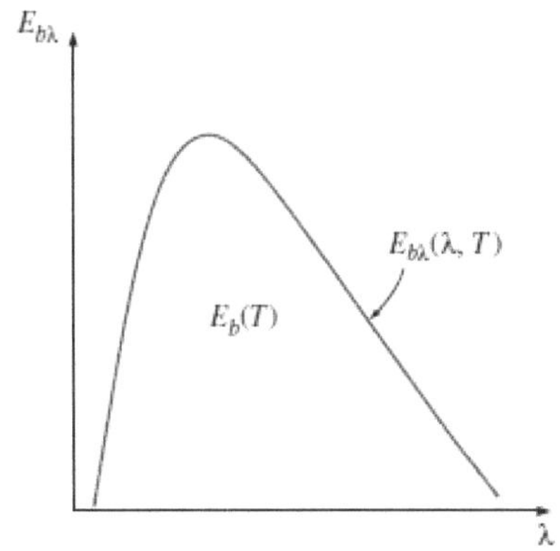

| 그림 4.23 | $E_{b\lambda}-\lambda$ 그래프[35)]

$\lambda=0$에서 λ까지의 파장대에 걸쳐 단위 면적당 흑체가 방출하는 복사 에너지는 (그림 4.23)에서 결정된다.

$$E_{b,0-\lambda}(T)=\int_0^\lambda E_{b\lambda}(\lambda, T)d\lambda \ 11\text{-}7 \tag{4.30}$$

식 4.30에서 $E_{b\lambda}$ 관계를 대입하고, 적분을 수행하여 $E_{b,0-\lambda}$를 결정할 수 있는 것처럼 보인다. 그러나 이 적분은 단순한 해법이 아니며 $E_{b,0-\lambda}$값이 필요할 때마다 수치 적분을 수행하는 것은 실용적이지 않다는 것이 밝혀졌다. 따라서, 흑체 복사 함수라고 하는 무차원 양 f_λ를 다음과 같이 정의한다.

$$f_\lambda(T)=\frac{\int_0^\lambda E_{b\lambda}(\lambda, T)d\lambda}{\sigma T^4} \tag{4.31}$$

함수 f_λ는 $\lambda=0$에서 λ까지의 파장 대역에서 온도 T에서 흑체에서 방출되는 복사의 비율을 나타낸다. f_λ의 값은 λT의 함수로 나열되어 있다. 여기서 λ는 μm이고 T는 K다.

$\lambda=\lambda_1$에서 $\lambda=\lambda_2$까지의 유한한 파장 대역에 걸쳐 온도 T에서 흑체에 의해 방출되는 복사 에너지의 비율은 그림 4.24에 의해 결정된다.

$$f_{\lambda_1-\lambda_2}(T)=f_{\lambda_2}(T)-f_{\lambda_1}(T) \tag{4.32}$$

여기에서 $f_{\lambda_1}(T)$ 및 $f_{\lambda_2}(T)$는 $\lambda_1 T$ 및 $\lambda_2 T$에 대응하는 흑체의 복사 함수를 의미한다.

35) "Heat and Mass Transfer, Fundamentals & Applications", Yunus A. Cengel

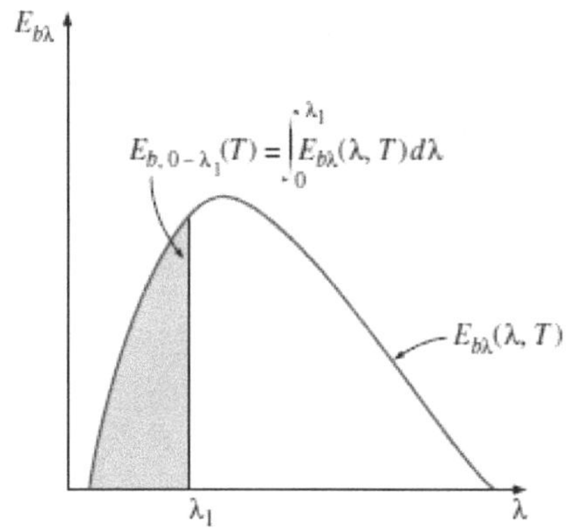

| 그림 4.24 | 파장 범위 $0-\lambda_1$에서의 흑체에 의한 $E_{b\lambda}-\lambda$ 그래프[36)]

4.4.2 흡수, 반사 및 투과

(1) 흡수율, 반사율 및 투과율

단위 면적당, 단위 시간당 표면에 입사되는 복사 에너지를 방사라 부른다.

흡수율 α : 표면에 흡수된 방사의 비율

반사율 ρ : 표면에 반사된 방사의 비율

투과율 τ : 표면을 통해 전달된 방사의 비율

Radiosity J : 단위 시간당 단위 표면 당 표면에서 흐르는 총 복사 에너지로 반사된 방사선과 방출된 방사선의 합을 의미한다.

$$\alpha = \frac{absorbed radiation}{\in cident radiation} = \frac{G_{abs}}{G} \quad 0 \le \alpha \le 1 \tag{4.33}$$

$$\rho = \frac{reflected radiation}{\in cident radiation} = \frac{G_{ref}}{G} \quad 0 \le \rho \le 1 \tag{4.34}$$

$$\tau = \frac{transmitted radiation}{\in cident radiation} = \frac{G_{tr}}{G} \quad 0 \le \tau \le 1 \tag{4.35}$$

열역학 제 1법칙을 적용하려면 흡수, 반사 및 투과된 총 복사가 입사된 복사와 같아야 한다(그림 4.25).

$$G_{abs} + G_{ref} + G_{tr} = G \tag{4.36}$$

36) "Heat and Mass Transfer, Fundamentals & Applications", Yunus A. Cengel

여기에서 G로 나누어 주면

$$\alpha + \rho + \tau = 1 \tag{4.37}$$

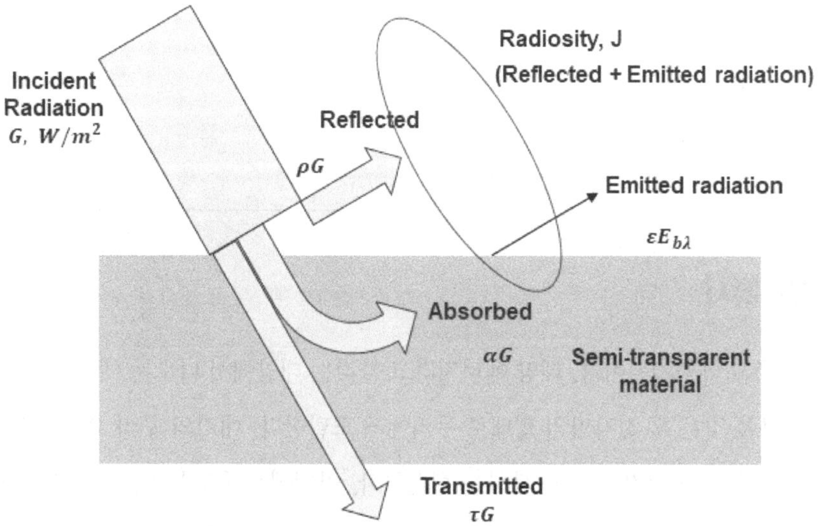

| 그림 4.25 | 흡수, 반사, 투과 과정의 복사 에너지

불투명체 표면의 경우 $\tau = 0$이므로, $\alpha + \rho = 1$이 된다. 위의 정의는 총 반구형 속성에 대한 것이며 스펙트럼에 대응하는 측면에서 이러한 속성을 정의할 수 있다.

$$G_\lambda = \rho_\lambda G_\lambda + \tau_\lambda G_\lambda + \alpha_\lambda G_\lambda \tag{4.38}$$

$\rho_\lambda = \rho_\lambda(T,\lambda)$ 스펙트럼 반사율

$\alpha_\lambda = \alpha_\lambda(T,\lambda)$ 스펙트럼 흡수율

$\tau_\lambda = \tau_\lambda(T,\lambda)$ 스펙트럼 투과율

따라서,

$$\rho_\lambda + \tau_\lambda + \alpha_\lambda = 1 \tag{4.39}$$

흡수율 α는 표면 온도와 거의 무관하며 입사 복사가 발생하는 소스의 온도에 의존한다. 예를 들어, 콘크리트 지붕의 흡수율은 태양 복사의 경우 약 0.6이고 주변에서 발생하는 복사의 경우 0.9이다.

예제 4-3

어떠한 재료의 방사율이 0.4이고, 반사율이 0.3 일 때, 투과율을 구하라.

풀이

방사율 + 반사율 + 투과율 =1 이므로,

투과율 = $1-(0.4+0.3) = 0.3$이다.

4.4.3 주변 복사

태양은 우리의 주요 에너지원이다. 태양 에너지라고 불리는 태양에서 나오는 에너지는 대기와의 상당한 상호작용을 겪은 후 전자파의 형태로 우리에게 도달한다. 대기의 구성 요소에 의해 방출되거나 반사되는 복사 에너지는 대기 복사를 형성한다. 아래에서 우리는 일상생활에 대한 중요성과 관련성 때문에 태양 및 대기 복사에 대한 개요를 제공한다. 또한, 태양 에너지에 대한 우리의 친숙함은 이전에 소개된 일부 새로운 개념에 대한 더 나은 이해를 개발하는 데 효과적인 도구가 된다. 이 흥미진진한 주제에 대한 자세한 설명은 이 주제에 관한 수많은 책에서 찾을 수 있다.

태양은 직경 $D=1.39\times10^9\,m$, 질량 $m=2\times10^{30}\,kg$인 거의 구형체이며 지구에서 평균 거리 $L=1.50\times10^{11}\,m$에 위치한다. $E_{sun}=3.8\times10^{26}\,W$의 비율로 지속적으로 복사 에너지를 방출한다. 이 에너지의 10억 분의 1 미만(약 $1.7\times10^{17}\,W$)이 지구에 부딪히므로 지구를 따뜻하게 유지하고 광합성 과정을 통해 생명을 유지하기에 충분하다. 태양의 에너지는 두 개의 수소 원자가 융합하여 하나의 헬륨 원자를 형성하는 지속적인 핵융합 반응에 기인한다. 따라서 태양은 본질적으로 핵 원자로이며 핵심 영역의 온도가 40,000,000K에 이른다. 복사에 의한 이 에너지 소산의 결과로 대류대라고 하는 태양의 바깥쪽 영역에서 온도는 약 5800K로 떨어진다.

지구 대기에 도달하는 태양 에너지를 총 일사량 G_s라고 하며, 그 값은 다음과 같다.

$$G_s = 1373\ W/m^2\ \text{11-49} \tag{4.40}$$

총 태양 복사 조도(태양 상수라고도 함)는 지구가 태양으로부터 평균 거리에 있을 때 대기의 바깥쪽 가장자리에서 태양 광선에 수직인 표면에 태양 에너지가 입사하는 비율을 나타낸다(그림 4.26).

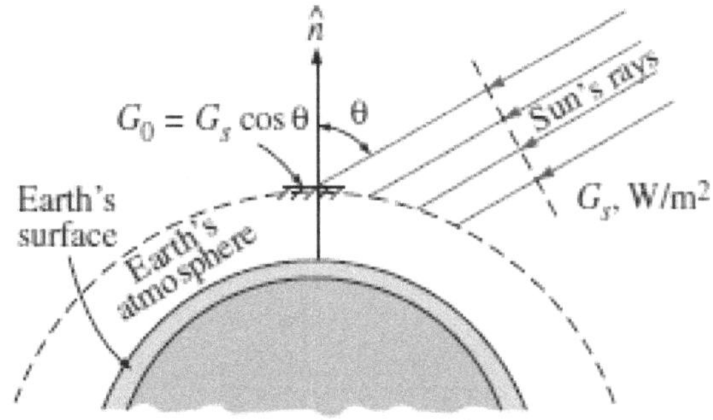

| 그림 4.26 | 지구의 대기와 총 태양 조도가 도달하는 태양 복사[37)]

총 일사량 값은 다음 요구 사항에서 태양의 유효표면 온도를 추정하는 데 사용할 수 있다.

$$(4\pi L^2)G_s = (4\pi r^2)\sigma T_{sun}^4 \tag{4.41}$$

여기에서 L은 태양 중심과 지구 사이의 평균 거리이고 r은 태양의 반지름을 의미한다. 이 방정식의 왼쪽은 반지름이 평균 지구–태양 거리인 구면을 통과하는 총 태양 에너지를 나타내고 오른쪽은 태양의 외부 표면을 떠나는 총 에너지를 나타낸다. 에너지 보존 법칙에 의하여 이 두 양이 서로 같아야 한다는 것을 요구한다. 왜냐하면 태양 에너지는 진공을 통과하는 동안 감쇠(또는 강화)를 하지 않기 때문이다. 태양의 유효 표면 온도는 식 4.41에서 추정할 수 있으며, $T_{sun} = 5780\text{K}$이 된다. 즉, 태양은 5780K의 온도에서 흑체로 취급될 수 있다. 이것은 또한 그림에 표시된 대기 바로 바깥에 있는 태양 복사의 스펙트럼 분포 측정을 통해 확인된다. 이상적인 흑체 거동에서 약간의 편차만 보여준다(그림 4.27).

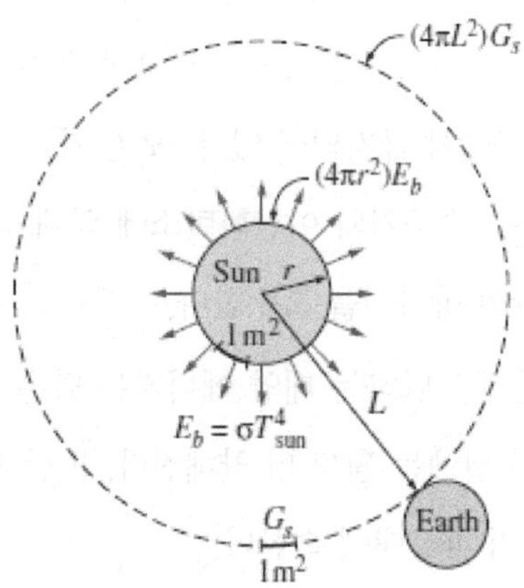

| 그림 4.27 | 동심원 구를 통과하는 총 태양 에너지는 일정하게 유지되지만 단위 면적당 떨어지는 에너지는 반경이 증가함에 따라 감소[38)]

37) "Heat and Mass Transfer, Fundamentals & Applications", Yunus A. Cengel

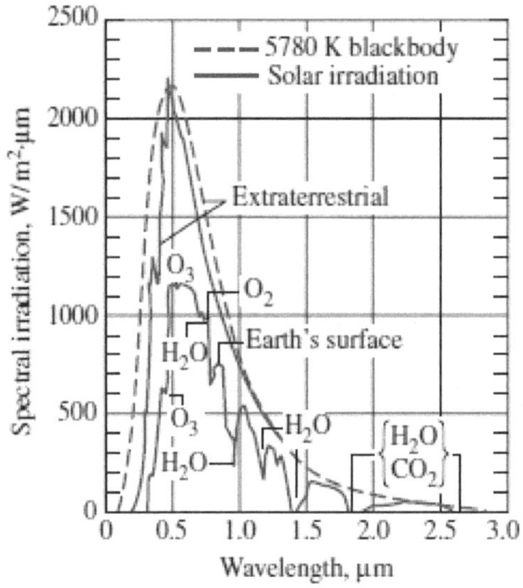

| 그림 4.28 | 동태양 복사의 스펙트럼 분포[39)]

그림 4.28에 표시된 지면의 태양복사 스펙트럼 분포는 태양복사가 흡수와 산란의 결과로 대기를 통과할 때 상당한 감쇠가 발생한다는 것을 보여준다. 대기의 약 99%는 지표면에서 30km 이내의 거리에 있다. 지표면에서 복사의 스펙트럼 분포가 몇 차례 낮아지는 것은 가스 O_2, O_3(오존), H_2O 및 CO_2에 의한 흡수 때문이다. 산소에 의한 흡수는 $\lambda = 0.76\,\mu m$ 정도의 좁은 대역에서 발생한다. 오존은 0.3 μm 이하 파장의 자외선을 거의 완전히 흡수하고 0.3 ~ 0.4 μm 범위의 복사선을 상당히 흡수한다. 따라서, 대기 상층부의 오존층은 유해한 자외선으로부터 지구의 생물학적 시스템을 보호한다. 결과적으로 우리는 에어로졸 캔의 냉매, 세정제 및 추진제로 일반적으로 사용되는 파괴적인 화학 물질로부터 오존층을 보호해야 한다. 이러한 화학물질의 사용은 현재 많은 국가에서 금지되어 있다. 오존 가스는 가시 범위의 일부 방사선도 흡수한다. 적외선 영역의 흡수는 수증기와 이산화탄소에 의해 지배된다. 대기의 먼지 입자 및 기타 오염 물질도 다양한 파장의 방사선을 흡수한다.

이러한 흡수의 결과로 지표면에 도달하는 태양 에너지는 맑은 날에는 약 950 W/m^2까지 약해지고 흐리거나 안개가 자욱한 날에는 훨씬 더 약해진다. 또한 지구 표면에 도달하는 거의 모든 태양 복사는 $0.3 \sim 2.5\,\mu m$의 파장대에 속한다.

태양 복사가 대기를 통과할 때 감쇠하는 또 다른 메커니즘은 공기 분자와 대기 중에 부유하

38) "Heat and Mass Transfer, Fundamentals & Applications", Yunus A. Cengel

39) "Heat and Mass Transfer, Fundamentals & Applications", Yunus A. Cengel

는 먼지, 스모그, 물방울과 같은 여러 종류의 입자에 의한 산란 또는 반사다. 산란은 주로 방사선의 파장에 대한 입자의 크기에 의해 결정된다. 산소와 질소 분자는 주로 분자 자체의 크기와 비슷한 매우 짧은 파장에서 방사선을 산란시킨다. 따라서 보라색과 파란색에 해당하는 파장의 복사가 가장 많이 산란된다. 모든 방향으로의 이 분자 산란은 하늘을 푸르스름한 색으로 만드는 것이다. 붉은 일출과 일몰도 같은 현상이 원인이다. 이른 아침과 늦은 오후에 태양 광선은 태양이 꼭대기에 있는 정오보다 더 두꺼운 대기를 통과한다. 따라서 빛의 보라색과 파란색은 지표에 도달할 때 더 많은 수의 분자와 마주치므로 더 많은 부분이 산란된다(그림 4.29). 따라서 지표에 도달하는 빛은 주로 빨강, 주황, 노랑과 같이 더 긴 파장에 해당하는 색상으로 구성된다. 구름은 일출과 일몰 시간에 붉은 오렌지색으로 나타난다. 구름이 반사하는 빛이 그 시간에 붉은 오렌지색이기 때문이다. 같은 이유로 빨간 신호등은 같은 상황에서 녹색 신호등보다 더 먼 거리에서 볼 수 있다.

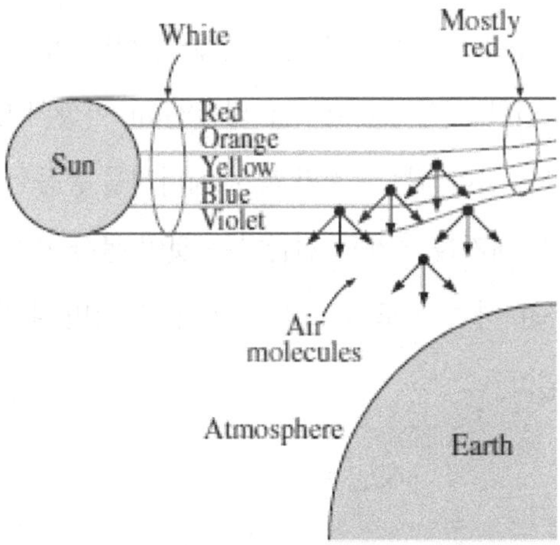

| 그림 4.29 | 공기 분자는 적색광보다 청색광을 훨씬 더 많이 산란시키며, 일몰 시 빛은 더 두꺼운 대기층을 통과하여 자연광에서 많은 파란색을 제거하여 빨간색이 우세[40)]

지구 표면에 입사하는 태양 에너지는 직접 부분과 확산 부분으로 구성된 것으로 간주된다. 대기에 산란되거나 흡수되지 않고 지표면에 도달하는 태양복사 부분을 직사광선(G_D)이라고 한다. 산란 복사는 모든 방향에서 균일하게 지표면에 도달한다고 가정하며 확산 태양 복사 G_d 라고 한다.

40) "Heat and Mass Transfer, Fundamentals & Applications", Yunus A. Cengel

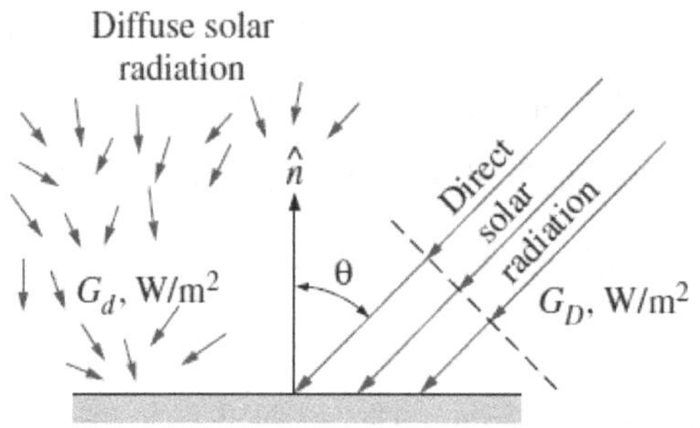

| 그림 4.30 | 지표면의 수평면에 입사하는 직접 및 확산 복사[41)]

그러면 지면의 수평면의 단위 면적에 입사하는 총 태양 에너지는 다음과 같다(그림 4.30).

$$G_{solar} = G_D \cos\theta + G_d \text{ 11-51} \tag{4.42}$$

여기서 θ은 직사광선의 입사각(태양 광선이 표면의 법선과 이루는 각도)를 의미한다. 확산 복사는 맑은 날의 전체 복사의 약 10%에서 완전히 흐린 날의 거의 100%까지 다양하다.

대기 중의 기체 분자와 부유 입자는 복사선을 방출할 뿐만 아니라 흡수한다. 대기 배출은 주로 CO_2 및 H_2O 분자로 인한 것이며 5~8μm 및 13μm 이상의 영역에 집중되어 있다. 이 방출이 흑체의 복사 분포와 유사하지는 않지만 복사 에너지를 동등한 양의 복사 에너지를 방출하는 더 낮은 가상 온도에서 대기를 흑체로 취급하는 것이 복사 계산에서 편리한 것으로 밝혀졌다. 이 가상의 온도를 유효 하늘 온도 T_{sky}라고 한다. 그러면 대기에서 지표면으로의 복사 방출은 다음과 같이 표현된다.

$$G_{sky} = \sigma T_{sky}^4 \tag{4.43}$$

T_{sky}의 값은 대기 조건에 따라 다르다. 춥고 맑은 하늘 조건의 경우 약 230K에서 따뜻하고 흐린 하늘 조건의 경우 약 285K의 범위이다.

실제로 하늘 온도는 실내 온도와 크게 다르지 않다. 따라서 Kirchhoff의 법칙에 비추어 표면의 흡수율을 실온에서의 복사율과 동일하게 취할 수 있다($\alpha = E$). 그러면 표면에 의해 흡수된 하늘 복사는 다음과 같이 표현될 수 있다.

$$E_{sky,absorbed} = \alpha G_{sky} = \alpha\sigma T_{sky}^4 = \varepsilon\sigma T_{sky}^4 \tag{4.44}$$

태양 및 대기 복사에 노출된 표면에 대한 복사 열 전달의 순 비율은 에너지 균형에서 결정

41) "Heat and Mass Transfer, Fundamentals & Applications", Yunus A. Cengel

된다(그림 4.31).

$$\begin{aligned}\dot{q}_{\neq t,rad} &= \sum E_{absorbed} - \sum E_{emitted} \\ &= E_{solar,absorbed} + E_{sky,absorbed} - E_{emitted} \\ &= \alpha_s G_{solar} + \varepsilon\sigma T_{sky}^4 - \varepsilon\sigma T_s^4 \\ &= \alpha_s G_{solar} + \varepsilon\sigma (T_{sky}^4 - T_s^4)\end{aligned} \quad (4.45)$$

여기서 T_s는 K 단위의 표면 온도이고 ε는 실온에서의 방사율이다. $\dot{q}_{\neq t,rad}$에 대한 양의 결과는 표면에 의한 복사열 획득을 나타내고 음의 결과는 열 손실을 나타낸다.

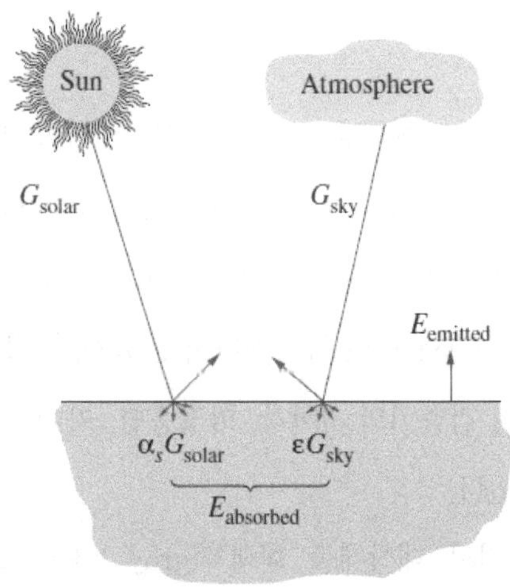

| 그림 4.31 | 태양과 대기 복사에 노출된 표면의 복사 상호작용[42)]

적당한 온도에서 H_2, O_2 및 N_2와 같은 기본 가스에 의한 복사의 흡수 및 방출은 무시할 수 있으며 이러한 가스로 채워진 매체는 복사 분석에서 진공으로 처리될 수 있다. 그러나 H_2O 및 CO_2와 같은 더 큰 분자를 가진 가스의 흡수 및 방출은 중요할 수 있으며 상당한 양의 그러한 가스가 매질에 존재할 때 고려해야 할 수도 있다. 예를 들어 1기압 및 100℃에서 1 m 두께의 수증기 층이 같은 온도에서 흑체가 방출하는 에너지의 50% 이상을 방출한다.

태양 에너지 응용 분야에서 입사 태양 복사의 스펙트럼 분포는 표면에서 방출되는 복사의 스펙트럼 분포와 매우 다르다. 전자는 단파장 영역에 집중되고 후자는 적외선 영역에 집중되기 때문이다. 따라서 표면의 복사 특성은 입사 및 방출 복사에 대해 상당히 다르며 표면을 회색으로 가정할 수 없다. 대신 표면에 두 가지 속성 집합이 있다고 가정한다. 하나는 태양 복사에

42) "Heat and Mass Transfer, Fundamentals & Applications", Yunus A. Cengel

대한 것이고 다른 하나는 실온에서 적외선 복사에 대한 것이다. 일부 일반적인 재료의 표면에 대한 방사율 ε 및 태양 흡수율을 나열한다. 태양열 집열기의 흡수기 표면과 같이 태양 에너지를 수집하도록 의도된 표면은 태양 복사의 흡수를 최대화하고 복사의 방출을 최소화하기 위해 높지만 낮은 값을 갖는 것이 바람직하다. 연료 탱크 및 냉장고 트럭의 외부 표면과 같이 태양 아래에서 차갑게 유지되도록 의도된 표면은 반대 속성을 갖는 것이 바람직하다. 표면은 종종 선택 재료의 얇은 층으로 코팅하여 원하는 특성을 부여한다. 예를 들어 표면을 흰색으로 칠하면 표면을 시원하게 유지할 수 있다.

4.4.4 온도 측정

복사 열측정의 기본 측정방법은 일정온도를 가지고 있는 물체의 복사에 대한 영향을 미치는 모든 특성을 포함한 복사적 체인(radiometric chain) 측정법을 활용하는 것이다. 복사적 체인 측정법은 온도 T에서 물체로부터 방사되는 열복사(thermal radiation)에 기반한다. 기본 측정 순서에 있어, 언제나 검출기 신호에 대한 복사에너지 분포 Φ_i을 활용한다. 이는 다른 방사적인 내역 요소들과 관련이 있으며 검출기의 시야각, 파장응답, 카메라 광학계의 투과 특성과 같은 카메라의 성능과 관련되어 있다.

이를 단순화하기 위해 검사 대상체를 회색체(gray body)로 간주한다. 흑체의 복사력 $\Phi^{bb}_{object}(T_{object})$에 대한 물체의 복사파워 $\Phi_{object}(T_{object})$는 $\Phi_{object}(T_{object}) = \varepsilon\Phi^{bb}_{object}(T_{object})$로 주어진다. 회색체의 반사율 $r = 1 - \varepsilon$이다. 주변온도 T_{amb}로 둘러싸고 있는 주변으로부터 물체는 열복사를 흡수하며, 복사파워 $r\Phi_{amb}(T_{amb}) = (1-\varepsilon)\Phi_{amb}(T_{amb})$를 반사한다. 주변온도는 명백하게 반사되는 온도로 간주되기도 한다. 물체에 의해 방출되거나 반사되어 적외선 카메라로 전달되는 복사파워는 감소한다. 이는 물체와 대기 투과도(atmospheric transmittance) τ_{atm}를 가진 주변으로부터 복사파워 영향의 곱으로 표현할 수 있다. 만약 흡수로 인한 손실이 발생하는 대기투과만 고려할 경우, 온도가 T_{amb}인 대기는 복사파워$(1-\tau_{atm})\Phi_{amb}(T_{amb})$를 방출할 것이다.

따라서 적외선 카메라는 물체, 주변 온도, 대기로부터의 영향을 모두 고려하여 복사량을 측정하는 것이다. 카메라에 입사하는 총 복사파워 $\Phi_{\det}$는 다음과 같다.

$$\Phi_{\det} = \tau_{atm}\varepsilon\Phi^{bb_{object}}(T_{object}) + \tau_{atm}(1-\varepsilon)\Phi_{amb}(T_{amb}) + (1-\tau_{atm})\Phi_{atm}(T_{atm}) \quad (4.46)$$

카메라의 신호를 계산하기 위해 대기의 투과도와 측정기의 반응도에 대한 파장의존성을 고려한 파장영역의 적분형태를 활용해야 한다.

흑체의 측정거리가 근접할 경우, 복사력 $\Phi_{\det}$는 물체의 복사력과 동일하다. 이러한 현상은 카메라의 보정(calibration)을 통해 적용된다.

적외선 카메라는 복사에너지를 측정하며, 만약 $\tau_{atm}=1$일 경우 에너지 보존법칙으로부터 신호의 밝기와는 무관하다.

물체에서 방출되는 복사에너지는 다음과 같다.

$$\Phi^{bb_{obejct}}(T_{object})=\frac{\Phi_{\det}}{\tau_{atm}\varepsilon}-\frac{(1-\varepsilon)}{\varepsilon}\Phi_{amb}(T_{amb})-\frac{(1-\tau_{atm})}{\tau_{atm}\varepsilon}\Phi_{atm}(T_{atm}) \tag{4.47}$$

물체의 주변 및 대기온도, 방사율의 값은 적외선 카메라의 전용 소프트웨어에 직접 입력해야 하는 값이다. 대기의 투과도는 대기온도, 상대습도, 측정거리를 입력해야 한다.

물체의 온도는 물체의 복사력으로부터 카메라의 교정곡선(calibration curve)을 통해 취득이 가능하다.

앞서 언급한 복사적 체인은 적외선 카메라에 측정되는 복사력에 영향을 미치는 어떠한 외부요인에 매우 민감하다. 측정범위 내에서 물체의 복사율 변화 또는 공간적 온도변화 요인이 존재하는 환경에서 적외선 카메라에 측정된 복사력에 대한 보정이 필수적이다. 물체의 복사율이 감소함에 따라 반사영향을 증가시키며, 이러한 보정값의 정밀도도 증가된다. 그림 4.32은 물체의 복사비율을 보여주며, 이는 3 ~ 5.5 μm 또는 7 ~ 14 μm의 파장 범위에서 파장감도를 가진 중파장(MWIR)와 장파장(LWIR)형 적외선 카메라에 대한 총 복사량과 관련되어 있다. 물체의 복사에너지는 기반한 중파장에 비해 장파장에서 적어지며, 물체의 온도와 비례한다.

주위의 영향은 검사 대상체로부터 반사된 복사의 열원 외에도, 하나의 기준으로써의 역할을 수행한다. 물체는 설정된 온도에서 주위환경의 앞에서 발생하며, 물체와 주위 환경과의 열적대비로 인해 구분이 가능하다.

그림 4.33은 물체의 복사를 기준으로 물체의 복사에너지와 주위 환경의 복사에너지의 대비를 보여준다. 만일 물체와 주위 온도가 동일할 경우, 열화상 이미지에서는 복사율을 고려하지 않았을 때 구분이 불가능하다. 온도 대비는 $T_{object}-T_{amb}>NETD$인 경우에 구분이 가능하다.

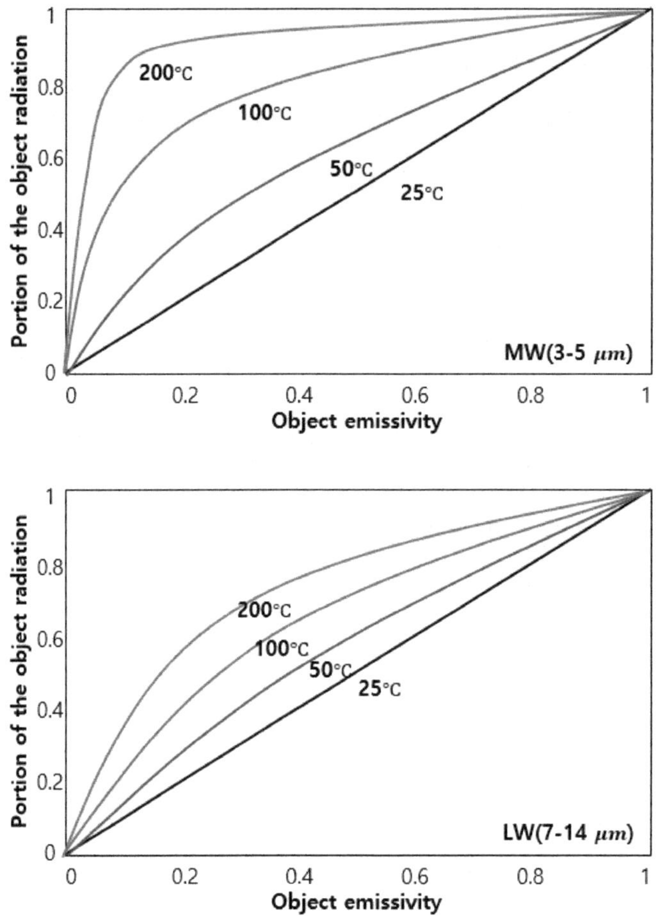

| 그림 4.32 | 파장에 따른 물체의 온도에 대한 복사율

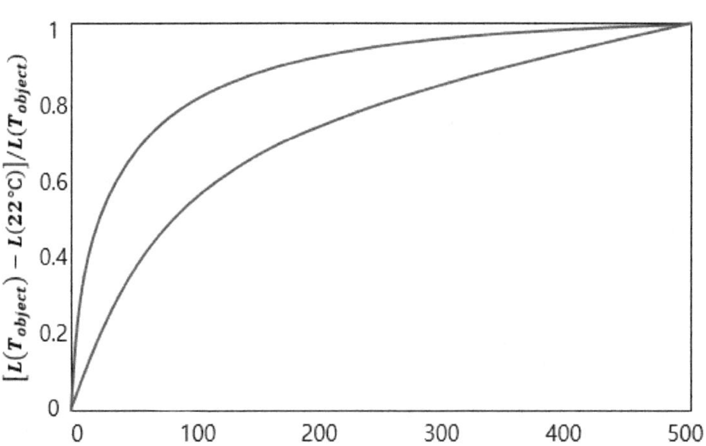

| 그림 4.33 | 파장에 따른 물체의 온도에 대한 배경복사와 물체의 복사대비

연습문제

1. 만약 표면의 방사율이 0.35이고 반사율이 0.45일 때, 투과율은 얼마인지 보기에서 고르시오.

① 추가적인 정보없이 계산할 수 없다.
② 0.80
③ 0.10
④ 0.20

2. 3-5 μm 스펙트럼 영역은 어떠한 검사에 적합한지 다음 보기에서 옳은 것을 고르시오.

① 검사 범위를 3-5 μm로 제한하는 스펙트럼 특성
② 엄청 먼 거리의 대상체 측정
③ 200℃ 이상의 대상체 측정
④ 상승된 주변 온도에서의 측정

3. 중파장(3-5 μm) 열화상 시스템을 활용하여 유리의 온도를 측정할 때 적용해야할 필터를 다음 보기에서 옳은 것을 고르시오.

① 3.2 μm의 저역 통과 필터 사용
② 5 μm의 고역 통과 필터 사용
③ 장파장 이미징 시스템과 동일한 방사율 설정을 사용하는 경우 필터를 사용하지 않음
④ 3.9 μm 대역 통과 필터 사용

4. 다락방의 단열재 두께가 10 cm에서 20 cm로 증가할 때 전도 열전달에 어떤 영향을 미치는가?

① 열전달은 같을 것이다.
② 열전달은 1/2만큼 증가할 것이다.
③ 열전달은 1/2만큼 감소할 것이다.
④ 열전달은 2배 증가할 것이다.

5. 집 내부와 집 외부의 온도차가 36에서 9℃로 감소할 때, 벽을 통해 전도 열전달에 어떤 영향을 미치는가?

① 열전달은 동일하게 유지할 것이다.
② 열전달은 4배 증가할 것이다.
③ 열전달은 4배 감소할 것이다.
④ 열전달은 2배 감소할 것이다.

6. 금속 조각으로부터 방출되는 에너지가 측정되었고 표면의 방사율이 0.79라 가정할 때 온도는 900℃로 측정되었다. 이후 실제 방사율은 0.84인 것으로 측정되엇다. 하단 리스트로부터 금속에 가장 가까운 온도는 몇인가?

① 918℃
② 900℃
③ 882℃
④ 400℃

7. 항공 우주 부품의 중요한 검사를 위해 열화상 카메라를 선택해야 한다. 이상이 있는 경우 MRTD가 약 75 mK인 매우 미묘한 신호가 있을 것으로 예상된다. 예상 표면 온도는 약 350 K이다. 다음 중 열대비가 가장 큰 검출기는 무엇인가?

① vanadium oxide 마이크로볼로미터 8 - 12 μm
② 수은 카드뮴 텔룰라이드 8 - 12 μm
③ lead selinide 3 - 5 μm
④ 인듐 안티모나이드 3.5 - 5 μm

8. 유리 관측 포트가 있는 가열 챔버 내부에서 온도 범위가 200 - 1000℃인 물체의 온도를 측정하기 위해 어떤 스펙트럼 범위를 선택해야 하는가?

① 2 - 3 μm
② 4 - 5 μm
③ 6 - 8 μm
④ 8 - 13 μm

9. 80 - 90℃의 온도 범위에서 폴리에틸렌의 온도를 측정해야 한다. 이러한 온도 측정을 위해 어떤 파장대와 어떤 필터를 선택해야 하나?

① 3.45 μm 협대역 통과 필터 사용 시 3.4 - 5 μm
② 4.8 μm 하이 패스 필터 사용 시 3.4 - 5 μm
③ 7.9 μm 로우 패스 필터 사용 시 8 - 13 μm
④ 10.3 μm 협대역 통과 필터 사용 시 8 - 13 μm

10. 다음 중 열방사를 이용한 온도측정에 관련된 설명 중 틀린 것을 고르시오.

① 떨어져서 측정 가능하다.
② 고온도 측정 가능하다.
③ 물체의 내부 온도 측정이 가능하다.
④ 매우 빠른 응답속도로 측정이 가능하다.

11. 반사율이 0.2 이고 투과율이 0.5 일 때, 방사율 값이 얼마인지 보기에서 고르시오.

① 0.2
② 0.3
③ 0.4
④ 구할 수 없다.

12. 챔버 내부에서 200 - 1000℃인 대상의 온도를 측정하기 위해 어떤 스펙트럼 범위를 선택해야 하는지 보기에서 올바른 것을 고르시오.

① 2 - 3 μm
② 4 - 5 μm
③ 8 - 15 μm
④ 15 μm 이상

13. 다음 보기 중 흑체의 특성으로 옳은 것을 고르시오.

① 입사되는 방사선을 100% 반사한다.
② 입사되는 방사선을 100% 흡수한다.
③ 입사되는 방사선을 100% 투과한다.
④ 주변 환경조건에 따라 반사,투과,흡수 특성이 달라진다.

14. 흑체 복사와 관련된 Plank 법칙에 대하여 상세히 설명하시오.

15. 흑체(black body)와 회색체(grey body)의 특징과 차이점을 서술하시오.

16. 적외선 카메라를 활용하여 복사 열측정으로부터 온도를 계산하는 원리에 대하여 상세히 설명하시오.

5 적외선열화상 장비

5.1 적외선 카메라

5.1.1 장치 구성 및 원리

열화상기기의 핵심인 적외선 카메라는 적외선 감지타입의 종류, 공간분해능(순간시야, 유효화소), 온도범위, 온도분해능, 정밀도, 프레임시간, 노광시간, 검출파장범위, 냉각방법, 스캔방법, 시각적 영상표시장치와 기록 등의 기능과 다른 특성을 갖는다. 시험검사의 목적을 만족시키기 위해서는 적절한 특성과 적절한 온도 교정기능을 갖춘 적외선 카메라를 사용해야 한다. 필요에 따라 적외선 카메라에 장착할 수 있는 파장 필터, 감쇠 필터, 교환용 렌즈, 모니터, 데이터 수집 및 처리용 소프트웨어, 적외선 반사 미러 등의 다양한 장치를 사용할 수도 있다.

적외선 카메라의 특성, 기능, 검사환경, 검사대상물의 상태(크기, 형상, 방사율, 재료, 열부하 온도 등)를 고려하여 적절한 가열 또는 냉각시스템을 선택한다.

가열시스템의 경우 가열램프, 플래시램프, 전기방사방사히터, 유도코일, 접촉식히터, 열풍장치, 반사판, 전력분포장치, 진동장치를 사용할 수 있다. 냉각시스템의 경우 스프링클러, 분무기 또는 공기송풍기를 사용할 수 있다.

(1) 적외선 카메라의 기본 구성 요소

그림 5.1은 EM방사체에 근거해 화상을 형성하기 위해서 적외선 카메라로 사용되는 일반화된 광학 시스템의 개요를 나타내고 있다. 하나 이상의 검출기 요소는 EM방사선을 검출된 방사선에 비례하는 전자 신호로 변환한다. 그 후 전자 처리 소자는 검출기 출력을 비디오 신호로 변환한다. 그 후 비디오 신호는 부수되는 데이터와 함께 장치 디스플레이에 시각화상으로 표시된다.

(2) 렌즈 시스템

적외선 카메라의 렌즈는, 착신 IR방사선을 검출기 요소에 초점을 맞춘다. 렌즈에 사용되는 일반적인 재료는, 게르마늄(Ge), 실리콘(Si), 아연 세렌화물(ZnSe)이다. 렌즈는 열화상 카메라의 용도에 따라 다른 초점 거리로 설계되어 있다.

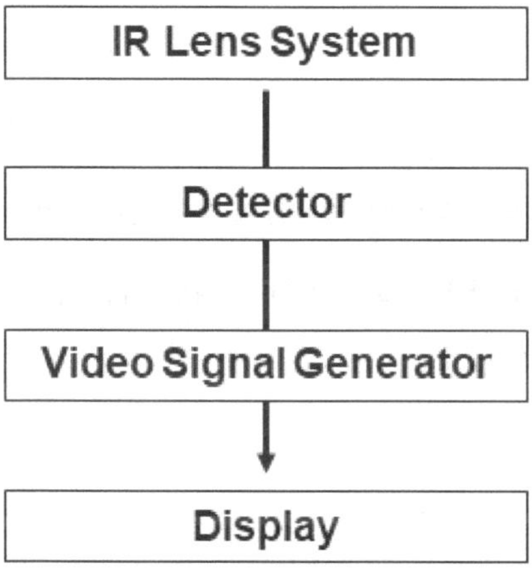

| 그림 5.1 | 적외선열화상 카메라 구성 요소

(3) 기본 감지 시스템

검출기 또는 검출기 어레이는 열 및 공간분해능의 잠재적인 레벨을 크게 결정한다. 일반적으로 IR 검출기에는 열검출기와 포톤 검출기의 2종류가 있다. 전자는 검출기 요소를 물리적으로 가열하는 IR방사선에 의존하여 요소에 수집된 방사선에 비례하는 2차 물리적 메커니즘을 트리거한다. 광자 또는 양자 검출기는 분자 레벨에서 검출기 재료와의 입사 방사선(광자) 상호작용을 측정한다. 일반적으로 이 상호작용에는 어느 양자 에너지 준위에서 다른 양자 에너지 준위로 이동하는 광자를 흡수하는 전자가 포함된다.

(4) 신호 처리

검출기 요소의 전자출력은 열화상 및/또는 온도측정값을 생성하도록 처리된다. 검출기 출력은 대상 신체의 방사 신호와 다른 물체의 백그라운드 방사를 포함한다. 신호 처리 요소는 주위 또는 배경의 복사 신호 성분을 제거하고 전기 출력을 표준 비디오 포멧으로 변환하는 기능을 한다.

(5) 디스플레이

신호 처리 요소에 의해서 생성된 화상은, 다른 외부 디스플레이(컴퓨터 모니터 등) 또는 적외선 카메라 자체의 작은 직접 표시 디스플레이에 표시할 수 있다. 다이렉트뷰 디스플레이는 통상 LCD(액정 디스플레이)로 색상 또는 흑백 어느 것이든 상관없다. 일반적으로 컬러 디스플레이는 이미지저의 시야 전체에 걸쳐 온도차를 나타내기 위해 분류되어 있다.

5.1.2 최소 검출 크기

최소 검출 크기는 적외선 검출기를 통해 측정할 수 있는 최소 검사 대상의 크기 또는 길이를 가리킨다. 그림 5.2는 최소 검출 사이즈를 포함한 적외선 검출기의 가시범위 시야각에 대한 주요 요인의 상호관계를 보여주고 있다.

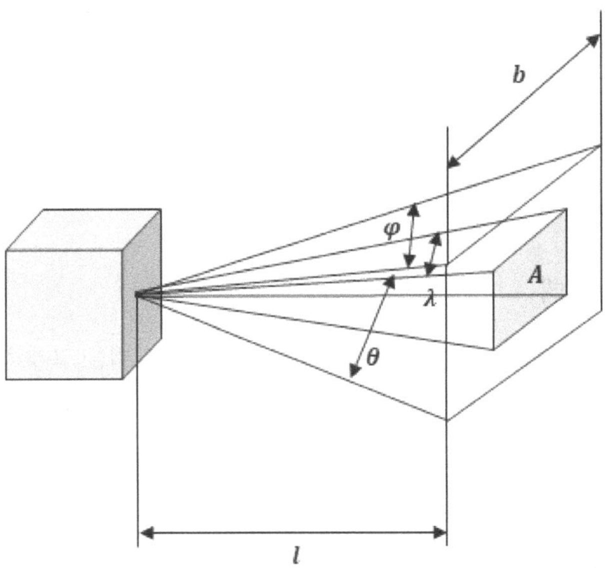

1 검출기

A 최소 검출 크기

b 보이는 부분

L 작동 거리

♑ 순간 시야각(스캐닝 유형), 공간 분해능(2D 센서 유형)

❑ 수직 시야각

er 수평 시야각

| 그림 5.2 | 가시 범위시야각[43)]

5.1.3 최소 검출 온도차

한정된 시간 내에 대상체를 검사할 때 다른 온도를 갖는 균일한 주위환경과 관련된 미지의 특정 장소의 특별한 온도에서 표적을 검출하는 적외선 시스템과 검사자의 조합 능력의 척도를 가리킨다. 즉, 주어진 사이즈에 대해 MDTD는 검사자가 표적을 검출할 수 있는 표적과 배경 사이의 최소 온도차이다. 표준표적은 크기가 각도분에 따라 주어지는 원이며 표적과 배경 모두 등온흑체다.

5.1.4 최소 분해 온도차

노이즈 신호뿐만 아니라 분해능의 특성까지 포함한 성능지수가 최소분해온도차(Minimum Resolvable Temperature Difference; MRTD)이다. 적외선 화상 시스템과 검사자가 모니터 상의 정기적인 버터 겟을 인식하는 능력의 척도를 가리킨다. MRTD는 표준의 주기적인 테스트 패턴(7:1의 종횡비, 4개의 바)과 관찰자가 패턴을 4개의 바 패턴으로 분해할 수 있는 흑체 배경 사이의 최소 온도차다. MRTD 시험편(ASTM E-1213: 절삭에 의해 금속판에 가늘고 긴 구멍을 내고 흑색 도료를 도포하여 방사율 0.95 이상인 것)을 사용하여 기기 또는 사람이 식별할 수 있는 흑체방사의 최소 온도차이며 열화상 시스템의 기능을 나타낸다.

그림 5.3에 MRTD 시험의 개념도를 보여준다. 개념적으로는 가시광선용 카메라의 분해능 테스트 및 차트 테스트와 같은 방법으로 실시한다. 테스트바는 공간분해능을 체크하기 위해 다양한 크기로 구성되어 있다. 테스트바를 흑체소스 앞에 두고 테스트바의 흰 부분은 구멍이 뚫린 부분에서 흑체의 온도를 내고 검은 부분은 실온을 나타내고 있기 때문에 이들 2가지 패턴의 온도차로 테스트바를 구별할 수 있다.

---

43) ISO 10878- Non-destructive testing - Infrared thermography - Vocabulary

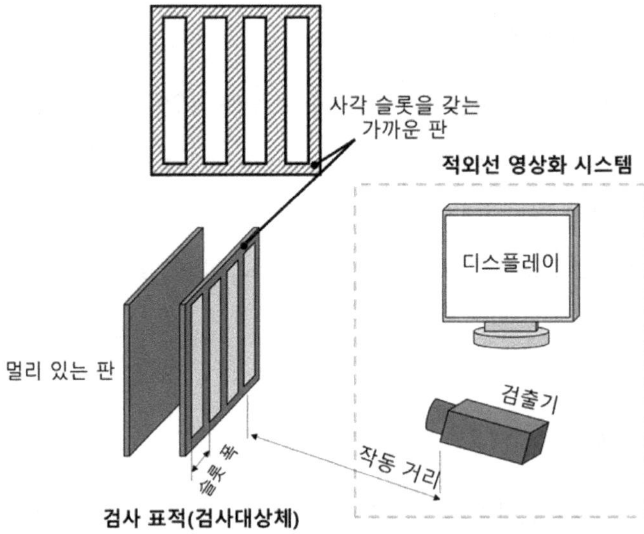

| 그림 5.3 | 최소 분해능 온도차[44)]

5.1.5 잡음 등가 온도차

특정 적외선 기기에 대한 SNR이 1일 때의 같은 흑체 대상체와 그 흑체배경 사이의 목표대비배경의 온도차값을 의미한다. 특정 적외선 기기의 신호 대 잡음비가 1과 같아지는 흑체표적과 흑체배경 사이의 표적 대 배경온도차를 의미한다. 또한 잡음 등가 온도차는, 시간과 공간 잡음 양쪽 모두의 결과로서 등가 온도로 나타난다.

NETD(Noise Equivalent Temperature Differential)는 중적외선(MWIR)과 원적외선(LWIR)을 이용하는 적외선열화상 카메라의 성능을 평가하는 중요한 성능이다. 잡음 대비 신호 수치는 적외선열화상 카메라의 온도 잡음과 등가 신호를 발생하는 온도차를 나타낸다. 따라서 적외선열화상 카메라가 구분(해상)할 수 있는 최소 온도차를 대략적으로 나타내는 것을 말한다. 이 수치는 온도 노이즈를 도당 응답인 응답도로 나누어 산출해 통상 milliKelvins (mK) 단위로 표시한다. 열화상 카메라의 f수, 적분시간, 측정되는 온도의 함수다.

NETD를 측정하려면 양호한 영역원 흑체가 필요하다. 흑체의 온도를 섭씨 25도에 맞추어 열화상 카메라를 가능한 한 가깝게 둔다(2~5 cm). 중적외선(MWIR) 카메라에서는 초점면배열(FPA) 검출기가 동적 범위의 거의 중간 위치가 되도록 적분 시간을 설정한다. MWIR 측정에는 렌즈를 사용하지 않는다. 비냉각 마이크로볼로미터 원적외선(LWIR) 카메라에서는 적분 시

44) ISO 10878- Non-destructive testing - Infrared thermography - Vocabulary

간을 최대로 설정해 표준 25 mm의 렌즈를 사용한다.

균일한 열화상을 얻을 수 있도록 2점 불균일 보정(2점 비유니포미티 보정)을 실시한 후 카메라의 디지털 데이터 출력을 통해서 3조의 데이터를 샘플로 한다.

최초의 데이터 세트에 대해서는, 흑체의 온도를 20℃에 맞추고, 차례차례 프레임의 데이터를 측정한다. 각 픽셀에 대해서 이러한 프레임의 평균을 구하고 20℃에서의 응답을 나타내는 새로운 배열을 얻는다. 이 측정의 기본 단위는 A/D 카운트다.

제 2의 데이터셋에 대해서는 흑체의 온도를 25℃로 하고 128개의 순차프레임을 측정수집한 후 이 128개의 프레임에 대해 각 화소의 표준편차를 취해 온도절환을 나타내는 배열에 대입한다. 이 측정의 기본 단위는 A/D 카운트다.

3번째 데이터 셋은 검정색 몸의 온도를 30℃로 하고 첫 번째 데이터 셋과 마찬가지로 데이터의 64개의 순차 프레임을 측정한다. 각 픽셀에 대해서 이 프레임의 평균을 취해, 30℃ 로의 응답을 나타내는 새로운 배치를 취득한다. 이 측정의 기본 단위도 A/D 카운트다.

30℃ 응답 배열에서 20℃ 응답 배열을 감산(subtract) 10으로 나누면 1℃ 당 카운트를 단위로 하는 응답도(responsivity) 배열을 얻을 수 있다. 온도 노이즈를 응답도 배열로 분할하면 단위가 Kelvin(°K)인 NETD 배열을 얻을 수 있다. 이 배열내의 모든 픽셀의 평균을 구하고(불량픽셀은 무시), 1000으로 곱하면, 밀리 Kelvin 단위의 메리트수가 된다.

예제 5-1

열화상 카메라의 성능 결정하는 주요 스펙들을 나열하고, 상세히 설명하시오.

풀이

1. 측정가능범위 : 측정 가능 범위는 열화상 카메라가 측정할 수 있는 온도의 범위를 말한다. 따라서, 작업을 할 때 측정해야 할 목표물의 온도가 대략 몇 도의 온도범위를 가지고 있는지는 알고있어야 함.
2. 시야각(FOV) : 시야각이란 주어진 순간에 카메라가 볼 수 있는 화면의 범위를 말함. 이는 카메라의 렌즈에 따라 달라진다. 가까운 거리에서 작업을 수행해야 하는 경우, 광각의 FOV(45도이상)를 가진 렌즈를 선택하는 것이 바람직하며, 멀리 떨어진 거리에서 작업을 수행해야 할 경우에는 망원 렌즈(12도 또는 6도)를 활용하는 것이 좋음.
3. 해상도 : 카메라의 해상도는 하나의 상면을 계측하는 픽셀의 수에 따라 달라진다. 픽셀이 많으면 더 다양한 디테일을 잡아내고 보다 정확한 측정값을 얻을 확률이 높음.

4. 열민감도(NETD) : 열민감도 또는 잡음 등가 온도차는 카메라를 통해 측정할 수 있는 온도차의 최소 단위를 말함. 즉, NETD 값이 작을수록 적외선 시스템의 열화상 감도가 우수하다는 것을 말함.

5.1.6 적외선 센서

절대온도가 0K 이상인 물체의 분자는 열진동을 일으키며 플랑크의 복사법칙에 따라 물체의 온도에 대응하는 적외선 형태의 에너지를 방출한다. 이것은 적외선을 측정한다는 것은 물체의 열분포를 측정하는 것이고, 그렇지 않으면 온도를 측정하는 것과 같은 개념이다. 그리고 온도는 열에너지의 흐름에서 나타나는 물리적인 현상이며, 열에너지의 흐름은 전도, 대류, 방사의 형태로 전달되기 때문에 물체의 온도를 간접적으로 또는 직접적으로 측정하는데 적용할 수 있다.

표 5.1과 같이 적외선을 측정할 수 있는 센서는 반도체 재료를 주로 사용하는 양자형(quantum)과 반도체 재료 이외의 재료를 사용하는 열형(thermal)의 2가지로 분류한다. 열형은

| 표 5.1 | 실양자형과 열형 센서의 분류

<table>
<tr><th colspan="4">양자형(냉각형)</th><th colspan="3">열형(비냉각형)</th></tr>
<tr><th colspan="2">종류</th><th>센서재료</th><th>사용영역</th><th>종류</th><th>센서재료</th><th>사용영역</th></tr>
<tr><td rowspan="6">내인성
(intrinsic)</td><td rowspan="4">광전압형
(PV*)</td><td>HgCdTe(MCT)</td><td>SWIR,
MWIR,
LWIR</td><td rowspan="4">볼로미터
(bolometer)</td><td>V205</td><td rowspan="11">LWIR***</td></tr>
<tr><td>Si, Ge</td><td>NIR</td><td>Poly−SiGe</td></tr>
<tr><td>InGaAs</td><td>NIR, SWIR</td><td>Poly−Si</td></tr>
<tr><td>InSb, InAsSb</td><td>MWIR</td><td>α−SI</td></tr>
<tr><td rowspan="2">광전도형
(PC**)</td><td>HgCdTe(MCT)</td><td>SWIR,
MWIR,
LWIR</td><td>서모파일
(thermopile)</td><td>Bi/Sb</td></tr>
<tr><td>PbS, PbSe</td><td>MWIR</td><td rowspan="2">초전체
(pyroelectrics)</td><td>LiTa</td></tr>
<tr><td colspan="2">외인성(extrinsic)</td><td>Si:X</td><td>NIR</td><td>PZT</td></tr>
<tr><td colspan="2">양자우물
(quantum well)</td><td>GaAs/AlGaAs</td><td>LWIR</td><td>강유전체
(ferroelectrics)</td><td>BST</td></tr>
<tr><td colspan="2" rowspan="3">쇼트키 장벽
다이오드(Schottky
Barrier diode)</td><td rowspan="3">PtSi/p−Si</td><td rowspan="3">SWIR</td><td>미세 캔틸레버</td><td>바이메탈</td></tr>
<tr><td>부피 팽창</td><td>Golay cell</td></tr>
<tr><td>광섬유</td><td>광섬유 센서</td></tr>
</table>

입사한 적외선에 출력되는 신호에 따라 전기적 출력을 내는 것과 기계적 변화를 나타낸다고 분류할 수 있다. 전기 열센서는 다시 열저항(thermo resistive), 볼로미터(bolometer), 초전체(pyroelectric) 및 서모파일(thermopile)로 분류하고 열저항은 RTD, 다이오드, 서미스터 등으로 세분화할 수 있다. 기계적 열센서로는 바이메탈(bimetal), 온도계(thermometer), 골레이 셀(Golay cell) 등이 있다. 양자타입은 광도전형(Photoconductive; PC), 광전압형(Photovoltaic; PV), 양자우물형(Quantum Well; QW) 3종류가 있다. PC형 내인성(extrinsic) 반도체는 PbSe, InSb, HgCdTe 반도체가 쓰이며 Si와 GaAs에 불순물이 첨가된 PC형 외인성(extrinsic) 반도체가 사용된다. PV형에서는 InSb와 HgCdTe 반도체 재료가 사용되며, QW형에서는 III-V족 화합물 반도체인 GaAs/InGaAs 반도체 재료가 주로 이용된다.

열센서 중 열저항 -+센서와 온도계는 센서를 물체에 직접 접촉시켜 온도를 측정하는데 사용되며 바이메탈은 온도의존 스위칭 소자로 사용되며 볼로미터, 초전 및 열전퇴 센서는 온도뿐만 아니라 적외선도 측정한다. 카메라나 물리적인 시큐러티를 위해서 다양한 용도로 사용되고 있다. Golaycell 센서는 다른 센서에 비해 잘 사용되고 있지 않다. 비접촉식에서 사용되는 대표적인 3개의 열감시 센서는 출력 방식에 따라 다음과 같이 분류된다.

- 볼로미터는 적외선이 입사하거나 온도가 변화할 때 내부 저항이 변화하는 원리
- 열전대와 열전퇴는 적외선이 입사하거나 온도가 변화하였을 때 전압이 변화하는 원리
- 고온계는 내부 저항이 적외선이 입사하거나 온도가 변화했을 때 저항 극성이 변하는 원리

이들 열센서에는 적어도 2개의 중요한 부품이 있다. 하나는 적외선 흡수기이며, 다른 하나는 온도 센서 또는 온도 변환기이다. 두 부분의 역할은 입사방사에 대한 온도변화를 최대화하고 센서의 열질량을 최소화하는 것이다.

양자형 센서인 PbSe와 InSb는 MWIR 대역을 감지하는 센서로 주로 사용되며, HgCdTe는 SWIR, MWIR, LWIR 등의 매우 넓은 영역을 감지하는 센서로 폭넓게 사용되고 있다. 그리고 QW센서는 주로 LWIR용 센서로 사용된다. 열형과 양자형의 기본 특성의 차이를 표 5.2에 나타낸다.

| 표 5.2 | 양자형과 열형 센서의 특성 비교

	양자형	열형
원리	빛에 의해 생성된 전자를 신호로 변환	적외선에 의한 온도 변화를 감지하여 신호로 변환
동작 온도	냉각	상온
속도	빠름	느림
민감도	높음	낮음
휴대성	냉각기 별도 필요	소형, 경량
가격	높음	낮음
제작 재료	HgCdTe, InSb, PtSi 등	VOx, α-Si, Ti, BST 등

(1) 볼로미터 센서

볼로미터는 적외선을 받으면 내부 저항이 변화하는 센서로 동작 원리는 서미스터와 동일하다. 볼로미터는 광선을 뜻하는 그리스어 볼로와 측정을 뜻하는 미터 합성어로 광선, 특히 적외선을 측정한다는 뜻이다. 볼로미터는 1878년 미국 천문학자 Samuel P. Langley가 제안한 아이디어로, 볼로미터에 사용된 원리는 서미스터의 온도저항계수(TCR) 효과와 동일하다. 볼로미터의 전기신호를 읽기 위해서는 그림 5.4와 같은 광도전방식 또는 휘트스톤 브리지 회로를 사용한다. 여기에서 볼로미터의 TCR은 다음과 같이 계산할 수 있다.

$$\alpha = \frac{1}{R_d}\frac{dR_d}{dT_d} \tag{5.1}$$

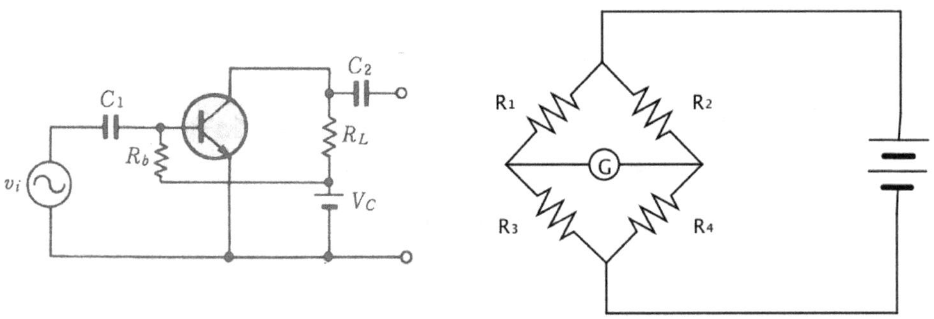

| 그림 5.4 | (a) 부항 저항 회로[45], (b) 휘트스톤브릿지 회로

45) 첨단 & Hellot.net, https://www.hellot.net/news/article_print.html?no=43409

볼로미터에는 금속, 반도체 및 초전도체의 세 가지 유형이 있다. 금속 볼로미터는 주로 마이크로파 영역에서 사용되며 온도에 따른 선형 변화 특성을 갖는다. TCR은 약 0.5%/℃로 매우 낮고 온도에 따른 저항값은 다음의 식과 같다. 여기에서 α는 볼로미터의 TCR 계수이고, R_0는 기준 온도에서의 저항이다.

$$R = R_0(1 + \alpha \Delta T_d) \tag{5.2}$$

반도체의 TCR 값은 (−)이며 저항은 온도에 따라 기하급수적으로 변화된다. 이러한 지수 특성으로 인해 상대 저항 변화는 약 3%/℃로 매우 크다. 그러나 이러한 큰 저항 변화에 의해 생성된 전류는 내부의 열상승을 일으켜 저항이 다시 감소하고 전류가 더 증가하여 재료가 소진될 때까지 추가적인 열상승 및 열이 발생한다. 이는 제어하지 못할 가능성이 있다. 초전도체 볼로미터는 저항이 0인 초전도성을 나타내는 전이 온도 근처에서 작동한다. 전이 온도 영역에서는 저항 변화가 매우 빠르게 발생하여 TCR 값이 매우 커진다. 그러나 초전도체의 전이온도는 극저온에서 동작하기 때문에 실용성이 떨어진다. 따라서 반도체형 볼로미터는 주로 적외선 센서에 사용된다.

볼로미터를 적외선 센서로 사용하기 위해서는 적외선 흡수재로 코팅된 금속박막을 열전도계수 K인 선에 열저장소로 연결한다. 외부에서 적외선이 입사되면 흡수층의 온도가 상승하고, 센서의 감지속도를 결정하는 열시정수는 열용량 C와 열전도계수 G의 비율(τ=C/G)과 같다). 내부 저항 변화는 저항 온도계로 측정하고 측정이 끝나면 내부 열을 축열기로 방출한다. 볼로미터가 적외선에 잘 반응하기 위해서는 주변 환경과의 낮은 열전도 구현이 필요하며, 적외선이 최대한 들어오도록 수광면적을 늘릴 수 있는 구조, 높은 저항 온도 계수 및 낮은 1/f 노이즈 특성이다. 최근 반도체 기술의 발달로 1940년대 후반부터 현재까지 CCD와 같이 고해상도를 가질 수 있는 마이크로볼로미터에 대한 연구가 많이 진행되어 열화상 카메라의 상용화 제품으로 나오고 있다. 현재 상업적으로 사용되는 물질로는 바나듐산화물(VOx), 비정질실리콘(amorphous-Si), 실리콘다이오드 등이 사용된다.

볼로미터는 입사된 적외선을 흡수하고 단열막 저항기의 온도가 상승하며, 이러한 온도 변화는 흡수된 적외선 에너지에 비례하여 볼로미터 저항기의 전기저항이 변화하는 원리로 감지된다. 이러한 온도 변화를 잘 감지하기 위해 많은 구조적 연구가 시도되어 왔다. 볼로미터의 기본 설계 방향은 주변 환경과의 낮은 열전도 구현, 적외선이 최대한 들어올 수 있도록 수광면적을 최대화할 수 있는 구조, 저항 온도 계수가 높은 저항체 소재, 낮은 1/f 노이즈 특성이 있다.

그리고 카메라를 만들기 위해서는 가시광선의 CCD나 CMOS와 같은 고해상도를 가지기 위해서는 많은 화소로 구현되어야 하는 방향으로 연구되었다. 볼로미터는 매우 작은 픽셀로 만들어져 있기 때문에 마이크로볼로미터라고 한다. 최근 MEMS 관련 제조공정 기술의 발달로 화소 크기가 약 17 μm인 VGA급 제품이 등장하고 있다. 대표적인 마이크로볼로미터의 단면도가 그림 5.5와 같다.

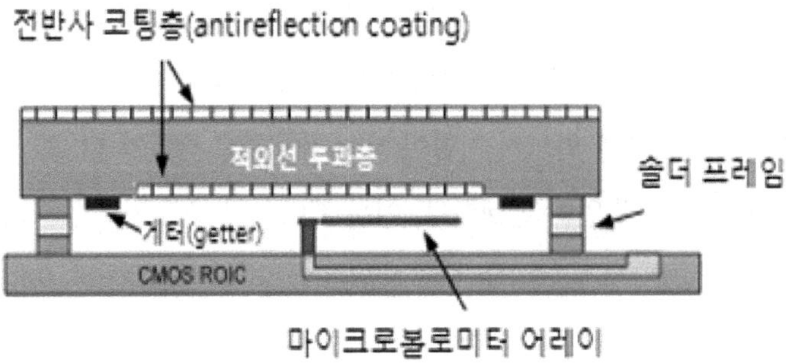

| 그림 5.5 | (a) 마이크로볼로미터 소자 구조, (b) 마이크로볼로미터 단면도[46)]

볼로미터와 주변 사이의 열전도를 최소화하기 위해 사용되는 레그는 단면적이 길고 열전도율이 낮은 소재로 열전도율은 보통 10 W/K 정도다. 그리고 볼로미터와 주변 대기로의 열손실을 방지하기 위해 약 0.01 mbar의 진공을 유지한다. 이 진공을 오랫동안 유지하기 위해 게터(getter)라는 물질을 사용하여 진공을 유지한다. 수광 영역을 나타내는 필 팩터는 입사되는 적외선을 흡수하는 화소 영역으로 정의되며, 일반적으로 주변 회로 부품으로 인해 60~70% 정도의 필 팩터를 갖는다. 그러나 다양한 구조 설계를 통해 최대 90%의 충전율을 구현하는 제품이 있다.

바나듐 산화물은 상온에서 2~3%/K의 TCR 특성을 가지며 VO_2, V_2O_5, V_2O_3 등 여러 상이 존재한다. 단결정 VO_2와 V_2O_5는 TCR 특성이 4%/K 이상이나 제조가 어렵다. 고압 산소 분위기에서 바나듐 타겟을 이용하여 이온빔 증착을 하면 V_2O_5가 생성되지만 저항이 매우 높다. 반면에 V_2O_3는 저온에서 반도체에서 금속상으로 상변태를 일으키며 실온저항이 매우 낮다. 소자의 저항이 증가할수록 노이즈가 증가하므로 저항이 낮은 V_2O_3를 생성하는 것이 중요하다. 또한 바나듐-텅스텐 산화물 및 Ti-W 도핑을 통한 5%/K 이상의 TCR 재료가 연구되고 있다. 비정질실리콘(a-Si)은 액정디스플레이나 태양전지에서 TFT의 활성층으로 주로 사용되어 2000년 마이크로볼로미터에 처음 적용되었다. 비정질실리콘은 TCR이 2~3%/K로 기존 반도체 생

---

46) "적외선 센서의 최신 기술 동향", 정용택

산 설비에서 그대로 제조할 수 있다. 비정질 실리콘으로 만들어진 볼로미터 멤브레인은 매우 얇고 열용량이 낮기 때문에 열전도율을 낮게 유지하도록 설계할 필요가 있으며 1/f 노이즈가 상대적으로 크다는 단점이 있다.

볼로미터의 TCR 값은 적외선 센서의 성능이 얼마나 좋은지를 평가할 수 있는 물성치다. 볼로미터 재질이 금속일 경우 TCR의 부호는 일반적으로 (+) 값을 가지며, 비금속일 경우에는 (−) 값을 나타낸다. TCR의 부호에 관계없이 절대값이 높을수록 적외선 센서용 볼로미터의 성능이 우수하다. 따라서 TCR 값을 측정하기 위해서는 볼로미터의 온도를 조절할 수 있는 히터가 필요하며 일반적으로 TEC(Thermoelectric Cooler)를 사용한다. 이때 볼로미터의 온도를 변경할 때 외부에서 볼로미터로 입사되는 주변 환경은 동일하게 유지되어야 한다. 따라서 일반적인 온도를 제어하는 챔버에서 측정을 하면 볼로미터의 온도가 변할 뿐만 아니라 볼로미터에 입사되는 적외선의 양도 그만큼 많아져 오차가 발생할 수 있다. 따라서 볼로미터의 온도는 TEC와 같은 히터를 이용하여 제어하여 볼로미터만이 온도를 제어할 수 있도록 하고, 일반적으로 저항변화를 파라미터 분석기를 이용하여 측정하여 온도별 전류−전압 특성을 측정한다. 대표적인 볼로미터의 전압−전류 특성 결과는 그림 5.6과 같다. 여기에서 왼쪽의 시편 A와 같이 온도에 따른 전류−전압 특성의 선형성이 없으면 볼로미터 센서로 적합하지 않다.

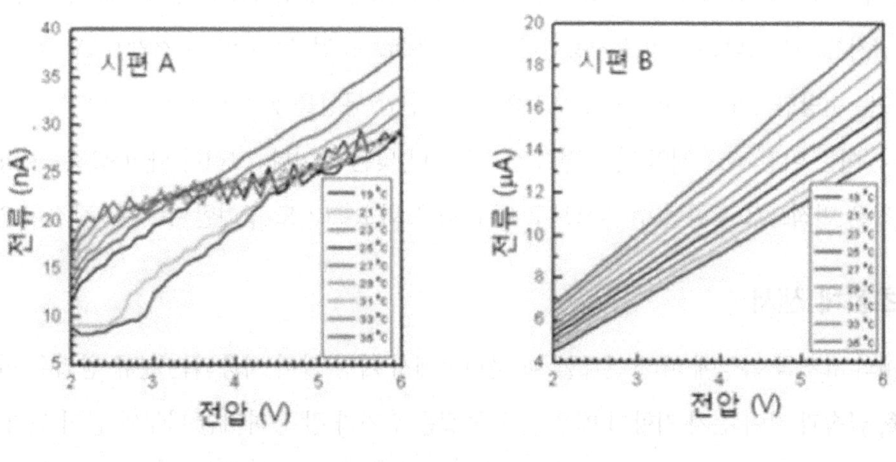

| 그림 5.6 | 시편에 따른 TCF의 절대값 비교 그래프[47]

---

47) 센서로세계로미래로,
https://blog.naver.com/PostView.nhn?blogId=iotsensor&logNo=221584688108&from=search&redirect=Log&widgetTypeCall=true&directAccess=false

볼로미터의 온도별 전류–전압 특성으로부터 온도별 저항값을 계산하면 그림과 같은 선형 직선이 얻어진다. 이 그림 5.6에서 시편 1의 TCR의 절대값이 시편 2의 TCR보다 크므로 Specimen 1이 더 나은 볼로미터 재료임을 알 수 있다.

$$TCR(\%/K) = \frac{(\text{고온저항} - \text{저온저항})}{(\text{상온저항} \times \text{온도차이})} \times 100 \tag{5.3}$$

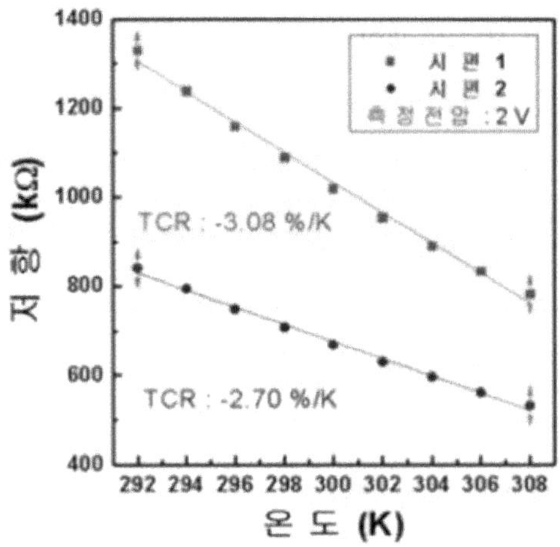

| 그림 5.7 | 각 시편에 따른 저항과 온도값의 TCR 비교 그래프[48)]

실리콘 다이오드는 pn 접합 또는 쇼트키 장벽 접합의 순방향 전압의 온도 의존성을 통해 적외선 감지가 가능하다는 원리를 사용한다. 일반적으로 pn 접합은 순방향 전압 0.7V, 쇼트키 다이오드는 순방향 전압 0.6V, 1~2mV/K의 온도–전압 특성을 통해 약 0.2%/K의 TCR 특성을 갖는다. 이는 이전 VOx 계열 및 비정질 실리콘보다 낮은 값이다. 그러나 다이오드는 저항보다 훨씬 작은 면적으로 구현될 수 있으므로 매우 작은 화소 크기도 구현할 수 있는 장점이 있다.

(2) 초전체 센서

자연계의 고체를 특성에 따라 분류할 때 물리학에서 가장 많이 사용되는 분류 방법은 전도도다. 즉, 금속과 같이 전기 저항이 매우 낮은 물질은 전기가 잘 통하지만 나무와 같이 전기 저항이 매우 높은 물질은 전기가 통하지 않는다. 전기가 잘 통하는 물체를 도체라고 하고, 전기가 통하지 않는 물체를 절연체라고 한다. 그 사이에 일정한 조건에 따라 전기를 전도하는 물질을

48) 센서로세계로미래로,
https://blog.naver.com/PostView.nhn?blogId=iotsensor&logNo=221584688108&from=search&redirect=Log&widgetTypeCall=true&directAccess=false

반도체라고 한다. 한편, 특정 임계온도 이하에서 저항이 없는 물질을 초전도체라고 한다.

도체는 물질에 존재하는 자유전자에 의해 전기를 잘 전도하지만, 절연체에서는 하전입자가 원자 주위에 결속되어 일정한 거리만 움직인다. 이 정도의 운동을 전기 쌍극자라 한다. 자연에 존재하는 모든 절연체를 유전체라고 할 수 있다. 절연체는 전압이 인가되어도 변화가 없고 절연체도 원자나 분자로 이루어져 있기 때문에 실제로 전기장에 놓으면 양전하와 음전하의 평균량이 그림 5.8과 같이 편향된다. 절연체의 양면에 전극을 인가하면 내부 분극의 영향으로 전극에 고정 전하가 생성되며 이는 전기 쌍극자로 관찰된다.

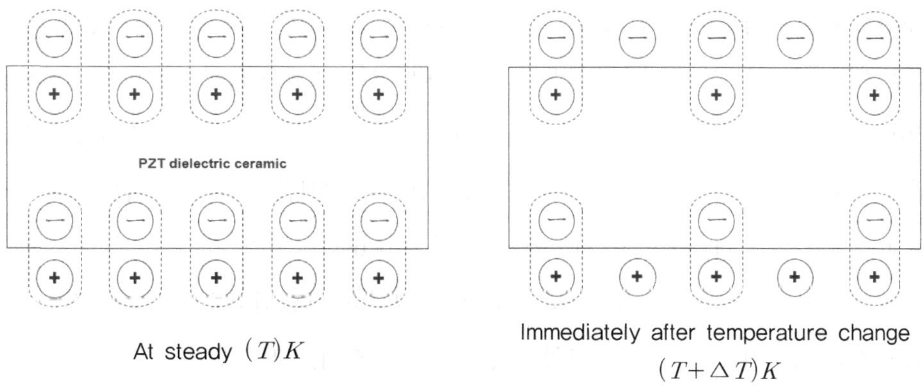

| 그림 5.8 | 정상상태와 과도상태의 자유전차 형태

이러한 전기 쌍극자의 크기는 유전율에 의해 결정된다. 그 중 외압에 의해 분극이 변화하는 물질을 압전물질(piezoelectric material)이라고 하며, 압력을 의미하는 piezo와 전도도를 의미하는 electric의 합성어다. 압전 재료 중 열이나 적외선에 의해 분극이 변화하는 재료를 초전 재료라고 한다. 열을 의미하는 파이로와 전도도를 의미하는 전기의 합성어다. 또한 초전체 중 외부에서 전기장을 가하지 않아도 전기분극이 0이 아닌, 그림 5.9의 (b)와 같이 자발분극(spontaneous polarization)이라는 일정한 분극값(+Pr, −Pr)인 재료를 강유전체(ferroelectric material)이라 한다.

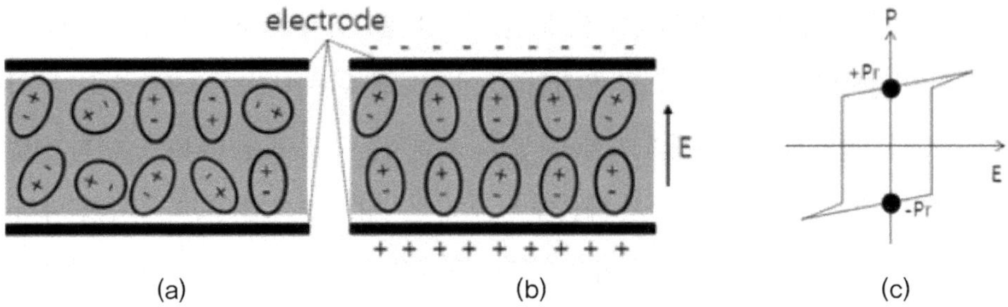

| 그림 5.9 | (a) 무극성 분자, (b) 전기장에서의 유전체 분극, (c) 자발분극 정의

초전기 효과의 개념은 고대 그리스 철학자 Therphrastus에 의해 처음 알려졌다. 그는 짚과 목공을 끌어들이는 성질을 가진 돌을 묘사했는데, 그는 그 돌을 황금빛 호박을 의미하는 그리스어로 lyngourion이라고 명명했다. 그 후 Louis Lemery는 1717년에 초전기에 관한 최초의 과학 논문을 발표했고, Franz Aepinus는 1756년에 이 현상을 실험적으로 증명했다. David Brewster는 1824년에 자신이 연구하고 있던 Rochelle 염의 특성을 설명하기 위해 "pyroelectricity"라는 용어를 처음으로 사용했다. 그리고 1859년 John Gugain은 초전하의 변화를 측정하는 최초의 테스트 장치를 만들어 측정했다. 그런 다음 1878년에 William Thomson은 초전기에 대한 주요 이론적 틀을 확립했다. 1938년, 여타는 초전성 물질인 전기석을 적외선 센서로 사용할 수 있음을 처음 제안했다. 센서가 개발되어 실제로 적용되었다. 그러나 이때 사용된 문서는 기밀로 분류되어 공개되지 않았다. 1962년 J. Cooper는 티탄산바륨(BaTiO3)을 사용한 고속 적외선 센서에 대한 자세한 데이터를 발표했으며 같은 해 0.2K의 작은 온도 변화도 감지할 수 있는 초전 센서를 개발했다. 1969년 Le Carvennec은 초전 물질을 사용하여 열화상 센서를 개발했다.

19세기에 로셸염은 주로 초전센서용으로 연구되었으나 1915년 이후 재료공학의 발달로 KDP(KH2PO4), ADP(NH4H2PO4), BaTiO3, PZT 등 초전특성을 갖는 다양한 물질이 알려지게 되었다. 1969년 H. Kawai는 PVF 및 PVDF에서 압전 특성을 발견했으며 이들 재료에도 초전 특성이 있다. 현재 초전 특성을 가진 1,000개 이상의 재료가 알려져 있다. 초전자체를 만드는 과정은 압전체 를 만드는 과정과 거의 비슷하다.

강유전체는 주로 초유전체 재료에 사용된다. 강유전체는 초유전체에 속하는 물질로 외부 전기장이 가해지면 자발분극의 방향이 쉽게 변한다. 이러한 강유전체 특성은 그림의 전기 히스테리시스 곡선에 잘 설명되어 있다. 즉, 전기장이 없는 상태에서도 어느 정도 분극이 존재하는데 이를 자발 분극이라고 한다. 또한 외부 전기장의 세기와 방향에 따라 항상 일정한 분극값을 보이는 특성을 가지고 있다. 이들 강유전체의 특성은 다음과 같이 요약될 수 있다. 높은 유전율, 높은 압전율, 높은 전기 저항, 상대적으로 낮은 유전 손실, 낮은 습도 감도, 높은 초전 계수 및 높은 임계 온도와 같은 특성을 갖는 재료이다. 강유전체로 사용되는 초전재료는 크게 단결정 초전재료와 세라믹 초전재료로 분류한다.

초전계수 γ를 갖는 초전재료에서 온도변화가 균일하게 ΔT만큼 변화할 때 전기분극 ΔP의 관계는 다음과 같다. 이 초전 효과는 온도 변화가 있을 때만 관찰할 수 있다.

$$\Delta P = \gamma \Delta T \tag{5.4}$$

초전계수는 다음과 같다.

$$\gamma = \frac{\partial P_0}{\partial T} \tag{5.5}$$

여기에서 P_0 자발분극이다. 그림과 같이 초전물질 사이에 (+), (−) 전극을 놓고 외부에서 온도를 변화시키면 초전물질의 내부 분극이 변화하여 전극의 고정전하가 변화하고, 이는 차례로 전류의 크기를 변경한다. 적외선이 지속적으로 입사되면 전기 쌍극자에 변화가 없으므로 고정전하에 변화가 없다. 따라서 물질 내부의 전기 쌍극자는 입사되는 적외선의 변화가 있을 때만 변화하여 전기적 특성을 측정한다. 이를 위해 적외선이 입사되는 부분에 초퍼(chopper)를 설치하여 적외선이 교류 형태로 입사되도록 한다. 이때 초퍼의 회전수는 시정수(time constant)를 고려하여 적절한 속도로 움직여야 한다. 너무 빠르거나 너무 느리면 초전기가 적외선 변화를 인식하지 못한다. 그리고 일정 온도를 초과하면 초전 특성이 사라지고 그 온도를 큐리 온도(cuire temperature) 또는 임계 온도라고 한다.

초전 효과는 미시적으로 볼 때 결정 구조 내의 전하를 띤 원자의 비대칭 상호 작용으로 인해 발생하는 현상이다. 즉, 양이온과 음이온의 비대칭 구조로 인해 (x_1-x_2) 방향을 따라 자발 분극이 발생하고, 방향을 따라 양이온의 위치에너지가 비대칭적으로 형성된다. 이 상태에서 격자의 온도를 높이도록 자극하면 포텐셜 에너지 우물의 양자화된 에너지 준위($E_1 \sim E_n$)가 변하고 격자의 평균 평형 위치가 A에서 B로 변한다. 이러한 변화는 거시적인 결과를 초래한다. 전기 쌍극자 모멘트의 변화는 초전 효과로 나타난다.

단결정 초유전체는 유전율이 100 미만으로 낮고 유전 손실이 적으며 재료의 성능 지수가 크다. 그러나 초전율이 작고, 내습성이 약하고, 각종 성분이 첨가된 단결정을 재현성 있게 제조하기 어렵고, 제조 비용 및 가공 비용이 높다. 단결정 초전재료의 대표적인 예로는 황산트리글리신(TGS), 탄탈산리튬($LiTaO_3$), 폴리비닐리덴이플루오라이드(PVDF) 등이 있다. 일반적으로 초전계수와 유전율이 높은 $BaTiO_3$와 TGS계 물질이 가장 많이 사용된다. 티탄산바륨($BaTiO_3$)은 페로브스카이트형 결정구조를 갖고 있으며, 단결정 및 세라믹의 형태로 많은 연구가 이루어지고 있다. 또한 리튬 탄탈레이트($LiTaO_3$) 단결정 물질도 널리 사용된다. 이 재료는 높은 임계 온도로 인해 온도 안정성이 우수하여 단일 요소 검출기에 적합하다. 반면에 열전도율이 높기 때문에 비디오콘과 같은 용도에는 적합하지 않다. 대표적인 단결정 초유전체 물질의 물성을 표 5.3에서 보여준다.

| 표 5.3 | 단결정 초유전체 물질의 물성치

재료 종류	초전계수	유전상수	임계온도
TGS	280	38	49
DTGS	550	43	61
$LiTaO_3$	230	47	665
$(Sr-Ba)Nb_2O_6$	550	400	121
PVDF	27	12	80

TGS는 화학식 $(NH_2CH_2COOH)3H_2SO_4$의 고분자 화합물로 물질평가지수가 높으나 습기에 매우 약한 단점이 있다. 이러한 단점을 보완하기 위해 deuterium(D), beryllium(B), fluorite(F), manganese(M), phosphorous (P), arsenic(As), lithium(Li), alanine(A) 등이 있다. 첨가제에 의해 변형된 형태의 DTGS와 ATGSA가 있으며, 이들의 물성은 표 5.4와 같다. $LiTaO_3$는 습기에 강하고 임계 온도가 높기 때문에 열적으로 매우 안정적이다. 단일 요소 감지기에는 적합하지만 열전도율이 높기 때문에 비디오콘과 같은 응용 분야에는 적합하지 않다.

| 표 5.4 | 단결정 초유전체 물질의 물성치

재료 종류	초전계수	유전상수	임계온도
TGS	330	30	49
DTGS	270	19	62
LTGS	400	40	49
ATGSAs	700	30~32	51
ADTGSP	460	22	60

PVDF는 화학식 $(CH_2-CF_2)n$을 갖는 TGS와 같은 고극성 중합체이다. 주로 박막으로 만들어서 사용하며 열과 습기에 강하고 TGS보다 기계적으로 강한 장점이 있다. 그러나 유전 손실이 크다는 단점이 있고, PVDF는 단면적이 커서 전압 감도가 높으며 열전도율이 낮고 유전율이 낮아 비디오콘과 같은 용도에 적합하다. 세라믹 초전 재료는 단결정 초전 재료에 비해 내구성, 전압 출력에 대한 성능 지수가 우수하고, 다양한 성분이 첨가된 재료의 재현성 면에서 장점이 있다. 세라믹 초전 재료는 유전율의 크기에 따라 용도가 다르다. 유전율이 작으면 간단한 적외선 감지 장치에 적합하고, 1000보다 크면 이미지 센서에 적합하다. PZT는 주로 PZT를 기본으로 하며, 여기에 La_2O_5, $SrTiO_3$, NbO_5, FeO_3 등이 첨가되어 임계온도와 초전상수를 변화시킨다. 세라믹 초전 재료 중 단일 원소 검출기로 일반적으로 사용되는 재료는 PZT($Pb(Zr,Ti)O_3$), PT($PbTiO_3$), PLT($(Pb,La)TiO_3$), PCT($(Pb,Ca)TiO_3$) 등이 있다.

(3) 서모파일 센서

열전대(Thermocouple)는 서로 다른 두 금속의 접촉부에 온도가 가해지면 열전 전력이 발생하는 원리이고, 열전대 센서는 이러한 열전대 센서를 그룹화한 센서이다. 열과 전기 에너지 변환 사이의 관계를 열전 효과라고 한다. 이 효과에 대해서는 가역적 반응과 비가역적 반응이 알려져 있으며, 비가역적 열전 효과의 대표적인 예로는 줄 효과(Joule effect)가 있다. 이는 전류(I)를 비가역적 열(P)로 변환한 효과로 다음 식으로 표현된다. 여기에서 R은 저항을 나타낸다.

$$P = RI^2 \tag{5.6}$$

한편 Seebeck, Peltier, Thomson의 3가지 효과는 가역적 열전효과다. 열전대는 100년 이상 동안 온도 측정 및 온도 제어에 널리 사용된 온도 센서다. 열전대의 원리는 1821년 독일 과학자 Thomas Johann Seebeck이 발견한 물리적 현상인 Seebeck 효과이다. 이 효과는 그림 5.10과 같이 서로 다른 두 종류의 폐회로를 연결하고 두 접점의 온도를 변경하면 전류가 발생한다는 것이다. 이때 발생하는 기전력(emf)은 두 접점의 온도차에 비례하여 발생한다. 열전대에서 냉접점 부분을 측정접점이라고 하고 열접점 부분을 기준접점이라고 한다. 열전대 센서에 대한 자세한 설명은 접촉 온도 센서에 설명되어 있다.

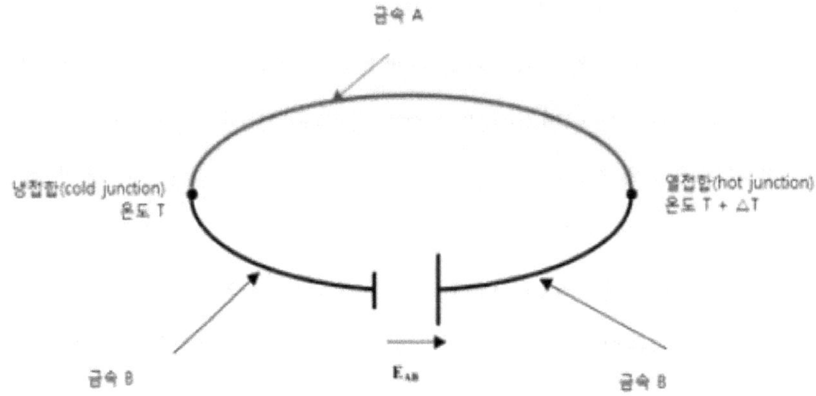

| 그림 5.10 | 서모파일의 작동 원리

서모파일의 기본 작동 원리는 그림 5.10과 같다. 재료 A와 재료 B로 만들어진 서모파일 더미는 열원과 방열판 사이에 있다. 방열판 쪽으로 전압이 생성된다. 서모파일은 열전대 그룹이다. n 개의 열전대를 병렬로 연결하면 Seebeck 효과에 의해 유도되는 전압의 변화는 다음과 같다.

$$\Delta V = nS(T)\Delta T \tag{5.7}$$

이로부터 입사된 적외선(열)과 전압의 관계로부터 온도를 환산할 수 있다. 이러한 형태의 적외선 센서는 수십 ms의 느린 응답시간의 단점이 있지만 저온에서 고온까지 적외선을 감지할 수 있다는 장점이 있다.

서모파일을 적외선 센서로 사용하려면 두 가지 고려 사항이 있다. 하나는 적외선 흡수기이고 다른 하나는 온도 변환기다. 적외선이 서모파일의 측정 접합부에 입사하면 측정 접합부의 흡수층이 열원으로 작용하여 더 많은 복사 에너지를 흡수한다. 측정 접점과 기준 접점 사이의 온도 차이는 Seebeck 효과에 의해 출력 전압으로 변환된다.

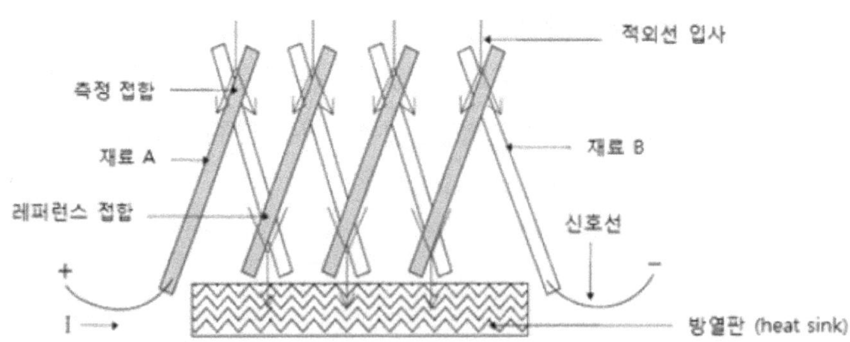

| 그림 5.11 | 서모파일의 구조

CHAPTER 01 02 03 04 **05** 06 07 08 09 10

서모파일 초기에는 그림 5.11과 같이 접합부가 백금(Pt)과 ZnSb로 이루어졌고 내열성층은 파릴렌으로 이루어졌다. 내열층인 Ferralin의 주요 역할은 소자의 감도를 높이는 것이며, 앞서 언급한 바와 같이 이는 반응 시간에도 영향을 미친다. 적외선을 받기 위해 소자 상부에 흡수층을 형성하였다. 이 흡수층은 측정할 파장을 고려해야 하지만 일반적으로 흡수를 최대화하기 위해 10% 탄소가 첨가된 주로 검은색 타이 바니시(Chemglaze z-306) 페인트를 광범위하게 흡수하도록 설계되었다.

표 5.5는 서모파일 제조에 일반적으로 사용되는 재료의 특성을 요약한 것이다. 이렇게 제조된 서모파일의 성능은 0.27 ㎶/W/m 2 이상의 감도, 20 ms 이하의 반응시간, 30 kΩ 이하의 전기저항을 갖는다. 감도를 향상시키기 위해 열 임피던스 층의 두께를 증가시키면 감도는 향상되지만 응답 시간이 급격히 느려진다. 흡수층의 두께도 적외선을 많이 흡수할 수 있을 정도로 두꺼워야 하지만 반대로 반응시간에 영향을 줄 수 있다. 또한 흡수층의 두께가 증가할수록 더 넓은 파장 대역을 흡수할 수 있다. 따라서 감도와 응답시간을 고려하여 좋은 서모파일을 만들기 위해서는 다음과 같은 사항을 고려해야 한다.

| 표 5.5 | 서모파일에 일반적으로 사용되는 재료의 물성치

	밀도	비열	전도율	전기비저항
백금 층	21,450	133	71.6	10.6×10^{8}
ZnSb 층	6,880	200	60	12.5×10^{-4}
질화 알루미늄	3,260	800	165	109
페럴린	1,289	712	0.084	8.8×10^{14}
흡수층	1,400	6699	0.209	

- 열 저항층의 두께와 기하학적 구조
- 측정 접합부와 레퍼런스 접합부 사이의 간격 크기
- 흡수층의 두께

최근 반도체 기술의 발달로 서모파일을 이용한 센서가 매우 협소한 면적에 양산되고 있다. 서모파일 센서는 실리콘 MEMS(Micro-machining Technology)로 제작된다. 약 1㎛ 두께의 멤브레인은 실리콘 기판을 습식 식각하여 제조하며, 멤브레인은 일반적으로 열전도율이 낮은 SiO_2/Si_3N_4 물질을 증착하여 제조한다. 두 가지 다른 유형의 열전 재료가 멤브레인에 증착되며, 측정 접합은 멤브레인 중앙에 있고 기준 접합은 방열판의 Si 기판 쪽에 있는 냉접점이다.

이와 같이 멤브레인 위에 실리콘과 알루미늄으로 이루어진 서모파일이 형성되고, 실리콘 기판은 방열판 역할을 하도록 설계된다. 서모파일 재료로는 백금과 Zn 및 Sb를 50:50 비율로 혼합한 비정질 반도체 재료가 가장 많이 사용된다. 이 외에도 Bi_2Te_3, Sb_2Te_3를 이용한 재료도 있으며, 서모파일 효과를 낼 수 있는 재료에 대한 연구가 많이 진행되고 있다. 그리고 서모파일 센서로 온도를 측정하고자 할 때 두 접점의 온도차인 열전대에 의한 열전 전력이 출력 전압으로 나오므로 내부의 온도를 측정할 수 있는 다른 소자를 결합해야 한다. 서모파일을 활용한 물체의 온도는 비접촉 방식으로 측정할 수 있다.

서모파일은 마이크로볼로미터와 같이 진공상태를 유지할 필요가 없어 제조공정이 매우 간단하여 상대적으로 가격이 저렴하다. 그러나 센서의 응답속도가 마이크로볼로미터에 비해 수십 배 정도 느린 단점이 있다. 이러한 센서의 한계로 인해 저화소 응용 분야에 널리 사용된다. 주로 귀 체온계나 비접촉 체온계 쪽으로 제품이 출시되고 있다. 서모파일 센서를 생산하는 회사는 주로 독일과 일본 회사에서 연구 개발되고 있다. 독일의 하이만과 엑셀리타스, 일본의 니세라, 무라타, 치노, 하마맘츠, 파나소닉. 32×31 서모파일 센서를 사용하여 얻은 열화상을 취득할 수 있다.

(4) 광전도형 센서

적외선 측정을 위한 양자형은 광전도 효과와 광기전력 효과를 응용한 것이다. 광전도 효과는 반도체의 에너지 갭보다 큰 에너지를 가진 빛이 입사되면 이 빛 에너지를 흡수하고 이 에너지를 에너지로 소비하여 가전자대의 전자가 전도대로 전이하는 것이다. 원리는 대다수 캐리어인 전자의 농도가 전도대에서 증가하여 반도체의 저항이 감소한다는 것이다. 외부에서 입사되는 빛의 에너지가 에너지 갭보다 작으면 빛은 아무런 작용도 없이 반도체를 통과한다. 이러한 광전도 효과는 반도체 물질의 결정격자와 광자의 상호작용에 의한 것으로, 알베르트 아인슈타인이 발견한 광전효과에 기초한 것이다. 광전 효과는 1905년에 노벨상을 수상했다. 아인슈타인은 당시 빛의 에너지가 국부 질량의 형태로 존재한다고 가정하고 나중에 그것을 광자라고 명명했다. 단일 광자의 에너지는 다음과 같다.

$$E = h\nu \tag{5.8}$$

여기에서 h는 Planck 상수 및 ν는 빛의 진동수를 의미한다. 광전 효과는 이러한 광자가 도체 표면에 노출될 때 자유 전자가 생성되는 효과이다. 광자 에너지 E의 일부는 (Φ)표면에서 전자를 제거하는 데 사용되고 나머지 에너지는 전자에 운동 에너지를 제공하는 데 기여한다. 따라서 광전효과는 다음 식으로 간단히 표현할 수 있다.

$$h\nu = \Phi + K_m \tag{5.9}$$

여기에서 Φ는 전자를 방출하는 표면의 일함수라고 하고 K_m는 방출된 전자의 최대 운동 에너지를 의미한다. 광자가 반도체의 pn 접합으로 보내질 때 유사한 프로세스가 생성된다. 즉, 광자의 에너지가 전자에 에너지를 전달하고, 전자의 에너지가 충분히 높아져 움직일 수 있게 되면 전자가 전류에 기여하게 된다. 그러나 광자의 에너지가 전자를 움직일 만큼 충분하지 않으면 광자의 에너지가 열로 변환되어 낭비된다.

주기적인 격자 구조를 갖는 결정에는 전자가 고체 내부에 존재하면서 전류에 기여할 수 있는 허용 에너지 대역이 존재하는데, 이를 에너지 금지대 또는 전자의 에너지 갭이라고 한다. 충분히 높은 에너지의 광자가 반도체 결정에 입사되면 결정 내 캐리어(전자와 정공)의 농도가 증가하고 그 결과 전도도는 다음과 같다.

$$\sigma = e(\mu_e n + \mu_h p) \tag{5.10}$$

여기에서 e는 전자 전하, μ_e는 전자 이동도, μ_h는 정공 이동도, n과 p는 전자 및 정공 농도이다. 그림 5.12은 반도체의 광전효과를 개념적으로 설명한 것이다. 그림에서 낮은 에너지대를 가전자대, 높은 에너지대를 전도대, 그 사이의 공간을 에너지갭이라고 한다. 그림 5.12의 (a)와 같이 에너지 갭보다 큰 광자 에너지가 입사되면 가전자대의 전자는 전도대로 전이되어 가전자대의 정공으로 남게 된다. 전도대의 전자는 결정 내부에서 자유롭게 이동하여 전류에 기여한다. 이 현상을 광전도 효과라고 한다. 그러나 그림 5.12의 (b)와 같이 에너지 갭보다 작은 광자 에너지가 입사되면 광자에 의해 생성된 전자가 일시적으로 금지대로 이동했다가 곧바로 가전자대의 정공과 재결합하게 되고 이 지점에서 열이 발생한다.

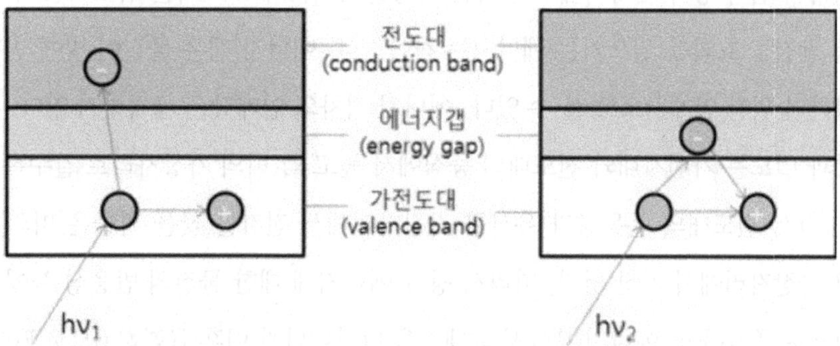

(a) (b)

| 그림 5.12 | (a) 충분히 높은 광자 에너지 입사, (b) 낮은 광자 에너지 입사

전도대(conduction band)와 가전자대(valence band)는 밴드갭(bandgap)으로 구분되며, 이 간극의 크기는 반도체와 절연체를 구분하는데도 사용된다. 결정의 전자는 가전자대의 가능한 위치를 우선적으로 채운다. 열 가진이 없으면, 즉 절대 영도에서는 가전자대만 전자로 채워지고 전도대가 비어 있으므로 절연체와 반도체는 같은 개념이다. 그러나 상태가 절대 0이 아닌 경우 열에너지로 인해 일부 전자가 전도대에 남아 있고 원자가 전도대에 정공이 생성된다.

금속의 경우 밴드갭이 없기 때문에 전자가 자유롭게 움직일 수 있다. 따라서 금속은 전기전도성이 매우 높다. 그러나 절연체와 반도체는 전자가 밴드갭을 극복하고 전도대로 가야만 전기전도도에 기여하기 때문에 금속에 비해 상대적으로 전기전도도가 낮다. 밴드갭이 약 5eV보다 큰 물질을 절연체, 이보다 작은 밴드갭을 갖는 물질을 반도체라고 한다. 광전도 효과는 크게 내부 광전도 효과와 외부 광전도 효과로 나눌 수 있다. 그리고 광전도 센서는 에너지 갭으로 감지할 수 있는 영역이 제한되어 있다. 검출할 수 있는 가장 긴 파장을 차단 파장이라고 하며, 차단 파장은 에너지 갭으로부터 다음 관계식으로 계산할 수 있다. 여기서 컷오프 파장은 μm 단위이고 에너지 갭은 eV 단위이다.

$$\lambda_c = \frac{1.24}{E_0} \tag{5.11}$$

외부적외선에 의해 전자-정공쌍이 생성되는 정도를 양자효율이라고 하며 0~1 사이의 값을 갖는다. 이상적인 물질의 양자효율은 1이지만 실제 상황에서는 1보다 작은 값을 갖는다. 반사, 흡수, 산란 및 전자 재결합과 같은 요인으로 인해 발생한다. 내인성 광도전형에서는 양자효율이 약 60%이고, 외인성 광도전형에서는 약 30%의 값을 갖는다.

내인성 광전도 효과는 내인성 반도체의 경우에 발생하는 현상으로 일반적인 내인성 반도체 물질의 에너지 갭과 광자 에너지에 해당하는 파장을 표 5.6에서 보여준다. 표 5.6과 같이 파장이 길수록 광전도 효과를 일으키는 에너지는 작아진다. 에너지 갭은 물질이 빛에 민감한지 여부를 결정하기 위한 임계값으로 볼 수 있다. 에너지 격차의 임계값은 급격하지 않다. 전자 정공의 운동량과 밀도는 가전자대와 전도대의 중심에서 높고 각 띠의 가장자리로 갈수록 0으로 떨어진다. 따라서 전도대의 운동량과 유사한 가전자대에서 전자를 찾을 확률은 띠의 중심에서 가장 높고 가장자리에서 가장 낮다. 따라서 광자 에너지에 대한 물질의 반응성은 에너지 갭까지 점진적으로 증가하고, 에너지 갭에서 최대값을 나타내다가 이후 급격히 0으로 떨어진다. 또한 표 5.6의 재료에 불순물을 추가하여 반응성 특성을 빛으로 변경할 수도 있다.

| 표 5.6 | 재료에 따른 에너지갭의 값

재료	밴드갭 Eg(eV)	차단파장 λc
ZnS	3.6	0.345
CdS	2.41	0.52
CdSe	1.8	0.69
CdTe	1.5	0.83
Si	1.12	1.10
Ge	0.67	1.85
PbS	0.37	3.35
InAs	0.35	3.54
Te	0.33	3.75
PbTe	0.3	4.13
PbSe	0.27	4.58
InSb	0.18	6.9

외인성 광전도 효과는 불순물이 임의로 주입되는 n형 또는 p형 외인성 반도체에서 발생하는 현상이다. n형 반도체에서는 에너지 갭의 전도대 부근에 불순물 준위가 존재한다. 불순물 준위와 전도대 사이의 에너지 차이보다 큰 에너지를 갖는 빛이 입사되면 이 빛에너지는 불순물 준위의 전자를 전도대로 전이시키는 에너지로 사용되어 흡수된다. 원리는 전도대에서 전하의 대부분을 차지하는 전자의 농도가 증가하여 저항이 감소한다는 것이다. 마찬가지로 에너지가 적은 빛이 입사되면 투과된다. p형 반도체에서는 에너지 갭의 가전자대 부근에 불순물 준위가 존재한다. 불순물 준위와 가전자대 사이의 에너지 차이보다 큰 에너지를 갖는 빛이 입사되면 불순물 준위의 정공이 가전자대로 전이되고 대다수 전하인 정공의 농도가 증가하여 저항이 발생하며, 마찬가지로 에너지가 낮은 빛이 입사되면 투과된다.

(5) 광전압형 센서

광전압 효과는 기본적으로 광전도 효과이며, 광기전 효과는 pn 다이오드의 광전도 팽창의 개념이다. 그림 5.13(a)와 같이 에너지 갭보다 큰 에너지를 가진 빛이 입사되면 광전도 효과에 의해 p형 측의 가전자대 전자가 전도대로 전이된다. 이때 전도대에 전자의 농도가 증가할수록 n형 전도대로 확산이 이동하여 전류가 발생한다. 같은 원리로 n형 쪽은 가전자대에 같은 수의 전자가 있고, 정공의 농도가 높아져 확산에 의해 전류가 발생한다. 입사광량이 증가할수록 전류는 그림 5.13(b)와 같이 점차 증가한다. 광전도 방식과 달리 광기전력 효과는 외부 전원을 인가하지 않고도 전류를 발생시키는 장점이 있어 반도체 방식의 열화상 카메라를 제조할 때 pn 다이오드 접합 방식인 광기전력 방식이 대부분 생산된다. 광전압형의 양자 효율은 약 60%의 값을 갖는다.

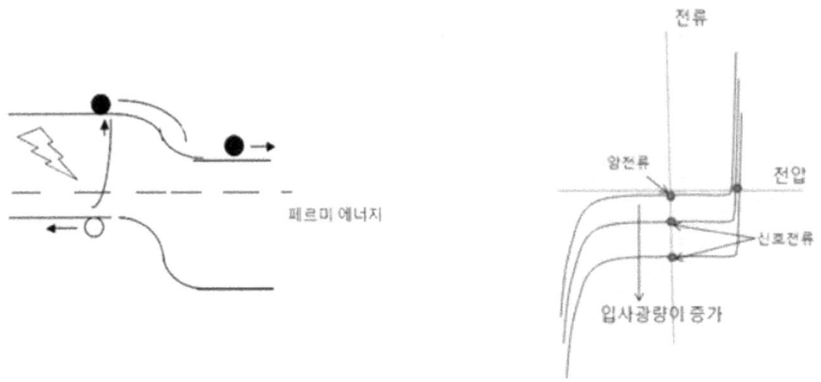

(a) (b)

| 그림 5.13 | (a) 광기전력 효과 개념, (b) 입사광량에 따른 전류 변화

광전도 효과를 이용한 반도체 재료로는 InGaAs, PbS, PbSe, InSb, HgCdTe 등이 있다. InGaAs는 주로 SWIR 영역 감지에 사용되며 PbS와 PbSe는 MWIR 영역을 감지하기 위해 광전도 특성을 사용하여 실온에서 작동한다. InSb는 액체 질소(약 77K) 온도에서 작동하며 광전압 유형 특성을 사용하여 MWIR 영역을 감지한다. HgCdTe는 광전압형 특성을 이용하여 액체 질소 온도에서 동작하며 SWIR, MWIR, LWIR 영역의 적외선을 감지한다. InSb와 HgCdTe는 낮은 온도에서 동작하는 단점이 있지만, 우수한 감지 성능으로 인해 주로 군사용으로 사용된다. 외부 광전도 효과를 이용하는 반도체 재료에는 Si와 GaAs가 있다. Si의 에너지 갭은 1.12 eV이므로 불순물을 첨가한 Si 포토다이오드는 상온에서 동작한다. 불순물 주입 수준에 따라 가시광선을 포함하여 UV에서 NIR까지 광범위한 빛을 감지하는 데 사용된다. 그리고 GaAs 시리즈는 실온에서 작동할 수 있으며 NIR 영역에서 적외선을 감지하는데 사용된다. 반도체형 센서와 열센서의 센싱 성능은 표 5.7과 같다.

| 표 5.7 | 반도체형 센서와 열센서의 성능 비교

구분			센서	동작온도	감지영역	D*
열형	볼로미터		VOx	상온	NIR~LWIR	mid 108
	초전체		PZT, TGS	상온	NIR~LWIR	low 108
	서모파일			상온	NIR~LWIR	low 108
양자형	내인성	PC	PbS	상온	1~3.6	low 109
			PbSe	상온	1.5~5.8	low 108
			InSb	213	2~6	low 109
			HgCdTe	77	2~16	low 1010
		PV	Ge	330	0.8~1.8	low 1011
			InGaAs	330	0.7~1.7	mid 1012
			Ex. InGaAs	253	1.2~2.5	low 1011
			InAs	77	1~3.1	low 1010
			InSb	77	1~5.5	low 1010
			HgCdTe	77	2~16	low 1010
	외인성		Ge:Au	77	1~10	low 1011
			Ge:Hg	4	2~14	high 109
			Ge:Cu	4	2~30	mid 109
			Ge:Zn	4	2~40	mid 109
			Si:Zn	4	1~17	mid 109
			Si:As	4	1~23	mid 109

"Note : D는 방사형 감지기의 특성값 (cm $Hz^{1/2}$/W)"

5.1.7 해상도 및 픽셀

적외선 카메라는 기본적으로 이미지 변환기(방사 열에너지를 가시 이미지로 변환)이기 때문에 열화상 품질을 결정하는 몇 가지 속성(해상도, 열감도 및 고정 패턴 노이즈)만 이해하면 된다. 적외선 카메라는 검사자로써 결코 확인하거나 이해할 수 없는 목록 사양을 제공하는 경우가 많아, 이미지 품질이 결정되는 방식에 대한 이해를 돕기 위해 서술되었다.

적외선 카메라를 선택하면서 픽셀수를 고려하여야 한다. 최근에는 3가지 표준 해상도 있다(그림 5.14)

- Low 해상도 : ≤ 160×120 (19,600 pixels)
- Medium 해상도 : 320×240 (76,800 pixels)
- High 해상도 : 640×480 (307,200 pixels)

필요한 해상도(원하는 구절)는 주로 응용 프로그램과 이미지 품질에 부여하는 값에 따라 결정된다. 500만 화소의 디지털 카메라를 평가할 때 대부분의 사용자는 1000만 화소의 카메라를 구입해도 결코 이점을 얻지 못할 것이다. 왜냐하면 해상도가 더 나은 인쇄 품질을 제공할 만큼 충분히 큰 용지에 이미지를 인쇄하지 않을 것이기 때문이다. 사용 가능한 최고 해상도는 오늘날의 디지털 카메라 표준에 비해 상대적으로 낮기 때문에 항상 적외선 카메라의 전체 해상도를 인쇄하고 표시하게 된다. 640×480 픽셀 해상도에서도 고해상도 열화상은 오늘날 컴퓨터 디스플레이의 일부만 차지하며 결과적으로 항상 좋은 열화상 이미지 품질을 제공한다. 따라서 열화상 카메라를 평가할 때 픽셀 수와 관련이 있으며 해상도 향상은 이미지 품질을 향상시키는 데 가장 중요한 고려 사항이다.

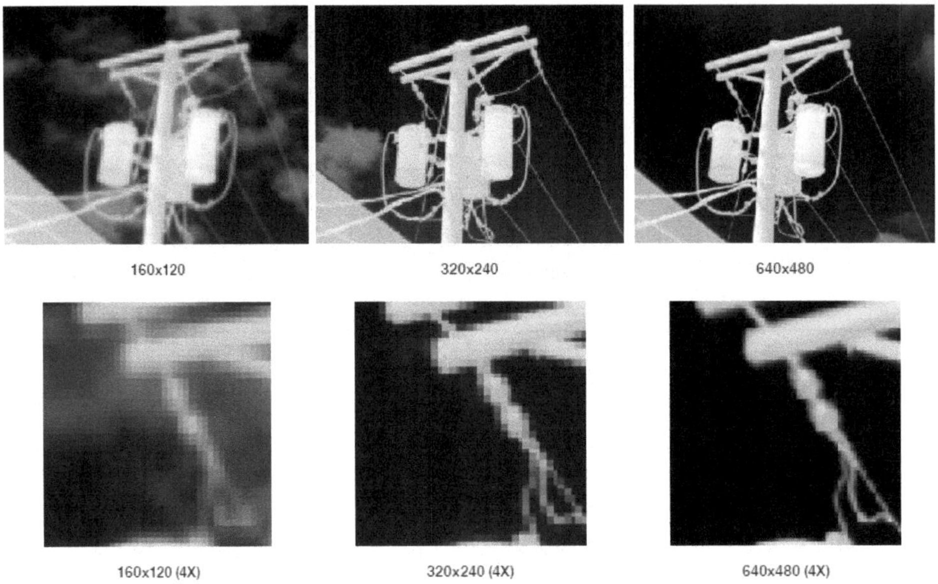

| 그림 5.14 | 해상도에 따른 열화상 이미지[49)]

고해상도의 또 다른 이점은 장면을 확대하고 좋은 이미지 품질을 유지할 수 있다는 것이다. 대부분의 열화상 카메라에는 수평 시야각이 약 25°인 표준 광학 장치가 있다. 픽셀 해상도에 관계없이 2X 디지털 줌으로 설정된 640x480 카메라의 성능은 320x240 해상도 카메라와 옵션(종종 비용이 많이 드는) 12°(2X) 렌즈의 성능과 같다. 20피트 이상의 거리에서 물체를 이미징해야 할 필요가 있을 것으로 예상되는 경우 320x240 및 640x480 시스템 간의 총 비용을 비교

49) SOFRADIR-EC, Access to the world's leading infrared imaging technology, www.sofradir-ec.com

할 때 320x240 열화상 카메라에 대한 2X 렌즈의 증가된 비용을 고려해야 한다.

이미지 품질에 영향을 미치는 두 번째 주요 문제는 열 감도다. 이 사양을 정량화하는데 사용되는 테스트가 많이 있지만 열 감도는 기본적으로 이미지 대비를 높일 때 카메라가 이미지를 얼마나 잘 찍을지를 정의한다. 열감도는 물체 온도가 증가함에 따라 물체 온도가 증가함에 따라 감지기의 신호 출력 기울기가 증가함에 따라 변한다. 이것은 신호 대 잡음 비율이 더 뜨거운 물체를 볼 때 향상됨을 의미한다. 그러나 이것은 더 나은 열감도를 활용할 수 있는 응용 프로그램이 열 대비(이미지 내의 온도 델타)가 매우 낮은 저온(실온) 응용 프로그램이기 때문에 일반적으로 이점이 아니다. 일반적인 낮은 열대비 응용 프로그램에는 카메라가 온도 변화 또는 방사율 차이가 매우 적은 내부 벽을 이미징하는 건물 진단이 포함되며 습기 또는 단열 품질과 같은 문제는 카메라 열감도가 유용한 온도를 제한하는 지점까지 대비를 높여야 시각화할 수 있다.

공개된 카메라 사양을 검토할 때 열감도 사양 범위는 0.25°C(250mK)에서 0.05°C(50mK) 사이이다. 대비가 낮은 장면을 보자마자 4분의 1도를 적절한 열 감도로 생각할 수 있지만 노이즈가 이미지를 지배하기 시작하면 이미지 품질이 이미지 품질에 부정적인 영향을 미친다는 것을 알게 될 것이다.

적외선열화상 카메라는 일반적으로 256가지 색상 또는 회색 레벨로 구성된 팔레트에 이미지를 표시한다. 목표가 0℃와 256℃ 사이의 온도 차이를 가지고 있다고 고려했을 때, 각 회색 또는 색상 수준은 1도의 온도 차이를 나타낸다. 이제 이 동일한 색상 매핑을 25℃, 35℃ 또는 10℃ 사이의 온도를 가진 장면에 적용한다. 이제 각 색상은 가장 민감한 비냉각식 카메라보다 낮은 값인 0.03℃(10℃÷256)를 나타낸다. 결과적으로 약간의 노이즈가 표시된다. 가능한 가장 작은 온도 변화를 보기 위해 스팬을 가능한 한 좁게 설정하는 것이 매우 중요한 많은 응용 분야가 있다. 0.25℃ 감도의 카메라를 사용하고 동일한 수준의 노이즈를 유지하려면 온도 범위를 65℃(150°F)로 설정해야 하므로 대비 이미지가 매우 낮아질 수 있다. 50mK 감도를 가진 카메라와 100mK 감도를 가진 카메라의 차이는 0.05℃가 아니라 100% 더 뛰어나다는 것을 인식해야 한다 (그림 5.15).

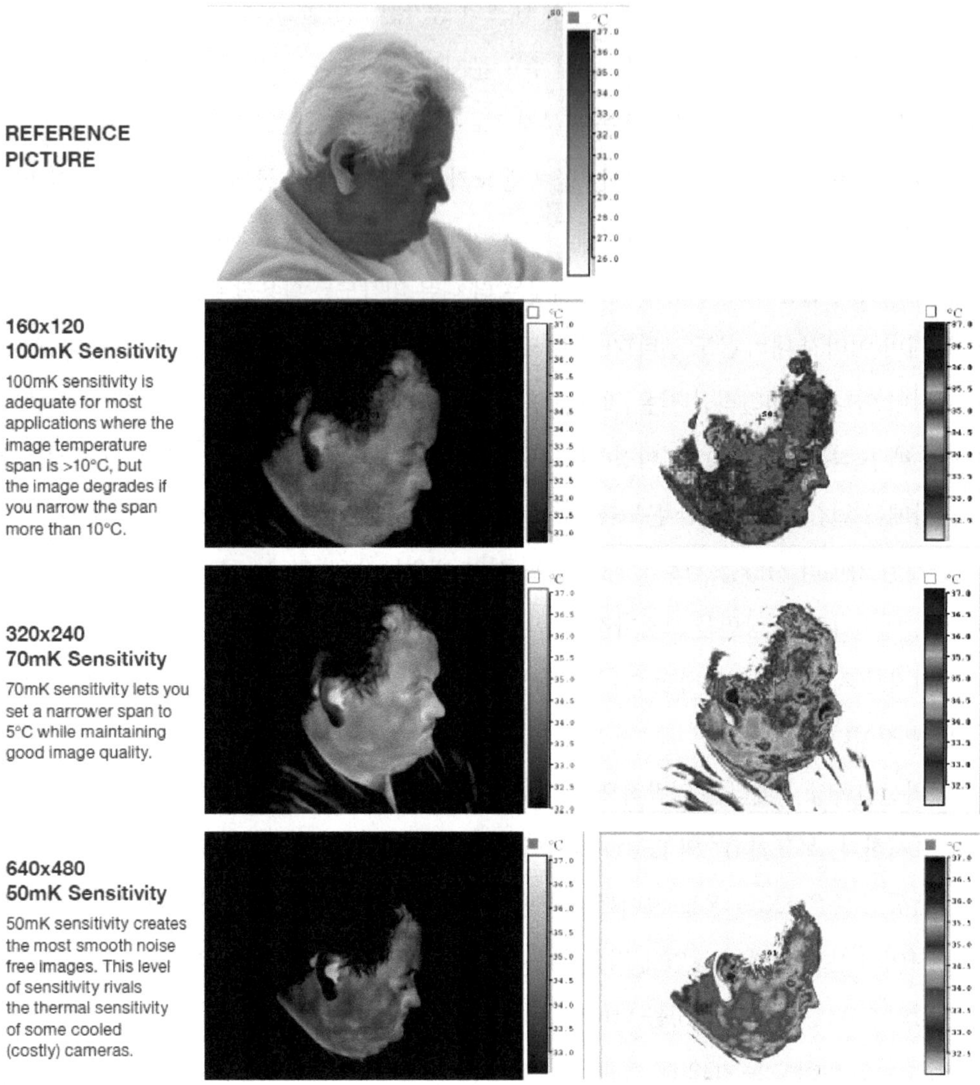

| 그림 5.15 | 해상도 및 민감도에 따른 이미지 차이[50)]

예제 5-2

다음과 같은 조건에서의 분해능(pixel resolution)과 FOV를 구하시오.

1) 640×480의 카메라로 가로 30 mm의 FOV 보는 경우의 분해능

2) 640×480의 카메라를 갖는 카메라의 센서 분해능이 15(가로) × 10(세로) μm일 때의 FOV

50) SOFRADIR-EC, Access to the world's leading infrared imaging technology, www.sofradir-ec.com

풀이

1) FOV/해상도 = 분해능 이므로,

$30\,mm\,/\,640$(가로) $= 0.0469\,mm = 46.9\,\mu m$

2) 해상도 × 분해능 = FOV이므로,

$640 \times 15 = 9600\,\mu m = 9.6\,mm$(가로)
$480 \times 10 = 4800\,\mu m = 4.8\,mm$(세로)

5.1.8 스캐닝 기법

어떤 물체의 형태를 인식하고 싶을 때는 사람의 눈을 생각하면 쉽게 이해할 수 있다. 눈으로 넓은 영역을 보려면 고개를 돌리거나 눈동자를 돌리면서 전체를 인식한다. 여기에서 눈은 적외선 센서에 해당하며 눈동자를 돌리는 것은 적외선 광학계에 해당한다. 그리고 얼굴은 적외선 영상 시스템 전체를 의미한다. 이러한 원리를 응용하여 2가지 방법의 광학계를 이용해 화상을 취득한다.

(1) 직렬주사식 스캐닝 기법

우선 그림 5.16과 같은 수평, 수직 미러를 돌리면서 전체를 인식하는 주사 방법(scanning type)과 그림 5.17과 같이 수평, 수직 미러 없이 인식하는 주시 방법(staring type)이 있다. 주사 방법은 모니터에 나오는 물체를 실시간으로 보고 싶다면 수평, 수직 미러를 고속으로 움직여야 한다. 모니터 주사선을 250선으로 설정하고, 영상을 보고 싶다면 초당 24프레임은 해야 하기 때문에 기본적으로 세로축에서는 24×250으로 초당 6,000회를 움직여야 한다. 가로축도 같은 비율로 움직여야 하기 때문에 세로축은 6,000×250으로 약 1MHz 이상의 주기로 움직여야 한다는 결론에 도달한다. 따라서 미러가 이렇게 빨리 움직이려면 구동부분이 특별한 설계여야 한다. 일반 평면 거울로는 이 속도를 도달할 수 없기 때문에 팔각형 이상의 각도를 이룬 거울을 사용한다.

이 방법의 이점은 주사하면서 신호를 증폭하여 신호 대 노이즈비를 높일 수 있다는 점과 센서의 소자수가 적어도 된다는 점이다. 그러나 광학계의 복잡성 때문에 시스템 자체의 크기와 무게 때문에 이 방법이 아닌 주시 방법으로 기술이 옮겨가고 있다.

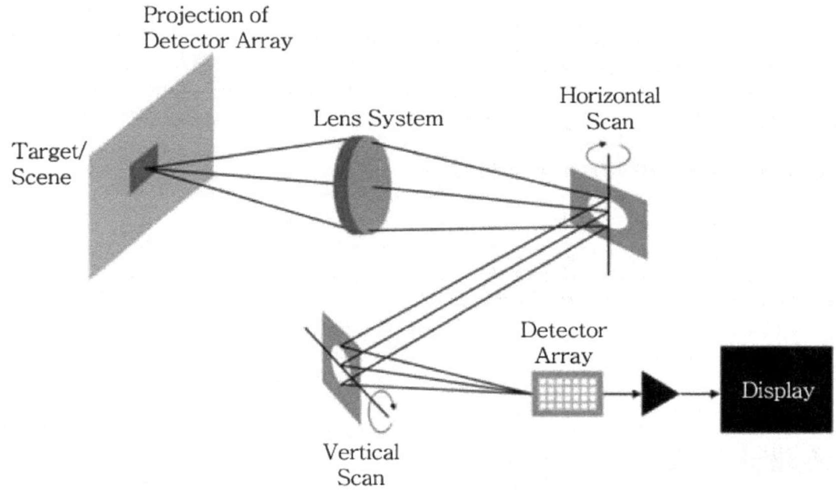

| 그림 5.16 | 주사방법-직렬주사(Scanning type-Serial scanning)

(2) 센서감응식 스캐닝 기법

주시 방법은 주사방법과는 달리 거울이 없는 대신 센서 1개 또는 여러 소자가 모니터의 1화소에 대응하도록 설계됐다. 그림 5.17에서와 같이 센서의 디바이스수가 많으면 많을수록 화면에 표시되는 화질은 그만큼 향상되며 복잡한 광학계가 없기 때문에 크기와 중량에 많은 이점이 있다.

주시 방법에 사용되는 적외선 센서는 256×256 이상의 이차원 배열을 가진 소자가 필요하며, 현재 센서의 재료에 따라 다르지만 PtSi를 사용할 경우 1024×1024 배열을 가진 센서가 개발되어 실용화되어 가장 성능이 뛰어난 HgCdTe 반도체형 센서의 경우 512×512 어레이까지 개발되었다.

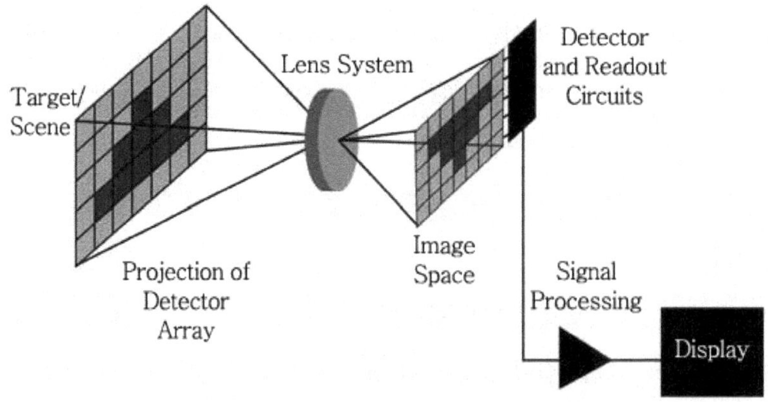

| 그림 5.17 | 주시방법 (Staring type)

5.2 적외선 카메라 종류

5.2.1 적외선 야간투시 카메라

적외선 또는 야간 투시경 카메라는 적외선을 사용하여 어둠 속에서 이미지를 비춘다. 사람은 육안으로 볼 수 없지만 적외선은 실제로 우리 주위에 있다. 적외선 카메라는 이러한 보이지 않는 적외선 파장을 감지하여 카메라가 어둠 속에서 볼 수 있도록 한다. 대부분의 적외선 카메라에는 야간에 또는 카메라가 야간 모드로 전환될 때마다 적외선을 전송하는 일련의 IR LED(종종 렌즈 주위에 위치)가 있다.

적외선은 컬러 이미지를 간섭할 수 있으므로 대부분의 IR 카메라에는 주간에 적외선을 차단하는 IR 차단 필터가 있다. 필터는 카메라 렌즈와 센서 사이에 위치하여 낮에는 가시광선은 통과시키고 적외선 파장은 차단한다. 조도가 특정 지점으로 떨어지면 필터가 이동하여 적외선이 들어오도록 한다. 이 프로세스는 낮에는 트루 컬러 이미지를 제공하고 밤에는 흑백 또는 야간 투시 이미지를 제공하기 때문에 TDN(True Day Night)이라고도 한다.

주변광이 거의 없거나 전혀 없는 상황(예: 창문이나 자연광이 없는 소매점이나 사무실 건물의 야간 감시)에서는 TDN 카메라로도 선명한 이미지를 제공하지 못한다. 완전한 어둠을 밝히려면 강력한 IR 조명기가 필요하다.

어둠 속에서 세부 사항을 캡처하려면 배포 중인 카메라에 캡처해야 하는 영역에 충분한 IR 조명 거리가 있는지 확인해야 한다. 낮은 품질의 야간 투시경 카메라에는 여러 개의 LED 조명이 있을 수 있지만 몇 피트 떨어진 물체만 밝게 할 수 있다. 사양 시트를 보거나 카메라를 테스트하여 적절한 조명 거리를 제공하는지 확인해야 한다(고품질 IR 카메라 는 150피트 이상 떨어진 물체를 밝힐 수 있다.).

현재 시장에서 사용되고 있고 사용할 수 있는 다양한 유형의 야간 투시경이 있다. 이는 세대 차이(Gen1, Gen2, Gen3)가 아니라 Digital, Analog와 같은 기술적 차이이다. 이러한 모든 기술은 보안, 사냥 및 카메라 시장에서 쉽게 사용할 수 있다. 대부분의 보안 카메라는 내장형 칩과 센서로 구성된 디지털 시스템을 사용하고 있다. 대부분의 카메라와 마찬가지로 디지털 줌 향상 기능이 있다. 이러한 디지털 시스템은 빛 노출로 인해 내부화된 구성 요소가 손상될 위험이 없으므로 주야간 모두 작동할 수 있다. 카메라, 전화 또는 녹음기와 마찬가지로 게인(빛에 대한 감도) 컨트롤을 높이거나 낮출 수 있다. 야간 투시경 시장의 반대편에는 아날로그 야간 투시경이 있다. 이러한 장치는 일반적으로 야간 투시경 단안경, 고글 또는 무기 조준경에 사용되며 세대 등급(Gen1, Gen2, Gen3)으로 추가 평가된다. 디지털 시스템과 아날로그 시스템의 주요 차이점은 아날로그는 확대 렌즈(전통적인 라이플 스코프와 매우 유사)를 사용하지만 확대경 중앙에 광음극 이미지 강화 튜브의 존재다. 이 튜브는 사용 가능한 모든 주변광을 모아 물체의 녹색 이미지(녹색 인 튜브) 또는 흰색/검정색(백인 인 튜브)을 방출하거나 관찰 대상이 된다.

이러한 이점을 가지고 있는 적외선 야간투시 카메라는 주로 보안을 위해 사용된다. 보안 카메라는 적외선에 의존하여 작동하는 적외선 야간 투시경을 사용한다. 적외선 빛은 육안으로 완전히 볼 수 없다. 장치 전면에 빨간색 LED가 있고 적외선 신호를 TV로 보내는 현재 사용 중인 TV 리모컨을 고려하였을 때, 적외선 초점면에 있기 때문에 이 빔이 TV로 전송되는 것을 볼 수 없다. IR 조명기와 IR 조명에 대해서도 마찬가지다. 이러한 장치는 일반적으로 카메라 자체에 장착되고 적외선의 스포트라이트를 비추므로 이러한 장치가 이미지/비디오를 캡처하고 완전한 어둠 속에서 볼 수 있다. 대부분의 보안 카메라에는 이제 적외선 LED가 내장되어 있어 조명이 약하거나 조명이 없는 상태에서도 야간 투시경을 제공한다.

야간 투시 기능을 제공하는 여러 보안 카메라에는 IR 차단 필터도 포함된다. IR 컷 필터는 카메라 렌즈와 이미지 센서 사이에 위치한 기계식 셔터이다. 이 필터는 주변광(태양광, 가시광선)을 자동으로 감지하고 필터를 적용하여 낮 동안의 이미지와 선명도를 유지하기 위해 IR 광선을 차단한다. 적외선 차단 필터는 보안 카메라의 광센서에 의해 제어되며, 해가 질 때 광센서는 단순히 적외선 차단 필터에 제거 신호를 보내어 더 많은 빛이 보안 카메라의 이미지 센서에 도달할 수 있도록 한다. 이렇게 하면 카메라 자체에서 나오는 IR 빛을 포함하여 더 많은 빛이 들어올 수 있다. 일반적으로 모든 디지털 적외선 카메라는 야간 투시 모드에서 흑백 이미지를 표시한다.

저조도 야간 투시경은 이미지 강화 기술(아날로그)에 의존하여 매우 낮은 조명 환경에서 유색 야간 투시 이미지를 제공한다. 주변광이 대전된 광음극판에 부딪히면 전자가 진공관을 통해 방출되어 마이크로채널 판을 때리므로 이미지 화면이 광음극을 비추는 빛과 동일한 패턴의 그림으로 조명된다. 아날로그 시스템은 사용된 이미지 강화 튜브(녹색 또는 백린)에 따라 녹색 색조 또는 흰색/검정색 이미지로 그림을 표시한다. 이 기술은 디지털 인핸서와 달리 광학 보기를 사용하기 때문에 아날로그 장치의 선명도와 해상도는 일반적으로 디지털 장치보다 훨씬 더 선명하다. 주의해야 할 부분은 감광성 튜브 때문이다. IR 차단 필터가 있거나 낮 동안 빛

노출을 제한하기 위한 추가 예방 조치가 있어야 한다. 주변광/가시광선(태양광, 자동차 헤드라이트, 투광등)에 너무 많이 노출되면 내부 강화 튜브가 손상될 가능성이 있다.

5.2.2 적외선열화상 카메라

적외선 카메라는 다양한 방식으로 작동한다. 적외선 광자를 직접 감지하거나 열요소 배열에서 온도의 작은 변화를 감지한다. 적외선 카메라에서 광전지는 적외선 카메라가 특정 파장의 광자가 물질에 닿으면 전압차를 발생시키는 물질을 사용하는 것을 의미하는 반면, 광전도성은 적외선 카메라가 특정 파장이 물질에 부딪힐 때 전기 저항이 변하는 물질을 사용하는 것을 의미한다. 열 감지기에서 흡수된 방사선은 감지기 자체에서 온도 변화를 생성한다. 따라서 온도 변화에 민감한 모든 물리적 특성을 사용할 수 있다.

직접 감지 기술을 기반으로 하는 모든 적외선 카메라는 77K에 가까운 극저온으로 냉각된 감지기다. 캡처된 광자는 전자로 직접 변환된다. 축적된 전하, 전류 흐름 또는 전도도의 변화는 보이는 풍경에 있는 물체의 광도에 비례한다. 과학 연구에서 가장 일반적인 냉각 시스템은 InSb(인듐 안티몬화물) 검출기다. 이 시스템은 3–5 μm 스펙트럼 대역 내에서 빛을 수집하여 결과적으로 파장이 8–12 μm 스펙트럼 대역보다 훨씬 짧기 때문에 더 나은 공간 분해능을 제공한다. InSb 검출기는 소자가 마이크로볼로미터 검출기 소자에 비해 크기가 더 작은 경향이 있기 때문에 매우 우수한 감도, 즉 낮은 NETD(잡음 등가 온도차)를 갖는다. 따라서 동일한 요구되는 특수 해상도를 위해 InSb 검출기는 초점 거리가 더 짧은 렌즈가 필요하다. 냉각식 카메라에는 몇 가지 단점이 있다. 시스템은 일반적으로 수천 시간으로 제한된 평균 고장 시간(MTBF)으로 인해 비용이 많이 든다. 시스템은 부피가 크고 냉각 시간이 비교적 길다.

대부분의 비냉각식 카메라는 마이크로 볼로미터를 기반으로 한다. 이 센서는 주변 온도 영역 내에서 작동하며 입사된 적외선 복사에 의해 가열될 때 저항, 전압 또는 전류의 미세한 변화를 측정하여 작동한다. 볼로미터는 작은 열용량과 양의 온도 계수를 가진 재료로 구성된 저항 요소다. 따라서 저항은 온도가 증가함에 따라 변한다. 이러한 저항 변화는 포토컨덕터에서 볼 수 있는 것과 같다. 그러나 감지 메커니즘은 다르다. 복사 전력은 재료 내에서 열을 생성하여 결과적으로 저항 변화를 생성하지만 직접적인 광자–전자 상호 작용은 발생하지 않는다.

비냉각식 카메라의 도입으로 IR 이미징이 대중들에게 보급되었다. 비냉각식 카메라는 양자 감지기와는 대조적으로 열감지기에 의존하지만, 최근 반도체 제조 및 미세 가공의 발전은 작고 복잡한 구조를 큰 어레이로 저렴한 비용으로 생산할 수 있게 하여 오늘날의 비냉각식 열 감지기를 구동한다.

냉각식 감지기가 있는 적외선열화상 카메라는 비냉각식 감지기가 있는 적외선열화상 카메라보다 몇 가지 장점이 있다. 최신 냉각식 적외선열화상 카메라에는 센서 온도를 극저온으로 낮추는 저온 냉각기와 통합된 이미징 센서가 있다. 센서 온도의 이러한 감소는 열로 인한 노이즈를 이미징되는 장면의 신호보다 낮은 수준으로 줄이는 데 필요하다.

극저온 냉각기에는 시간이 지남에 따라 마모되는 극도로 가까운 기계적 허용 오차로 만들어진 움직이는 부품과 가스 씰을 천천히 통과하는 헬륨 가스가 있다. 결국 10,000-13,000 시간 작동 후에 냉동기의 재조립이 필요하다.

미세한 온도 차이를 보고 싶거나, 최고의 이미지 품질이 필요하거나, 고속/고속 애플리케이션이 필요한 경우, 열 프로파일을 확인하거나 매우 작은 대상의 온도를 측정해야 하는 경우, 열 현상을 시각화하려는 경우 전자기 스펙트럼의 매우 특정한 부분 또는 적외선열화상 카메라를 다른 측정 장치와 동기화하려는 경우 냉각식 적외선열화상 카메라가 선택되는 장비이다.

(1) 고속

IR 이미지는 20 mph로 회전하는 타이어의 캡처 결과를 비교한다. 왼쪽 중 하나는 냉각된 적외선열화상 카메라로 찍은 것이다. 타이어가 회전하지 않는다고 생각할 수도 있지만 이것은 타이어의 움직임을 정지시킨 냉각된 카메라의 매우 빠른 캡처 속도의 결과를 보여준다. 비냉각식 카메라 캡처 속도는 휠 스포크가 투명하게 나타나도록 하는 회전하는 타이어를 캡처하기에는 너무 느리다.

(2) 공간 해상도

고해상도 카메라를 사용하면 열화상 검사자가 측정 정확도를 잃지 않고 대상에서 훨씬 더 멀리서 검사가 가능하다. 대상체를 정확하게 측정하기 위해서는 최소 9픽셀을 커버해야 한다. 그렇지 않으면 카메라가 외부 배경에서 평균을 계산할 때 온도 분포 데이터에 손상이 발생할 수 있다. 저해상도 카메라는 픽셀 사이의 더 큰 영역을 보간하고 대상체와 관련없는 온도 판독값의 평균을 나타낸다. 실제로 대상체의 온도는 320×240 검출기가 있는 적외선 카메라로 6 m 거리에서 3 m에서 160×120 검출기가 있는 카메라만큼 정확하게 측정할 수 있다. 적외선열화상은 냉각식 카메라와 비냉각식 카메라 시스템으로 분류할 수 있다.

(3) 감광도

냉각식 적외선열화상 카메라의 향상된 감도가 제공하는 특성을 충분히 이해하기 어려운 경우가 있다. 20 mK 감도의 냉각식 적외선열화상 카메라와 비교하여 50 mK 감도의 비냉각식 열화상 카메라의 이점은 다르다. 이러한 예를 위해 실험을 진행한 연구 결과가 있다. 비교를 위해 열손자국을 만들기 위해 몇 초 동안 벽에 손을 대었다. 냉각식 카메라는 여전히 대부분의 손자국의 열분포를 볼 수 있는 반면 비냉각식 카메라는 손자국의 일부만 남아 있다. 이를 통해 냉각식 카메라가 비냉각식 카메라보다 더 작은 온도 차이를 오랫동안 감지할 수 있는 점을 알 수 있다. 즉, 냉각식 카메라가 대상체에 대해 더 나은 세부 정보를 제공하고 아주 미세한 열변이를 감지하는데 도움이 될 수 있다.

(4) 스펙트럼 필터링

스펙트럼 필터링은 정보의 파장을 기반으로 이미지에서 정보를 선택하거나 제거하는데 가장 일반적으로 사용된다. 이 필터링은 일반적으로 일부 파장을 전송 또는 흡수/반사하도록 특별히 처리된 유리 또는 플라스틱 창을 통해 빛을 통과시켜 수행된다. 센서에 들어오는 빛은 조명 소스의 스펙트럼 특성과 조명된 장면의 반사율 모두에 의존하는 스펙트럼 분포를 가지므로 알려진 스펙트럼 속성을 가진 이미지 영역을 선택하기 위해 필터를 사용하면 원하는 정보를 취득하는데 도움이 될 수 있다.

냉각식 적외선열화상 카메라의 가장 큰 장점 중 하나는 비냉각식 적외선열화상 카메라로 측정할 수 없는 대상체 검사를 위해 스펙트럼 필터링을 쉽게 적용할 수 있다.

5.3 부속품

5.3.1 적외선 렌즈

광학 시스템의 대물 렌즈는 물체로부터 방사되는 에너지를 집중시키고, 기본 영상을 형성하는 요소 또는 요소들의 조합이다. 교환 가능한 렌즈는 조사 대상 또는 세부적인 부분의 원하는 공간 해상도에 근접시키기 위하여 사용된다.

(1) 적외선 렌즈의 선택 기준

적외선 카메라에는 표준적으로 장비되어 있는 표준 렌즈 외에, 옵션 렌즈로 광각렌즈, 망원렌즈, 근접확대 렌즈 등이 존재한다. 그러나 적외선 렌즈의 주요 성능사양은 제조 업체에 따라 제각각 다르기 때문에, 통일된 사양이나 규격은 없다. 따라서 사용하는 사용자 측에서 측정대상물의 크기, 측정대상물과의 거리를 고려하여 광학적분해능 즉, 렌즈의 시야, 공간분해능, 공간측정분해능 등이 측정의 목적과 부합하는가를 판단하여 적절한 렌즈를 선정할 필요가 있다. 대표적인 카메라의 표준렌즈, 광각렌즈, 망원렌즈의 시야는 표 5.8과 같다.

구체적인 렌즈 선택에 대해서는 표 5.8 비고란에도 기재하였지만, 측정대상물이 크고 측정거리가 여유롭지 못한 경우, 예를 들어, 대형 변압기, 전동기, 펌프 등이나 동력반, 제어반 등의 전기반을 측정하는 경우 등, 표준 렌즈로는 측정거리가 너무 멀리 떨어지게 될 경우에는 광각 렌즈를 사용하는 편이 더 효율 좋은 측정이 가능하다. 또한 변전소의 차단기나 변압기 Bushing 접속부나 모선의 접속부, 송전선의 클램프나 슬리브 접속부 등, 안전면에서 측정대상에게 접근하기 어려운 작은 측정대상에 대해서는 망원렌즈를 선택하게 된다. 어느 경우에서라도 정확한 온도 측정을 기대하는 경우, 해석이 필요한 측정 대상의 크기와 사용할 카메라의 화소 수와 렌즈의 시야각으로 결정되는 공간분해능 및 공간측정분해능을 바탕으로 적절한 측정거리나 적절한 렌즈를 선택하는 것이 중요하다.

| 표 5.8 | 반도체형 센서와 열센서의 성능 비교

렌즈 종류	시야(수평X수직)	비 고
표준 렌즈	21.7° * 16.4°	· 일반적인 측정 · 측정거리와 공간분해능에 주의필요
	24° * 18°	
광각 렌즈	42° * 32°	· 대형 측정대상에 적합 · 측정거리가 그다지 여유롭지 않은 경우 · 전동기나 펌프, 전기반 등
	45° * 34°	
망원 렌즈	10.9° * 8.2°	· 떨어진 거리에서 측정하는 작은 대상물 · 변전소 차단기나 변압기 등의 접속부 · 송전선 슬리브나 클램프 등
	5.5° * 4.1°	
	12° * 9°	
	7° * 5°	

5.3.2 필터

적외선 검출기의 분광 감도를 제한하기 위해 사용되는 일상적으로 투과성을 갖는 광소자를 말한다.

(1) 감쇠 필터

검출기의 동적 범위를 충족시키기 위해, 감쇠 필터는 검출기에 도달하는 전체 광도를 감쇠시키는데 사용된다. 감쇠 필터는 온도 측정범위를 더 높은 온도로 확장한다.

(2) 스펙트럼 필터

스펙트럼 필터는 적외선열화상 카메라의 스펙트럼 감도범위를 제한한다. 이는 적외선열화상 카메라를 물질 특유의 방사 또는 흡수 특성에 맞추거나 온도 측정범위를 조정하는데 사용된다.

5.3.3 기타 부속품

(1) 적외선 블랙 페인트 및 반사 테이프의 방사율

표면-개질조정 물질 (surface-modifying material)이라 하며, 검사 샘플의 방사율을 수정 및 조정하는데 사용되는 테이프, 스프레이 또는 페인트를 의미한다.

온도 측정을 위해, 시험검사 대상체의 방사율을 고려해야 한다. 겉보기 온도와 실제 온도를 일치시키기 위해서는 방복사 측정 소프트웨어 또는 카메라 내의 방사율 값을 가능한 정확하게 설정해야 한다.

만일 시험검사 대상체 표면의 방사율이 균일하지 않은 경우다면, 검사 대상체 표면의 온도가 균일하더라도 적외선 복사 에너지는 균일하지 않을 것이다. 만일 방사율이 낮으면, 반사 또는 투과율의 영향이 비례하여 커진다.

시험검사 대상체의 방사율은 재료, 온도, 표면 거칠기, 표면의 산화막 두께, 표면에 불순물의 존재 여부, 적외선 카메라의 각도, 적외선 카메라의 파장 대역 등에 따라 달라질 수 있다.

만일 시험검사 대상체의 방사율이 낮거나 균일하지 않은 경우다면, 대상체 표면에 무광 검은 색 소재의 코팅을 재료의 도막을 기지 소재의 기반 재료의 표면을 덮을 때까지 얇고 균일하게 도포 할 수 있다. 다른 방법으로 또는 방사율이 시험 중에 검사하는 동안 방사율이 균일하게 유지되도록 방사율이 높은 재료로 된 얇은 막을 표면에 부착할 수 있다.

플라스틱의 표면을 거칠게 하거나(예, 사포를 사용하여) 금속 표면을 산화시키는 등의 다른 방법을 사용할 수 있다.

(2) 적외선 거울의 선택 기준

적외선 반사경은 적외선을 반사하는 금속거울이다. 일반적으로 달리 접근할 수 없는 객체 또는 객체 부분을 보는데 사용된다. 직접적으로 영상화 될 수 없는 검사 대상체는 적외선 반사 거울을 사용하여 간접적으로 영상화 될 수 있다. 이 경우 촬영 영상의 좌우 방향이 바뀌고 거울의 반사율이 검사 정확도에 영향을 미친다는 점을 유의해야 한다.

(3) 삼각대

특히 영상 향상알고리즘을 사용할 때, 촬영 중 카메라의 움직임을 방지하는 삼각대와 같은 메커니즘이 반드시 사용되어야 한다.

5.4 열부하 장치

5.4.1 광학 부하 장치

광학 열자극의 가열원리는 시험체 표면에 대한 광학복사의 흡수이다. 기존의 광학 복사장치는 조사 대상체의 가진에 사용되는 레이저 및 램프를 포함한다. 레이저 소스는 표면쪽으로 벌어진 표면 균열을 검출하기 위해 적용 될 수 있다. 균열은 레이저 스팟에 의해 가열된 영역의 측면 열확산을 방해하므로, 표면에서 온도 스텝 생성을 통하여 감지될 수 있다. 예를 들어 플래시램프, 할로겐램프 및 스팟 라이트와 같은 다양한 램프가 있지만, 이에 국한되지는 않는다. 플래시 램프는 조사된 물체의 표면을 매우 짧은 광 펄스(펄스 열화상)로 가열한다. 램프의 선택은 시험편과 검사목적에 따라 다르다.

5.4.2 기계적 가진 장치

기계적 가진의 가열 원리는 물체의 내부 움직임 간의 마찰을 기반으로 한다. 에너지 보존법칙에 따라, 마찰로 인해 에너지가 소실되지는 않는다. 에너지는 운동에너지에서 열에너지로 변환된다. 물체는 기계적 가진 (예: 진동 소스)에 의해 가진될 수 있다. 어떤 물체 영역은 기계적 손실로 인하여 선택적으로 가열된다. 기계적 가진은 재료의 폐쇄 균열에 유용할 수 있다.

앞서 서술한 각 열 부하 장치별 특징은 표 5.9와 같다.

| 표 5.9 | 열 자극원의 장점과 단점(ISO 18251-1 참조)

열 자극원	장점	단점
레이저	매우 높고 안정적이며 제어가능, 에너지밀도, 균일성, 빠른 가열	작은 발열영역 (레이저 빔의 편향에 의한 선형 스캐닝을 수행할 수 있음), 고출력 레이저의 사용과 관련된 안전문제
플래시 램프	빠른 가열, 큰 가열영역, 전체온도 이력곡선을 기록할 수 있다	낮은 에너지밀도, 비균일성, 안전문제(눈 보호)가 요구됨.
할로겐 램프	안정적이고 제어가능한 에너지밀도, 넓은 가열면적	낮은 에너지밀도, 비균일성
스폿 라이트	반복가열, 높은 에너지밀도, 균일성	작은 가열면적
고온가스 발생기	빠른 가열, 넓은 가열면적, 균일성	낮은 에너지밀도
전자기 유도장치	넓은 가열면적, 높은 에너지밀도	전도성 재료만 가능
진동원	매우 큰 가열면적, 높은 선택성, 내부가열	낮은 에너지밀도, 비균일성, 결합된 문제

5.4.3 전자기 유도 장치

전자기 유도의 가열원리는 교류 자기장이 전기 전도성 재료에 와전류를 발생시키는 것이다. 와전류는 전도성 검사체를 가열할 수 있다. 재료 특성에 의존하며, 시험 대상체의 전체 체적 또는 분명한 두께를 가진 표면층이 가열된다. 전자기 유도장치는 전기 전도성물체의 비접촉 가열에 사용된다. 주파수, 코일치수, 코일전류, 코일과 검사체 사이의 거리, 검사체 및 코일형상, 검사체의 전기 전도도 및 자기 투자율이 유도 열화상의 주요 매개변수다.

5.4.4 대류 가진 장치

대류 가진의 가열 원리는 움직이는 유체 (기체, 액체)와 고체 검사대상체간의 열전달이다. 보통, 뜨거운 장치와 냉각장치인 두 가지 종류의 대류 가진원이 있다. 고온가스 발생기는 에어 제트, 보일러 증기 등이 될 수 있다. 고온 유체는 조사 대상체의 대류 가열에 사용된다. 시험할 물체의 온도가 이미 주변 온도보다 높을 때는, 에어 제트, 워터 제트, 액체질소 제트 또는 얼음, 드라이 아이스 등의 갑작스러운 접촉과 같은 냉각장치가 사용된다.

연습문제

1. 열 자극원의 종류에 대해 장점과 단점을 서술하시오.

열 자극원	장점	단점
레이저		
플래시 램프		
할로겐 램프		
스폿 라이트		
고온가스 발생기		
전자기 유도장치		
진동원		

2. 양자형과 열형 센서의 특성에 대해 서술하시오.

	양자형	열형
원리		
동작 온도		
속도		
민감도		
휴대성		
가격		
제작 재료		

3. 적외선 카메라의 장치 구성 및 원리에 대해 서술하시오.

4. 최소 검출 크기의 정의 및 상관관계에 대해 서술하시오.

5. 최소 검출 온도차의 정의 및 상관관계에 대해 서술하시오.

6. 최소 분해 온도차의 정의 및 상관관계에 대해 서술하시오.

7. 잡음 등가 온도차의 정의 및 상관관계에 대해 서술하시오.

8. 스캐닝 열이미징 시스템의 수평 FOV가 20, 수직 FOV가 15인 경우, 이미지 종횡비는?

① 4:3

② 16:9

③ 300:1

④ 1:0.75

9. 2 m의 거리에서 적외선이미징 시스템의 단일 픽셀의 투영 영역은 4 mm 측면의 정사각형 영역을 포함한다. 이 장치가 밀리 라디안으로 표현된 FOV는 무엇인가?

① 1.5 mrad

② 4.0 mrad

③ 0.5 mrad

④ 2.0 mrad

10. 적외선 카메라는 최대 1350 cm의 거리에서 4.5 cm의 대상체를 측정할 수 있다. 이 카메라의 스팟 크기 비율은?

① 150:1
② 300:1
③ 100:1
④ 75:1

11. 320×240의 FPA 검출기가 있는 적외선 카메라에는 몇 메가 픽셀이 있습니까?

① 7.6
② 1.3
③ 0.75
④ 0.0768

12. 카메라의 IFOV는 1.9 mRad이다. 이론적으로 100 cm거리에서 최소 스팟 크기는 몇인가?

① 1.9 cm
② 0.19 cm
③ 0.019 cm
④ 52 cm

13. 당신은 정상 상태보다 32 °F 높은 모터 베어링을 발견하였다. 이 온도차를 섭씨 단위로 변환해라.

① 0 ℃
② 17.7 ℃
③ 89.6 ℃
④ 100 ℃

14. 방사율이 0.87, 배경 온도 23.9℃, 상대 습도 50%, 물체까지의 거리가 3.05 m인 물체의 정확한 온도 측정에 가장 큰 영향을 미치는 카메라 설정은 무엇인가?

① 상대 습도는 50% 대신 40%로 설정
② 5.5 m로 설정된 물체까지의 거리
③ 0.72로 설정한 방사율
④ 23.9℃ 대신 21.1℃로 설정한 배경 온도

15. IFOV 측정 비율이 180:1인 적외선 시스템을 사용할 때 3 m의 거리에서 정확하게 측정할 수 있는 최소 크기는 몇인가?

① 16.6 mm
② 18.7 mm
③ 50.0 mm
④ 166.0 mm

16. 당신은 공중에서 20 m의 전기 연결을 보고 있다. 2.54 cm 볼트 헤드의 온도를 정확하게 측정하려면 어떤 IFOV 측정이 필요한가?

① 0.125 mRad
② 1.25 mRad
③ 2.5 mRad
④ 25mRad

17. IFOV가 1.5 밀리 라디안인 열화상 시스템을 사용하여 해결할 수 있는 최소 결함 크기(표면 표시)를 결정해야 한다. 표시의 경계 내에 9개의 연속 픽셀이 투영되어야 하는 ASTM 2582-07을 따르고 있다. 열화상 카메라의 최소 초점 거리는 60.96 cm이다. 부품 표면의 방사율이 0.94라고 가정할 때 위의 시스템을 활용하여 해결할 수 있는 최소 결함 크기는 얼마인가?

① 0.0914 cm
② 0.1829 cm
③ 0.2743 cm
④ 0.9144 cm

6 적외선열화상 기법

6.1 수동 열화상

수동 열화상 기법이란 자가 발열 또는 흡열하는 대상물을 검사하는 것으로 대상물의 자연스런 온도변화를 감지하는 검사 방법을 의미한다. 이 방법은 대상물에 외부의 인위적인 열부하 또는 냉각 부하를 주지 않고 검사를 하기 때문에 수동적 기법으로 불린다.

적외선열화상 기술을 활용한 설비 진단은 일반적으로 수동적 기법을 활용한다. 검사대상체로 선정되는 설비 및 기기는 어떠한 에너지원에 의해 이동되어 열이 발생하고 측정대상체의 온도는 주위온도보다 상승한다. 또한, 배관계와 같은 정적 상태의 기기에 대해서도 내부로 흐르는 유체의 흐름에 의해 온도변화가 발생하게 된다. 대상체의 표면 온도를 측정함으로써 이상 발열 인지 또는 기기의 고장이나 열화에 의해 정상 상태의 유무를 감시 및 진단하기 위해서 검사하는 기술이 수동적 기법이다(그림 6.1).

기기의 상태감시평가에는 측정된 온도값이 기준치를 넘었는지 여부를 판정하고 그 기기의 열화상태 유무를 판단하는 절대평가, 동종 기기의 같은 부위의 온도를 비교분석하는 상호평가, 같은 부위의 온도측정결과로 기준치에 대한 경향성을 분석하는 상대평가 등이 있다. 세 가지 모두 온도 측정이 필요하다.

한편 건축물이나 구조물의 외벽진단, 콘크리트 건축물의 결함진단도 낮과 냉각의 온도변화에 따라 구조물에 발생하는 자연스러운 열전달을 활용해 수동적 기법으로 평가할 수 있다.

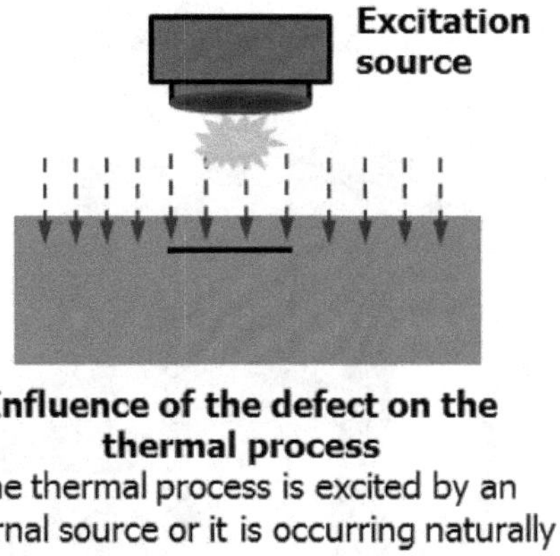

| 그림 6.1 | 수동 적외선열화상의 원리[51)]

그림 6.2는 건물 외벽 박리 검출 사례를 나타낸다. 낮에는 외기 온도의 수송에 의해 벽면의 온도가 상승하고, 열의 전달 방향은 외벽 표면으로부터 안쪽을 향한다. 따라서, 그림 6.2의 (a)와 같이 박리가 존재하면 박리부는 공기층에 의해 열전달이 제한되어 비교적 건전부에 비해 표면온도가 높아진다. 그러나 야간에는 구조물 내부는 축열된 상태이지만 표면 외부 기온의 하강과 방사 냉각에 의해 급속히 표면 온도가 떨어지고, 열의 전달 방향은 내부에서 외부로 향하게 되어 그림 6.2의 (b)와 같이 온도변화가 발생하게 된다. 박리부의 온도는 건전부에 비해 낮아진다.

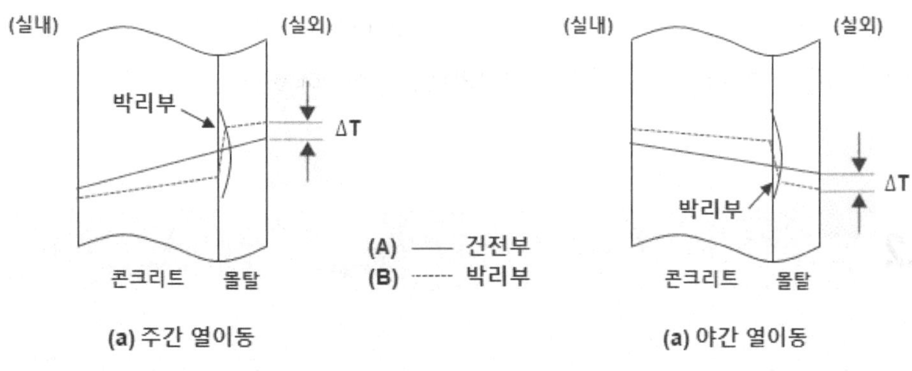

| 그림 6.2 | 건물 외벽의 박리 검출 사례

51) New Technologies Research Centre, University of west bohemia, https://ttp.zcu.cz/en/laboratories/irndt/methods

| 그림 6.3 | 수동적 기법의 검사 예시[52)]

그림 6.3은 수동적 검사 기술의 응용 예를 나타내고 있다. 전력열화, 전자부품이나 기판에서는 전류를 흐르는 상태에서 측정하기 때문에 줄의 히팅으로 온도분포를 측정할 수 있다.

게다가 수동적 기법은 물체 고유의 상태를 검사하기 위해 이용되는 가장 기본적인 기법으로 거시적 측정법으로 분류된다.

이와 같이 수동적 기법은 주야 보안설비, 전자부품의 이상발열, 전력설비 및 기계설비 열화진단, 건축물 단열평가, 저장탱크누출검사, 플랜트 배관계 단열평가 등에 활용되고 있으며, 이들 수동적 기법을 활용할 때 고려해야 할 사항으로는 대상물 표면의 방사율, 주위온도, 측정각, 풍속, 거리, 형태에 따라 검출결과가 달라지므로 주의해야 한다.

6.2 능동 열화상

능동 열화상 기술은 수동적 기법과는 달리 대상물 고유의 적외선에너지에 의존하지 않고 제어가 가능한 외부 열원을 가졌을 때 반응하는 적외선 에너지를 측정하는 기법이다(그림 6.4).

이런 기술은 물체 표면의 방사율, 주위 온도, 측정각, 풍속 등에 대한 영향을 제어해 검사자가 원하는 결과 데이터를 취득할 수 있다.

52) Wikipedia, https://en.wikipedia.org/wiki/Thermography

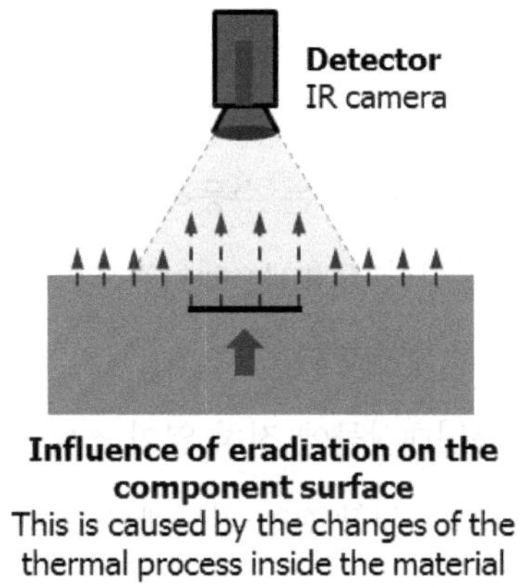

| 그림 6.4 | 능동적 기법의 원리53)

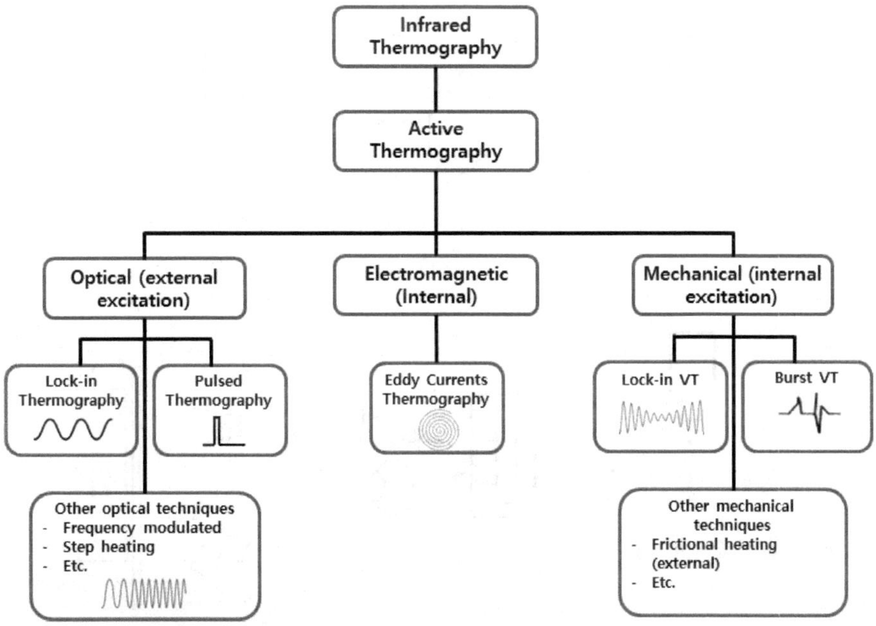

| 그림 6.5 | 능동 적외선열화상 기술의 분류

능동형 검사기술로는 광적외선, 진동, 마이크로파, 초음파, 와전류 등이 가진 에너지의 종류와 제어방법에 따라 분류할 수 있다. 이러한 검사기술에 의해, 검사 대상으로부터 취득할 수 있는 데이터를 보다 정밀하게 얻을 수 있다. 그림 6.5와 그림 6.6은 능동 열화상 검사 기술의 분류를 나타낸다. 그림 6.6의 각 기법은 다음과 같다.

---

53) New Technologies Research Centre, University of west bohemia, https://ttp.zcu.cz/en/laboratories/irndt/methods

(a)는 일반적인 광-적외선열화상 기법을 설명하며, (b)와 (c)는 각각 저주파 와전류와 고주파 와전류 열화상을 설명한다. (d)는 교류/직류로 인한 줄열 효과의 발열을 설명하며, (e)와 (f)는 마이크로웨이브 열화상을 설명한다. (g)는 수동적 기법을 활용하여 터빈 블레이드로 인해 유동의 흐름을 측정하는 상황을 설명한다. (h)는 에어건으로 인한 결함 검출 및 (i)는 마찰열에 의해 검출되는 진동 열화상 기법을 설명한다.

능동적 기법은 일반적으로 측정대상물에 전혀 열이 전달되지 않아 온도분포가 없는 경우나 결함부와 건전부의 온도 대비가 미세한 경우 외부에서 열을 가진하여 측정대상체의 표면에 존재하는 미세 균열이나 내부 결함을 검출한다.

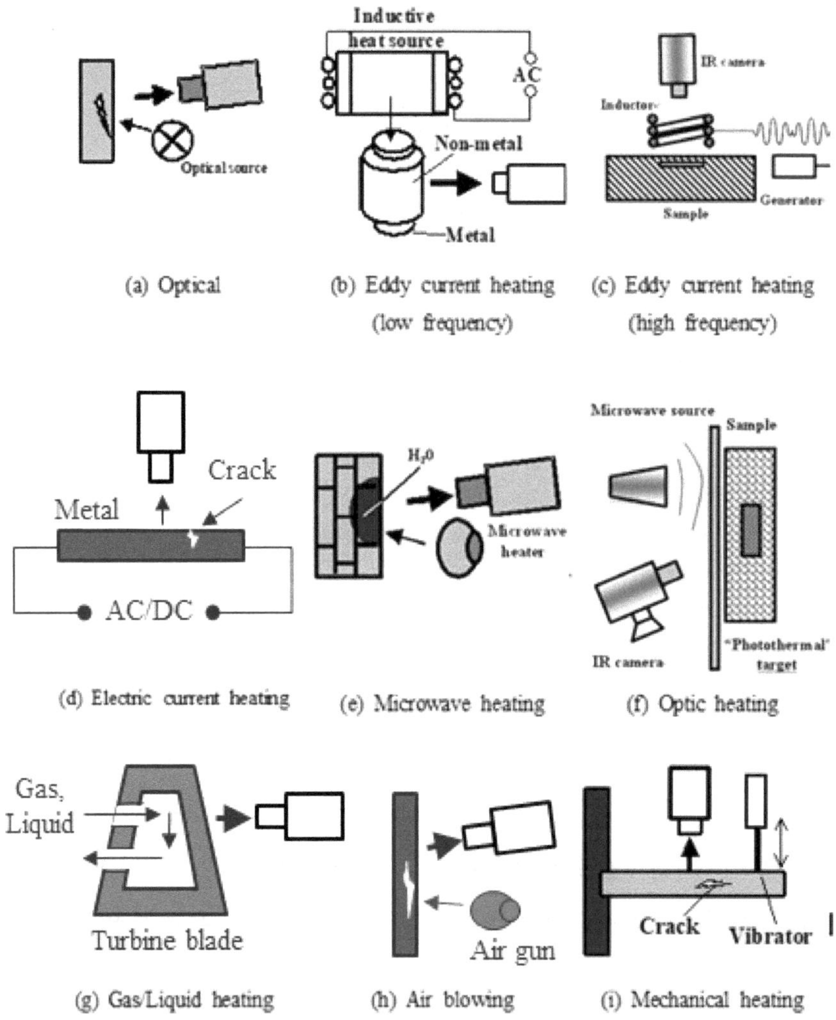

| 그림 6.6 | 능동 적외선열화상 기법의 구성도 분류

6.2.1 펄스 열화상

펄스 적외선열화상(Pulsed Thermography; PT)은 검사 대상체의 표면을 짧고 강한 열펄스로 가열 후 대상체의 열반응을 측정한다. 실제로 열펄스 가열 직후에 결함부와 건전부 간 시험편의 열적 거동을 측정할 수 있다. 분석된 구성 요소의 열적 거동이 z방향의 e_z 열확산율과 같은 가열을 특징으로 하는 반무한 균일 시험편과 동일하다고 가정하면, 표면 온도는 다음과 같이 나타낼 수 있다.

$$\triangle T_{xy} = \frac{Q_{xy}}{e_z \sqrt{\pi t}} \tag{6.1}$$

여기에서 $\triangle T_{xy}$는 x와 y방향으로의 온도 증가율, Q_{xy}는 표면으로부터 흡수된 에너지, t는 시간을 의미한다. 비교된 영역에서의 열확산률 차이가 있고, 결함부와 건전부의 온도변화율에는 차이가 있다. 열확산률은 다음과 같다.

$$e_z = \sqrt{k\rho c} \tag{6.2}$$

여기에서 k는 열전도율, ρ는 밀도, c는 재료의 비열을 의미한다. 재료의 결함부와 건전부의 표면 온도값 차이의 정량적인 측정은 열 대비로 분석할 수 있으며, 다음과 같다.

$$C(t) = \frac{T_{\mathrm{def}}(t) - T_{\mathrm{def}}(t_0)}{T_s(t) - T_s(t_0)} \tag{6.3}$$

여기에서 T_{def}는 결함부의 온도, T_s는 건전부의 온도, t_0는 펄스 가열 전의 시간, t는 열 냉각 시간을 의미한다.

펄스 열화상 기술에서는 플래시 램프를 광원으로 사용하여 3kJ 이상의 열원을 함수 발생기를 통해 순간적으로 펄스 신호로 가열한다(그림 6.7). 이 방법은 일정 시간 동안 균일한 열에너지를 입사해야 하고 입사 시간에 따른 결과 데이터를 실시간으로 확인해야 하는 어려움이 있으며 감도도 떨어지는 편이다.

그러나 펄스 열화상 기술은 대체로 검출 감도가 떨어지지만 열확산 계수가 높은 금속재 검사에는 실시간으로 결함 유무를 읽을 수 있어 유지보수에 활용되고 있다. 이는 높은 열전도율을 가진 금속재료시험의 경우 약 3 ms, 플라스틱 또는 그래파이트를 적층한 시험편과 같은 경우에는 약 4 ms의 시간으로 신속한 검사를 실시할 수 있다는 이점을 가진다.

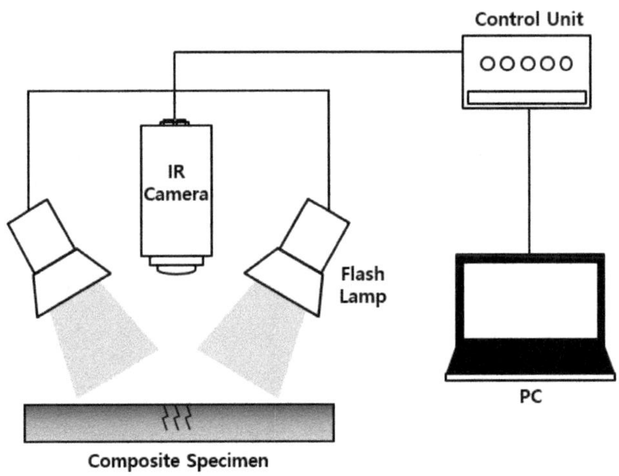

| 그림 6.7 | 펄스 열화상 구성도

6.2.2 위상잠금 열화상

적외선을 이용한 열화상 검출 기술은 광원(optical energy)을 입사 에너지로 활용하는 방법이다. 검사체 고유의 적외선 에너지량에 광원을 통한 에너지로 열에너지를 생성하며 이때 발생하는 검사체의 적외선 에너지 양차를 검출한다.

광원으로서 활용할 수 있는 장치로는 할로겐 램프, 플래시 램프 등이 있으며, 단시간에 고출력의 광원을 방출할 수 있는 장치가 활용되고 있다. 현재 산업현장에서 능동형 기법 중 가장 폭넓게 활용되는 기법으로 기기의 조작 및 제어가 간단하며, 검사 범위가 다른 능동형 기법에 비해 상대적으로 넓은 특징이 있다.

금속결함 검출에 적용될 경우 열확산계수가 큰 금속일수록 검출소자의 샘플링 한계로 결함 검출에 어려움을 겪는다. 이 문제는 위상장금(lock-in) 기술을 이용함으로써 해결할 수 있다.

위상잠금 적외선열화상(Lock-in Thermography; LIT 또는 LT)의 원리는 대상체를 자극하는 열원을 조화함수의 형태로 변조하여 입사하고 검출소자를 동기시켜 조화함수의 위상변화를 복조하는 것이다. 위상잠금 기술을 활용해 위상변화를 추출함으로써 낮은 샘플링에서도 표면의 미세한 온도변화도 검출할 수 있어 불균일한 표면의 방사율의 영향을 적게 한다.

그림 6.8에서는 할로겐 램프로 블랙 페인트로 도포한 시험편 표면에 빛 에너지를 입사시킨다. 할로겐 램프의 출력단은 파워 컨트롤에 의해 제어되며, 함수발생기를 통해 주파수를 조정한다. 적외선 카메라로 측정된 데이터는 컴퓨터로 전송하여 실시간으로 열화상을 확인할 수 있으며, 정확한 데이터 취득을 위해 데이터 처리가 가능하다.

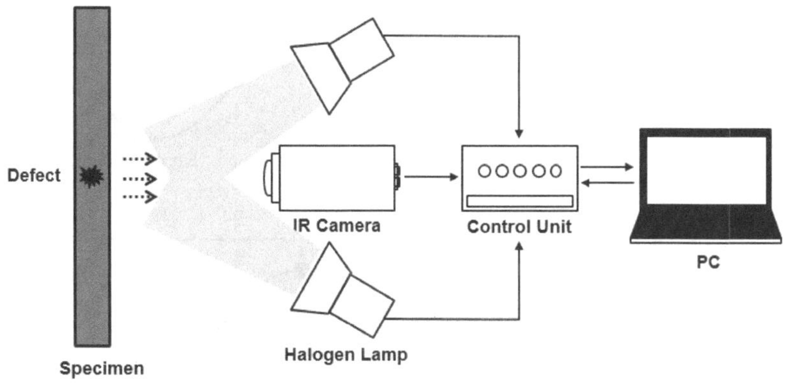

| 그림 6.8 | 위상잠금 열화상 구성도

조화함수로 입사하는 광원과 검출소자를 동기화시켜 대상체의 응답신호를 취득한 후 고체 내의 1차원 열전도방정식을 통해 외부자극원으로 할로겐램프를 활용하여 대상체에 조화함수 형태이며 침투된 열원의 변화를 관찰하게 된다.

$$\frac{\partial T}{\partial t} = \frac{k}{\rho c_p}\frac{\partial^2 T}{\partial x^2} \tag{6.4}$$

여기에서 T는 온도, t는 시간, k는 열전도 계수, ρ는 밀도, c_p는 비열, x는 열유동 방향으로의 거리를 의미한다. 조화함수 형태로 가열된 식은 다음과 같이 표현할 수 있다.

$$T(x,t) = T_0 e^{-\frac{x}{\mu}} \cos\left(wt - \frac{x}{\mu}\right) \tag{6.5}$$

$$\mu = \sqrt{\frac{\alpha}{\pi f}} \tag{6.6}$$

$$\alpha = \frac{k}{\rho c_p} \tag{3.4}$$

여기에서 μ는 침투깊이, α는 열확산 계수를 의미한다. 위상잠금 기술에서는 식 (6.5)을 이용해 측정 결과로부터 위상과 진폭을 추출함으로써 검출 감도를 향상시킬 수 있어 불균일한 표면의 방사율의 영향을 최소한으로 억제할 수 있다. 식 (6.6)에서 위상은 자극원의 1사이클을 주기 간격으로 연속하는 적외선 검출 신호는 식 (6.7-10)을 통해 얻어지며, 식 (6.11)에 의해 위상은 자극원이 1사이클을 주기 간격으로 연속하는 위상 검출 신호는 식 (6.7-10)을 통해 얻어진다.

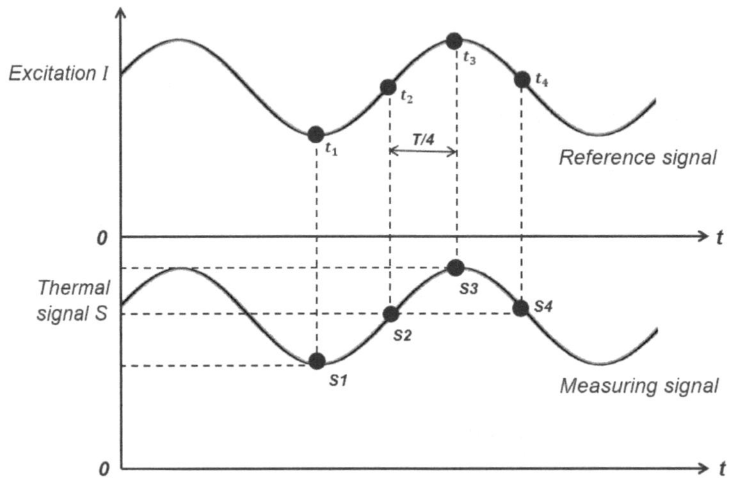

| 그림 6.9 | 위상잠금 조화함수

$$I_1 = T_0 e^{-\frac{x}{\mu}} \cos(wt - \frac{x}{\mu}) \tag{6.7}$$

$$I_2 = T_0 e^{-\frac{x}{\mu}} \cos(wt - \frac{x}{\mu} - \frac{\pi}{2}) \tag{6.8}$$

$$I_3 = T_0 e^{-\frac{x}{\mu}} \cos(wt - \frac{x}{\mu} - \pi) \tag{6.9}$$

$$I_4 = T_0 e^{-\frac{x}{\mu}} \cos(wt - \frac{x}{\mu} - \frac{3\pi}{2}) \tag{6.10}$$

$$\phi = \frac{x}{\mu} = \tan^{-1}(\frac{I_4 - I_2}{I_3 - I_1}) \tag{6.11}$$

예제 6-1

검사자가 0.01 Hz와 0.02 Hz의 주파수로 외부 가진 열원으로 할로겐 램프를 활용하여 열화상 이미지를 취득하려 한다. 위상과 진폭 이미지를 취득하기 위한 시간을 고려하시오.

풀이

식 4.40 ~ 4.44를 활용하여 위상과 진폭 이미지를 계산할 수 있다. 0.01 Hz의 주기는 100 s이며, 0.02 Hz의 주기는 50 s이다. 따라서 1 cycle의 이미지를 계산한다고 가정할 때, 1 point의 시작은 각각 0 ~ 25 s와 0 ~ 12.5 s 범위 내에서 계산을 해야 한다.

6.2.3 진동 열화상

진동 열화상(Vibrothermography, VT)은 구조 상태를 평가하기 위해 진동이나 초음파 가진을 통해 결함에서 발생되는 열을 감시하는 비파괴검사 기술이다. 진동열화상에 대한 많은 연구에도 불구하고 과거 30년간에 걸쳐 진동측정법 주된 관심사는 여전히 측정의 재현성과 신뢰성이다. 손상에 대한 진동에너지 메커니즘은 아직 완전히 구축되지 않았으나 재료의 파라미터와 결함 특성에 의존한다.

따라서, 특정 결함에서 발산할 것으로 예상되는 정확한 에너지는 선험적으로 알려져 있지 않다. 그럼에도 불구하고 발생한 열은 소스의 주파수와 위치에 따라 달라진다. 최근 여러 종류의 세 가지 조사에서 진동측정법의 관심이 증폭되고 있다. 특히 금속 부품의 크랙 감지나 복합재료의 손상 검지에 적용되고 있다. 실험적 조사와 병행하여 열생성 후의 물리현상을 설명하기 위한 진동 측정의 수치 시뮬레이션 연구도 활발히 이루어지고 있다.

최근 건설 기술의 상태감시와 수명 평가를 위한 진동 측정을 바탕으로 한 진단 시스템이 개발되고 있다. 완전한 진단 시스템은 실험실 테스트용 고정 시스템과 현장 측정용 포터블 시스템 두 가지 버전으로 개발되고 있다.

초음파 열화상 측정에서는 압전 및 전자 쉐이커, 압전 세라믹 액튜에이터, 공기 결합 초음파 트랜스듀서 또는 초음파 용접기 등의 기계적 장치를 에너지원으로 사용한다. 이 기술에서는 초음파 혼에 결속된 초음파발생기가 초음파원으로 사용된다. 제너레이터는 수동으로 트리거하거나 컴퓨터로 원격제어하여 혼에 짧은 전기펄스 출력을 제공할 수 있으며 샘플과 혼 사이에 양호한 결합을 제공하기 위한 결합재료가 필요하다.

열음속 테스트에 널리 사용되는 혼은 원래 초음파 용접, 초음파 납땜 및 초음파 가공과 같은 다양한 용도로 설계되었다. 트랜스듀서의 효율이 높고 형태와 그 이유 구조는 용도에 따라 변경될 수 있다. 초음파 열화상 측정에 대한 대부분의 연구는 적외선열화상 카메라에 의해 측정 가능한 표면 온도 상승을 제공하기 위해 결함에서 충분한 열을 생성하기에 충분한 진동을 생성하는 짧은 초음파 펄스를 사용하여 더 빠르고 간단한 가진 방법에 초점을 두고 있다. 일반적으로 초음파 열화상 측정에 사용되는 가진 방법은 접근 방식에 따라 분류된다.

크랙이 존재하면 해당 영역과 크랙에 가까운 표면 주변의 온도가 상승할 수 있다. 온도 상승은 고감도 적외선열화상 카메라로 측정된다. 따라서, 이 방법은 단일 가진 위치에서 넓은 영역을 처리하므로 전체 표면을 스캔해야 하는 기존의 초음파 또는 와전류 검사보다 훨씬 빠르며 복잡한 형상을 가진 구조물에 대해 보다 편리하고 신뢰할 수 있는 검사기술을 제공할 수 있다.

또한, 기존의 초음파 및 방사선 측정과 같은 다른 기술에 문제가 발생할 수 있는 폐쇄 크랙을 검출하는데 특히 적합하다. 간단히 말해 진동 측정 기법의 장점은 다음과 같다. 부품 검사는 한쪽 면과 평평하지 않는 표면에서만 접근할 수 있다. 열전도율이 매우 낮은 이방성 재료 검사, 다양한 열특성을 가진 재료의 화합물 검사, 수직 크랙 감지, 부식 검출, 라미네이트의 충격 감지에 적합하다. 그러나 진동 열화상 기법에 대한 신뢰성과 휴대성을 향상시키기 위해서는 더 많은 체계적인 연구가 요구되고 있다.

6.2.4 와전류 열화상

와전류 열화상(Eddy Current Thermography, ECT)은 전기전도성 물체에 와전류를 발생시키기 위해 전자펄스를 이용하는 기술이다. 저항 손실로 인해 와전류는 열을 방출하고 적외선열화상 카메라에 의해 열이 측정된다. 표면 또는 내부에 존재하는 결함은 전류밀도의 국소적인 변화를 일으켜 열화상으로 확인할 수 있다.

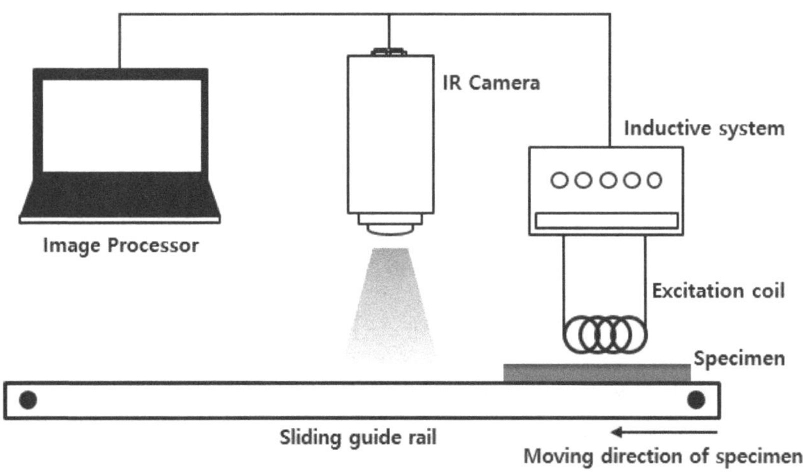

| 그림 6.10 | 와전류 열화상 구성도

와전류 적외선열화상 기술은 초기에 철강산업에서 적용된 사례를 살펴볼 수 있으며, 철근에 주기적인 유도 가열을 이용하여 결함을 검출하거나 코팅 접착력의 특성 해석을 위한 반복 가열 및 위상 검출, 터빈 블레이드의 균열 검출에 사용되었다. 최근 강재부품과 복합재검사에 있어서 균열에 의한 신호해석과 수치해석 모델, 전류흐름의 특성에 관한 연구가 이루어지고 있다.

와전류 열화상 기술은 전자와 열특성을 이용한다. 와전류 열화상을 활용한 검사 대상체의 검출능 평가는 유도전류의 침투 깊이를 고려해야 하며, 다음과 같다.

$$\delta = \frac{1}{\sqrt{\pi f \sigma \mu}} \tag{6.12}$$

여기에서 δ는 침투 깊이, f는 전자기 주파수, μ는 투자율, σ는 전기 전도도를 의미한다. 줄의 가열법칙에 따르면 유도 가열 특성의 길이는 전자계 표피 깊이의 절반으로 설명된다. 다른 특징적인 침투길이는 열침투 깊이이다. 열침투 깊이는 각 펄스 실험에서의 측정 시간 또는 변조 주파수에 따라 다음과 같이 정의할 수 있다.

$$\mu_T = 2\sqrt{\alpha t_{obs}} \tag{6.13}$$

$$\mu_T = \sqrt{\frac{\alpha}{\pi f_{\mathrm{mod}}}} \tag{6.14}$$

여기에서 μ_T는 열침투 깊이, t_{obs}는 관측시간, f_{mod}는 변조 주파수, α는 열확산 계수를 의미한다.

전자계 표피 깊이보다 깊게 위치한 결함의 경우 재료 깊이에 열류를 방해하는 장애물이 있는 대상물 표면에서 발생하는 열과 열적으로 상호 작용할 수 있다. 전자계 표피 깊이의 균열은 유도 전류와 상호 작용하지 않아도 열과 상호 작용할 수 있으며, 전체적으로 σ와 μ_T보다 얕은 깊이에서 큰 결함을 검출할 수 있다.

와전류 열화의 일반적인 실험 구성도를 그림 6.10에 나타낸다. 검사대상물에 와전류를 가진 유도코일은 일반적으로 50 ~ 500 ms 길이의 펄스로 와전류를 발생한다. 적외선열화상 카메라는 대상물이 가열된 뒤 표면에 발생하는 적외선 에너지를 기록한다. 적용 가능한 최대 유도 전류의 전력이 낮을 경우 낮은 변조 주파수로 고주파 신호 진폭이 변조된다. 그 후 진폭 및 위상 이미지를 취득하기 위해 기록된 이미지에 위상잠금 알고리즘을 적용한다.

카메라, 유도코일 및 검사 대상은 상대적인 움직임을 발생시킬 수 있다. 경시적 열류를 유도하는 것은 충분한 상대 속도로 영구 자석을 검사 대상체로 이동시키는 와전류 유도로 열이 발생하는 것이다.

유도코일은 유도경화작업 또는 현장 가열작업에 이용되는 유도코일과 동일하며, 필요에 따라 수냉 장치를 이용할 수 있다. 가장 많이 이용되고 있는 코일은 헬름홀츠코일로 전자계를 균질화하는 이점을 가지며, 적외선열화상 카메라에 대한 부품표면에 대한 명확한 광학적 접근을 가능하게 한다. 코일의 자속은 높은 투자율을 가진 재료로 만들어진 부속품을 사용하여 집중시킬 수 있으며, 두꺼운 절연 재료로 코일을 감싸면 시간에 따른 열방사를 줄이는 데 효과적이다.

와전류 열화상 기술은 낮은 도전율을 가진 재료에 폭넓게 적용할 수 있다. 그러나 방사율이 낮아 반사율이 높은 알루미늄 같은 재료에는 적용에 어려움이 있다. 그러나 표면 균열 및 자성체 폐쇄 결함의 검출이 가능하며, 특히 페라이트강 검사에 매우 적합하다. 자분 탐상 검사와 비교한 와전류 열화상의 이점은, 입사나 화학물질 등의 중간 매개체를 필요로 하지 않는 비접촉 방식으로 관련 활용 분야는 더욱더 확대할 것으로 기대된다.

와전류 열화상 기술은 실리콘이 사용되는 태양전지 검사에도 적용할 수 있다. 제조 프로세스에서 실리콘 결함 검출은 매우 중요한 요소 중 하나이다. 일반적인 유도주파수에서 전자장의 침투깊이는 수 cm이다. 따라서 전류는 일반적으로 셀의 총부피영역 내에서 발생한다. 실리콘은 열적외선으로 매우 투명하며 검출된 방사선은 일반적으로 이면금속에서 발생한다.

와전류 열화상 기법은 최근 많이 활용되는 CFRP 복합재에도 활용할 수 있다. CFRP의 박리 및 결함 검출을 위해서는 침투 깊이를 줄이는 것이 매우 중요하다. 약 10 MHz 주파수 범위에서는 침투 깊이는 1 mm 이하로 줄일 필요가 있다. 최근 52 MHz 주파수에서 안테나 코일을 이용하는 유도시스템이 개발되고 있다.

앞서 설명한 사례와 같이 와전류 열화상은 표면 내부의 결함이 침투 깊이보다 깊게 존재하더라도 균열과 열의 상호작용이 충분하면 열파에 의해 검출이 가능하다. 와전류 열화상을 활용한 내부 결함 검출 조건은 결함 깊이가 적어도 결함 범위의 절반은 돼야 한다. 그림 6.11은 표면에서 자연스럽게 성장한 균열의 열화상을 보여준다. 100 kHz의 주파수에서는 약한 콘트라스트 밖에 발생하지 않지만 주파수가 1500 Hz로 감소하면 균열과 충분한 전자 상호작용에 의해 강한 콘트라스트를 얻을 수 있다.

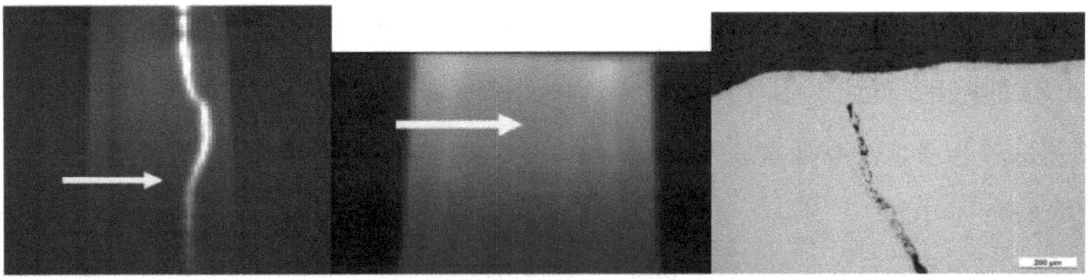

| 그림 6.11 | 표면으로부터 성장한 크랙

예제 6-2

와전류 열화상 실험을 위해 skin depth를 계산해야 한다. f는 135 Hz, σ는 4.1×10^7, μ는 $4\pi\times10^{-7}$일 때, 침투 깊이를 계산하시오.

풀이

식 6.12에 의해 침투 깊이를 계산하면 δ는 0.0214 mm이다.

6.2.5 레이저 열화상

외부 광학 램프 가열 프로세스를 사용하는 광학 적외선열화상 기술 중 LIT, FMT 및 SHT는 신호를 제어하여 시편 표면에 균일한 가열을 제공한다. 결과적으로 열에너지는 표면에서 재료 내부로 전달되지만 표면에 가까운 평행한 결함 또는 박리만 유리하다는 단점이 있다. 따라서, 표면에 수직이거나 경사진 내부 결함은 위에서 설명한 기술로 명확하게 감지할 수 없다. 그러나 물체 표면의 선이나 반점 형태의 손상은 감지할 수 있다.

레이저 열화상 기술 중 LST(Laser Spot Thermography)와 LLT(Laser Line Thermography)는 결함의 가열된 부분의 모양 변화나 온도 상승으로 식별할 수 있다. 그림 6.12는 레이저 열화상 측정의 일반적인 개략도를 보여준다. 레이저 열화상은 시편 표면에 존재하는 균열(점 또는 선 형태)을 검사하는 동안 수집된 일련의 열화상을 처리한다. LLT는 검사를 위해 고정된 라인 열원 앞에서 샘플이 일정한 속도로 이동하는 온라인 스캐닝을 기반으로 한다.

LST에서 레이저 스폿 가열 후의 온도 필드 T(r, z, t)는 반무한 금속 블록에서 Duhamel의 정리를 사용한 온도분포의 3D 해석 솔루션에 의해 정의될 수 있다.

$$T(r,z,t)=\frac{I_{\max}r_a 2\alpha^{1/2}}{k\pi^{1/2}}\int_0^t \frac{p(t-t')\exp(-z^2/4kt'-r^2/(4kt'+r_a^2))}{t'^{1/2}(4kt'+r_a^2)}dt' \qquad (6.15)$$

여기에서 (r,z)는 조사된 지점의 중심에 있는 표면의 원점을 가진 원통 좌표, $I_{\max}$는 레이저 펄스의 최대 전력 밀도, $\rho(t)$는 시간 t에서 레이저 펄스의 정규화된 시간 프로파일, α는 확산율, k는 전도율, r_a는 레이저 빔 반경을 의미한다.

LLT에서 레이저 라인 소스는 연속 가열을 통해 가우스 모양의 타원형 스폿 소스에 근사할 수 있으며 냉각 후 온도 프로파일은 다음과 같이 주어준다.

$$T(x,y,z,t) = \frac{I_{\max}ab\alpha^{1/2}}{k\pi^{1/2}} \int_0^t \frac{p(t-t')\exp(-\frac{z^2}{4kt'} - z^2/(4kt'+a^2) - x^2/(4kt'+b^2) - y^2}{\sqrt{t'(4\alpha t+a^2)(4\alpha t+b^2)}} dt' \quad (6.16)$$

x, y, z는 데카르트 좌표, a와 b는 레이저 빔 반경이다. 식 (6.16)과 유사하게 표면에서 측정된 온도 응답 $T(x,y,z,t)$는 식 (6.16)에서 $z=0$을 취함으로써 얻어진다.

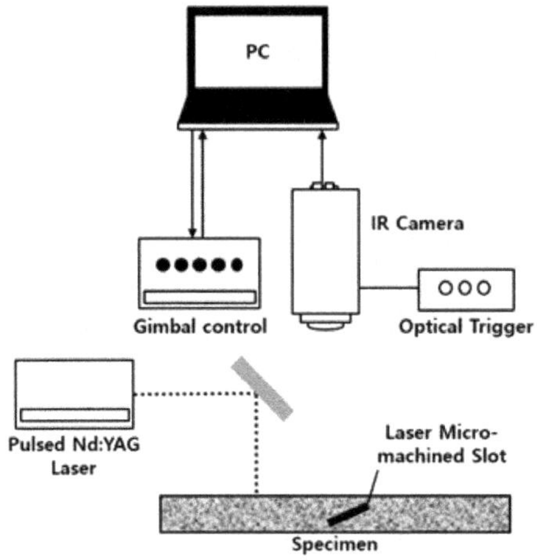

| 그림 6.12 | 레이저열화상 실험 구성도

연습문제

1. 다음 수동 열화상 기법에 대한 설명 중 틀린 것을 고르시오.

① 검사 대상체에 외부의 인위적인 열부하 또는 냉각부하를 주지 않고 검사하는 방법을 말한다.

② 결함부와 건전부의 열적거동이 비슷할 때 적용하기 용이하다.

③ 낮과 밤의 온도변화를 통한 건축물이나 구조물의 외벽진단에 용이히다.

④ 수동적 접근법은 보안설비, 전자부품의 이상발열, 전력설비 및 기계설비 열화 진단에 활용 가능하다.

2. 수동 적외선열화상 기법의 원리에 대해 설명하시오.

3. 수동 적외선열화상 기법의 활용되는 사례에 대해 설명하시오.

4. 다음 능동 열화상 기법에 대한 설명 중 틀린 것을 고르시오.

① 능동 열화상 기술은 수동 기법과 달리 대상물 고유의 적외선 에너지에 의존하지 않고 제어가 가능한 외부 열원을 가진하여 측정하는 기법이다.

② 일반적으로 측정 결함부와 건전부의 온도 대비가 미세한 경우 적용한다.

③ 능동 열화상 기법중 펄스 열화상은 주기적 열파에 의한 표면에서의 위상을 평가하는 기법이다.

④ 진동 열화상은 진동이나 초음파를 표면에 가진하여 미세한 크랙에 마찰열을 발생시켜 검사하는 방법이다.

5. 능동 적외선열화상 기법의 원리에 대해 설명하시오.

6. 능동 적외선열화상 기법의 활용되는 사례에 대해 설명하시오.

7. 가진 에너지원의 종류와 제어방법에 따라 능동 열화상 기법을 분류하여 서술하시오.

| 에너지원에 따른 분류 |

| 제어방법에 따른 분류 |

8. 펄스 열화상(Pulsed Thermography)에 대한 기본원리와 특성을 서술하시오.

| 기법 원리 |

| 특성 |

9. 펄스 열화상이 활용되는 검사 사례에 대해 설명하시오.

10. 위상잠금 열화상(Lock-in Thermogrpahy))에 대한 기본원리와 특성을 서술하시오.

| 기법 원리 |

| 특성 |

11. 위상잠금 열화상이 활용되는 검사 사례에 대해 설명하시오.

12. 레이저 열화상(Laser Thermography)에 대한 기본원리와 특성을 서술하시오.

| 기법 원리 |

| 특성 |

13. 레이저 열화상이 활용되는 검사 사례에 대해 설명하시오.

14. 와전류 열화상(Eddy Current Thermography)에 대한 기본원리와 특성을 서술하시오.

| 기법 원리 |

| 특성 |

15. 와전류 열화상이 활용되는 검사 사례에 대해 설명하시오.

16. 진동 열화상(VibroThermography)에 대한 기본원리와 특성을 서술하시오.

| 기법 원리 |

| 특성 |

17. 진동 열화상이 활용되는 검사 사례에 대해 설명하시오.

18. **다음 레이저 열화상 서술 중 틀린 것을 고르시오.**

① 외부 광학 가열 프로세스를 사용하는 광-적외선열화상 기술 중 하나이다.
② 강한 열에너지 가진으로 인하여 상대적으로 표면과 멀리 존재하는 결함 검출에 유리하다.
③ 레이저 열화상 기술은 LST(Laser Spot Thermography)와 LLT(Lase Line Thermography) 기법이 대표적이다.
④ 결함의 가열된 부분의 모양 변화나 온도 상승으로 검출하는 방식이다.

19. **다음 와전류 열화상 서술 중 틀린 것을 고르시오.**

① 방사율이 낮거나 반사율이 높은 알루미늄 등의 재료 검사에 적합한 기술이다.
② 전기전도성 물체에 와전류를 발생시키기 위해 전자펄스를 이용하는 기술이다.
③ 표면 또는 내부에 존재하는 결함은 전류밀도의 변화가 발생하여 열화상으로 확인할 수 있다.
④ 적용 가능한 최대 유도 전류의 전력이 낮을 경우 낮은 변조 주파수로 고주파 신호 진폭이 변조된다.

20. **다음 진동 열화상 서술 중 틀린 것을 고르시오.**

① 진동 열화상은 내부에 존재하는 공극이나 갑육결함과 같은 상대적으로 큰 결함 검출에 용이하다.
② 진동 열화상은 금속 부품의 크랙 검출이나 복합 재료의 손상 검출에 용이하다.
③ 표면에 크렉이 존재하면 가까운 주변 표면 온도가 상승한다.
④ 진동 열화상은 초음파 용접기 등의 기계적 장치를 에너지원으로 활용한다.

02

적외선열화상 응용

7 적외선 데이터 처리

7.1 절대 대비

7.1.1 기존의 열대비 기술

다양한 열대비 정의가 존재한다. 그러나 이는 건전부 영역 S_a, 즉 시야 내에서 결함이 없는 영역을 알아야 한다. 예를 들어 절대 열대비(absolute contrast) $\Delta T(t)$는 다음과 같이 정의된다.

$$\Delta T(t) = T_d(t) - T_{S_a}(t) \tag{7.1}$$

$T(t)$는 시간 t의 온도, $T_d(t)$는 픽셀의 온도(결함 여부) 또는 픽셀 그룹이 평균값 및 $T_{S_a}(t)$는 S_a에 대한 시간 t의 온도이다. $\Delta T(t) = 0$이면 특정 t에서 결함을 검출할 수 없다.

S_a를 설정하는 것은 특히 자동화된 분석이 필요하거나 시편에 정확한 정보가 알려진 것이 없는 경우 열대비 기법을 적용하기 힘들다. S_a를 정의한 영역이 간단하더라도 S_a의 위치를 변경하면 결과에 상당한 변화가 발생한다.

열대비를 기반으로 한 많은 정량적 기법이 제안되었다. 모두 열 설계나 알려지지 않은 것을 대표하는 다양한 검사 대상체를 사용한 일종의 보정에 의존한다. 예를 들어 최대 대비 ΔT_{max} 및 발생 시간 t_{max}와 같은 열대비 곡선에서 몇 가지 매개변수를 추출하여 결함 깊이 z를 계산할 수 있다.

$$z = At_{max}^{1/2} \Delta T_{max}^{h} \tag{7.2}$$

결함 두께에 비례하는 열저항 R에 대해서도 유사한 경험적 관계 연구 사례가 있다. 결함 크기 조정은 일반적으로 피크 대비 기울기, 피크 최대 열대비에서 또는 측면 열확산 효과를 감소시키기 위해서 가능한 빨리 감지된 이상 현상의 윤곽을 추출함으로써 수행된다(이는 피크 대비 또는 기울기에서 크기를 확대하는 경향이 있음). 반복적인 기술도 제안되었으며, FWHM(full width half maximum) 진폭에서 각 이미지의 윤곽을 추출하는 것으로 구성된다. 이후 시간의 제곱근의 함수로 크기 플롯이 설정되고 0초 에서 외삽된 선이 결함 크기를 추정할 수 있다.

기존의 열대비의 활용에도 불구하고 고유한 문제(불균일한 가열, 방사율 변화 및 환경 반사)와 기준 영역을 지정해야 하는 필요성으로 인해 연구자들은 다른 대안을 연구하였다. 차등 절대 대비는 그러한 기술 중 하나로써 다음 섹션으로 논의한다.

예제 7-1

시험편의 결함부와 건전부의 열대비 계산을 위해 ROI의 온도가 각각 28.2℃ 및 26.7℃일 경우, 정량적 열대비값을 계산하시오.

풀이

식 7.1에 의해 $T_d(t)$는 28.2℃ 및 $T_{S_a}(t)$는 26.7℃이므로 $\Delta T(t)$는 1.5℃이다.

7.1.2 DAC

건전부 S_a 위치 추정 문제는 최근 DAC(differential absolute contrast)로 해결되었다. 이 기술은 기존의 접근 방식에서 파생되었지만, 열전도에 의한 결함이 없는 영역을 찾는 대신에 처음 몇 개의 영상(특히 시간 t')에서 모든 점이 S_a로 동작한다고 가정하여 시간 t에서의 S_a 온도를 국소적으로 계산한다. DAC 기법은 반무한체의 표면($z=0$)에 적용된 Dirac 펄스에 대한 푸리에 확산 방정식의 1D 솔루션에 의존하며, 이는 다음과 같다.

$$T(t) = \frac{Q}{e\sqrt{\pi t}} \tag{7.3}$$

여기에서 $T(t)$는 온도변화, Q는 표면에 입력된 에너지, $e=(k\rho c_p)^{1/2}$는 검사 대상체의 열확산률이다.

첫 번째 단계는 t'를 펄스가 시작된 순간 t_0와 서모그램 시퀀스에 첫 번째 결함 지점이 나타나는 정확한 순간 사이의 주어진 시간값으로 정의하는 것이다. t'에서 아직 결함 영역의 존재 표시가 없으므로 S_a의 국부 온도는 결함 영역의 온도와 정확히 동일하다.

$$T_{S_a}(t') = T(t') = \frac{Q}{e\sqrt{\pi t'}} => \frac{Q}{e} = \sqrt{\pi t'}\, T(t') \tag{7.4}$$

위의 결과로부터, T_{S_a}는 시간 t에서 모든 픽셀에 대해 계산이 가능하며, DAC로 식의 변화가 가능하다.

$$\triangle T_{DAC} = T(t) - \sqrt{\frac{t'}{t}}\, T(t') \tag{7.5}$$

위의 식으로부터 제공하는 솔루션 시간이 경과하고 플레이트의 두께가 증가함에 따라 반무한이 아닌 경우에서 발산한다. 그럼에도 불구하고 이방정 재료의 경우 초기에 좋은 근사치를 제공한다. 이러한 경우 열대비 프로파일은 처음 순간에 거의 동일하게 동작한다. 온도 불일치는 프로세스가 진행됨에 따라 열확산이 증가하고 1D 모델이 붕괴될 때 시작된다. 또한 DAC 방법은 시편에 나타나는 원치 않은 효과를 제거하는데 특히 효율적이다.

7.1.3 변형된 DAC 기술

DAC 알고리즘의 새로운 버전은 열 사중극자 이론을 기반으로 개발되어 DAC의 유효성을 향상시킨다. 이러한 경우 Dirac 펄스 자극하에서 유한한 두께를 갖는 플레이트라는 가정하에 유도된다. 모든 유도는 온도 $T(z,t)$와 열밀도 플럭스 $f(z,t)$를 정의하여 변환된 라플라스 공간에서 수행되며, 해당하는 라플라스 변환은 $q(z,t)$ 및 $F(z,t)$이다.

$$\begin{pmatrix}\theta_i \\ \Phi_i\end{pmatrix} = M\begin{pmatrix}\theta_0 \\ \Phi_0\end{pmatrix} \text{ with } M = \begin{pmatrix}A & B \\ C & D\end{pmatrix}$$

$$\text{and } \begin{matrix} A = D = \cosh(p^* L) & C = kp^* \sinh(p^* L) \\ B = \sinh(p^* L)/(kp^*) & p^* = \sqrt{p/\alpha} \end{matrix} \tag{7.6}$$

여기에서 i는 입력값 및 o는 출력값이다.

위의 식은 시스템 방정식의 형태로 변환된다.

$$\theta_i = A\theta_0 + B\Phi_0$$

$$\Phi_i = C\theta_0 + D\Phi_0 \tag{7.7}$$

후면이 격리된 플레이트의 경우: $\Phi_l = Q$ et $\Phi_0 = 0$이며, 라플라스 온도는 다음과 같다.

$$\theta_i = \frac{QA}{C} = \frac{Q coth\sqrt{pL^2}}{b\sqrt{p}} \tag{7.8}$$

라플라스 역변환은 솔루션을 유도하는데 활용된다.

$$\triangle T_{DAC,\mathrm{mod}} = T_d(t) - \frac{l^{-1}(\coth\sqrt{\frac{pL^2}{\alpha}})_t}{l^{-1}(\coth\sqrt{\frac{pL^2}{\alpha}})_{t'}} T(t') \tag{7.9}$$

솔루션은 플레이트 두께 L을 명시적으로 포함하고 전달된 에너지에 의존하지 않으므로 DAC 알고리즘의 유효성이 확장된다.

7.2 푸리에 변환

푸리에 변환(Fourier Transform; FT)은 주파수 측면에서 공간 또는 시간에 따른 기능을 공간 또는 시간 주파수에 따른 기능으로 분해하는 수학적 변환이다. 푸리에 변환이라는 용어는 주파수 영역 표현과 주파수 영역 표현을 공간 또는 시간의 함수와 연관시키는 수학적 연산을 모두 나타낸다.

시간 함수의 푸리에 변환은 주파수의 복소수값 함수로, 크기(절대값)는 원래 함수에 있는 해당 주파수의 양을 나타내고 인수는 해당 주파수의 기본 정현파 위상 이동을 말한다. 푸리에 변환은 시간의 함수에 국한되지 않고 원래 함수의 영역을 일반적으로 시간 영역이라 한다. 역 푸리에 정리에 의해 입증된 바와 같이 주파수 영역 표현에서 원래 함수를 수학적으로 합성하는 역 푸리에 변환도 있다.

적외선열화상에서 획득한 시퀀스의 분석은 출력을 위상과 진폭의 조합으로 평가할 수 있는 이산 푸리에 변환(Discrete Fourier Transform; DFT)을 기반으로 하며, 그림 7.1에서 과정을 보여준다.

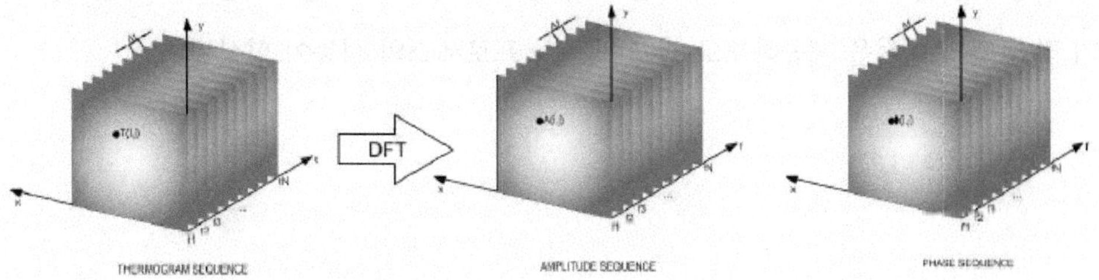

| 그림 7.1 | 열화상 시퀀스의 DFT 원리[54)]

서모그램 시퀀스의 각 픽셀의 푸리에 변환은 다음과 같다.

$$F_n = \sum_{k=0}^{N-1} T(k) E^{-j2\pi ink/N} = Re_n + Im_n \tag{7.10}$$

여기에서 n은 주파수 증가, Re와 Im은 변환의 실제값과 허수값을 의미한다.

7.3 열화상 신호 재구성

열화상 신호 재구성(Thermographic Signal Reconstruction; TSR)은 열확산율을 추정하는 방법 중 하나이다. TSR 알고리즘은 다음과 같이 설명할 수 있다. 먼저, 온도-시간 시퀀스에서 주변 온도를 빼서 온도차 ΔT를 산출한다. 그런 다음 최소 제곱 다항식 회귀가 로그-로그 척도로 수행된다. 이 다항식을 TSR 다항식이라고 하며, 이상적으로 사용되어야 하는 TSR 다항식의 차수 n을 결정하기 위해 분석에 기반한 제안이 있다. 최적의 차수 n은 고려 중인 샘플 및 측정 획득 매개변수에 따라 다르지만 n=6에서 n=9의 범위에 있다. 그림 7.2는 TSR 신호처리의 원리와 프로세스를 간략하게 보여준다.

최근 열화상 신호 처리를 위해 TSR과 ASRG(automatic seeded region growth) 알고리즘의 하이브리드를 제안했다. 제안된 접근 방식은 불균일한 조도를 현저히 감소시키고 검출성을 향상시켰다. 향상된 검출 해상도를 보여주며 결함이 의심되는 영역을 자동으로 선택하는 데 유용했다. 또한 ASRG 알고리즘은 내부 결함 정보를 안정적으로 추출하고 결함 영역과 건전부 영역 간의 대비를 개선했다. 또한, 결함 특성화를 위해 TSR과 Canny 형상 재구성 알고리즘을 결합하는 것이 제안되었다. TSR 기술에 따르면 이 접근 방식은 원시 열화상 이미지를 시간 축의 로그-로그 표현에서 낮은 차수 다항식에 맞춘 다음 Canny 알고리즘을 적용하여 원래 신호를 재구성하는 것으로 구성된다. 제안된 두 방법의 병치는 TSR 알고리즘의 고유한 신호 잡음 제거 및 압축의 이점을 제공하므로 전체 재구성 프로세스의 성능이 향상된다.

54) "Infrared thermographic testing of composite materials with adhesive joints.", Sikora, Ryszard

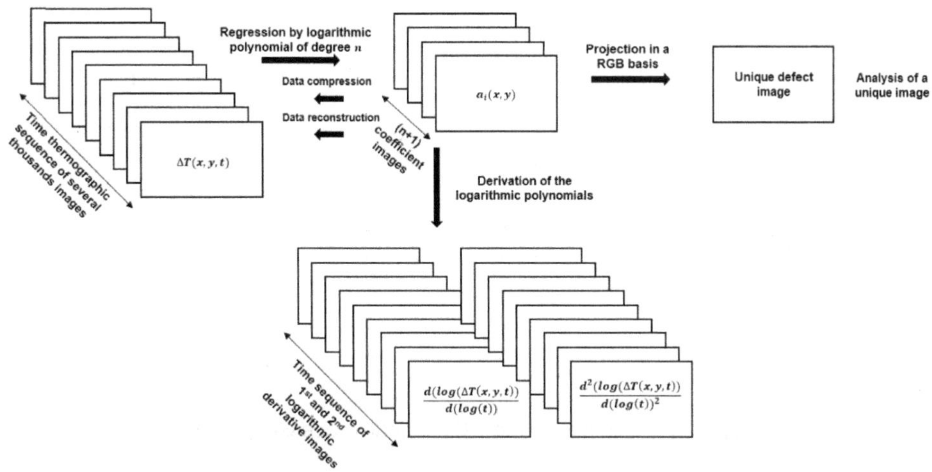

| 그림 7.2 | Principle of the TSR signal processing method.

7.4 주성분 열화상

주성분 열화상(Principle Component Thermography; PCT)는 열화상 시퀀스의 주요 기능을 유지하면서 불필요한 데이터의 감소를 용이하게 한다. PCT는 PCA(principal component analysis)에 의해 적용되며, 측정된 온도 특성의 특이값 분해(Singular Value Decomposition, SVD)를 활용한다. 이 기술은 시간 및 공간 열 데이터의 차원을 3차원에서 2차원으로 축소한다. 또한, 이 기술은 각 행이 각 단일 이미지 픽셀의 래스터와 같은 배열로 구성된 행렬에서 입력 열화상을 재구성한다. 결과적으로 각 열은 특정 픽셀의 시간적 진화를 나타낸다. 그런 다음 고유값과 고유 벡터를 SVD의 필수 곱으로 사용하여 재구성된 행렬로 입력 데이터를 경험적 직교함수(Empirical Orthogonal Function, EOF)로 분해한다. 그림 7.3은 앞서 서술한 PCT 원리와 개념을 간략하게 보여준다.

많은 PCT 연구는 주로 결함의 대비를 개선하고 데이터의 양을 줄이는 데 중점을 두었다. 최근 ICA(Independent Component Analysis)가 주목받고 있으며, ICA를 해결하기 위한 다양한 접근법이 제안되고 있다. 최근 몇 가지 ICA 방법을 조사하고, 최신 방법과 비교하여 PT 데이터에 미치는 영향을 평가했다. ICA가 작은 결함에 대해 PCT를 능가하고 데이터수집 빈도와 ICA 방법이 결과에 상당한 영향을 미친다는 것을 발견했다.

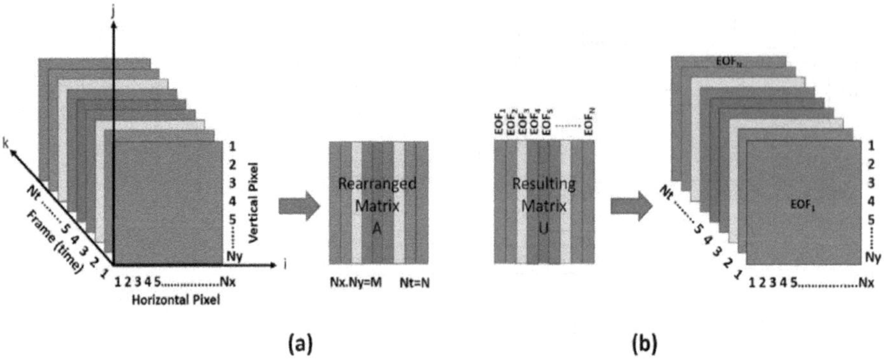

| 그림 7.3 | Principle of the PCT signal processing method.

7.5 웨이블릿 변환

웨이블릿 변환(Wavlet Transform; WT)은 고정 및 비정상 신호 분석에 널리 적용된다. 이 기술은 신호에서 전기적 노이즈를 제거하고, 불연속성을 감지하며, 많은 양의 데이터를 압축한다. WT를 활용하면 사인 및 코사인으로 표시되는 푸리에 변환(FT)과 유사하게 잘 정의되고 지배적인 주파수를 각각 가진 웨이블릿으로 알려진 구성 신호 그룹으로 신호를 분해할 수 있다. WT에서 웨이블릿은 특정 시간을 중심으로 하는 제한된 지속 시간의 일시적인 기능이다. FT의 문제점은 시간 영역에서 주파수 영역으로 이동할 때 정보 손실이 시간적으로 발생한다는 점이다. FT를 사용하여 획득한 주파수 스펙트럼의 신호 성분의 발생 또는 소멸 시간을 유추하는 것은 불가능하다. FT와 달리 WT는 시간 및 주파수 도메인을 모두 사용하여 시간에 따른 신호의 주파수 정보를 제공한다. 그림 7.4은 WT 알고리즘의 스텝별 시간 및 주파수 신호 분석 원리를 간략하게 보여준다.

최근 LIT를 사용하여 GFRP 복합 재료의 다양한 깊이 단계에서 형상 및 크기 분석에 대한 실험 결과를 제시했다. Inclusion의 SNR을 개선하기 위해 픽셀 수준 데이터 융합을 기반으로 하는 PCA 및 DWT(discrete wavelet transform) 기술이 적용되었다. 그 결과, Inclusion이 검출되는 영역에서 주파수 범위가 높을수록 SNR 값이 크게 향상됨을 보여주었다.

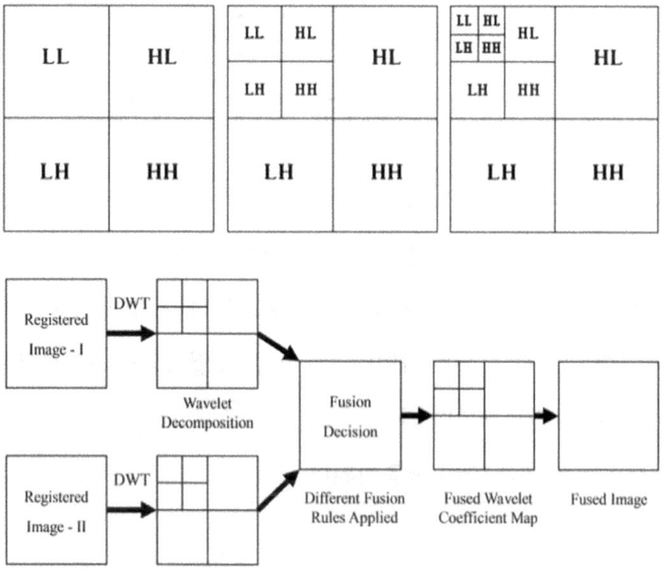

| 그림 7.4 | Principle of the WT signal processing method.

예제 7-2

푸리에 변환과 웨이블릿 변환의 차이를 설명하시오.

풀이

푸리에 변환은 시간의 도메인에 대한 정보를 잃게 되지만, 웨이블릿 변환은 시간과 주파수 도메인 정보를 모두 보존하는 기술이다.

7.6 4점법

이미지 처리 방법에는 주로 푸리에 변환, 상관 함수, 4점법(4-point method) 등이 있다. Lock-in 기술은 주기적인 열 가진을 사용하기 때문에 높은 감지 감도를 얻기 위해 획득 기간을 늘려 열파 이미지의 신호 대 잡음비를 높일 수 있다. 시편 표면의 열응답도 사인파 주기 변화 신호이기 때문에 변조 주기에서 시편 표면의 특정 지점에서 동일한 시간 간격으로 4개의 온도 측정 데이터(S1, S2, S3, S4)를 추출한다. 사인 함수의 특성에 따라 진폭과 위상의 표현은 다음과 같이 얻을 수 있다.

$$\phi(x_l) = \arctan[\frac{S_1(x_l) - S_3(x_l)}{S_2(x_l) - S_4(x_l)}] \tag{7.11}$$

$$A(x_l) = \sqrt{[S_1(x_l) - S_3(x_l)]^2 + [S_2(x_l) - S_4(x_l)]^2} \tag{7.12}$$

적외선열화상에서 과도 열전달에 기반한 데이터 처리 알고리즘에 대한 연구가 중요하다. 4점법 알고리즘은 정상상태의 사인파 신호 처리를 기반으로 한다. 그러나 과도상태 및 빠른 검사 프로세스에서의 정확도는 낮으며, 때로는 신호를 취득하기 것이 어려울 때도 있다. 위상잠금 적외선열화상 기술의 가진 소스는 사인파형태의 변조 열 소스이며, 정확한 데이터 처리 방법인 4-매개변수 피팅 방법을 제공한다.

먼저 사인파 신호는 다음과 같이 샘플링된다.

$$y(t) = A cos(wt + \phi) + C \tag{7.13}$$

여기에서 A는 신호의 이상적인 진폭을 의미한다. w는 신호의 이상적인 주파수를 나타내고, ϕ는 신호의 이상적인 위상을 나타내며, C는 신호의 이상적인 직류(DC)를 의미한다. 이는 사인파 신호를 표현하는 데 필요한 네 가지 매개변수다. 물론 이것이 유일한 표현 방법은 아니다. 사인파 신호를 설명하기 위해 또 다른 4개의 매개변수를 사용할 수 있다.

$$y(t) = A_1\cos(wt) + A_2\sin(wt) + C \tag{7.14}$$

여기에서 코사인 진폭 A_1, 사인파 진폭 A_2, DC 오프셋 C 및 신호 주파수는 사인파 신호의 네 가지 매개변수라고도 한다. 이는 앞서 설명한 4개의 매개변수에서 설정한 진폭, 주파수, 위상 및 DC 오프셋과 동일하다. 또한 데이터 레코드 시퀀스는 시간 $t_1, t_2 \cdots t_n$은 $y_1, y_2 \cdots y_n$의 사인파 진폭의 t_n 샘플링으로 알려져 있다. 다음으로 차수, 코사인 진폭 및 DC 오프셋의 추정값을 각각 A_1, A_2및 C로 정의한다. 추정된 값과 실제 값 사이의 오차 제곱의 합은 다음과 같다.

$$\varepsilon = \sum_{i=1}^{n}[y_i - A_1\cos2\pi ft - A_2\sin2\pi ft - C]^2 \tag{7.15}$$

여기서 n은 샘플 수다. 만약에

$$D = \begin{bmatrix} \cos2\pi ft_1 & \sin2\pi ft_1 & 1 \\ \cos2\pi ft_2 & \sin2\pi ft_2 & 1 \\ \vdots & \vdots & \vdots \\ \cos2\pi ft_n & \sin2\pi ft_n & 1 \end{bmatrix} \quad Y = \begin{bmatrix} y(t_1) \\ y(t_2) \\ \vdots \\ y(t_n) \end{bmatrix} \quad X = \begin{bmatrix} A_1 \\ A_2 \\ C \end{bmatrix} \tag{7.16}$$

사인 함수에 대한 이 세 매개변수의 최소제곱해는 다음과 같다.

w를 모를 경우, w의 극한값이 p 주기가 있는 사인파 파형 시퀀스에 대해 존재하고 $[w-w/p, w+w/p]$ 범위에서 고유하다. 따라서 $w \pm w/p$의 범위에서 1차원 솔루션으로 얻을 수 있다. 또한, 극한값에서의 최소제곱 값은 4개의 매개변수 최소제곱 사인파 피팅의 결과이며, w는 다음과 같이 계산된다.

$$\begin{aligned} w &= \max[w_M, w_T] \\ w_L &= w_0 - \Delta w_{\max} = v/m - v/n \\ w_R &= w_0 + \Delta w_{\max} = v/m + v/n \\ w_M &= w_L + 0.618(w_R - w_L) \\ w_T &= w_R - 0.618(w_R - w_L) \end{aligned} \tag{7.17}$$

위의 결과로부터 진폭과 위상은 다음과 같다.

$$A = \sqrt{A_1^2 + A_2^2} \tag{7.18}$$

$$\phi = \begin{cases} \arctan\dfrac{-A_2}{A_1}; A_1 \geq 0 \\ \arctan\dfrac{-A_2}{A_1} + \pi; A_1 < 0 \end{cases} \tag{7.19}$$

7.7 위상이동

위상 이동 방법(Step Phase-Shifting Mehotd; SPSM)은 알려진 위상 값만큼 서로 다른 일련의 열화상 이미지에서 위상 맵을 결정하는 데 사용되는 기술이다. 속도 및 정확도, 점별 측정, 표면 반사율 변화에 덜 민감하고 주변광에 덜 민감하다는 특징으로 인해 광학 계측에서 널리 사용된다. 그림 7.5는 기준 위상과 함께 다양한 위상 이동 방법을 보여준다.

7.7.1 Two step phase-shifting method(2 SPSM)

사용 가능한 다양한 위상 이동 방법 중 2 SPSM이 가장 사용하기 쉽다. 90만큼 이동한 최소 두 개의 열화상 이미지 I_1 및 I_2가 필요하다. 2개의 SPSM을 이용한 위상각 계산은 다음과 같이 표현될 수 있다.

$$\phi(x,y) = \arctan\left(\frac{I_2}{I_1}\right) \tag{7.20}$$

7.7.2 Three step phase-shifting method(3 SPSM)

3 SPSM은 120만큼 이동된 3개의 위상 단계를 사용한다. 이 방법은 참조 위상이 0, 2p/3, 4p/3인 세 개의 열화상 이미지 $I_1 \sim I_3$에서 위상 분포를 계산한다. 3 SPSM을 이용한 위상각 계산은 다음과 같이 표현될 수 있다.

$$\phi(x,y) = \arctan(\sqrt{3}(\frac{I_3 - I_2}{2I_1 - I_2 - I_3})) \tag{7.21}$$

7.7.3 Four step phase-shifting method(4 SPSM)

4 SPSM은 900의 위상 변이에 해당하는 0, p/2, p 및 3p/2의 참조 위상 값을 사용하여 4개의 열화상 이미지($I_1 \sim I_4$)에서 위상 분포를 계산한다. 4 SPSM을 이용한 위상각 계산은 다음과 같이 표현될 수 있다.

$$\phi(x,y) = \arctan(\frac{I_2 - I_4}{I_1 - I_3}) \tag{7.22}$$

7.7.4 Five step phase-shifting method(5 SPSM)

5 SPSM은 4 SPSM의 확장해 사용되는 방법이다. 또한, 4개의 SPSM에 대한 4개의 열화상 이미지에 대해 기준 위상이 2p인 다섯 번째 열화상 이미지(I_5)를 측정한다. 이 방법에서 공칭 위상 변이는 p/2이고 기준 위상은 0, p/2, p, 3p/2 및 2p의 값을 취한다. 5 SPSM을 이용한 위상각 계산은 다음과 같이 표현될 수 있다.

$$\phi(x,y) = \arctan(\frac{2(I_2 - I_4)}{2I_3 - I_5 - I_1}) \tag{7.22}$$

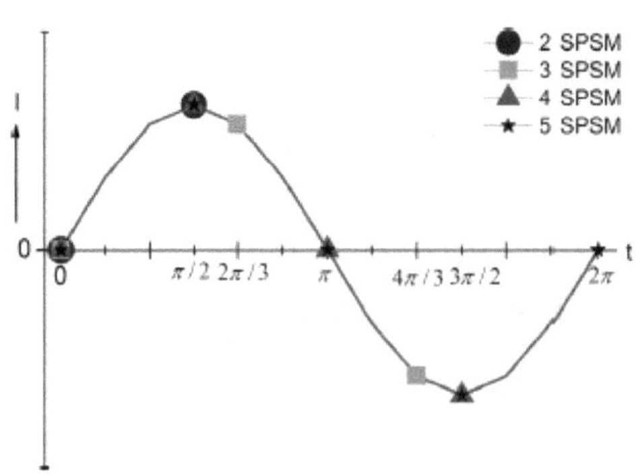

| 그림 7.5 | 위상 이동 기법 및 기준 위상

7.8 이진화

이미지를 분석하는 많은 기술이 있다. 그 중에 가장 간단하고 쉬운 방법은 임계값을 이용하여 영상을 이진화하는 것이다. 이것은 이미지의 객체에서 배경을 분리하거나 특정 수준 이상의 밝기 값을 가진 픽셀만 추출하거나 이미지의 전체 정보를 단순화하는 등 이미지 처리의 많은 전처리 단계에서 사용된다. Otsu 알고리즘은 이미지의 임계값을 계산하는 가장 대표적인 방법이다.

Otsu 알고리즘은 계조를 기반으로 하는 히스토그램을 이용하여 이미지를 두 개의 클래스로 분류할 수 있는 최적의 임계값을 계산하는 기술이다. 이진 영상에서 $[0, k]$는 'class 0'으로 분류되고, $[k, 1]$은 임계값 k를 기준으로 'class 1'로 분류된다. 이러한 과정을 통해 임계값을 기준으로 바이너리 이미지를 획득할 수 있다. 일반적으로 2D 열화상을 이진화 이미지로 변환하면 결함의 특성을 명확하게 특성화할 수 있다.

두 개의 이진 영상으로 분류하기 위해서는 최적의 임계값을 계산할 필요가 있다. $[0, 1, 2, \cdots, L+1]$은 클래스 2로 분류된다. 픽셀이 클래스 1 또는 2로 분류될 확률은 다음과 같다.

$$P_1(k) = \sum_{i=0}^{k} P_i \tag{7.24}$$

$$P_2(k) = 1 - P_1(k) \tag{7.25}$$

클래스 1과 클래스 2로 분류된 픽셀의 평균 강도 값은 다음과 같다.

$$m_1(k) = \frac{1}{P_1(k)} \sum_{i=0}^{k} iP_i \tag{7.26}$$

$$m_2(k) = \frac{1}{P_2(k)} \sum_{i=k+1}^{L-1} iP_i \tag{7.27}$$

모든 이미지 중 k 레벨까지 평균 강도 값이 있다.

$$m_G = P_1 m_1 + P_2 m_2 \tag{7.28}$$

최적의 임계값을 계산하기 위해 Otsu 알고리즘은 클래스 간 분산의 개념을 허용해야 한다. 클래스 간 분산 방정식은 다음과 같다.

$$\sigma_b^2 = \frac{(m_G P_1 - m)^2}{P_1(1-P_1)} \tag{7.29}$$

예제 7-3

명확한 결함 검출을 위해 3개의 삼진 영상으로 분류하기 위한 최적의 임계값을 계산하는 과정을 작성하시오.

풀이

3개의 클래스로 분류하기 위해, between-class variance를 구해서 최대값이 계산되는 2개의 임계값(k_1, k_2)를 계산하면 된다.

$\sigma_B^2 = P_1(m_1 - m_G)^2 + P_2(m_2 - m_G)^2 + P_3(m_3 - m_G)^2$

$P_1 = \sum_{j=0}^{k_1} P_j$ -> 클래스 1의 확률

$P_2 = \sum_{j=k_1+1}^{k_2} P_j$ -> 클래스 2의 확률

$P_3 = \sum_{j=k_2+1}^{L-1} P_j$ -> 클래스 3의 확률

$m_1 = \frac{1}{P_1}\sum_{j=0}^{k_1} iP_j$

$m_2 = \frac{1}{P_2}\sum_{j=k_1+1}^{k_2} iP_j$

$m_3 = \frac{1}{P_3}\sum_{j=k_2+1}^{L-1} iP_j$

$L-1$은 최대 임계값을 의미하며, k_1 이하는 클래스 1, k_2 이하는 클래스 2 및 k_2 이상은 클래스 3으로 분할한다.

7.9 데이터 및 이미지 융합

주성분분석(Principal Component Analysis, PCA) 이미지 퓨전이란 각 픽셀에 대한 서로 다른 공간 해상도 스케일의 이미지들을 하나의 이미지로 통합하여 노이지를 감소시켜 공간 해상도를 향상시키는 기법이다. PCA 이미지 융합은 각 픽셀 위치에서 모든 소스 이미지의 픽셀값을 사용하여 각 픽셀값에 가중치를 부여하고, 가중 픽셀값의 평균을 취하여 동일한 픽셀 위치에서 융합된 이미지에 대한 결과를 생성한다. PCA 기술은 이미지 인코딩, 이미지 데이터 압축, 이미지 향상, 패턴 인식, 객체 감지 및 이미지 융합에 유용하다. 이는 상호 관련 변수의 다변수 데이터 세트를 원래 변수의 새로운 비상관 선형 조합의 데이터 세트로 변환하는 통계 기술 중 하나다. PCA 이미지 융합을 통해 불필요한 데이터의 중복과 오류를 감소시킬 수 있다.

그림 7.6은 PCA 기반 이미지 융합 기술의 절차를 보여준다. 먼저 열벡터가 입력 이미지로부터 생성된다. 생성된 열벡터의 공분산 행렬이 계산되고, 그 공분산 행렬의 고유 벡터들과 고유값들이 계산되고, 열벡터는 가장 큰 고유값에 대응하여 정규화된다. 획득된 고유 벡터로부터 정규화된 성분 P_1 및 P_2를 계산하고, 마지막으로 융합된 이미지는 식 (7.30)와 같이 정의된다.

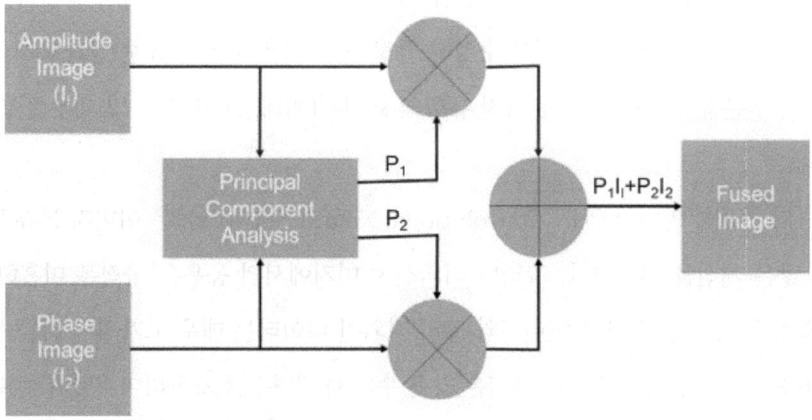

| 그림 7.6 | PCA 기법 원리

$$I_f(x,y) = P_1 I_1(x,y) + P_2 I_2(x,y) \tag{7.30}$$

여기에서 I_f 는 진폭과 위상의 융합된 이미지를 의미한다. 또한, I_1 및 I_2 는 융합하기 위한 이미지인 입력 진폭 및 위상 데이터를 말하며, P_1 및 P_2 는 진폭과 위상의 PCA를 통해 정규화된 데이터 요소를 의미한다.

7.10 딥러닝 및 AI 접목 기법

지난 10년동안 여러 학계에서 NDT&E를 위한 인공 지능 프로그램의 사용이 연구되었다. 예를 들어 의료 영상 처리에 최적화된 U-Net 합성곱 신경망을 적용하여 광학 기술을 사용하여 획득한 탄소섬유강화플라스틱 판의 적외선 위상 이미지에서 충격 손상을 분할하는 전이 학습 사례를 제시하였다. 또한, 열화상 검사와 딥러닝 기술을 통합하여 복합 재료의 결함을 식별하는 프레임워크가 제안되었다.

결함이 있는 복합 재료의 열화상 이미지 데이터 세트를 취득하고 주어진 열화상 이미지에서 결함을 식별하도록 시스템을 훈련하는 데 사용된다. 식별 알고리즘은 사용 가능한 데이터에서 자동 학습 기능을 사용하여 개체, 즉 결함을 식별하기 위해 컨볼루션 신경망이 적용된다. 예를 들어, 항공용 복합 재료의 결함 자동 감지 및 분류를 위한 접근 방식이 개발되었다. 입력 이미지에 대해 훈련된 30개의 트리로 구성된 결정 숲이 적용되었다. 표준 정확도와 균형 정확도 모두에서 높은값을 사용하여 세 가지 유형의 표면적(원래, 표면 결함 및 내부 결함)을 분류할 수 있다.

딥러닝의 중요한 영역인 CNN(Convolutional Neural Networks)은 이미지 분류 및 이미지 세분화의 많은 개선을 이루었다. 그러나 적외선 이미지에서의 응용은 아직은 미흡하다. 쉽게 얻을 수 있는 감지 가능한 가시 이미지와 달리 적외선 데이터는 매우 고가의 장비를 통해 물체를 특성화하는 데 사용된다. 또한, CNN은 많은 수의 매개변수를 포함하며 비선형 예측에 대한 강력한 능력을 가지고 있다. 따라서, 이 접근 방식은 일반화를 용이하게 하기 위해 많은 훈련 데이터 샘플이 필요하다. 이미지 분할 및 이미지 분류에 대하여 사용할 수 있는 몇 가지 접근 방식이 있으며, 그 중 일부는 다음에 간략하게 설명된다.

- ResNet: Deep Residual Network를 의미한다. 이름에서 알 수 있듯이 잔차 학습(residual learning)이라는 것을 소개한다. 일반적으로 심층 CNN에서는 여러 레이어가 쌓이고 기능을 학습하도록 훈련된다. 잔여 학습에서 네트워크는 학습 기능 대신 잔여를 학습한다. 나머지는 실제로 이 레이어의 출력에서 현재 레이어의 입력을 뺀 값이다. ResNet은 n번째 레이어를 $n+1$번째 레이어에 연결하는 바로 가기 연결을 사용하여 나머지를 학습한다. 문헌 결과에 따르면 기존 CNN보다 ResNet을 훈련시키는 것이 더 쉽다. ResNet은 최대 1000개 이상의 레이어로 구성할 수 있다.
- DenseNet: ResNet의 논리적 확장으로 기본 빌딩 블록으로 잔류 연결 개념을 가지고 있다. ResNet과 달리 DenseNet은 합산을 사용하는 대신 이전 레이어를 연결할 것을 제안한다. DenseNet은 각 레이어를 피드포워드 방식으로 다른 모든 레이어에 연결한다. L 레이어가 있는 기존 CNN에는 L 연결 그룹(각 레이어와 후속 레이어 사이의 그룹)이 있는 반면 DenseNet에는 L(L+1)/2 연결 그룹이 있다. 요약하면 각 레이어에 대해 모든 선행 레이어의 기능 맵을 입력으로 사용하고 출력 맵을 모든 후속 레이어의 입력으로 사용한다. 사용된 DenseNet은 8백만 개의 매개변수를 갖는 작은 CNN으로 간주할 수 있다.
- PSPNet: 의미론적 분할의 성능을 향상시키는 데 사용되는 전략 중 하나는 컨텍스트 단서를 사용하는 것이다. 그러나 현재 FCN(Fully Convolutional Networks, 완전 컨볼루션 네트워크) 기반 모델의 주요 문제는 전역 장면 범주 실마리를 사용하기 위한 적절한 전략이 없다는 것이다. 주변의 기능 때문에 컨텍스트의 결합에 필수적이다. 이러한 방식으로 우리는 PSPNet 네트워크와 같은 공간 피라미드 풀링에 기반한 아키텍처를 사용하게 되었다. 입력 이미지가 주어지면 PSPNet은 확장 네트워크 전략과 함께 사전 훈련된 ResNet을 사용하여 기능 맵을 추출한다. 최종 피처 맵 크기는 입력 이미지의 1/8이다. 4단계 피라미드를 적용하면 풀링 커널이 이미지를 덮는다. 그것들은 전역으로 결합되어 최종 예측 맵을 생성하기 위해 컨볼루션 레이어와 함께 원본 기능 맵과 이전 기능을 연결한다.
- U-Net: CNN의 성공적인 훈련에는 수천 개의 훈련 샘플이 필요하다는데 동의한다. 그러나 레이블이 지정된 결함에 대한 수천 개의 훈련 이미지를 얻는 것은 간단한 작업이 아니다. 훈련 이미지가 거의 필요하지 않고 좋은 결과를 제공하는 아키텍처가 필요하다. 이 경우 U-Net은 다운샘플링 단계와 업샘플링 단계 사이에 건너뛰기 연결을 도입하여 후자가 이전 단계의 기능을 사용할 수 있도록 하기 때문에 강조 표시된다. U-Net의 훈

련 중에 데이터 증대와 같은 전략을 사용하여 레이블이 지정된 이미지를 효율적으로 적용한다. 결과적으로 의료 영상을 분할할 때 우수한 성능을 제공한다.

최근 다양한 연구자들이 재료의 내부 결함을 평가하기 위해 딥러닝 통합 열화상 기술들이 제안되었다. 다양한 공정과 다양한 크기 및 구성으로 제조된 복합재료의 손상을 식별하기 위해 딥러닝을 사용하는 결함 감지 모델들이 제안되었다. 식별 알고리즘은 사용 가능한 데이터에서 자동 학습 기능을 사용하여 개체, 결함을 식별하기 위해 RCNN(Faster Region based Convolutional Neural Network)을 활용한다. 시스템은 사전 정의된 범주 내에 있는 결함을 식별하고 해당 위치와 식별의 신뢰 수준을 반환한다.

Faster RCNN에서 CNN 모델을 이용하여 feature map을 생성하는 과정은 detection 성능과 직접적인 관련이 있다. 2014 ILSVRC(Large Scale Visual Recognition Challenge)에서 높은 성능을 보인 GoogLeNet에서 사용되는 CNN 아키텍처인 Inception을 사용하였다. GoogLeNet에서 사용하는 Inception 아키텍처는 너무 복잡해서 수정하거나 사용하기 어려웠기 때문에 보다 쉽게 적용할 수 있는 InceptionV2를 사용했다. InceptionV2 아키텍처는 convolutional 모듈과 다양한 종류의 Inception 모듈로 구성된다.

샘플의 구조적 결함을 포함하는 열화상 이미지 데이터 세트는 모델을 훈련할 목적으로 웹에서 수집된다. 학습을 위한 더 많은 데이터를 얻기 위해 데이터가 보강된다. 각 원본 이미지에서 5개의 이미지가 생성된다. 수집된 영상의 종횡비가 일정하지 않기 때문에 각 영상은 영상의 조건에 따라 다르게 확대되어 병진 및 회전을 수행한다.

데이터셋에서 결함을 식별하기 위한 제안 시스템의 성능을 평가한 사례가 있다. 제안 시스템은 결함이 회전 타원체인지 원형인지 여부에 따라 획득한 이미지에서 결함의 존재를 효과적으로 식별하고 결정하는 것을 관찰할 수 있다. 크기 또한 불규칙적으로 혼합된 회전 타원체 또는 원형 결함, 선형 결함 및 불규칙한 모양의 결함을 포함하여 다양한 유형의 결함이 식별된다. 데이터 세트로 훈련된 후 제안된 결함 식별 시스템은 다양한 크기의 여러 인공 결함이 있거나 없는 두 가지 유형의 표본을 검사하여 검증되었다.

취득한 적외선열화상 이미지에서 대상 항목을 식별하는 기능은 사람의 개입에 의존하는 기술보다 선호될 수 있는 딥러닝 기반 기술의 가장 큰 장점 중 하나이다. 그림 7.7은 딥러닝을 적용한 적외선열화상의 흐름도를 보여준다.

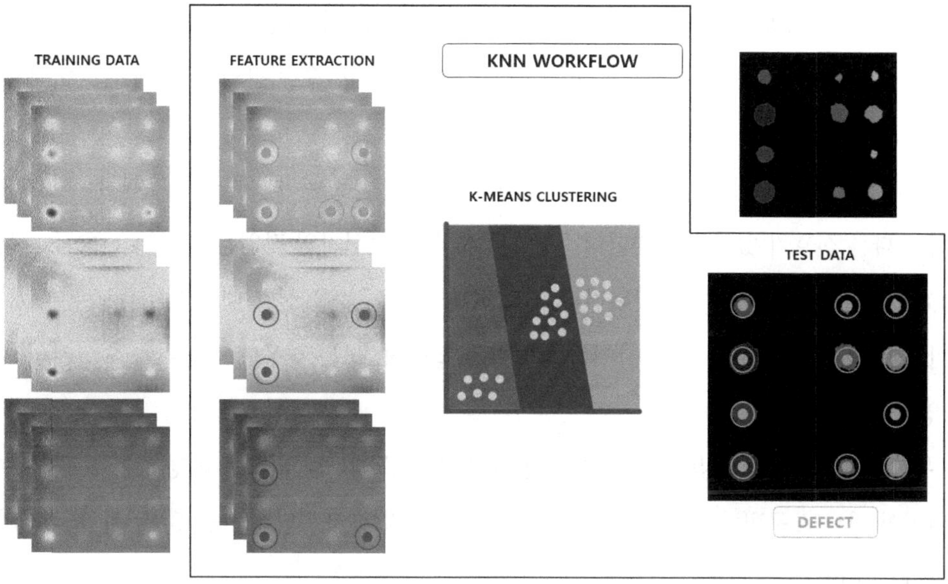

| 그림 7.7 | 딥러닝 기반 적외선열화상 영상처리

7.11 데이터 신뢰성

7.11.1 신호 대 잡음비

신호 대 잡음비(Signal to Noise Ratio; SNR)는 원하는 정보 또는 신호의 전력과 원하지 않는 신호 또는 배경 잡음의 전력 간의 비율이다. 또한, SNR은 원하는 신호의 레벨을 배경 잡음의 레벨과 비교하는 과학 및 공학 분야에서 사용되는 측정 매개변수이다. 즉 SNR은 신호 전력과 잡음 전력의 비율이며, 그 표현의 단위는 일반적으로 데시벨(dB)이다. 또한, 비율이 0dB보다 크거나 1:1보다 크면 노이즈보다 신호가 더 많다는 의미다.

SNR의 기술적 정의를 제외하고 다른 용어로 정의하는 방법은 비교급을 사용하는 것이다. 예를 들어, 당신과 다른 한 사람이 큰 방에서 대화를 나누고 있다고 가정했을 때, 그러나 그 방은 또한 대화를 나누는 다른 사람들로 가득 차 있다. 게다가 다른 사람들 중 몇몇은 또한 당신과 당신의 토론에 관련된 다른 사람과 유사한 음성 패턴을 가지고 있다. 상상할 수 있듯이, 어떤 사람이 무엇을 말하고 있는지 해독하기 어려울 것이다.

이전 비교에서 원치 않는 신호 또는 잡음이 의미하는 바를 더 잘 이해할 수 있다. 또한, 상상할 수 있듯이 대화에 관련된 상대방을 이해하는 것은 거의 불가능하다. 또한, 이와 같은 시나리오에서는 이를 신호 대 잡음 문제 또는 허용 가능한 매개변수 미만인 신호 대 잡음비와 동일한 것으로 간주한다.

이제 원하는 신호가 오류 허용 범위가 엄격하거나 좁은 필수 데이터이고 원하는 신호를 방해하는 다른 신호가 있다고 가정한다. 다시 말하지만, 수신기의 작업은 원하는 신호를 해독하는 것이 기하급수적으로 더 어려워진다. 요약하면 이것이 높은 신호 대 잡음비를 갖는 이유다. 또한, 경우에 따라 장치의 기능 차이를 의미하기도 하며, 모든 경우에 송신기와 수신기의 성능에 영향을 미친다.

무선 기술에서 장치 성능의 핵심은 적용된 신호를 스펙트럼의 모든 배경 잡음 또는 신호와 합법적인 정보로 구별하는 장치의 능력이다. 이는 설정에 사용되는 표준 SNR 사양의 정의를 요약한 것이다.

기본적으로 SNR은 원하는 신호와 노이즈 영역 간의 차이이다. 또한, 정의 측면에서 노이즈 플로어는 다른 장치 또는 유사한 주파수에서 의도하지 않게 간섭을 생성하는 장치에 의해 생성되는 가상 배경 전송이다. 따라서, 신호 대 잡음비를 확인하려면 신호 세기 값에서 잡음값을 빼서 원하는 신호 세기와 원하지 않는 잡음 사이의 정량화가 가능한 차이를 찾아야 한다.

비파괴검사에서 계측된 신호의 신호 대 잡음비(SNR)는 결함 탐지 및 특성화에 매우 중요하며, 이는 신호의 불확실성과 부정확도의 정도를 표현하는 주요 인자이다. SNR은 신호의 크기(결함)와 잡음(건전부)의 크기의 비를 의미한다. 이미지 융합은 신호대 잡음비를 향상시키기 위하여 수행되며, SNR 값이 클수록 결함의 검출능이 개선될 수 있다. SNR은 식 (7.31)와 같이 정의된다.

$$SNR = 20\log_{10}\left(\frac{|DROI_{mean} - SROI_{mean}|}{\sigma}\right) \tag{7.31}$$

여기에서 $DROI_{mean}$ 은 결함 영역 신호의 평균, $SROI_{mean}$ 은 건전부 영역 신호의 평균, σ은 결함 영역 신호의 표준편차를 의미한다.

7.11.2 오차

측정의 정의는 몇 가지 국제표준을 바탕으로 하고 있다. 이러한 기본적인 기준은 다른 기준에 유래하지만 정확한 것이다. 이렇게 도출된 표준은 모든 사항을 대신하는 것이 있으나 정확하지 않은 경우도 있다. 일반적으로 모든 양의 측정은 도출된 기준과 비교하여 이루어지며, 완전히 정확하지는 않다. 따라서, 측정 오차는 방법의 오차뿐 아니라 표준에 의한 오차이며 완전히 정확하지는 않다. 따라서 어떤 방법도 100%로 정확하게 측정할 수 없다.

물리량 측정에서의 오차는 실제 값으로부터의 편차다. 만약 실험에 대한 오차를 안다면 그에 대해 수정할 수 있으며 그보다 더 큰 오차는 없을 것이다. 즉 실험값에서 실제 오차는 항성 어느 정도 애매모호한 어느 정도의 불확실성을 가지고 있는 것이 주된 요인이다. 실험의 불확실성의 합리적으로는 정의는 오차가 가질 가능성이 있는 값으로 간주할 수 있다. 불확실성은 실험 상황에 따라 달라진다. 아마도 오차 크기가 불확실하기 때문에 실험 오차 대신 실험 불확실성과 함께 얘기하는 것이 좋다.

이 시점에서 측정에서 실험적인 불확실성의 원인이 되는 오차 종류 중 몇 가지를 언급할 수 있다. 첫째, 항상 데이터를 무효화할 수 있는 장치 구성 또는 장치에 큰 문제가 있을 가능성이 있다. 두 번째로는 반복 측정을 해도 알 수 없는 이유로 오류가 발생하는 특정 고정 오류가 있을 수 있다. 이러한 오류를 때때로 계통적인 오차라고 부르기도 한다. 셋째, 장치 내 전자의 임의 변동, 미칠 등 각종 영향, 개인의 변동에 따라 발생할 수 있는 랜덤 오차가 있다.

계산기로 무한한 양을 표현할 때 주로 이산적인 수치를 이용해 표현한다. 예를 들어 $x^2=3$의 방정식의 정확한 해는 $\sqrt{3}=1.723...$으로 무한히 표현되는 수다. 그러나 계산기에서는 유한한 수의 이산적인 수치로 표시해야 한다. 따라서 실제 값(true value)과는 달리 근사값(approximation)으로 표현된다.

실제값과 근사값의 차이를 오차라 정의하며, 실제값을 X, 근사치를 x라 했을 때, 오차 $e[x]$는 다음과 같다.

$$e[x]=x-X \tag{7.32}$$

오차의 절대값 $|e[x]|$을 근사값의 절대오차(absolute error)라 정의한다. 또한 실제값과 오차의 비를 상대오차(relative error)라 정의한다.

$$er[x]=\frac{e[x]}{X} \tag{7.33}$$

오차의 절대값은

$$|e[x]|\le \epsilon[x] \tag{7.34}$$

식(7.33)와 식(7.34)을 만족할 때, $\epsilon[x]$를 오차한계(limit of error)라 정의한다. 일반적으로 실제값은 정확하게 알 수 측정할 수 없지만, 오차한계를 이용하여 대략적으로 알 수 있으며, 실제값의 범위는 다음과 같다.

$$x - \epsilon[x] \leq X \leq x + \epsilon[x] \tag{7.35}$$

상대오차의 절대값은 다음과 같다.

$$|e_r[x]| \leq \epsilon_r[x] \tag{7.36}$$

위의 식을 만족할 때, $\epsilon[x]$를 상대오차 $e_r[x]$의 상대오차한계(limit of relative error)라 정의한다. ϵ/X가 충분히 작을 때는 다음과 같다.

$$|e_r[x]| = \frac{|e|}{|x-e|} \leq \frac{\epsilon}{|x|-\epsilon} \fallingdotseq \frac{\epsilon}{|x|} \tag{7.37}$$

위의 조건을 만족할 때, 상대오차한계는 $\epsilon_r \fallingdotseq \epsilon/|X|$로 표현할 수 있다.

일반적으로 정밀도는 근사치와 실제 값이 일치하는 수로 나타난다. 예를 들어 실제 값이 1.1732이고 근사치가 1.1733인 경우 정밀도는 4자리다. 그러나 실제 값이 3.002이고 근사치가 2.998인 경우 단 한 자리도 일치하지 않고 정확도가 0자리가 돼 불합리하다. 따라서 정밀도는 다음 식에 정의된다.

$$p = \frac{1}{|e_r[x]|} \tag{7.38}$$

(1) 오차의 종류

오차는 적용되는 주의에 관계없이 모든 측정치에 크리프된다. 그 오차 중 몇 가지는 자연스럽게 임의의 불분명한 이유에 의한 것이며 일부는 시험자의 실수에 의한 부분에 의한 것이다. 하지만 오류를 최소화하기 위해 실험 중에 적절하게 살펴봤을 때 일반적으로 계산 프로세스는 진행되며, 각 스텝에서 다른 오류가 발생한다.

(가) 전오차(gross error)

오차 범주에는 인간이 읽거나 쓰거나 읽는 동안의 모든 오류가 포함되어 있다. 오차를 계산하기 위한 오류도 이 카테고리에 속한다. 예를 들어 어떤 사람이 측정기에서 결과치 31을 21로 잘못 읽을 수 있어 미래의 데이터를 기억하고 잘못된 데이터 수를 기록하는 나쁜 습관을 갖는 경우가 있다. 이로 인해 이 데이터에 오차가 발생할 수 있다. 오차는 최종 결과를 계산할 때 생긴다. 오차의 모든 유형은 이 카테고리에 속한다. 앞의 오차는 아래에 나타낸 방법을 사용하는 것으로 피할 수 있다.

- 데이터를 읽고 쓰는데 적절한 관리를 해야 한다. 또한 오차 계산을 정확하고 신중하게 할 필요가 있다.
- 실험자 명수를 늘리면 전 오차를 줄일 수 있다. 각 실험자가 다른 점에서 데이터를 취득하는 경우, 보다 많은 데이터의 평균을 잡는 것으로 전오차를 줄일 수 있다.

(나) 정오차 또는 계통오차(systematic errors)

이들의 오차는 장치 또는 방법의 고유 오차다. 이들 오차는 항상 일정한 편차를 제공한다. 오차 발생원에 따라 이들 오차는 다음 카테고리로 분류된다.

1) 구조 오차(constructional error)

장치 모두 완전히 모든 사양을 충족하도록 구성할 수는 없다. 이것이 한계 내에서 보증을 서주는 이유다. 따라서 기기제조업자는 항상 장치구조에서 최소 가능성이 있는 오류를 언급하는 이유이다.

2) 읽기 또는 관찰의 오차(errors in reading or observation)

- 규모 구조: 균일하고 명확하지 않은 규모의 분할에 의한 오차 가능성이 있다.
- 적합성과 포인터의 직선도: 포인터가 미세하고 직선이 아닌 경우에는 항상 읽기 오차를 제공한다.
- 시차 : 포인터 아래에 미러가 없으면 읽으면 시차 에러가 발생한다.
- 효율 or 관찰자 기술 : 판독 오류는 측정자의 기술에 의해 측정치가 크게 좌우된다.

3) 판별 오차(determination error)

판별오차는 측정장치의 최종조정에서의 불명확성에 기인한다. 예를 들어 인덕턴스 측정의 Maxwell Bridge법에서는 최종조정 시 저항의 작은 변화는 헤드폰 음의 차이를 느끼기 어렵다. 오차는 사람에 따라 각기 다르다.

4) 다른 요인에 의한 오차

- 온도변화: 온도의 변동은 파라미터 값을 변경할 뿐만 아니라 측정기 읽기의 변화를 가져온다. 일관성이 있는 에러에 대해서 온도는 항상 일정하게 한다.
- 외부 성선기와 자기상의 영향: 정전기와 자기장은 기기 측정에 영향을 준다. 이 효과는 적절한 실드를 실시함으로써 최소한으로 억제할 수 있다.

- 기계적 오차 : 고정 부품과 회전 부품 간의 마찰과 서스펜션 와이어의 나머지 비틀림은 기기의 오차를 일으킨다. 따라서 검사를 해야 하며, 일반적으로 이러한 오차는 자주 검사를 통해서 최소한으로 줄일 수 있다.

(다) 랜덤 오차 또는 확률 오차(random errors)

기존의 모든 파라미터에 대해 보정을 적용한 후 편차의 잔류물은 남는다. 이들 잔류물은 랜덤 오차이며 그 사이즈는 일정하지 않다. 실험을 실시하는 사람은 이러한 랜덤 에러의 원인을 제어할 수 없다. 이 오차는 실험자의 피로나 소음 등의 여러 가지 이유로 발생하며, 정 또는 부가될 수 있다. 또는 랜덤오차의 확률법칙을 적용할 수 있다. 일반적으로 오차는 측정의 대량의 평균을 구함으로써 최소화할 수 있다.

(라) 모형오차(model error)

시스템에서 예상되는 행동과 실제 시스템 행동의 오차범위를 추정 또는 예측하는데 사용되는 모델, 물리현상을 수학적 모델로 표현하는 경우에는 예를 들어 살펴보았을 때, 엄밀하게 비선형이라도 선형이라고 가정하거나, 보다 단순하고 간단하게 모델을 만들 때 발생하는 오차를 모델 오차라고 하며, 때로는 방정식 오차라고 부른다.

(마) 근사오차(approximation error)

수학모델이 계산되기 때문에 근사식으로 계산하는 경우가 종종 발생한다. 이런 과정에서 발생하는 오차를 근사오차라고 부른다. 예를 들어 미분방정식 계산과정 중에 차분방정식으로 변환할 경우에 근사계산이 되고, 정적분의 계산을 누적 계산해서 근사화하는 경우가 있어 근사오차가 발생하게 된다.

(바) 절단오차(truncation error)

엄밀하게 수학적으로 주어진 방정식을 유한한 사칙연산의 반복계산식으로 근사할 경우 오차가 생긴다. 이 계산과정에서 발생하는 오차를 절단 오차라고 부른다. 예를 들어 어떤 함수가 있는데 무한급수로 전개가 된다고 생각해 보았을 때, 임의의 유한항까지만 계산하고 나머지 항은 절단 및 무시하여 사라져서 생기는 계산상의 오차를 일컫는다.

(사) 입력오차(input error)

측정한 입력 데이터의 경우, 계측기의 정밀도 사양에 의해 생기는 오차나 측정치를 읽으면서 발생하는 오차 등의 관측 오차가 생긴다. 또는 유한수로 입력데이터를 표현하기 위해서는 근사오차가 생기고 계산시의 입력오차가 된다. 예를 들어 7분의 1이나 π값과 같이 무한히 전개되는 수를 유한한 수로 바꾸어 입력 데이터 자체에 어쩔 수 없이 생기는 오차($\frac{1}{7}$= 1.4285714..., π = 3.141592...)를 말한다.

(아) 계산오차(calculation error)

계산결과에 나타나는 오차를 말한다. 이들의 오차는 다양한 요인에서 발생하며 복잡한 형태로 나타난다. 예를 들어, 계산과정에서의 반올림, 각 항의 소거, 오차의 전달 등에 의해 오차가 발생하며, 이에 관련된 모든 오차를 계산 오차라고 한다.

- 반올림 오차: 컴퓨터나 모든 계산기는 각자의 사양에 따라 계산 시에 유한한 수로 표현하도록 되어 있다. 이 경우 유한수로 표현하기 위해 계산기는 반올림을 하게 되며, 이때 발생하는 오차를 반올림 오차(round-off error)라고 한다.
- 항소거의 오차: 어떻게 근접하는 두 개의 수가 있다고 가정했을 때, 이 두 숫자를 감산할 경우 두 개의 수의 유효수가 다르기 때문에 이를 위한 유효 숫자가 사라지는 경우가 있으며, 이러한 덮어쓰기에서 발생하는 오차를 덮어쓰기 오차라고 한다.

(자) 출력 오차

계산결과를 출력하는 단계에서는 2진법이나 16진법으로 나타내는 계산기 내의 수치를 10진법으로 변환할 경우의 변환오차, 출력하는 수가 실제 수보다 적어 발생하는 오차 등의 출력오차가 발생하게 된다.

(2) 정밀도와 정확도

실험 오차는 측정 값과 실제 값 또는 두 측정 값의 차이이다. 실험오차 자체는 정확도와 정확도로 측정된다. 측정치에 가까운 정밀도를 측정하는 것은 실제값 또는 허용치를 의미한다. 물리량에 대한 실제 값이나 허용치를 알기 때문에 측정의 정밀도를 결정하기 위해 불가능한 경우도 있다. 정밀도 측정 방법은 밀접한 두 가지 이상의 측정 결과와 일치한다. 정밀도는 간혹 재현성 또는 재현성으로 불린다. 매우 높은 재현성을 가진 측정은 서로 매우 가까운 값을 제공하는 경향이 있다.

(3) 오차의 해석

실험을 통해 일부 데이터를 얻을 수 있게 되면 오차를 결정하기 위해 정밀도 및 실험 측정의 일반적인 타당성 등의 데이터를 분석할 필요가 있다. 명백한 오류 또는 이유로 인한 잘못된 데이터는 즉시 파기할 수 있다. 하지만 우리의 목적과 기대에 맞지 않기 때문에 데이터를 함부로 버릴 수는 없다. 나쁜 점이 일반적인 예상 랜덤 편차의 범위를 벗어나는 경우 일관된 통계분석을 근거로 파기할 수 있다. 데이터 포인트 제거는 일관성이 있어야 하고, 인간의 변덕에 의해 편견되지 말아야 한다. 그러나 대부분의 경우 일관되게 공평하게 하는 것은 매우 어렵다. 그러나 권한이 있는 실험자는 기본적인 데이터 분석의 일관성을 유지하기 위해 노력해야 한다.

(가) 산술 평균(arithmetic mean)

계측기의 측정값 데이터를 취득하였을 때, 각각의 결과값은 서로 다를 수 있고, 실험자는 모든 결과값의 평균값을 고려하게 된다. 데이터의 모든 측정값은 x_i로 표시하고, n개의 측정값이 있을 때 산술평균(x_m)은 다음과 같다.

$$x_m = \frac{1}{n}\sum_{i=1}^{n} x_i \tag{7.39}$$

(나) 편차(deviation)

측정값과 실제값의 차이를 의미하며, 편차(d)는 다음과 같다.

$$d_i = x_i - x_m \tag{7.40}$$

모든 측정값 편차의 평균은 0이라는 점을 고려해야 한다.

$$d_i = \frac{1}{n}\sum_{i=1}^{n} d_i = \frac{1}{n}\sum_{i=1}^{n}(x_i - x_m) = x_m - \frac{1}{n}(nx_m) = 0 \tag{7.41}$$

편차의 절대값 평균은 다음과 같다.

$$\overline{d_i} = \frac{1}{n}\sum_{i=1}^{n}|d_i| = \frac{1}{n}\sum_{i=1}^{n}[x_i - x_m] \tag{7.42}$$

편차의 절대값 평균은 0이 될 수 없다는 점을 주의해야 한다.

(다) 표준 편차(standard deviation)

측정값 집단 단위의 계량적 특성치에 관한 산포도를 나타내는 특성치를 의미한다. 표준편차가 0인 경우 측정값은 모두 같지만 현실적으로 불가능하다. 또한, 표준편차가 심할수록 측정치가 평균에서 크게 벗어나는 값이 많이 존재한다. 표준편차는 루트 평균 제곱근 편차라고 불리며, 다음과 같이 정의된다.

$$\sigma = [\frac{1}{n}\sum_{i=1}^{n}(x_i - x_m)2]^{1/2} \quad (7.43)$$

(라) 분산(variance)

분산은 통계적으로 보았을 때 측정치가 평균으로부터 떨어져 있는 정도를 나타내는 값이다. 또한 분산은 표준 편차의 제곱이라고 불린다. 엄밀하게는 다수의 샘플 모집단을 설명하는 경우에만 적용되기 때문에 때로는 집단 또는 편향 표준이라고도 불린다.

(마) 기하 평균(geometrical mean)

어떤 n개의 정수가 존재할 때 이들 수 전체의 곱의 n제곱근의 기하평균이라고 한다. 기하평균은 산술평균보다 크지 않다. 형상에 크기에 비례하여 성장하는 현상을 연구하는 경우 기하평균을 사용하는 것이 적절하다. 특정 생물학적 과정 및 재정자원의 성장속도에 적용할 수 있다. 기하평균은 다음과 같다.

$$x_g = [x_1 x_2 x_3 \cdots x_n]^{1/n} \quad (7.43)$$

7.11.3 측정 불확도

불확도의 평가는 다음과 같은 표준 불확도 계산을 통해 계산하여 평가할 수 있다.

(1) 지시자 길이의 표준 불확도 $u(L)$

- A형 표준 불확도 $u_A(L)$: 캘리퍼스 교정절차(C-01-1-0120-2000, KRISS)에 의해 교정된 디지털 캘리퍼스를 이용하여 지시자의 길이를 10회 반복 측정하여 얻은 결과로부터 A형 불확도 계산은 다음과 같다.

평균값 : $\bar{q}$ = 측정값/측정횟수 (mm)

실험 표준편차 : $s(q_i) = \sqrt{\sum_{i=1}^{n}\frac{1}{n-1}(q_i - \bar{q})^2}\ (mm)$

반복측정의 평균값 $\bar{q}$에 대한 표준편차 $s(\bar{q})$를 구하면 측정 반복성으로 인한 불확도 $u_A(L)$와 자유도 ν_A는 다음과 같다.

$$u_A(L) = s(\bar{q_i}) = \frac{s(q_i)}{\sqrt{n}} \quad (7.44)$$

$$\nu_A(L) = n - 1 = 9 \quad (7.45)$$

• B형 표준 불확도 $u_B(L)$: 길이 측정에 사용된 디지털 캘리퍼스의 확장불확도가 0.014 mm 라 가정할 때(C-01-1-0120-2000, KRISS) 분해능에 의한 지시값의 산포범위는 ±0.007 mm가 되며, 직사각형 확률분포로 가정하였을 때 B형 표준 불확도 계산은 다음과 같다.

$u_B(L) = \dfrac{0.007}{\sqrt{3}} = 0.004\ mm, \nu_B(L) = \infty$.

또한, 지시자 길이의 표준 불확도 $u(L)$와 유효자유도 $\nu_{eff}(L)$ 계산은 다음과 같다.

$$u(L) = \sqrt{u_A^2(L) + u_B^2(L)} \tag{7.46}$$

$$\nu_{eff}(L) = \frac{u^4(L)}{\dfrac{u_A^4(L)}{\nu_A} + \dfrac{u_B^4(L)}{\nu_B}} \tag{7.47}$$

(2) 지시자 길이에 대응하는 화소수 불확도 $u(P)$

• A형 표준 불확도 $u_A(P)$: 지시자를 측정한 적외선 카메라의 영상에서 지시자에 해당되는 화소수를 10회 반복 측정하여 얻은 결과로부터 A형 불확도 계산은 다음과 같다.

평균값 : $\bar{q}$ = 측정값/측정횟수 (pixel)

실험 표준편차 : $s(q_i) = \sqrt{\sum_{i=1}^{n} \frac{1}{n-1} (q_i - \bar{q})^2}$ (pixel)

반복측정의 평균값 $\bar{q}$에 대한 표준편차 $s(\bar{q})$를 구하면 측정 반복성으로 인한 불확도 $u_A(P)$와 자유도 $\nu_A(P)$는 다음과 같다.

$$u_A(P) = s(\overline{q_i}) = \frac{s(q_i)}{\sqrt{n}} \tag{7.48}$$

$$\nu_A(P) = n - 1 = 9 \tag{7.49}$$

• B형 표준 불확도 $u_B(P)$: 화소수 측정에 사용되는 소프트웨어의 분해능은 1 pixel 이므로 분해능에 의한 지시값의 산포 범위가 ± 0.5 pixel 일 때, 직사각형 확률분포로 가정하여 B형 표준 불확도 $u_B(P)$와 자유도 $\nu_B(P)$ 계산은 다음과 같다. $u_B(P) = \dfrac{0.5}{\sqrt{3}}$, $\nu_B(P) = \infty$.

또한, 지시자 길이에 대응하는 화소수의 표준 불확도 $u(P)$와 유효자유도 $v_{eff}(P)$ 계산은 다음과 같다.

$$u(P) = \sqrt{u_A^2(P) + u_B^2(P)} \tag{7.50}$$

$$\nu_{eff}(P) = \frac{u^4(P)}{\dfrac{u_A^4(P)}{\nu_A} + \dfrac{u_B^4(P)}{\nu_B}} \tag{7.51}$$

(3) 결함에 대응하는 화소수의 불확도

- A형 표준 불확도 $u_A(M)$: 결함을 측정한 적외선 카메라의 영상에서 결함에 대응되는 화소수를 10회 반복 측정하여 얻은 결과로부터 A형 불확도 계산은 다음과 같다.

평균값 : $\bar{q}$ = 측정값/측정횟수 (pixel)

실험 표준편차 : $s(q_i) = \sqrt{\sum_{i=1}^{n} \frac{1}{n-1}(q_i - \bar{q})^2}$

반복측정의 평균값 $\bar{q}$에 대한 표준편차 $s(\bar{q})$를 구하면 측정 반복성으로 인한 불확도 $u_A(M)$의 자유도 $\nu_A(M)$는 다음과 같다.

$$u_A(M) = s(\overline{q_i}) = \frac{s(q_i)}{\sqrt{n}} \tag{7.52}$$

$$\nu_A(M) = n - 1 = 9 \tag{7.53}$$

- B형 표준 불확도 $u_B(M)$: 화소수 측정에 사용되는 소프트웨어의 분해능은 1 pixel 이므로 분해능에 의한 지시값의 산포 범위가 ± 0.5 pixel 일 때 직사각형 확률분포로 가정하여 B형 표준 불확도 $u_B(M)$와 자유도 $v_B(M)$는 다음과 같다. $u_B(M) = \frac{0.5}{\sqrt{3}}$, $\nu_B(M) = \infty$.

결함 길이에 대응하는 화소수의 표준불확도 $u(M)$와 유효자유도 $v_{eff}(M)$ 계산은 다음과 같다.

$$u(M) = \sqrt{u_A^2(M) + u_B^2(M)} \tag{7.54}$$

$$\nu_{eff}(M) = \frac{u^4(M)}{\dfrac{u_A^4(M)}{\nu_A} + \dfrac{u_B^4(M)}{\nu_B}} \tag{7.55}$$

(4) 합성 불확도 $u_c(D)$

결함의 크기는 $D = M \times X$ 로 구할 수 있으며, 여기서 D는 결함의 크기(mm), M은 결함이 차지하는 화소수(pixel)이다. 이때 결함 길이 측정에 영향을 주는 인자들을 고려한 합성불확도 $u_c(D)$와 유효자유도 $\nu_{eff}(D)$는 다음과 같이 계산할 수 있다.

$$u_c(D) = \sqrt{c^2(L) \cdot u^2(L) + c^2(P) \cdot u^2(P) + c^2(M) \cdot u^2(M)} \tag{7.56}$$

$$= \sqrt{\left(\frac{\partial D}{\partial L}\right)^2 \cdot u^2(L) + \left(\frac{\partial D}{\partial P}\right)^2 \cdot u^2(P) + \left(\frac{\partial D}{\partial M}\right)^2 \cdot u^2(M)}$$

$$= \sqrt{\left(\frac{M}{P}\right)^2 \cdot u^2(L) + \left(\frac{ML}{P^2}\right)^2 \cdot u^2(P) + \left(\frac{L}{P}\right)^2 \cdot u^2(M)}$$

$$\nu_{eff}(D) = \frac{u_c^4(D)}{\dfrac{c^4(L) \cdot u^4(L)}{\nu_{eff}(L)} + \dfrac{c^4(P) \cdot u^4(P)}{\nu_{eff}(P)} + \dfrac{c^4(M) \cdot u^4(M)}{\nu_{eff}(M)}} \tag{7.57}$$

| 표 7.1 | 불확도 총괄표 예시

불확도 요소	표준불확도	확률분포	감도계수	불확도 기여량	자유도
$u(L)$	0.029 mm	정규	1	0.032 mm	9
$u_A(L)$	0.028 mm	정규	1	0.028 mm	9
$u_B(L)$	0.004 mm	직사각형	1	0.004 mm	∞
$u(P)$	0.357 $pixel$	정규	1	0.357 $pixel$	74
$u_A(P)$	0.211 $pixel$	정규	1	0.211 $pixel$	9
$u_B(P)$	0.289 $pixel$	직사각형	1	0.289 $pixel$	∞
$u(M)$	0.507 $pixel$	정규	1	0.507 $pixel$	20
$u_A(M)$	0.417 $pixel$	정규	1	0.417 $pixel$	9
$u_B(M)$	0.289 $pixel$	직사각형	1	0.289 $pixel$	∞
$u_c(D)$	0.445 mm	정규	1	0.445 mm	29
$u(L)$	0.029 mm	정규	0.669 $mm/pixel$	0.019 $mm^2/pixel$	9
$u(P)$	0.357 $pixel$	정규	0.531	0.190 $pixel$	74
$u(M)$	0.507 $pixel$	정규	0.793 $mm/pixel$	0.402 mm	29

모든 불확도 계산을 통한 불확도 총괄표 예시가 표 7.1과 같다고 할 때, 유효자유도 "29"에 대해 t-분포도 신뢰수준 95% 일 때, $k=2.04$ 이므로 확장 불확도는 다음과 같다.

$$U = k \cdot u_c(D) = 0.908 \ mm \tag{7.58}$$

따라서 결함 측정결과 $D = 20.069 \pm 0.908 \ mm$ 이며, 여기서 ±기호 다음의 숫자는 (확장불확도) $U = k \cdot u_c(D)$의 값이며, 이 값은(합성표준불확도) $u_c(D) = 0.445 \ mm$와 자유도 $\nu = 29$에 대한 t분포에 근거한(포함인자) $k = 2.04$으로부터 결정되었고, 이는 95%의 신뢰수준을 갖는 것으로 추정되는 구간을 나타낸다.

연습문제

1. 다음은 절대 대비 신호처리 기법에 대한 서술이다. 틀린 것을 고르시오.

① 절대 열대비는 건전부와 결함부의 정량적 온도차를 분석하는 기법이다.
② 절대 열대비는 온도 데이터만 활용하여 분석이 가능하다.
③ 차동 절대 대비(DAC) 기법은 시편에 나타나는 원치 않는 효과를 제거하는데 효율적이다.
④ 변형된 DAC 기법은 기존 DAC 알고리즘의 유효성을 확장하는데 유용하다.

2. 다음은 열화상 신호 재구성 기법에 대한 서술이다. 틀린 것을 고르시오.

① 열화상 신호 재구성(TSR)은 역확산율을 추정하는 방법 중 하나이다.
② TSR은 분석할 데이터의 양을 줄이면서 열화상 시퀀스의 공간 해상도를 높이는 기술이다.
③ 합성 데이터 처리는 노이즈 감소, 데이터 압축 등의 이점을 제공한다.
④ TSR 처리를 통해 다항식 계수로부터의 취득 시간 동안 실제 온도는 추정이 불가능한 단점이 있으나 최근 하이브리드 기법을 통해 개선되었다.

3. 다음은 주성분 열화상 기법에 대한 서술이다. 틀린 것을 고르시오.

① 주성분 열화상(PCT)는 주성분분석기법(PCA)를 적외선열화상에 적용한 것을 말한다.
② PCT는 특이값분해(SVD)라고 하는 단순화된 방식으로 행렬에서 공간 데이터를 추출하는 방법을 사용한다.
③ PCT 처리를 통하여 3차원 열화상 행렬은 2차원 $M \times N$ 행렬로 재구성된다.
④ 시간 변화는 행 단위로 변환되며, 공간 변화는 열 단위로 변환된다.

4. 다음은 펄스 위상 열화상 기법에 대한 서술이다. 틀린 것을 고르시오.

① 펄스 위상 열화상(PPT) 기법은 주파수 도메인을 시간 도메인으로 변환하여 분석하는 기법이다.
② PPT에서 데이터는 1차원 이산 푸리에 변환(DFT)를 사용하여 변환된다.
③ 이산 푸리에 변환을 통해 실수부와 허수부로 변환된다.
④ 실수부와 허수부는 진폭과 위상을 추정하여 데이터를 분석할 수 있다.

5. 다음은 PCA 데이터 융합 기법에 대한 서술이다. 틀린 것을 고르시오.

① 데이터퓨전은 서로 다른 데이터를 융합하여 좀더 많은 데이터를 제공하기 위해 사용되는 기법이다.

② PCA는 이미지 인코딩, 이미지 데이터 압축, 이미지 해상도 향상 등에 널리 사용된다.

③ PCA 기반 융합은 시간 영역 분석에 기반한 기술이다.

④ LIT에서 PCA 융합은 진폭과 위상데이터를 융합하여 SNR을 향상시킬 수 있다.

6. 다음은 웨이블릿 변환에 대한 서술이다. 틀린 것을 고르시오.

① 웨이블릿 변환(WT)은 고정 및 비정상 신호 분석에 적합한 기법이다.

② 적외선 신호에서 노이즈를 제거하고, 분연속성을 감지할 수 있으며, 많은 양의 데이터를 압축할 수 있다.

③ 웨이블릿은 특정 공간을 중심으로 하는 제한된 지속 공간의 일시적인 기능을 말한다.

④ 푸리에 변환(FT)와 달리 웨이블릿 변환(WT)는 시간 및 주파수 도메인을 모두 사용하여 시간에 따른 신호의 주파수 정보를 제공한다.

7. 다음은 4점법에 대한 서술이다. 틀린 것을 고르시오.

① 주기적인 열가진을 이용하는 lock-in thermography에서 활용되는 신호처리 기법이다.

② 높은 검출 감도를 얻기 위해 획득 시간을 늘려 열파 이미지의 신호대 잡음비를 향상 시킬수 있다.

③ 동일한 간격의 4개의 데이터가 존재할 때, 위상 및 진폭 데이터를 추출하여 분석한다.

④ 4점법 알고리즘은 과도상태 사인파 신호처리를 기반으로 한다.

8. 다음은 신호 대 잡음비에 대한 서술이다. 틀린 것을 고르시오.

① 신호 대 잡음비(SNR)은 원하는 정보 또는 신호의 전력과 원하지 않는 신호 또는 배경 잡음 전력 간의 비율을 말한다.

② SNR은 원하는 신호의 레벨을 배경 잡음의 레밸과 비교하는 공학 분야에서 사용되는 측정 매개변수이다.

③ SNR 값은 낮을수록 영상에서의 건전부와 결함부의 대비가 좋다.

④ 신호대 잡음비를 확인하려면 신호 세기 값에서 잡유 값을 빼서 원하는 신호 세기와 원하지 않는 잡음 사이의 정량화 가능한 차이를 찾아야 한다.

9. **다음은 오차에 대한 서술이다. 틀린 것을 고르시오.**

① 물리량 측정에서의 오차는 실제 값으로부터의 편차다.
② 실험에 대한 오차를 안다면 그에 대해 수정할 수 있다.
③ 전오차는 인간이 일거나 쓰거나 읽는 동안의 모든 오류가 포함되어 있다.
④ 랜덤 오차는 시스템에서 예상되는 행도와 실제 시스템 행동의 오차범위를 추정 또는 예측하는데 사용되는 모델이다.

10. **적외선열화상에 이진화 처리를 수행할 경우의 강점을 서술하시오.**

11. **이진화 처리를 위해 활용되는 대표적인 기법을 서술하시오.**

12. **적외선열화상에 데이터 및 이미지 융합을 수행할 경우의 강점을 서술하시오.**

13. **데이터 및 이미지 융합을 위해 활용되는 대표적인 기법을 서술하시오.**

14. 적외선열화상 기법에 딥러닝 및 AI를 적용한 사례를 서술하시오.

15. 정오차(계통오차)의 종류 및 정의에 대해 설명하시오.

16. 오차를 결정하기 위해 정밀도 및 실험 측정의 일반적인 타당성 등의 데이터를 분석하기 위해 활용되는 분석 종류를 서술하시오.

8 적외선열화상 비파괴검사 활용사례

8.1 결함 크기 및 깊이 추정

비파괴검사에 있어 결함 검출뿐 아니라 정량적 데이터를 제공하는 것이 중요하다. 적외선열화상은 대상체 이면에 존재하는 결함 검출도 가능하며, 열화상 이미지에서 결함의 크기와 깊이를 정량적으로 평가 또한 가능하다.

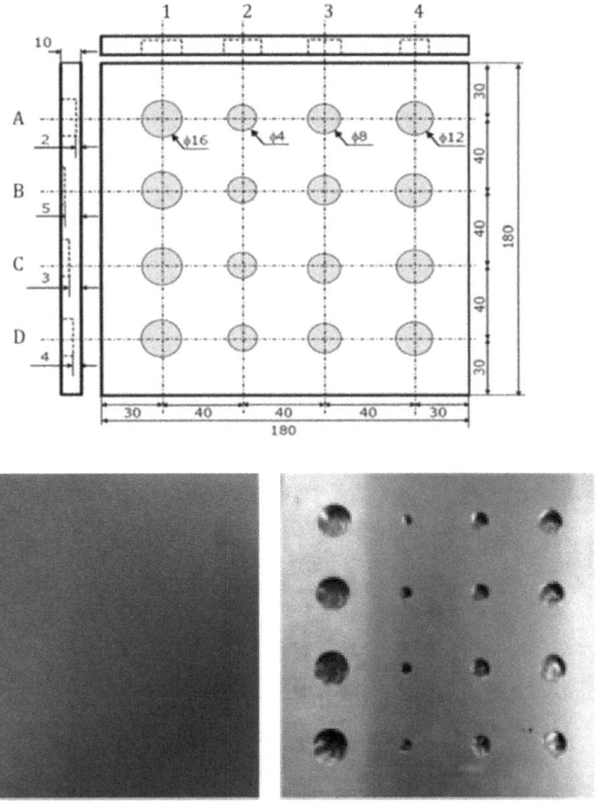

| 그림 8.1 | 인공결함이 있는 STS304 시편

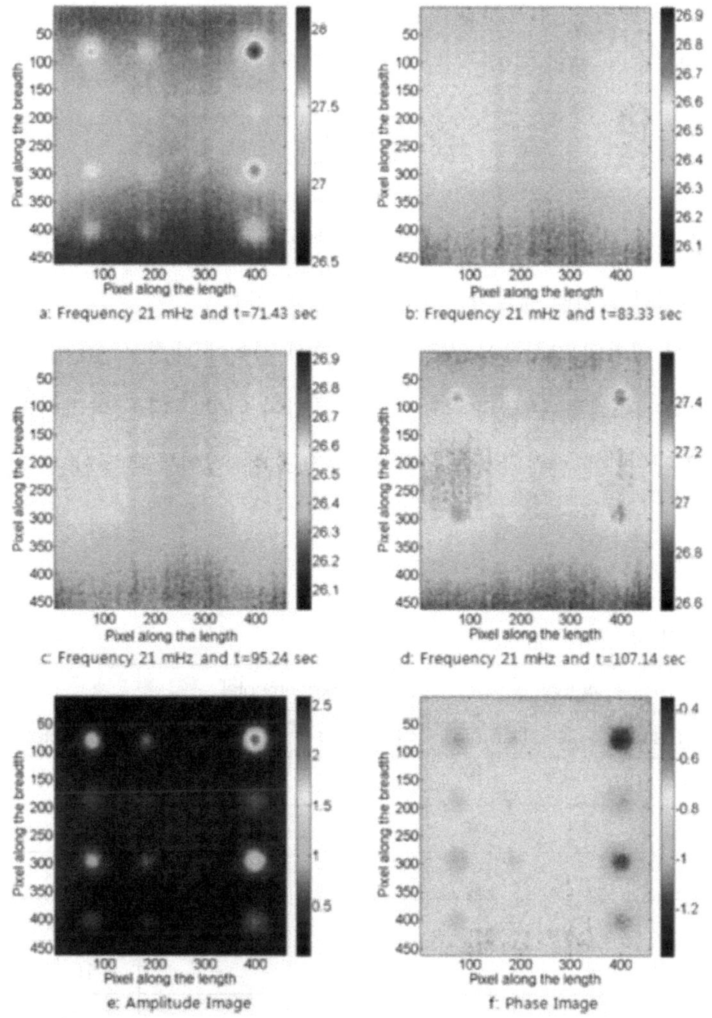

| 그림 8.2 | 위상잠금 열화상을 통한 진폭 및 위상 이미지[55)]

그림 8.1은 180×180 mm 크기의 10 mm 의 두께를 갖는 STS 304 플레이트 시편을 보여준다. 시편 후면에는 다양한 크기와 깊이의 원통형 인공결함이 가공되어 있다. 위상잠금 열화상에서 열가진 주기의 등간격 4개의 데이터(그림 8.2 (a)~(d))를 활용하여 7장에서 설명한 4점법 알고리즘의 식 (7.10)와 식 (7.11)을 통해 진폭 및 위상 이미지를 생성하면 그림 8.2와 같다.

적외선열화상에서 측정된 결함은 적외선 이미지에서 결함이 차지하고 있는 화소수를 계산함으로서 크기를 대략적으로 추정할 수 있다. 일반적으로 결함의 크기측정은 적외선 이미지에

---

55) Investigation of lock-in infrared thermography for evaluation of subsurface defects size and depth, IJPEM, 2015.

서 차지하는 화소수 대비 실제 설계된 시험편의 길이 비로 대략적인 추정이 가능하다. 즉, 결함의 크기(mm) D는 식 (8.1)과 같다.

$$D = M \times (\frac{L}{P}) \tag{8.1}$$

여기에서, P는 실제 시험편의 길이(mm), L은 적외선 이미지에서 결함이 차지하는 화소수(pixel), M은 시험편 길이에 대응하는 화소수 (pixel)이다.

재료를 지나는 열파의 감쇠율을 결정하는 열확산 길이에 대한 식 (6.6)을 통하여, 위상차(∅)는 다음과 같이 표현될 수 있다. 식 (8.2)을 통하여 위상은 다른 파라미터에 많은 영향을 받지 않고, 결함 깊이z 에 관련되어 있음을 알 수 있으며, 깊이를 추정할 수 있다.

$$\Phi = \frac{z}{\mu} \tag{8.2}$$

| 표 8.1 | 결함 크기 및 깊이 추정 값

Hole	Actual		Experimental		FEA	
	Diameter	Depth	Diameter	Depth	Diameter	Depth
A_1	16	8	16.20	7.95	16.10	8.28
A_2	4	8	–	–	–	–
A_3	8	8	–	–	8.05	8.55
A_4	12	8	11.71	6.16	12.20	8.32
B_1	16	8	–	–	16.59	5.55
B_2	4	8	–	–	–	–
B_3	8	8	–	–	–	–
B_4	12	5	–	–	–	–
C_1	16	7	14.59	7.08	14.15	8.79
C_2	4	7	–	–	–	–
C_3	8	7	–	–	8.29	7.68
C_4	12	7	9.95	6.06	12.44	7.26
D_1	16	6	–	–	16.1	6.47
D_2	4	6	–	–	–	–
D_3	8	6	–	–	–	–
D_4	12	6	–	–	11.71	6.70

예제 8-1

실제 시험편의 길이가 200 mm, 열화상 이미지에서 결함이 차지하는 화소수가 50 pixels 및 시험편 길이에 대응하는 화소수가 150 pixels일 경우, 결함의 크기를 계산하시오.

풀이

식 8.1에 의해 M=150 pixels, L=200 mm, P=500 pixels 이므로, D는 60 mm이다.

8.2 강구조물 결함 진단

철은 공학과 관련된 모든 산업분야에서 활용되고 있을 정도로 주요 재료로서 밀접한 관계가 있다. 강구조물은 이러한 각각의 강으로 된 구성요소가 모여 구조물을 이루게 된다. 그중에 플랜트, 발전소, 건축 분야를 살펴보면 건물 구조, 주요 설비 피이프, 열교환기, 응축기 튜브, 입력 채널 등에 사용되고 있다. 지금까지 다양한 산업에서 크고 작은 사례가 지속적으로 보고되고 있으며, 이에 대한 연구가 꾸준하게 수행되고 있다.

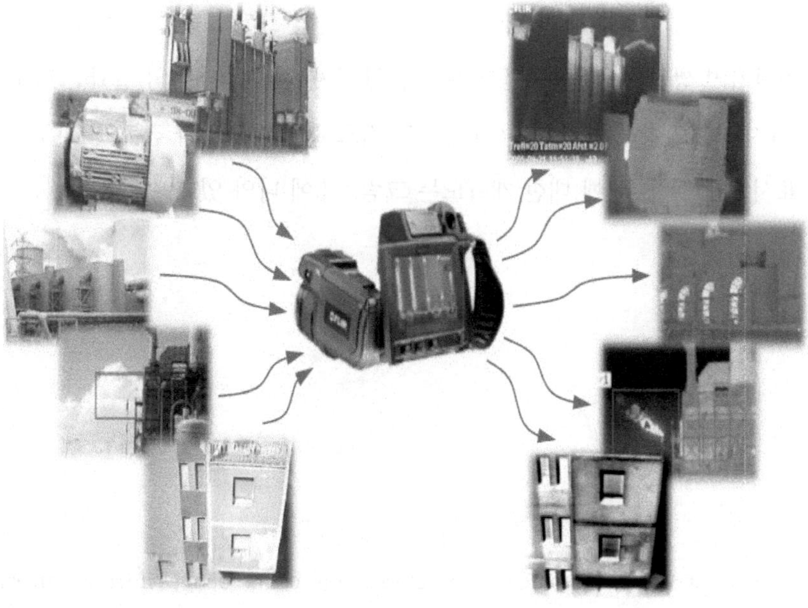

| 그림 8.3 | 적외선열화상을 이용한 구조건성모니터링(SHM) 예 56)

그림 8.3과 그림 8.4는 강구조물의 건전성 모니터링에 활용되고 있는 예를 보여준다. 기계 모니터링, 액체 레벨 모니터링, PCB 검사, 변압기 회로 차단기, 모터 샤프트 및 3상 전기 연결의 상태 모니터링과 같은 다양한 분야에서 활용되고 있다.

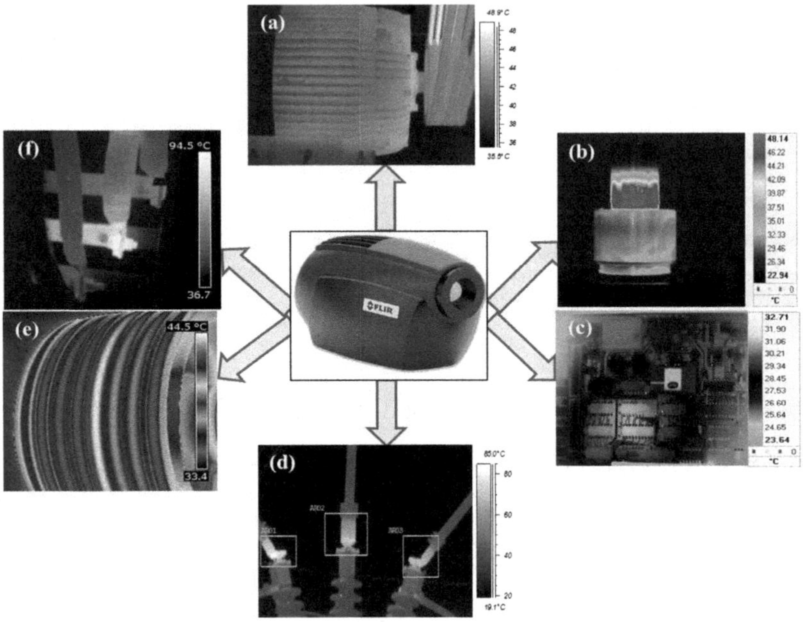

| 그림 8.4 | 적외선열화상을 이용한 구조건성모니터링(SHM) 예 [57]

적외선열화상으로 구조물 표면 뒤에 결함이 존재하면 결함 표면 반사 영역에서 적외선 방사강도의 변화가 발생된다. 이는 표면 아래 결함의 존재는 물체 내부의 열확산 속도에 기인한 것이며, 에너지 보존의법칙에 따른 것이다. 결과 적으로 결함 영영과 건부 영역이 다른 강도로 이미지에 표시되게 된다. 이에 대한 개략도는 그림 8.5에 나와 있다.

56) An overview of corrosion defect characterization using active infrared thermography. Doshvarpassand et al.

57) Infrared thermography for condition monitoring-A review. Infrared Physics & Techonology, 2013.

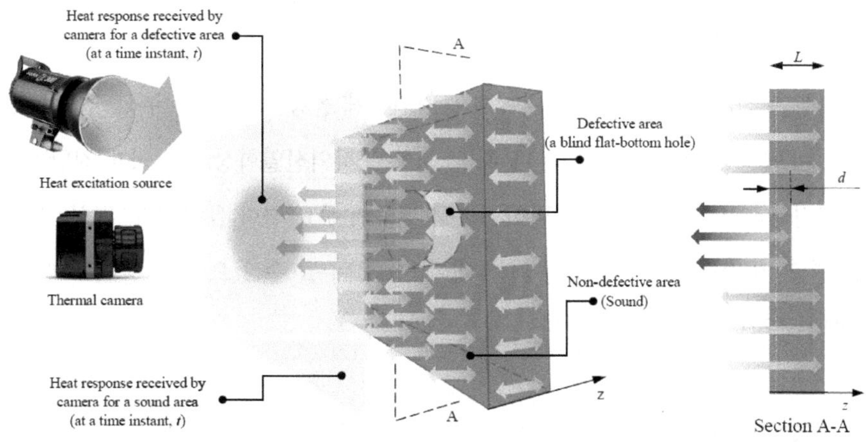

| 그림 8.5 | 결함이 있는 강구조물에서의 열확산 및 반응 개략도 예[58)]

결함이 있는 기계, 부적절한 전기 부하 조건, 손상된 금속 또는 비금속 구성요소는 일반적으로 비정상적인 온도 패턴을 나타낸다. 또한 온도는 다양한 산업 공정에서 가장 중요한 제어 매개변수 중 하나이다. IRT를 사용하여 비접촉 방식으로 수행되는 비정상적인 온도 패턴 및 온라인 온도 측정은 가능한 결함의 조기 진단을 지원하고 주요 가동 중단을 방지하기 위한 적절한 유지보수를 조치할 수 있다. 열화상 결과는 신뢰성과 정확성을 보장하기 위해 다목적 다중 모드 상태 모니터링을 위해 초음파 검사, 진동 분석 등과 같은 다른 기술에서 얻은 결과와 종종 비교된다. 적외선열화상의 장점으로는 넓은 지역을 동시에 모니터링 할 수 있는 원격, 비접촉 및 비침습적 특성이 있다. 또한 적외선열화상을 사용하면 온도의 동적 변화를 실시간으로 기록할 수 있으며 획득한 유사 색상 코드 적외선열화상을 보다 쉽고 빠르게 해석할 수 있다. 측정된 온도값을 기반으로 유지 관리 및 수리 일정에 대해 적절한 결정을 내릴 수 있다. 따라서 적외선열화상은 장비 손상, 시스템 다운 시간 및 유지 보수 비용을 줄이는 데 도움이 된다. 이러한 장점으로 인해 적외선열화상은 효과적인 결함진단 및 상태 모니터링 도구로 확립되었다.

8.2.1 토목 구조물

교량, 도로, 상하수도 시스템, 항구, 항구, 공항 및 건물에 활용되는 강구조물은 우리 삶의 필수적인 부분이며 이러한 구조물의 사용 중 상태 모니터링은 공공 안전을 보장하는데 필수적이며, 활용중에 있다.

58) An overview of corrosion defect characterization using active infrared thermography. S. Doshvarpassand et al.

8.2.2 전기 및 전자 부품

적외선열화상은 전기 부품의 결함 진단에서 광범위하게 응용되고 있다. 부식, 접합부 불량, 손상된 접점, 마모된 전선, 과부하 또는 부하 불균형은 적외선열화상으로 쉽게 진단할 수 있으며, 이는 비정상적인 온도 상승을 유발하는 전기부품의 주요 결함 유형이다. 정상 부하 조건에서 일반적인 전기 장비의 작동온도는 기준 데이터로 간주될 수 있으며, 작동온도의 증가는 가능한 결함의 표시로 간주되어야 한다.

8.2.3 재료 변형

재료는 작동 중에 다양한 유형의 하중 조건이 작용되며, 이로 인해 수명이 크게 단축될 수 있다. 인장 또는 피로 하중은 부품에 변형을 일으키고 기계적 에너지의 일부가 열에너지로 변환되어 부품 온도가 상승한다.

8.2.4 기계 검사

적외선열화상을 활용하여 기계류 진단에 널리 사용되고 있다. 고정자 또는 회전체의 오정렬, 베어링 결함, 부적절한 윤활은 적절한 진단 모니터링 관행과 시정 조치를 취하지 않는 한 주요 기계적 고장을 유발할 수 있다. 기계의 최적 수율, 서비스, 수명 및 설비의 안전성을 보장하기 위해 정기적으로 공정 설비 튜브의 표피 온도 분포를 주기적으로 진단 및 모니터링하는 것이 필수적이다.

8.2.5 부식 검사

부식은 강구조물이 사용되는 다양한 산업 분야에서 막대한 경제적 손실을 초래한다. 부식은 재료의 손실을 동반하고, 표면 온도변화가 발생하므로 적외선열화상은 부식 손상을 대해 진단하는데 매우 좋은 장점을 가지고 있다.

8.2.6 용접부 검사

용접은 금속 및 비금속 재료에 가장 널리 사용되는 접합 방법 중 하나이다. 대부분의 경우 용접 조인트는 구조적 취약성의 원인이므로 용접 조인트는 제작된 제품의 구조적 무결성을 보장하기 위해 정기적으로 진단해야 한다.

8.2.7 원자력 발전 응용

적외선열화상은 원자력 산업의 다양한 구성 요소의 상태 모니터링에 널리 적용되고 있다. 방사성 액체 폐기물 탱크, 냉각수 펌프, 슬러리 펌프, 배기 팬 및 패널, 회로 차단기, 릴레이 등과 같은 전기 부품 상단에 위치한 환형 팬 베어링 및 모터 결함의 상태진단 및 모니터링에 활용되고 있다.

8.2.8 항공/우주 응용

적외선열화상은 최근 항공 우주 산업에서 결함 진단 및 상태 모니터링에 가장 일반적으로 사용되는 도구 중 하나이다. 탄소 및 유리 섬유 강화 폴리머, 벌집 구조, 샌드위치 패널 등과 같은 여러 유형의 경량 복합 구조가 항공 우주 부품 제조에 일상적으로 사용된다. 이러한 구성 요소는 박리, 결합 분리, 이물질 포함, 다공성, 수분 침투, 노드 실패 및 코어 분쇄와 같은 결함이 발생하기 쉽다. 구조적 무결성을 보장하기 위해 제작된 구성 요소에 대한 정기적인 모니터링이 필요하다. 적외선열화상은 주로 항공기 구성 요소를 분해하지 않고도 넓은 영역에서 검사를 수행할 수 있기 때문에 항공 우주 산업에서 널리 사용되는 상태 모니터링 기술이다. 비접촉식으로 검사 시간이 다른 상태 모니터링 기술에 비해 상당히 짧다. 일반적으로 수분은 허니컴 구조를 부식시킴과 동시에 접착력도 저하시켜, 수분 함침의 검출은 복합 구조에서 가장 중요한 검사로 분류되고 있다.

8.3 복합재료 결함 진단

적외선열화상은 항공기 및 헬리콥터의 1차 및 2차 구조, 항공 엔진 부품, 우주선 구성 요소 및 하위 시스템과 같은 대형 항공 우주 구성 요소의 검사에 널리 사용되고 있는 신속하고 정확한 비파괴평가(NDE) 기술이다. IRT는 일반적으로 알루미늄, 복합 재료 및 유리 라미네이트 알루미늄 강화 에폭시(GLARE) 및 탄소 강화 알루미늄 라미네이트(CARALL)와 같은 하이브리드 섬유 금속 라미네이트를 포함한 다양한 재료에 적용된다.

| 표 8.2 | 적외선열화상으로 진단할 수 있는 복합재의 가장 일반적인 재료 및 결함 유형

Materials	Applications	Types of Damage Monitored with IRT
Composite laminates (e.g., CFRP and GFRP) and hybrid composites (e.g., GLARE and CARALL)	Aircraft and spacecraft primary and secondary structures	Delamination
		Impact damage and BVID
		Interlaminar disbond
		Porodity
		Fibre/Matrix Cracking
	Jet engine turbine blades	Thermal stress Cracking
		Delamination between ceramic thermal barrier coating and the composite substrate
	Honeycomb panels	Skin-to-core debonding
		Facesheet delamination
		Absence of adhesive
		Water ingress
		Core crushing
Metals	Aircraft and spacecraft primary and secondary strucures, core for honeycombs and electromagnetic wave shields	Fatigue cracks parallel and perpendicular to the surface
		Pores and voids
		Corrosion
		Material inclusions
		Welded sheets without metal diffusion("kissing bonds")

항공우주산업의 주재료인 탄소섬유강화폴리머(CFRP), 유리섬유강화폴리머(GFRP) 등의 복합재료는 저중량, 강성, 내식성, 단열 및 고비강도 등의 열역학적 특성이 우수하여 그 활용도가 높아지고 있다. 복합재료 요소는 현재 항공기의 약 50%를 구성하는 것으로 추정되고 있으며, 엔진 케이싱, 날개 부분, 꼬리 비행기, 동체 및 제어 표면에 사용된다. 항공우주 부품의 일반적인 손상은 부식 균열, 피로 균열, 눈에 보이지 않는 충격 손상(BVID), 박리, 분리, 매트릭스/섬유 균열, 공극 및 코어 분쇄가 포함된다. 이러한 유형의 재료 결함은 제조에서 서비스 및 유지 보수 작업에 이르기까지 구성 요소 주기 수명의 모든 단계에서 발생할 수 있다. 적외선열화상은 많은 경우 이러한 중대한 결함을 감지하고 정량화하는 효과적인 기술임을 입증되었다. 적외선열화상으로 모니터링 가능한 항공우주 부품의 일반적인 재료 및 손상 유형과 사례 표 8-2와 그림 8.6 ~ 8.10에 설명되어 있다.

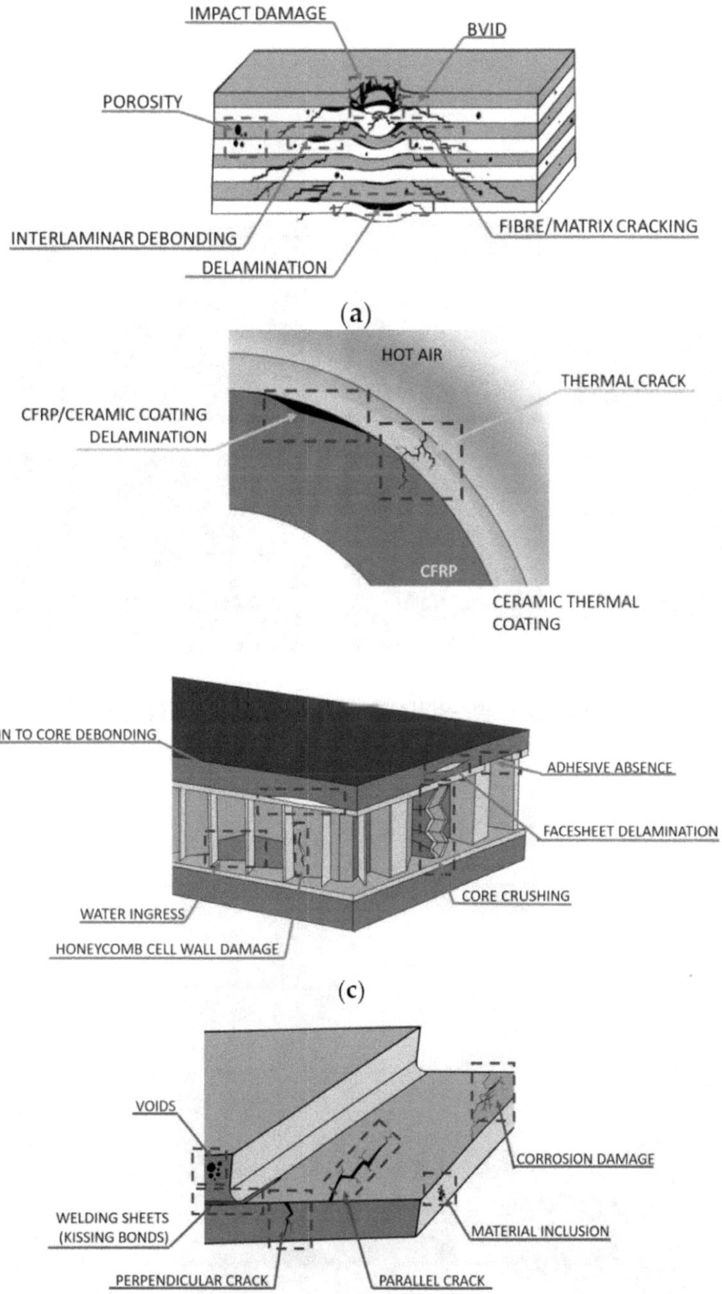

| 그림 8.6 | 결함 표면 및 크기에 따른 열확산 변화[59)]

---

59) Recent advances in active infrared thermography for non-destructive testing of aerospace components, Sensros, 2018.

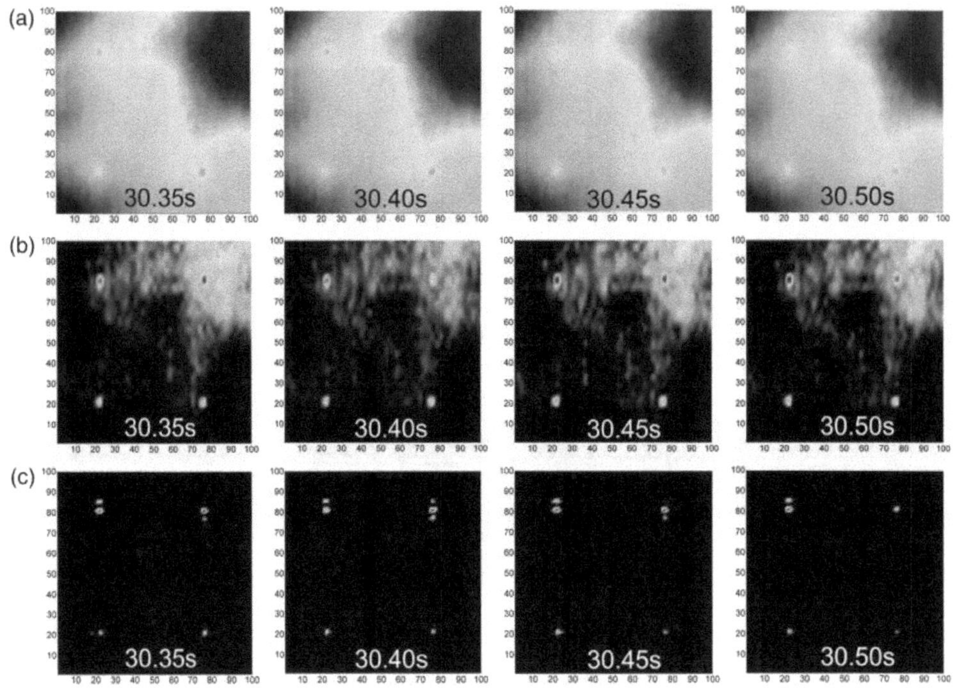

| 그림 8.7 | 펄스열화상을 이용한 복합재료 결함 검사60)

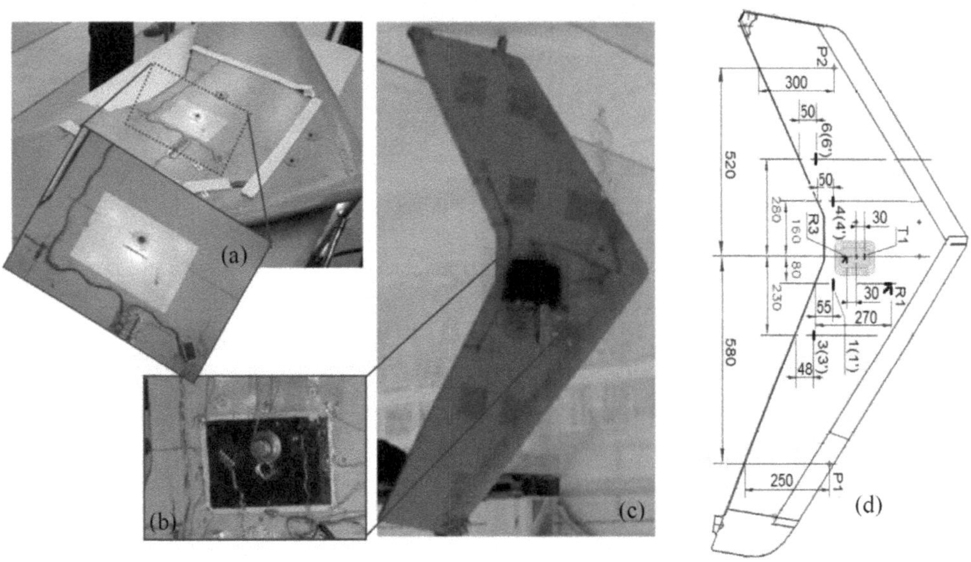

| 그림 8.8 | 위상잠금 열화상으로 분석한 항공기 날개의 개략도 61)

---

60) Gapped smoothing algorithm applied to defect identification using pulsed thermography, NDT&E, 2015

61) Service and maintenance damage assessment of composite structures using various modes of infrared thermography 2015.

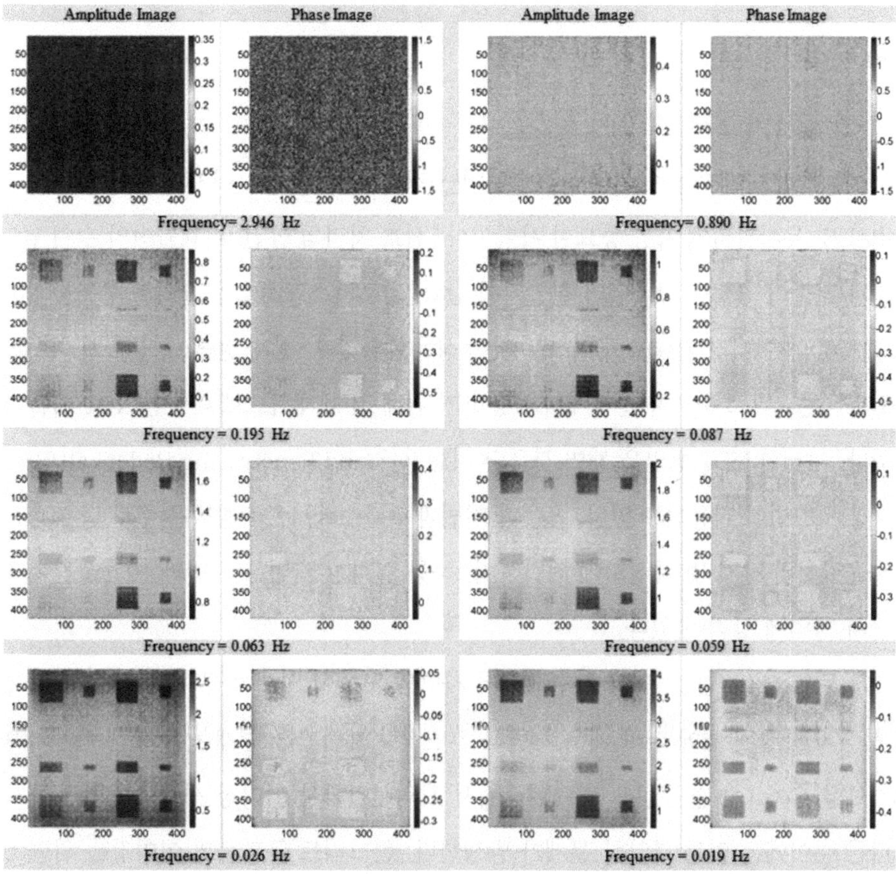

| 그림 8.9 | 위상잠금 열화상을 인공 결함이 있는 GFRP 패널 검사62)

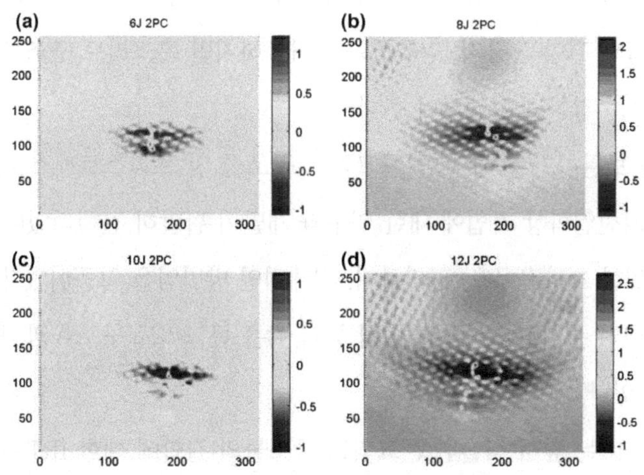

| 그림 8.10 | 와전류열화상을 이용한 CFRP 샘플의 충격 손상 검사 63)

62) Quantification of defects depth in glass fiber reinforced plastic plate by infrared lock-in thermography. S. Ranjit et al.

8.4 콘크리트 구조물 진단

콘크리트는 가장 다재다능하고 내구성이 뛰어난 건축 자재 중 하나이지만 콘크리트 노후화는 요소 검사 및 유지관리에 가장 중요한 사항이다. 신호 처리의 발전 및 효율적인 수치 알고리즘의 개발과 더불어 고성능 컴퓨터와 결합되어 강화 및 프리스트레스 콘크리트 구조물의 비파괴 테스트(NDT)에 이미징 기술을 구현하는 것이 상용화되었다. 현재 철근 콘크리트 구조물 및 프리스트레스 콘크리트 구조물 분야에서 사용하기 위해 전 세계적으로 다양한 NDT 기술이 개발되고 있다. 이러한 NDT 방법은 해머 사운딩 시험 (Ground Penetrating Radar; GPR)을 포함하여 다양한 방법이 적용되고 있다. 초음파 기법과 같은 고급 NDT 방법은 주로 5~10 cm 보다 깊은 불균일성의 탐지 및 특성화에 적합하며, 능동 열화상 기법은 표면과 10 cm 깊이 사이의 표면 근처 영역에 강점이 있다.

콘크리트의 타설, 압밀, 양생은 현장에서 사람의 노동에 의해 이루어진다. 제작된 결과물은 그 특성과 구성 방법에 따라 매우 가변적이며 철강 제품만큼 쉽게 전통적인 비파괴 방법으로 테스트할 수 없다. 철근 콘크리트 현장에서 적외선열화상 이미징 시스템을 접목하기 위해서는 다른 분야에는 없는 다양한 문제가 발생한다. 콘크리트 구조물의 이미징을 위한 실용적인 적외선열화상 시스템은 휴대가 가능하고 견고해야 하며, 다양한 형상에 쉽게 적용할 수 있어야 한다. 또한, 콘크리트의 특성으로 인해 이미지화가 어렵다. 능동 적외선열화상을 사용하여 콘크리트 구조물의 결함을 감지 및 특성화가 가능하지만 콘크리트 구조물의 치수와 이러한 구조물에서 발생하는 결함도 고려해야 한다.

이러한 단점을 보완하기 위해 철근 콘크리트 구조물 및 프리스트레스 콘크리트 구조물을 시험하기 위한 적외선열화상 기법에 대한 연구와 개발이 활발히 진행되었다. 적외선열화상은 콘크리트 시험을 위한 효과적이고, 편리하며, 경제적인 방법임을 입증되었다. 교량 데크, 고속도로 포장, 차고 바닥, 주차장 포장, 건물 벽 등과 같은 콘크리트 구조물의 내부 공극, 박리 및 균열을 감지할 수 있다.

그림 8.11 ~ 8.14는 앞서 서술한 콘크리트 구조물의 결함에 대한 IRT 진단사례들을 보여준다.

---

63) Impact evaluation in carbon fiber reinforced plastic (CFRP) laminates using eddy current pulsed thermography. Y. He et al.

| 그림 8.11 | 적외선열화상을 이용한 Krapina 교량의 결함 진단 사례 64)

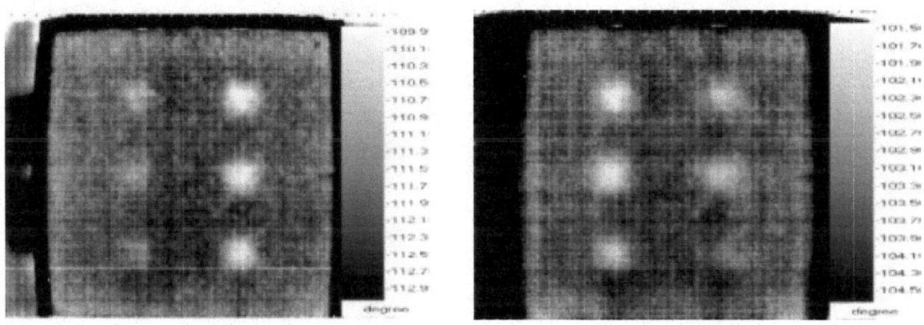

| 그림 8.12 | 적외선열화상을 이용한 콘크리트 박리 결함 진단 사례 65)

| 그림 8.13 | 적외선열화상을 이용한 햇빛 가열 사이클에 따른 교량 진단 사례 66)

---

64) Quality control of concrete structures using IR thermography, Proceedings of the RILEM International Workshop, 2014.

65) Development of a new non-destructive testing technique for quantitative evaluations of delamination defects in concrete structures based on phase delay measurement using lock-in thermography, Infrared Physics & Technology, 2002.

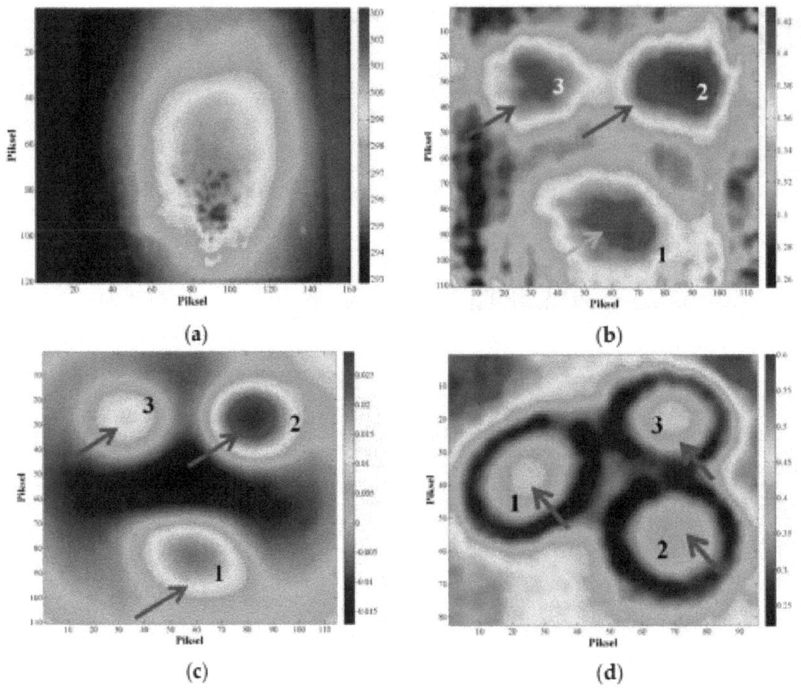

| 그림 8.14 | 위상잠금 열화상을 이용한 콘크리트 결함 진단 사례[67)]

8.5 코팅 진단

코팅은 재료 표면에 덮는 층을 말하며, 다양한 종류의 부식 및 마모로부터 구조물을 보호하여 구조물의 복원 및 수명향상을 위해 널리 사용된다. 코팅은 사용 목적, 재료 및 적용 절차에 따라 다르게 활용된다. 코팅 두께는 코팅 품질 및 서비스 수명 평가에 사용되는 중요한 매개변수이다. 따라서 코팅된 재료의 제조 및 작동에는 코팅 두께를 결정할 수 있는 비파괴검사(NDT) 방법이 필수적이다. 코팅 두께는 와전류, X선, 초음파, 테라헤르츠 등과 같은 수많은 NDT 기술을 사용하여 평가할 수 있다. 각 기술은 특정 장점과 한계를 가지고 있다. 와전류 및 초음파 방법은 정확하지만 접촉식 검사 방법으로써 많은 샘플 시험을 통해 보정해야 한다. X선 방식도 정확한

66) Development of an infrared system coupled with a weather station for real time atmospheric corrections using GPU computing: Application to bridge monitoring. Proc of 11th International Conference on Quantitative InfraRed Thermography, 2012.

67) Quality control of concrete structures using IR thermography. Proceedings of the RILEM International Workshop. 2014.

기술이지만, X선으로 인한 안전상의 이유와 물질적 손상 가능성으로 인해 자주 사용되지 않는다. 테라헤르츠 테스트는 시간이 많이 걸리고 값비싼 장비가 필요하다. 하지만, 능동 적외선열화상을 기법을 사용하면 코팅의 두께에 대한 정량적 검사를 빠르게 수행할 수 있다.

그림 8.15는 코팅 시편의 기하학적 정보와 주사 현미경으로 측정한 코팅의 두께를 보여준다.

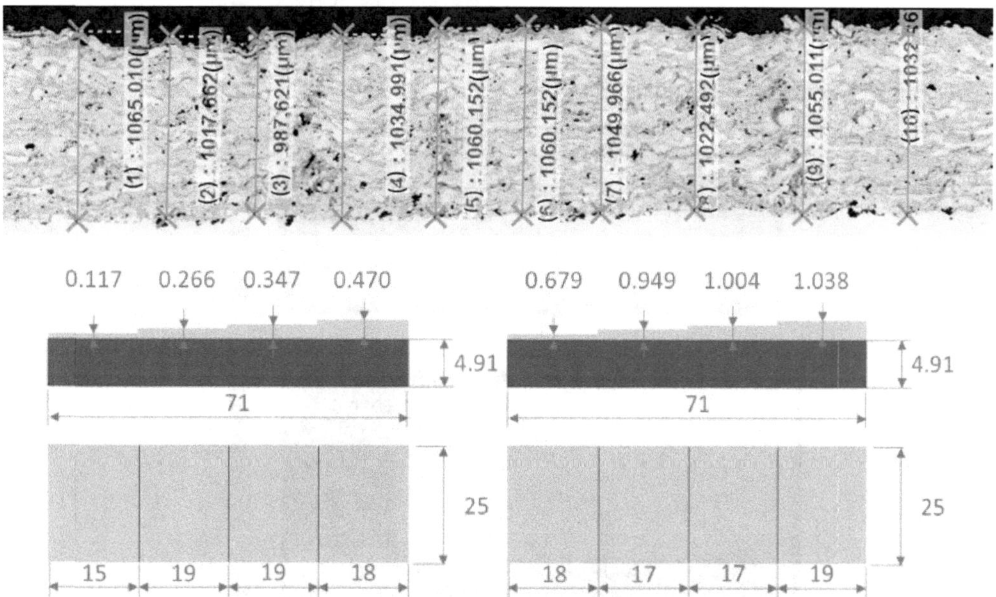

| 그림 8.15 | 코팅 시편의 개략도와 현미경 이미지68)

그림 8.16는 펄스열화상을 통한 코팅시편의 이미지를 보여준다. 펄스열화상은 Dirac 펄스에 의한 반무한 단열체의 1D 솔루션에 의해 표현된다. 실제로 흡수된 에너지는 거의 결정할 수 없으므로 픽셀 기반 겉보기 열효율의 개념에 의해 다음과 같이 표현된다.

$$e_{app}(L,t) = \frac{1}{T(l,t)\sqrt{t}} \tag{8.3}$$

일정하지 않은 열전도는 열에너지의 확산 과정을 말한다. 표면 온도의 거동은 아래의 식에 의해 두께 z를 추정할 수 있다.

$$z = \sqrt{\pi \alpha t} \tag{8.4}$$

68) Active IR thermography evaluation of coating thickness by determining apparent thermal effusivity, Materials, 2020.

이렇게 계산된 코팅두께는 그림 8.17과 같이 3D 맵으로 정량적인 데이터를 제공해 줄 수 있다. 표 8.3은 열화상 데이터로부터 추정한 코팅두께와 실제 코팅두께와의 오차와 비율을 보여주며, 높은 정확도를 나타내는 것을 알 수 있다.

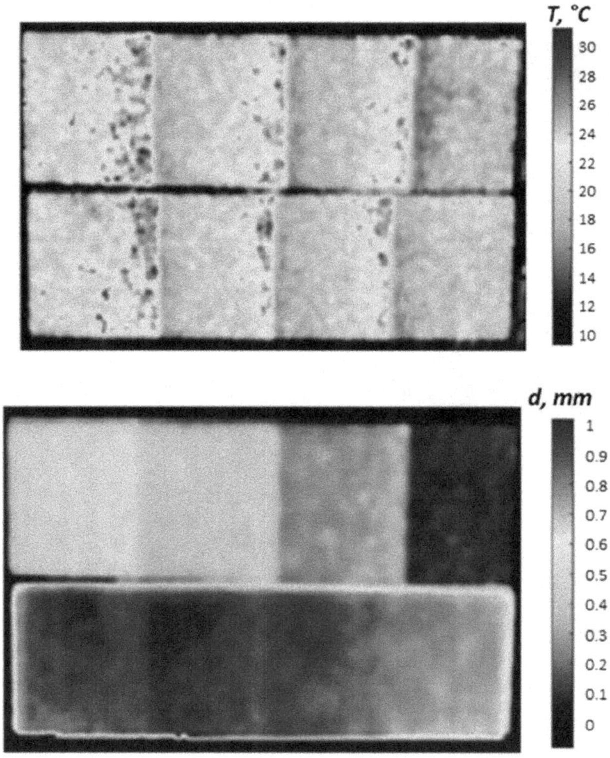

| 그림 8.16 | 코팅 시편에 대한 펄스열화상 이미지

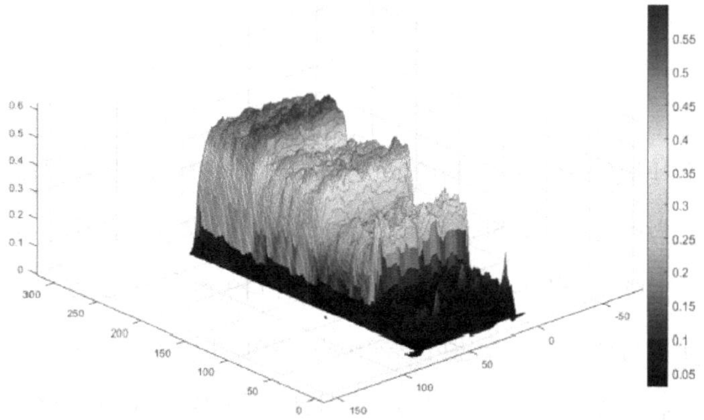

(a)

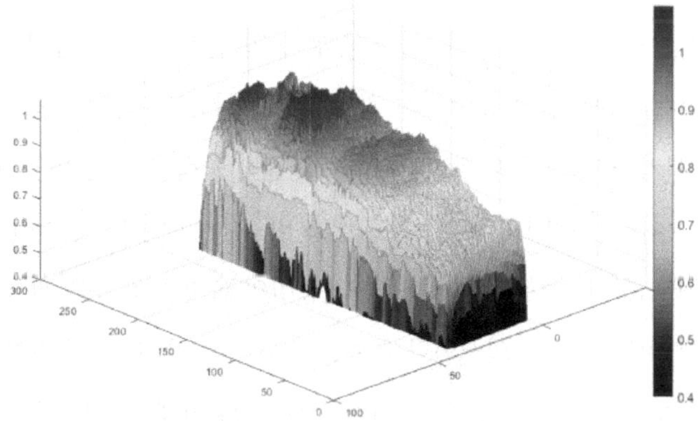

(b)

| 그림 8.17 | 코팅 두께에 대한 3D 맵

| 표 8.3 | 코팅두께 추정 및 오차

Area	Micrometry Thickness Measurement, ㎛			Thermography Thickness Measurement, ㎛			Difference, ㎛/%
	Min/Max Value	Mean	Standard Deviation	Min/Max Value	Mean	Standard Deviation	
d1	77/176	117	37.7	71/179	93	12.5	−24/−20.5
d2	222/334	266	40.6	227/371	283	24.9	17/6.4
d3	281/408	347	37.5	361/486	414	19.2	67/19.3
d4	422/507	470	24.9	409/551	483	19.6	13/2.8
d5	617/735	679	39.1	661/818	747	26.3	68/10
d6	914/972	949	17.6	751/969	876	45.6	−73/−7.7
d7	948/1058	1004	39.4	818/1076	954	44.5	−50/−5
d8	987/1065	1038	24.6	799/1050	919	42.1	−0.119/−11.5

8.6 발전소 및 전력설비 진단

중요한 유지관리 기술중 하나인 적외선열화상은 복잡한 산업, 전기 및 기계 시스템의 결함을 찾아내는데 사용될 수 있는 효과적인 비파괴검사 기술이다. 전기 및 기계 시스템은 경고 없이 문제가 발생할 수 있다. 그러나 장비 고장은 시스템의 다양한 구성 요소에서 상당한 기간 동안 증가된 열에 의해 발생하는 경우가 많다. 증가하는 열이 적절한 시기에 감지되면 전기 장비가 고장나기 전에 상태를 보수할 수 있다. 또한, 적외선열화상은 전기 시스템의 운영 효율성을 저해할 수 있는 여러 조건을 감지할 수 있다. 전기 시스템에서 이러한 조건 중에는 과부하, 연결부 불량, 유도 가열, 개방 회로, 고조파, 불균형 부하 및 결함이 있는 장비가 포함된다.

적외선열화상은 발전 및 전력 분야에서 광범위하게 활용되고 있다. 적외선열화상의 일반적인 응용 분야는 전기 설비의 유지 관리이다. 무효 전력 보상을 위한 변압기, 전력계 또는 커패시터 뱅크와 같은 이러한 설비의 패널 보드, 버스 바, 전기 케이블 및 기타 중요한 요소의 검사에 수년 동안 사용되었다. 설정된 한계에 따라 장비의 올바른 작동을 관찰하기 위해 전문가가 사용한다. 이러한 맥락에서 적외선열화상 기술은 케이블 간 또는 케이블과 스위치 기어 또는 버스 바 간의 연결 결함, 잘못된 스위치 기어 선택 또는 설계, 라인 과부하, 케이블 및 절연체 결함 또는 전력계 결함과 같은 문제를 감지하는 데 매우 좋은 결과를 보였다. 일반적으로 이러한 응용 분야에서는 태양에 의한 표면 빛 반사 문제에 따른 보정을 필수적으로 수행해야 한다.

최근에는 적외선열화상을 활용한 새로운 전력 응용분야는 전기 스위치기어 및 절연체 시스템의 상태 모니터링이다. 절연체는 제한된 부피, 가벼운 무게, 높은 기계적 강도, 우수한 오염 방지 성능, 쉬운 설치 및 유지 보수로 인해 전력망에서 점점 더 많이 사용되어 기존의 절연체에 비해 비용 우위를 나타낸다. 높은 전류에 의해 아크가 형성되고, 접촉 표면의 부식을 유발할 수 있는 전기 진공 차단기와 같은 장치의 상태를 모니터링하는데 사용되었다. 표 8.4는 IRT를 활용하여 전력분야에 응용하는 것과 관련된 이슈와 해결해야 문제들을 보여주며, 그림 8.18은 원자력 및 발전소에서 설비 진단 사례를 보여준다.

| 표 8.4 | 전기 응용 분야에서 IRT 활용과 관련된 주요 이슈

Topic Category	Important issues/Open challenges
Electrical installations and distributions lines	· Development of auto−calibration methods to avoid influence of external factors. · Automatization of the IRT application for defect detection. · Development of new filtering and segmentation methodologies to obtain additional information from IRT data.
Power transformers	· Development of online IRT equipment and methodologies adapted to power transformers. · Development of specific color palettes in IRT for transformers.
	· Study of the applicability to detect other failures. · Optimization of methods for automatization of IRT application.
Solar energy	· Development of additional methods for enhancement of the resolution and processing of IRT images. · Application of IRT to detect alternative defects.
Batteries	· Deepening on application of IRT to detect battery degradation. · Establishment of reliable temperature thresholds. · Extrapolation to other battery types and models.
Others	· application of IRT to detect other failures in synchronous generators (excitation systerm faults, core damages...). · Incorporation and optimization of IRT systems in Electric Vehicle applications.

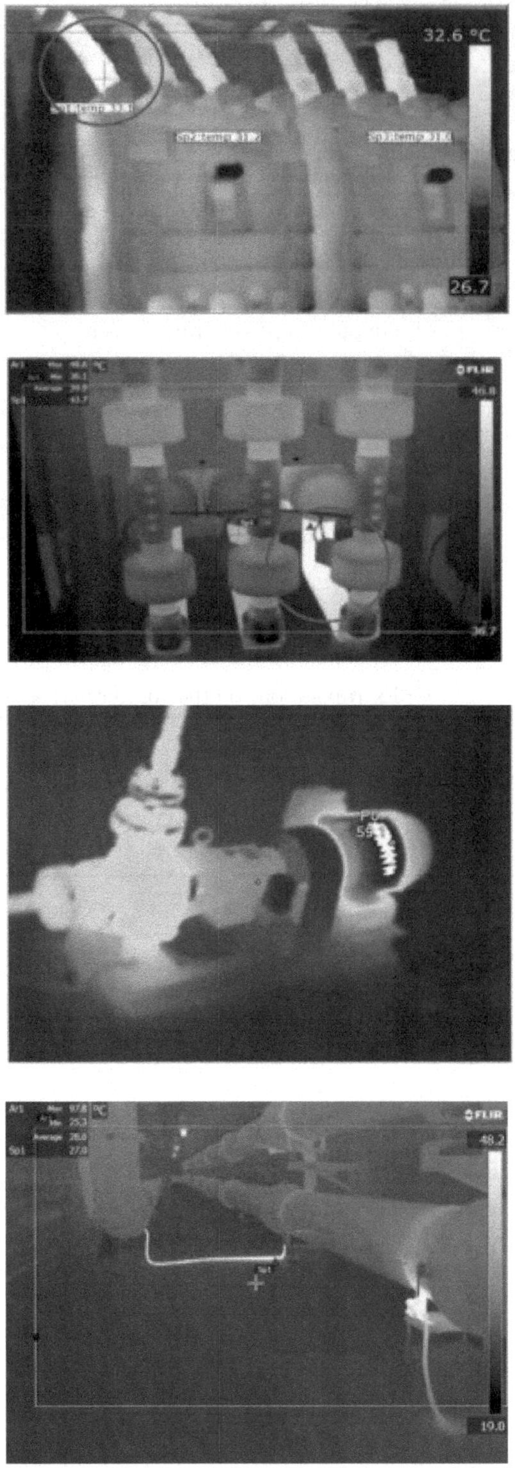

| 그림 8.18 | 원자력 및 발전소 구조물 IRT 진단 사례[69)]

8.7 열응력 측정

적외선열화상 검사 방법을 이용한 응력측정은 능동형 검사기법 중 하나로 대상물 표면에 발생하는 열변화량을 적외선열화상 카메라로 측정하여, 열탄성효과(Thermoelastic effect)의 원리로부터 응력치로 환산해 주응력의 분포를 2차원으로 이미지화 할 수 있다.

즉, 하중을 받는 물체는 변형과 함께 일부의 에너지를 적외선 에너지로 방사하고, 방사된 적외선은 이에 상응하는 응력으로 환산 가능하다는 이론적인 내용을 토대로 비파괴적으로 응력을 측정하는 기술이다.

최근에는 물체에 조화함수로 반복하중을 인가하고 이와 동기화된 고분해능 적외선열화상 카메라로 하중변화에 따른 물체의 온도변화를 측정하여 누적 평균함으로서 물체에 작용되고 있는 응력 분포를 계측하는 기술인 위상잠금 적외선열화상 기술(lock−in infrared thermography)을 활용하여 구조물 응력해석분야에 많은 활용이 되고 있다.

동적거동을 하는 구조물에서 응력분포 해석은 기존 스트레인게이지 기법, 광탄성, 스페클 간섭법 등의 단점 등을 보완할 수 있으며, 현장 적용에서 환경 제약요소들이 적어 산업적 활용이 높은 기술로 평가받고 있다.

이러한 열응력을 검출할 수 있는 요인은 열탄성 효과로 정의한다. 열탄성 효과에 대하여 살펴보면 고체 내의 전도 방정식에 대한 열 기계 연성효과(Thermo−mechanical coupling effect)를 식 (8.5)로 표현될 수 있다.

$$\rho c\frac{\partial U}{\partial t}-k\nabla^2 U=R_{tmc}+D+R_e \tag{8.5}$$

여기에서, ρ는 밀도, c는 비열, t는 시간, U는 외부열원, k는 재료의 열전도 계수, R_{tmc}는 열기계효과에 의한 내부발산열, D는 내재분산 에너지(Intrinsic dissipation), R_e는 외부 물체와 열교환이다. 하지만 실험은 탄성영역에서 이루어지는 가역 단열 과정으로 와부와의 열교한이 없다는 가정으로 부터 열탄성 방정식은 식 (8.6)과 같이 나타낼 수 있다.

$$\rho c\frac{\partial U}{\partial t}=R_{tmc} \tag{8.6}$$

---

69) Maintenance Concept in Loviisa Nuclear Power Plant. Fortum Case Study. Annex I. Maintenance Optimization Programme for Nuclear Power Plants. 2018.

즉 탄성고체의 응력변화와 온도변화의 관계는 다음과 같이 표현된다.

$$R_{tmc} = -\alpha T \Delta \sigma_{1,2,3} - \frac{3E}{1-2\nu}\alpha^2 T \frac{\partial U}{\partial t} \tag{8.7}$$

여기에서, α는 열팽창계수, T는 절대 온도, E는 탄성계수, ν는 포와송 비, $\Delta\sigma_{1,2,3}$는 물체의 응력 변화이다. 식 (8.6)을 식 (8.7)와 함께 정리 하면,

$$-\alpha T \Delta \sigma_{1,2,3} = (\rho c + \frac{3E}{1-2\nu}\alpha^2 T)\frac{\partial U}{\partial t} \tag{8.8}$$

식 (8.8)이 되며, 상온에서 $3E\alpha^2 T/\rho c(1-2\nu)$는 무시할 정도로 작은 값이다. 따라서 탄성영역에서 내부응력변화에 따른 온도변화는 식 (8.9)로 나타낼 수 있다.

$$\Delta T = -K_m \cdot T \cdot \Delta\sigma_{1,2,3} \tag{8.9}$$

여기에서, Δ는 물체의 온도변화, $K_m(=\alpha/\rho c)$ 는 열탄성 계수이다. 즉 식(8.9)에서 온도 변화를 적외선열화상 카메라를 이용하여 측정함으로서 물체의 응력변화를 계측할 수 있다.

이와 같은 원리를 이용하여 검사체의 응력을 측정할 수 있으며 유한요소해석(FEM)을 통한 이론 응력과 위상잠금 적외선열화상 기술을 통하여 계측한 열탄성응력의 상대 오차는 대부분 10% 이내 측정되고 있다. 이러한 오차는 검출소자의 공간분해능 한계와 함께 구성 상 시험편의 열적 평형조건을 완전히 만족시키지 못한 결과로, 반복 하중의주기를 빠르게 함으로써 오차를 줄일 수 있다.

위상잠금 적외선열화상 기술은 현재반복하중을 가해야하며 대상체와 동기화 하여 응력을 측정해야 한다는 제한이 있으나 측정부의 환경적 요인에 의한 제약을 극복하여 넓은 영역의 응력 분포를 실시간으로 측정할 수 있다는 장점이 있어 산업적 활용으로 확대가 기대된다.

적외선열화상 기술은 비접촉이면서도 검사대상체의 형상조건과 무관하게 대상체의 응력을 측정할 수 있으므로 형상 조건에 의해 오차율이 커지게 되는 소형구조물의 정밀한 응력분포 해석에 활용가치가 높다.

그림 8.19는 주기적으로 하중을 받는 손상되고 손상되지 않은 시편의 응력 분포측정 사례를 보여준다. 손상된 시편의 경우 충돌 지점에서 0 MPa 응력은 파손된 유리 섬유가 하중을 전달할 수 없는 것으로 인해 발생한다. 즉, 국부적으로 하중이 가해지지 않는다. 손상 주변 영역은 응력 재분배 패턴에 영향을 미치지 않으며, 패턴은 섬유 편직 방향으로 발생한다. 손상된 복합

재료의 분석을 통해 구조 무결성에 대한 손상의 영향을 평가할 수 있다. 열응력분석(Thermal Stress Analysis; TSA)을 기반으로 한 이러한 접근 방식을 사용하면 언로드된 섬유를 찾아 손상 자체를 찾을 수 있다. 이러한 결과와 결론은 하나의 하중 케이스에 대해서만 유효하므로 시편의 여러 방향도 고려해야 한다.

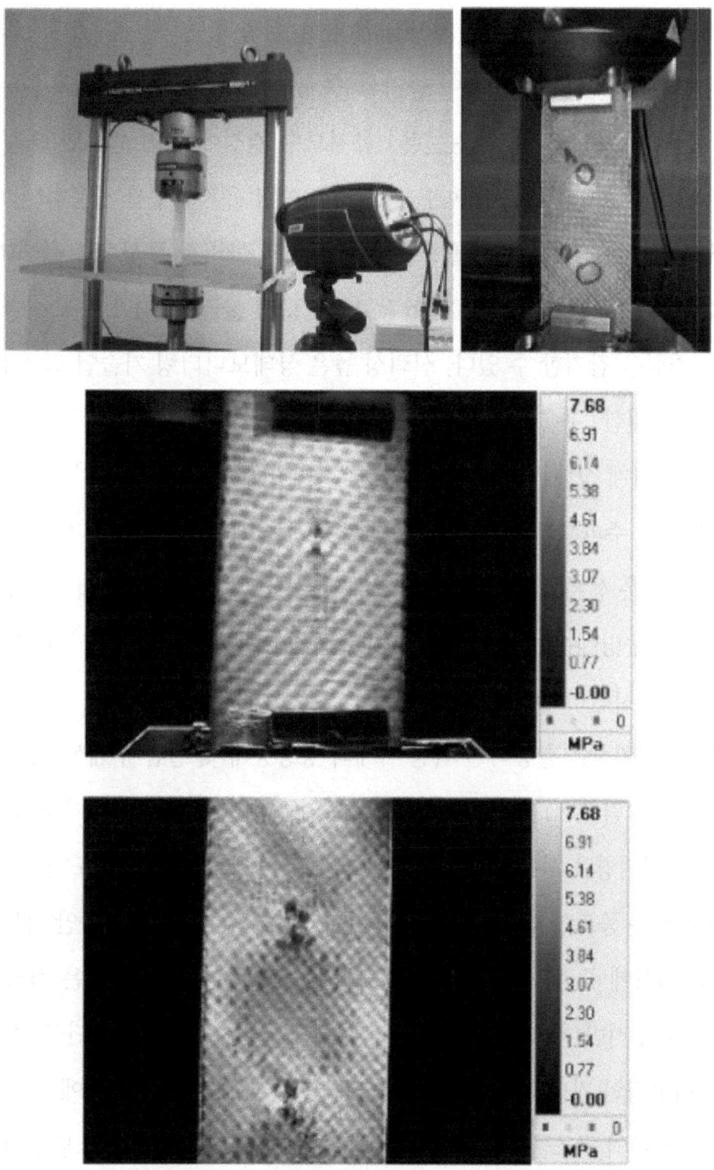

| 그림 8.19 | 적외선열화상을 이용한 열응력 측정 시례[70]

70) Thermal imaging and thermoelastic stress analysis of impact damage of composite materials. Engineering Failure Analysis, 2011.

8.8 회전체 결함 진단

회전 기계는 중공업, 항공, 자동차 등과 같은 모든 유형의 산업 응용 분야에서 매우 중요한 공작 기계이다. 결함 위치, 심각도 등 결함의 세부 사항을 알지 못하면 효율적인 대응이 불가능하다. 결과적으로 결함이 확장되어 기계의 남은 유효 수명이 단축될 수 있다. 결과적으로 고장난 부품을 수리하거나 교체하는 비용이 증가할 수 있기 때문에 향후 유지보수 비용이 더 커질 수 있다. 따라서 기계 고장을 방지하는 것이 유지보수 결정에 있어 중요한 초점이 되었다. 상태 모니터링(CM)을 사용하여 조기 결함을 감지하는 예방 유지보수를 사용하면 가동 중지 시간과 비용을 줄일 수 있다. CM은 센서를 조합하여 기계의 물리적 특성 세트를 모니터링하여 수행된다. 이러한 신호를 모니터링하여 베어링 손상, 로터 불균형, 샤프트 오정렬 및 윤활유 오염과 같은 여러 결함을 감지할 수 있다. 신뢰성 높은 상태모니터링 기술인 진동 분석은 외부 궤도 결함, 내부 궤도 결함, 구름 요소 결함, 케이지 결함, 불균형 및 정렬 불량과 같은 여러 유형의 베어링 결함 및 기계 상태를 감지할 수 있다. 그러나 번짐 결함은 앞서 언급한 베어링 결함과 달리 새로운 주기 주파수를 생성하지 않기 때문에 감지하기가 훨씬 더 어렵다. 또한, 진동 분석 또는 음향 방출은 센서를 기계에 또는 기계 내부에 장착해야 하기 때문에 방해가 될 수 있다. 또한, 윤활유 샘플링에는 사람의 간섭이 필요하기 때문에 윤활유 분석과 같은 기술이 파괴적이어서 가동 중지 시간이 추가로 발생한다.

하지만, 적외선열화상을 활용하면 회전 기계의 정상상태 및 결함이 예상되는 상태를 쉽게 모니터링 할 수 있다 (그림 8.20). 자동화된 CM을 도입하려면 온도와 같은 대체 신호를 고려해야 한다. 일반적으로 열전쌍을 사용하여 측정되는 온도는 결함으로 인해 온도가 상승할 수 있으므로 모니터링해야 하는 중요한 신호임이 입증되었다. 그 결과 최근 몇 년 동안 자동화된 CM을 위한 적외선(IR) 이미징에 중점을 둔 연구사례가 증가하였다. 적외선열화상은 비접촉, 비간섭, 미세 입자 및 단일 센서 기반 온도 측정을 가능하게 하여 자율적으로 결함진단을 목적으로 하는 상태 모니터링에 이상적인 기술이다. 이러한 기술은 특히 대형 회전 구조물에 효과적으로 활용이 가능하여 풍력 발전기의 구조물의 진단에 활용되고 있다 (그림 8.21). 풍력 발전기의 블레이드는 그 크기가 수 백 미터에 달할 정도로 크기가 커서 블레이드와 로터를 기존의 비파괴 검사법을 활용할 경우 막대한 비용과 시간이 소요되나 적외선열화상을 이용한 비파괴 검사는 원거리에서 구조물의 진단이 가능하여 선진국에서도 풍력 블레이드 및 로터의 결함 검출에 사용되고 있다.

| 그림 8.20 | 회전하는 볼베어링의 적외선열화상 응용 사례[71)]

71) Infrared thermography-based fault diagnosis of induction motor bearings using machine learning. IEEE Sensors Journal, 2020.

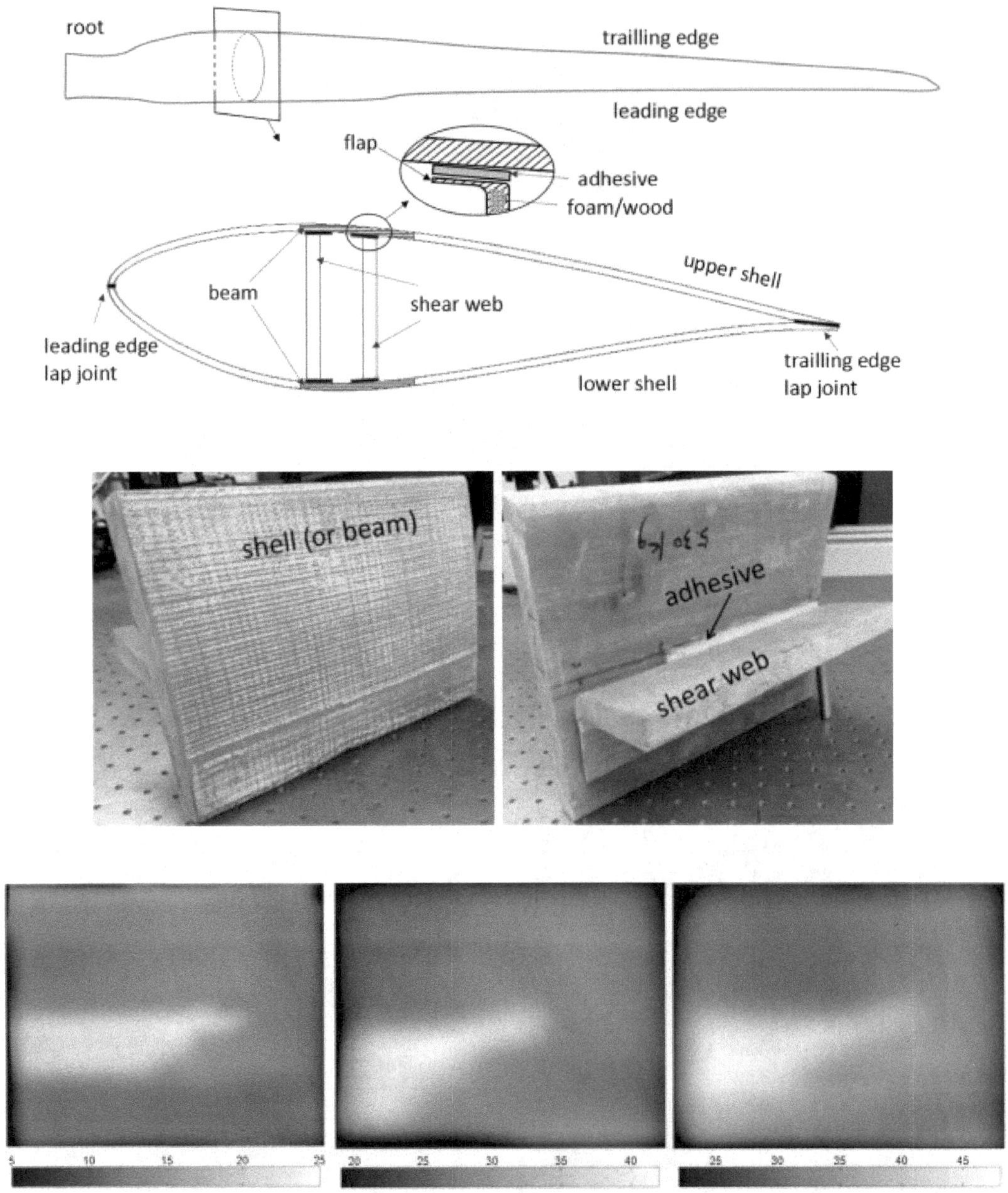

| 그림 8.21 | 풍력발전 블레이드 적외선열화상 응용 사례[72)]

72) An effective method to inspect adhesive quality of wind turbine blades using transmission thermography. Journal of Nondestructive Evaluation, 2018.

8.9 전자 부품 및 반도체 진단

전자 부품 및 기판 검사에 적외선열화상을 사용하는 경우, 그 목적은 고장 해석, 열 해석, 품질 관리가 대부분이다. 최근에는 IC를 대표로 하는 일렉트로닉스 마이크로 디바이스 내의 수십 ~ 수백 ㎛ 미세 부분의 열 해석이나 고장 해석에 사용되는 경우가 많아졌다. 이는 미세 부분이라도 열을 흐트러뜨리지 않고 측정할 수 있는 적외선열화상의 특징(비접촉으로 면 측정)이 주목을 모으고 있기 때문이다.

이러한 경우, 적외선열화상의 공간 해상도는 10㎛ 이하이고 측정 온도는 실온 이상이 필요한데, 이러한 요구에 부응할 수 있는 것은 고감도 및 고해상도의 고성능기기의 대표인 InSb 센서를 사용한 냉각형 적외선열화상이다. InSb 냉각형 적외선열화상에 현미경 렌즈(해상도 10 ㎛)를 부착함으로써 실현할 수 있다.

일반적인 측정에서는 패시브 방식이 대부분인데, 세라믹 등의 결정 부재의 크랙이나 보이드(공극)의 결함 검출에서는 히터 등의 외부 열원을 이용한 액티브 방식을 사용하는 경우도 많아졌다. 여기서는 이론보다 측정 사례를 많이 소개함으로써 그 실태를 알아보고자 한다.

| 표 8.5 | 패시브 방식과 액티브 방식

방식	내용	특징
패시브 방식	일반적인 온도 측정	표면의 온도 분포
액티브 방식	외부로부터 열을 가하여 측정	내부의 결함이나 표면의 미세 결함을 검출

패시브(수동) 방식은 측정 대상물로부터 자연스럽게 방사되고 있는 적외선 에너지를 검출하는 일반적인 측정방법이다. 전자 부품이나 기판에서는 전류를 흘린 동작 상태에서 측정하는 것이 대부분이므로 줄(Joule) 열로 온도 분포가 가능하므로 그대로 측정하면 된다.

전류를 흘리는 방법이나 전류의 ON/OFF를 궁리하여 고장 위치를 알기 쉽게 하는 방법도 이루어지고 있다. 액티브(능동) 방식은 일반적으로 측정 대상물에는 전혀 열이 가해지지 않아 온도 분포가 없는 경우, 외부로부터 열을 가함으로써 측정 대상물의 표면의 미세 결함(크랙 등)이나 내부 결함(내부 크랙이나 보이드=공극)을 온도 분포로서 부상시켜 검출하는 방법이다.

| 표 8.6 | 액티브 방식에 의한 검출방법의 종류

검출방식	측정원리	액티브 방법과 특징
온도 분포 측정	내부 결함의 영향이 표면 온도 분포로서 나타남	부재의 내부에 열의 흐름을 만듦
투과를 측정	내부 결함이 투과광의 차이로서 나타남	부재의 뒷면쪽에 열원을 두고 투과광을 측정함. 부재를 가열할 필요는 없음
반사를 측정	표면 결함이 반사광의 차이로서 나타남	부재의 표면에 적외선을 조사하여 반사광을 측정함. 부재를 가열할 필요는 없음

액티브 방식에는 표 8-6에 나타낸 바와 같이 3가지의 방법이 고안되어 사용되고 있다. 부재를 가열하여 열의 흐름을 만들어 온도 변화를 검출하는 방법. 부재를 가열할 필요가 없이 부재의 뒤쪽에 열원을 두고 투과광의 세기 분포를 검출하는 방법. 투과광을 이용하는 방법은 적외선열화상의 검출 파장대와 부재의 투과 파장대가 일치할 때에만 제한적으로 이용할 수 있다.

그림 8.22는 태양광 전지에 대한 적외선열화상 비파괴검사 예를 보여주며, 그림 8.23은 절연 게이트 바이폴라 트랜지스터 응용 사례를 보여준다.

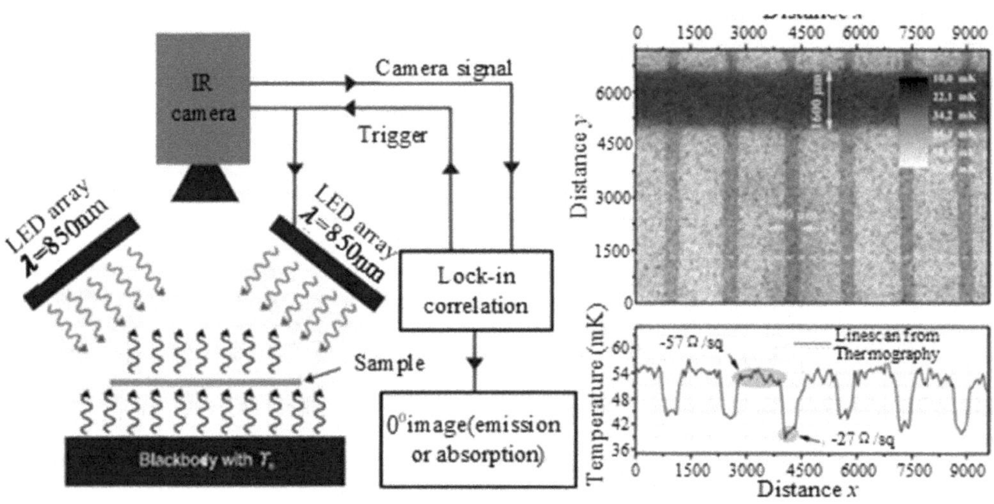

| 그림 8.22 | 위상잠금 열화상을 이용한 태양광 전지 응용 사례[73)]

73) Progress and trends in fault diagnosis for renewable and sustainable energy system based on infrared thermography: A review, Infrared Physics & Technology, 2020.

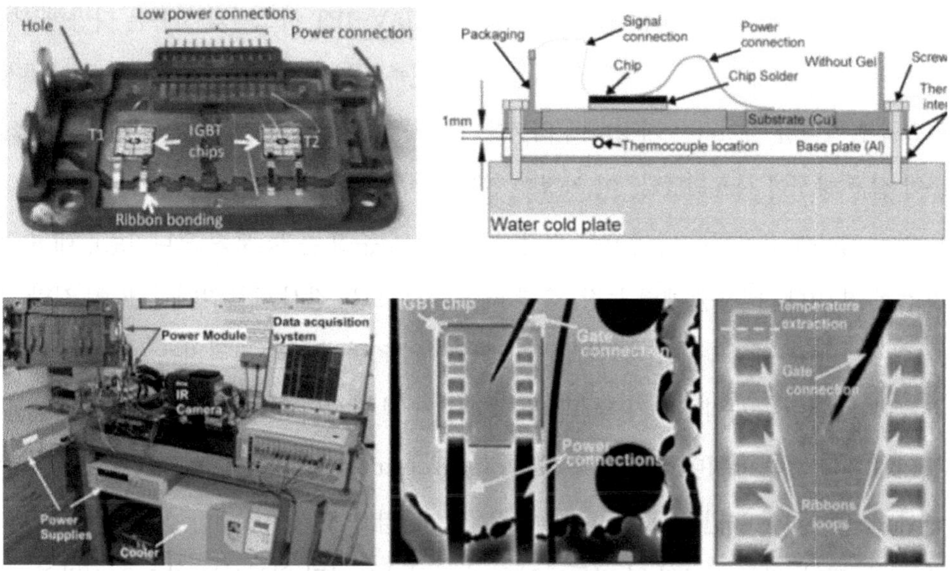

| 그림 8.23 | 열화상을 이용한 절연 게이트 바이폴라 트랜지스터 응용 사례[74)]

8.10 무인체 원격 진단

대형 설비 또는 접근이 어려운 지역의 원격 검사를 위한 무인 이동체(Unmanned Aerial Vehicle; UAV)의 사용은 이동의 유연성과 여러 센서를 운반할 수 있는 능력 덕분에 지난 몇 년 동안 많은 성장을 이루었다. UAV의 지속적인 기술발전은 보다 저렴하고 쉽게 산업화에 기여했다. 또한, 최근에는 경량화, 저전력 소모, 향상된 성능을 갖춘 다양한 UAV용 센서의 개발로 여러 센서를 동시에 탑재하여 운행할 수 있게 되었다. UAV의 활용분야는 농업, 교통 분석, 3D 매핑/모델링, 고고학 탐사, 감시, 공공 안전, 광업 및 대기 오염 모니터링 등 광범위하게 확대되었다. 특별한 경우에는 기존 기술과 비교하여 UAV 기반 측정 시스템이 더나은 이미지 공간 해상도(예: 위성에 비해)를 제공하며, 측정 시간이 훨씬 빠르다. 또한, UAV의 비행 작업은 점점 자동화되고 있으며, 이미지 처리 및 데이터 융합 기술은 지속적으로 발전하고 있다.

UAV와 적외선열화상은 접근할 수 없는 영역의 열현상을 비접촉식으로 조사하거나 접근하

74) Progress and trends in fault diagnosis for renewable and sustainable energy system based on infrared thermography: A review, Infrared Physics & Technology, 2020.

기 어려운 대형 구조물의 검사를 용이하게 해준다. UAV-IRT 시스템의 사용은 다양한분야에서 활용되고 있다. 대부분의 경우 관심 대상(식물, 건축 자재, 태양광 전지, 사람 등)의 특성이 자연스럽게 나타날 것이라는 가정하에 외부에너지 자극을 사용하지 않고 열 현상을 관찰하는 수동적 접근 방식이 사용되었다. 이 가정은 건물 검사(예: 공기 누출, 습기 또는 습도 감지)와 같은 많은 경우에 유효하다. 농업(예: 경작지의 영양 수준 또는 물 부족 모니터링), 대형 구조물의 품질 평가(예: 태양광 패널 농장, 풍력 터빈 검사) 또는 감시 애플리케이션(예: 사람 또는 동물 추적)등에 활용되고 있다. 열전달은 여러 요인의 조합에 따라 달라지는 복잡하고 일시적인 현상이다. 건축 자재의 온도가 낮/밤 및 계절 주기 및 날씨의 영향에 따라 변동하는 건물 검사가 이에 대한 좋은 예이다. SLT(Solar Loading Thermography)는 주기적인 태양 복사(주야간 변동)를 활용하여 표면 및 표면 아래의 이상(예: 균열, 박리 등)에 대한 심층적인 정보를 얻을 수 있다. 또한, 다른 재료의 열 거동에 대하여 완전하게 보기 위해서는 최소 24시간의 긴 획득 시간을 고려해야 한다. 패시브 방식의 또 다른 예는 항공기 착륙 후 허니컴 구조에서 물 침투를 감지하는 것인데, 이는 허니컴 셀 내부에 물이 있으면 착륙 후 예열(해동)이 다른 재료(알루미늄, Nomex, 합성물) 열화상 이미지에서 콜드 스팟으로 나타난다.

관심 대상이 표면 아래에 있고 자연적으로 발생하는 열구배가 없는 구조의 경우 패시브 접근 방식은 거의 유용하지 않다. 이러한 경우 제어된 외부 에너지원으로 검사할 대상을 자극하고 데이터 처리를 사용하여 결과를 개선하는 것이 훨씬 더 실용적이고 효과적이다. 결함 검출 및 특성화(즉, 크기, 깊이 또는 열물리적 특성 결정)를 목적으로 대형 구조물을 검사하려면 입력 에너지(지속 시간, 파형 유형 등) 및 데이터 기록에 대한 세심한 제어가 필요하다. 최근에는 카메라와 열원이 부품의 표면에 대해 나란히 움직이는 (카메라가 가열 직후에 열기록도를 기록하는) Line Scan Thermography(LST)와 같은 동적 구성을 사용하여 대형 구조물 검사에 활용되고 있다. 예를 들어 로봇이나 2축 액추에이터에 카메라와 소스를 장착하여 수행할 수 있으며, LST를 사용하면 기존의 정적 IRT보다 더 빠르게 대형 또는 복잡한 모양의 구성 요소를 검사할 수 있다. 그림 8.24와 그림 8.25는 무인체에 적외선열화상 시스템을 융합하여 응용한 사례를 보여준다.

| 그림 8.24 | 드론을 이용한 항공기 구성요소 적외선열화상 비파괴검사 사례[75)]

75) Evaluation and Selection of Video Stabilization Techniques for UAV-Based Active Infrared Thermography Application. Sensors 2021.

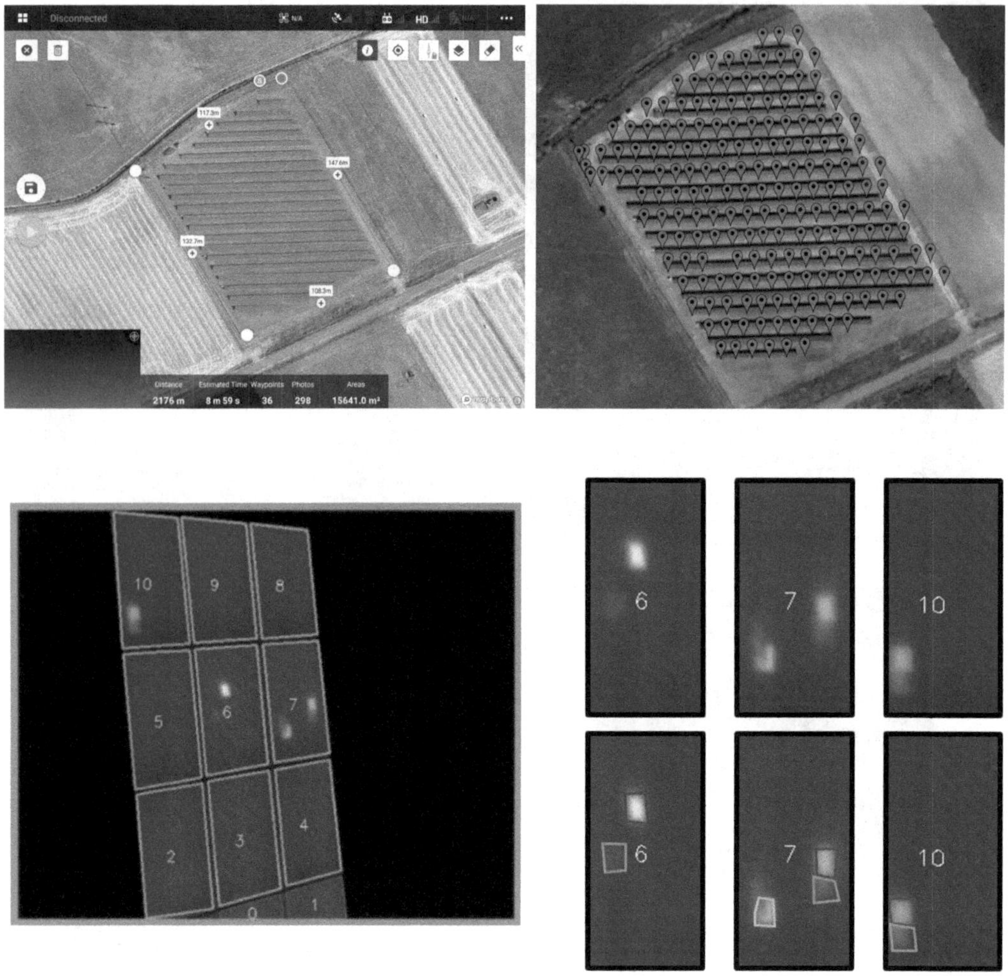

| 그림 8.25 | 적외선열화상과 무인체를 이용한 태양광 발전소 패널의 결함 검출 응용 사례[76]

8.11 체열 측정

2020년부터 covid-19으로 인하여 적외선 체열측정은 일상생활에서 가장 가까이서 볼 수 있는 기술이 되었다. 의료용 진단기중 인체의 온도를 감지하여 통증부위와 정상적인 인체부분의 온도차를 열화상으로 출력하여 통증부위를 진단하는 적외선 체열진단기가 현재 의료현장에

76) Robust detection, classification and localization of defects in large photovoltaic plants based on unmanned aerial vehicles and infrared thermography. Applied Sciences, 2020.

가장 많이 활용되고 있다.

즉 적외선 체열진단기는 적외선열화상 장비를 이용하여 인체에서 방출되는 온도의 비대칭 분포를 이용하여 체열자의 몸의 이상상태를 측정하는 장치로 앞서 말한 커다란 분류에 의하면 패시브 접근법에 속하는 적외선열화상 진단기술이며, 인체의 온도를 열화상 카메라를 이용하여 계측하는 진단방법이다. 의료용 체열검사가 외국에서는 현재 주로 대사 및 염증성 질환, 내분비계 질환 그리고 대체의학 분야 등에서 주로 활용되고 있는 것과는 달리 국내에서는 최근까지 주로 통증 질환, 근골격계 및 신경계질환 등에서 주로 활용되어 왔다.

국내에서는 최근까지 국내 체열진단 장비의 발전과 여러 분야에서 많은 의료진의 관심과 노력에 힘입어 위와 같은 분야에서의 연구결과는 매우 우수하며 국제적으로도 많은 관심과 인정을 받고 있다. 또한, 대한민국 성인의 표준체열 데이터 베스이화 및 분석 방법에 대해 꾸준히 연구가 되고 있다(5).

모든 물체는 온도를 가지고 있으며, 그 온도는 적외선의 형태로 발산을 하게 된다. 즉 사람은 36.5℃이며, 이에 해당하는 적외선 파장대역을 밖으로 발산하게 된다. 이 적외선은 적외선 검출소자에 의해 검출이 가능하나. 이러한 기능을 하는 것이 적외선열화상 카메라를 통하여 가능하다.

적외선체열 측정을 통증을 객관적으로 측정할 수 있는 검사기법으로써 방사선 위험이 없고, 인체에 무해하다. 치료 전후의 변화를 쉽게 확인할 수 있으며, X-ray나 CT에서 관찰할 수 없는 신경통증을 추적할 수 있다. 또한, 신체 각 부위별로 선택 촬영하여 정확한 진단이 가능하며, 수술 전 후에 비교하여 신경 근의 이상영역을 계속 추적이 가능하여 의학적으로 매우 활발히 연구되고 있는 실정이다. 그림 8.26은 적외선체열 측정을 활용한 대표적인 연구 사례를 보여준다.

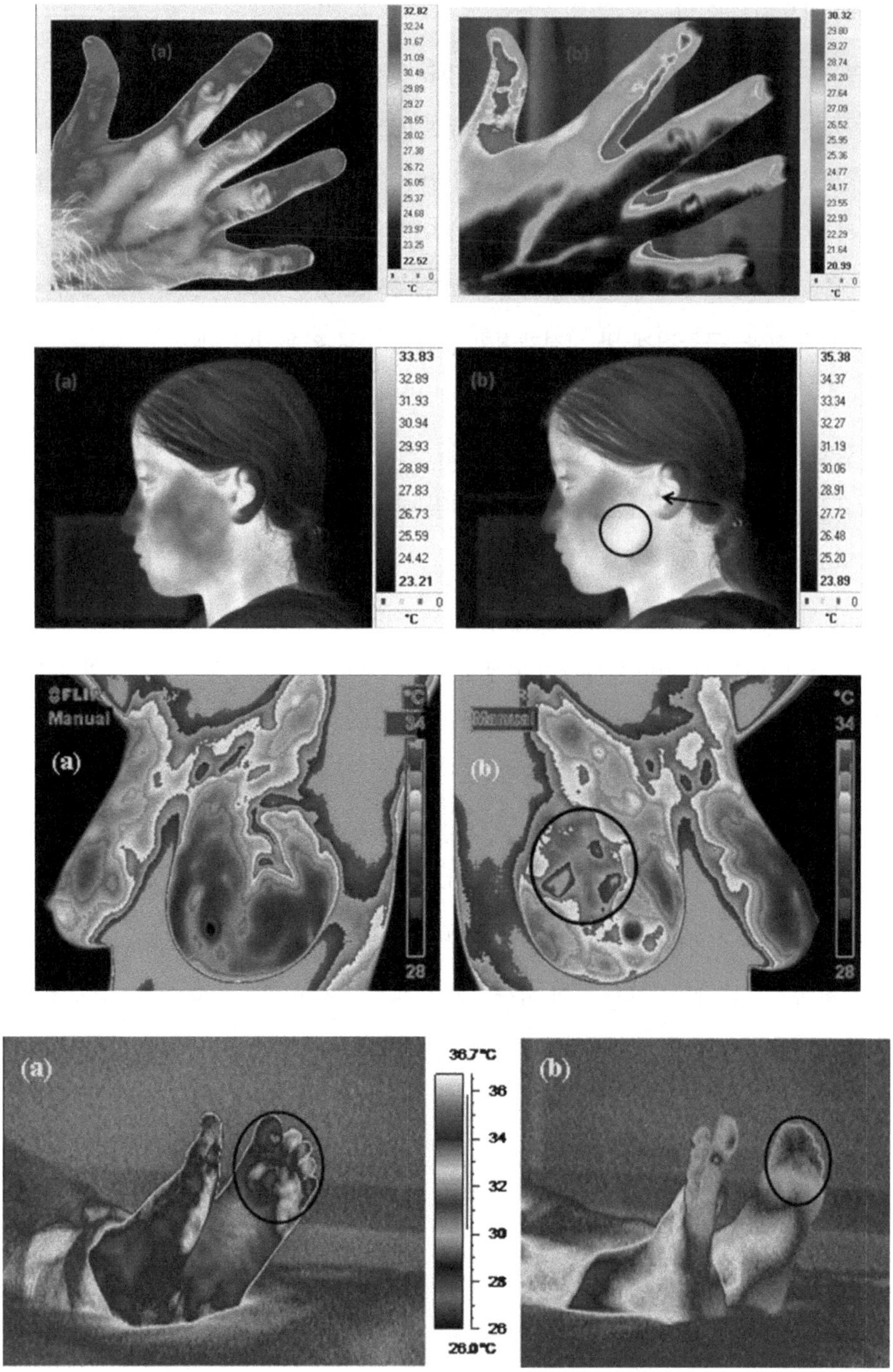

| 그림 8.26 | 적외선 체열 측정을 활용한 다양한 응용 사례[77]

77) Robust detection, classification and localization of defects in large photovoltaic plants based on unmanned aerial vehicles and infrared thermography. Applied Sciences, 2020.

연습문제

1. 적외선열화상에서 결함의 크기 추정에 관한 방법에 대하여 서술하시오.

2. 적외선열화상에서 결함의 깊이 추정에 관한 방법에 대하여 서술하시오.

3. 적외선열화상을 이용한 강구조물 진단 응용 분야를 5가지를 서술하고, 이에 대한 진단가능항목을 적으시오.

1)

2)

3)

4)

5)

4. 복합재료가 활용되는 응용분야를 서술하고, 발생되는 결함 유형에 대해 적으시오.

5. 복합재료 진단에서의 적외선열화상의 강점과 한계점을 서술하시오.

6. 콘크리트 구조물 진단에서의 적외선열화상의 강점과 한계점을 서술하시오.

7. 콘크리트 구조물 진단에서의 적외선열화상의 강점과 한계점을 서술하시오.

8. 콘크리트 구조물에서 발생될 수 있는 결함 유형을 설명하시오.

9. 적외선열화상을 이용한 코팅 두께 측정 방법에 대해 서술하시오.

10. 발전 및 전력 설비에서 발생될 수 있는 결함 유형에 대해 설명하시오.

11. 적외선열화상 기법을 이용한 열응력 측정 기법 원리에 대해 설명하시오.

12. 열화상이 활용되는 회전체 진단 응용분야를 서술하고, 특징을 서술하시오.

13. 전자 부품 및 반도체 진단에서 적용되는 수동 및 능동 열화상의 측정 원리와 특징을 서술하시오.

14. 무인체를 활용한 적외선열화상 비파괴검사의 장점과 특징을 설명하고, 앞으로 확장가능할 것으로 예상되는 응용분야를 서술하시오.

15. 적외선열화상 체열 측정의 원리를 설명하고, 적외선열화상 비파괴검사와 다른점을 서술하시오.

16. 발전소 및 전력설비 진단에서 활용될 수 있는 적외선열화상 기법을 작성하시오.

9 적외선열화상 모델링 및 시뮬레이션

9.1 관련 소프트웨어

적외선열화상 기법에서 활용되는 소프트웨어를 사용하여 열화상 데이터를 기록하고 표현, 분석, 제어, 평가 및 문서화를 수행할 수 있다. 최근에는 많은 개발을 통해 추가적인 기능이 개선되었으며, 그림 9.1은 FLIR사의 소프트웨어 예시를 보여준다.

- 이미지 데이터베이스
- 통합 작업 공간
- 전체 범위의 분석 도구
- 서열 분석
- 높은 정확성이 그래프
- 고급 분석
- 카메라에 직접 연결하여 실시간 기록 및 온라인 분석
- 다양한 내보내기 옵션과 기타 소프트웨어 응용 프로그램에 대한 지원

| 그림 9.1 | FLIR사 소프트웨어의 실시간 모니터링 예시[78)]

9.1.1 소프트웨어의 일반 기능

(1) 방사율 계산

모든 측정 도구의 방사율 값은 수동으로 조정하거나 내장된 방사율 계산기를 사용하여 계산할 수 있다.

(2) 공간 보정

밀리미터, 미터, 인치 및 피트와 같은 길이 및 면적 단위로 이미지 픽셀 및 측정 도구를 보정하는데 사용된다.

(3) 사용자 정의 열화상 및 복사 측정 교정

교정 위자드가 자체 열화상 및 복사 측정 교정 생성을 단계별로 안내한다.

(4) 측정 함수 편집기

맞춤형 측정 분석을 위한 수학 함수를 생성하고 시간 플롯에 그래픽으로 표시한다.

---

78) FLIR RESEARCHIR, https://www.flirkorea.com/

(5) 자체 보기 파일(Self Vewing Files; SVF)

SVF는 열화상 스냅샷, 동영상 및 데이터를 라이센스가 없는 다른 사용자와 공유하는 방법이다. SVF는 고유한 열데이터 파일과 소프트웨어의 기능을 단일 실행 파일로 결합한다. 이 파일은 다른 사용자와 공유할 수 있어 모든 컴퓨터에서 SVF를 실행하고 소프트웨어 설치없이 재생 및 분석을 위해 소프트웨어의 모든 기능에 접근이 가능하다.

9.1.2 최신 소프트웨어 기능

최근에 개발된 소프트웨어는 연구개발/적외선 카메라를 위한 강력하고 사용하기 쉬운 열분석 소프트웨어 패키지가 개발되었다. 카메라 제어, 고속 데이터 기록, 이미지 분석 및 데이터 공유 등의 기능을 제공한다.

(1) 데이터 획득

소프트웨어는 USB, Firewire, Gigabit Ethernet 및 카메라 링크를 통해 전용 소프트웨어 적외선 카메라에 직접 연결하여 열 스냅샷 또는 동영상 파일을 취득할 수 있다. 또한 RAM에 고속 버스트 모드 기록 또는 하드 드라이브에 저속 데이터 기록을 포함하여 여러 수집 옵션을 지원한다. 사용자는 시작 시간, 종료 시간 및 획득할 프레임 수와 같은 녹화 옵션을 쉽게 사용자가 지정할 수 있다.

(2) 분석

스팟, 라인 및 영역을 포함한 광범위한 측정 도구 세트를 사용하여 실시간 이미지 분석을 수행한다. 온도 대비가 더 큰 장면의 분석을 위해 사전 설정 시퀀싱 및 슈퍼프레이밍을 지원한다. 추가적으로 모든 측정 도구에 대한 선 프로파일, 히스토그램 및 시간 플롯을 포함한 다양한 차트 및 플로팅 기능을 제공한다.

(3) 공유

이미지 및 플롯 데이터는 다른 소프트웨어 프로그램에서 보고 및 분석하기 위해 비트맵 또는 CSV 파일로 그래픽 형식으로 내보낼 수 있다. 또한 데이터의 모든 프레임을 CSV, 32비트 TIFF, Matlab 등으로 내보내기를 통해 타사 분석 소프트웨어로 쉽게 내보낼 수 있다.

또한 SVF을 통해 사용자는 데이터 세트의 개별 복사본을 다른 사용자와 공유할 수 있다.

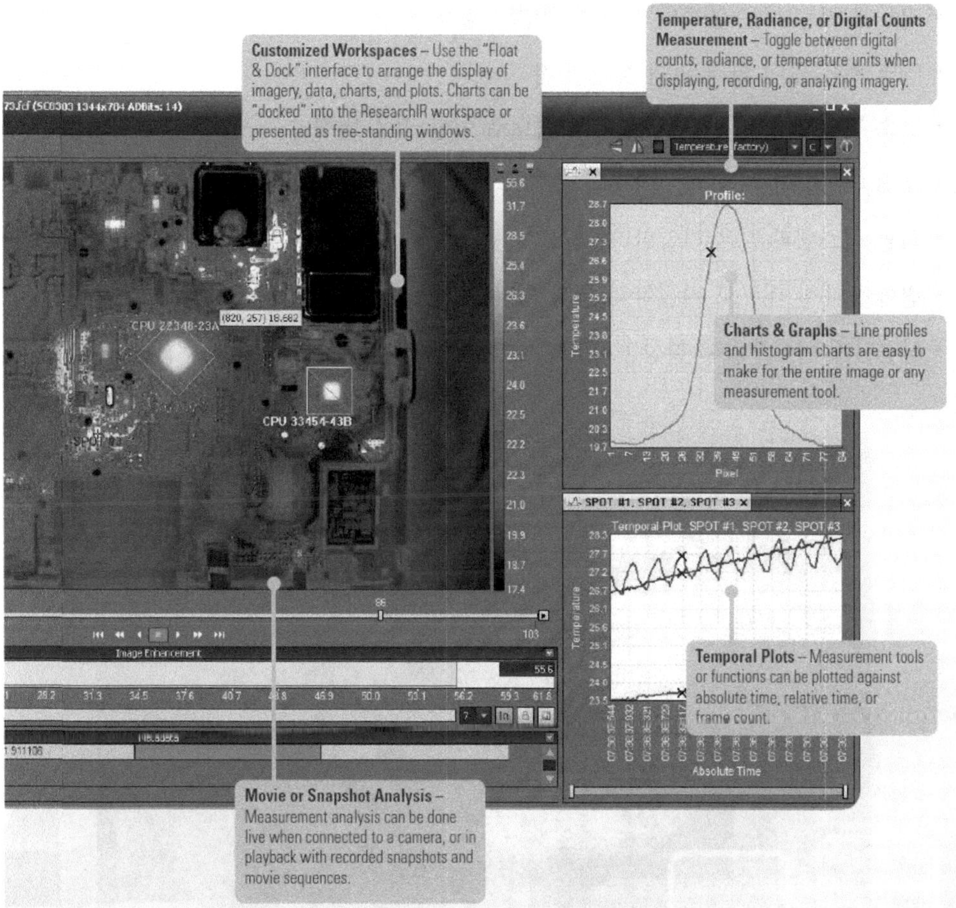

| 그림 9.2 | FLIR사 소프트웨어의 고급 오션 기능 예시[79]

9.1.3 소프트웨어를 활용한 검사 사례

(1) 항공 열화상

항공 적외선열화상 카메라의 역사는 한국 전쟁 초기부터 지상의 적군과 자원을 탐지하는데 사용된 군사 응용으로 시작된다. 적외선 카메라 시스템의 높은 기하학적 해상도는 높은 높이에서 가장 작은 세부 사항도 감지할 수 있도록 하여 관찰 및 모니터링에 모두 사용할 수 있다. 이것은 지속적인 개선을 위해 미군에 의해 항상 개발되고 있지만 다음은 다른 분야에서 다양한 사용의 몇 가지 예시다.

79) FLIR RESEARCHIR, https://www.flirkorea.com/

- 지상에 있는 작은 품목의 시각적 선명도 향상
- 인명 위험 없이 환경 피해 정도 평가
- 고속 적외선열화상 카메라로 시스템으로 인한 적은 번짐
- GPS 데이터와 시각적 이미지의 통합
- 짐벌 시스템과 같은 다양한 액세서리
- 변화에 대한 대규모 지질학적 특성 모니터링
- 산업단지 바이오탑 축열성능 점검

| 그림 9.3 | 마을의 열지도[80)]

(2) 항공 우주 산업의 열화상 측정

항공우주는 높은 안전 및 재료 요구 사항으로 인해 적외선 카메라 시스템에 대한 가장 큰 요구 사항을 설정한다. 종종 20mk의 높은 열 해상도 및/또는 100Hz 이상의 높은 프레임 속도가 필요하다. 항공우주 회사는 적외선열화상 카메라를 사용하여 새로운 복합 재료의 활성 열흐름을 테스트하여 더 가볍고 연료 효율적인 차세대 항공기가 오늘날의 모델만큼 안전하게 유지되도록 할 수 있다.

80) InfraTec, https://www.techimaging.com/applications/infrared-thermal-imaging-applications

| 그림 9.4 | 항공기 이륙 시 엔진의 온도 분포 측정81)

(3) 자동차 산업의 열화상

자동차의 부품을 분해하는 것은 번거로울 수 있으며, 적외선열화상 측정은 시간과 노력을 절약하는 비침습적이고 비파괴적인 접근 테스트를 제공한다. 치열한 경쟁과 더 나은 성능, 연류 절약 및 더 가벼운 자동차에 대한 추격은 적외선열화상 측정에 영감을 주어 모든 전기 시스템, 모터 어셈블리 및 창 가열 요소에 대한 품질 검사를 수행하여 필요한 효율성을 제공한다. 온도 변화를 통해서만 감지되는 자동차 산업을 위한 여러 제품의 결함 및 결함 감지를 제공하고 표준 동작과 구성 요소의 열동작을 조정할 수 있다.

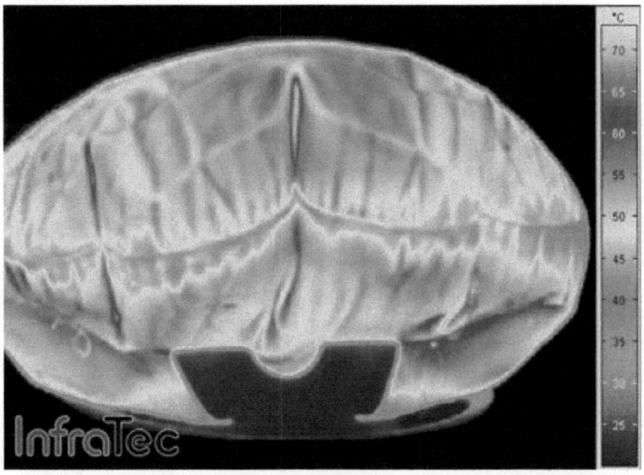

| 그림 9.5 | 자동차 에어백의 결함 검출82)

81) TECHIMAGING, https://www.techimaging.com/applications/infrared-thermal-imaging-applications

(4) 고속 열화상

고속 이미지 캡처는 열화상의 새로운 가능성을 열어 고속 열 프로세스를 관찰할 수 있게 한다. 이를 통해 부품 및 시스템을 세밀하게 관찰할 수 있으며 빠르게 작용하는 화학 공정을 이해하는데 도움이 되며 강력한 측정 및 보고 소프트웨어와 결합하여 방대한 정보를 제공한다. 이 카메라는 스냅샷 감지기라고 하는 특수 감지기와 수집 장치를 사용하며 데이터를 병렬로 수집하고 표시하는 기능은 밀리초 범위까지 정밀한 열화상 측정을 제공한다.

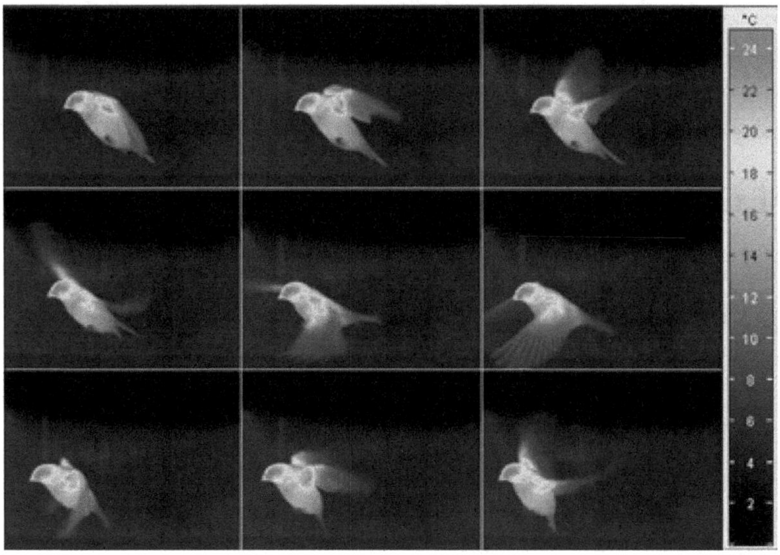

| 그림 9.6 | 새의 고속 열화상[83]

82) InfraTec, https://www.infratec.eu/thermography/industries-applications/high-speed-thermography/

83) TECHIMAGING, https://www.techimaging.com/applications/infrared-thermal-imaging-applications

(5) 화학 산업의 열화상 측정

유해 및 비유해 화학 물질을 다루는 산업은 화학 공정에서 발생하는 열흐름을 감지하는데 도움이 되는 적외선 카메라의 이점을 누릴 수 있다. 적외선열화상을 사용하면 온도 분포를 보다 정확하게 캡처하고 측정할 수 있으며 전체 프로세스 체인을 통해 화학 반응을 분석할 수도 있다. 무엇보다도 적외선열화상 카메라의 비침습성 및 비접촉식 특성은 사람들이 안전한 거리를 유지하는 동안 열화상 카메라가 관련 데이터를 수집하기 위해 모든 노력을 기울인다는 것을 의미한다.

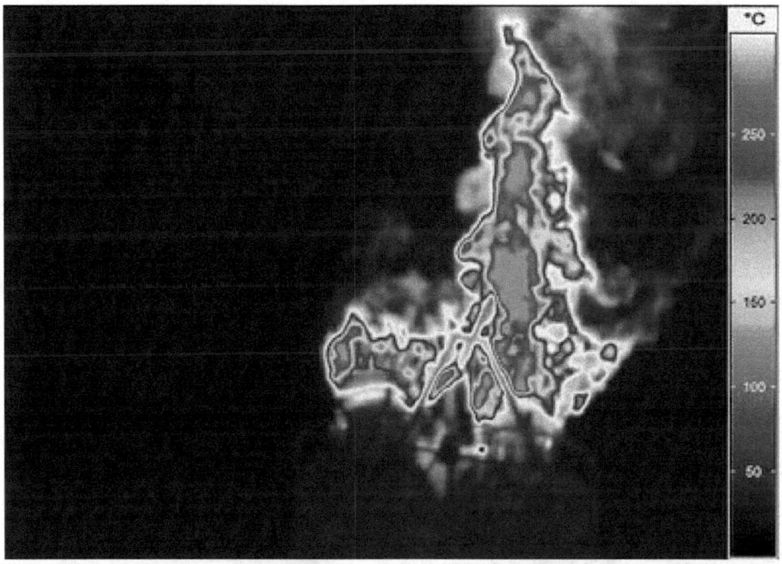

| 그림 9.7 | 플레어 스택의 열분석[84)]

84) TECHIMAGING, https://www.techimaging.com/applications/infrared-thermal-imaging-applications

(6) 전자 및 전기 산업의 열화상

전기 시스템과 배전 장비는 적외선 카메라와 열화상 기술의 적용으로 이점을 얻을 수 있다. 사람이 이러한 시스템 및 회로에 직접 접촉하는 것을 방지할 뿐만 아니라 전원의 흐름을 방해하지 않고 테스트 및 감지를 수행할 수 있다. 적외선 이미징을 통해 전기장에서 감지할 수 있는 일반적인 문제는 다음과 같다.

- 불량 연결
- 접촉 불량
- 과열된 부싱
- 차단된 냉각 통로

제조 산업은 소프트웨어를 통해 과열을 모니터링하고, 탱크 수위를 면밀히 주시하고, 공정 라인을 검사하고, 회로 기판의 상태를 평가하기 위해 전기 열화상 측정의 이점을 가질 수 있다.

| 그림 9.8 | 마이크로칩의 방열판 열분석[85]

85) InfraTec, https://www.infratec.eu/thermography/industries-applications/

(7) 기계 부품 검사

적외선 카메라는 다양한 산업의 기계 시스템을 안전하게 검사하여 주요 문제가 되기 전에 문제를 감지할 수 있다. 기계적 검사와 관련된 열화상 애플리케이션은 다양하며 다음이 포함되지만 이에 국한되지는 않는다.

- 내연 기관에서 막힌 공기 냉각기 및 라디에이터 튜브 감지
- 냉동 시스템에서 공기 누출 및 막힌 응축기 튜브 찾기
- 펌프, 압축기, 팬 및 송풍기에서 베어링 과열, 증가된 토출 온도 및 과도한 오일 온도를 찾아 식별

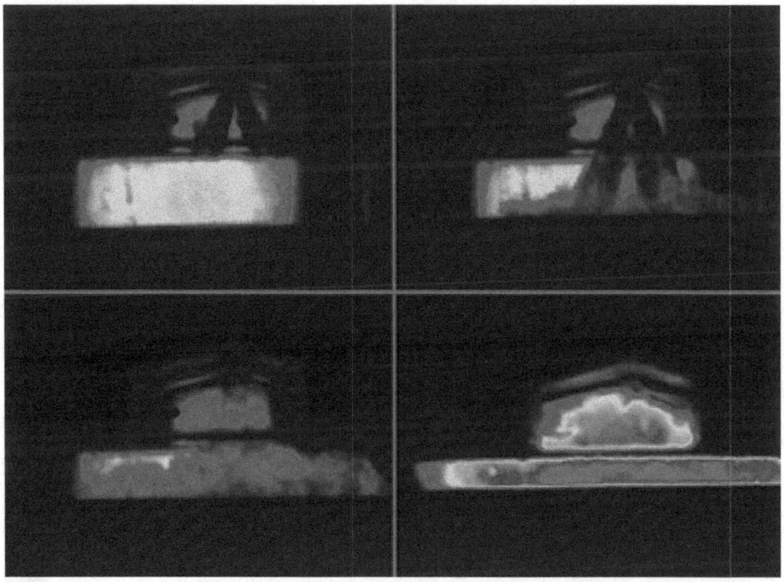

| 그림 9.9 | 내연 기관의 연료 분사[86)]

86) TECHIMAGING, https://www.techimaging.com/applications/infrared-thermal-imaging-applications

(8) 재료 시험을 위한 열화상

적외선열화상 카메라는 구조적 상황을 연구하거나 비파괴 방식으로 재료를 테스트할 때 강력한 대안을 제공한다. 이 세상의 모든 것은 온도가 절대 영도 이상인 한 적외선을 방출하므로 가열 또는 냉각이 일어나는 모든 표면에서 측정값과 판독값을 캡처할 수 있기 때문에 적외선으로 비파괴검사 재료 테스트가 가능하다. 이러한 설정에서 적외선열화상 카메라를 사용하는 것은 비파괴적일 뿐만 아니라 비침습적이다.

예를 들어 건물 검사는 적외선 테스트를 사용하여 완료할 수 있다. 에너지 효율성을 개선하고 기후 변화에 맞서 싸우는 세계를 앞장서고자 할 때 에너지 손실과 자원 낭비를 방지하기 위해 건물 구조를 개선하는 것은 적외선 카메라를 사용하는데 큰 도움이 된다.

| 그림 9.10 | 선삭 공정의 열분석[87)]

87) TECHIMAGING, https://www.techimaging.com/applications/infrared-thermal-imaging-applications

(9) 의학 열화상

적외선열화상 응용 프로그램은 인간과 동물 모두를 위한 의료 분야에서 풍부하다. 열화상 측정의 적외선열화상 촬영은 암을 조기에 발견하고, 관절염의 원인을 찾고, 심지어 큰 문제가 발생하기 전에 순환 문제를 포착하는데 사용된다. 의사와 수의사 모두 적외선 카메라를 사용하여 근육 및 골격 문제를 조기에 발견할 수 있다. 이 분야의 열화상 이미지의 한 가지 예는 말에 안전한 안장을 장착하기 위해 적외선 카메라의 사용이 증가하고 있다는 것이다.

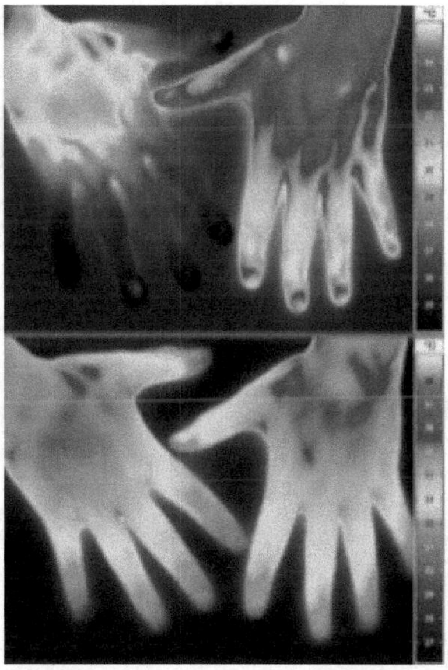

| 그림 9.11 | 요법 전후의 신체 열화상[88]

88) TECHIMAGING, https://www.techimaging.com/applications/infrared-thermal-imaging-applications

(10) 야금 열화상

야금 분야는 적절한 결과를 보장하기 위해 적절한 온도로 가열된 적절한 재료에 전적으로 의존한다. 이 경우 적외선열화상 카메라는 많은 이점을 제공한다. 무엇보다도 야금 분야의 적외선 열화상 측정은 가열 챔버 절연의 결함, 팬의 균열 또는 유사한 장치의 문제를 감지하여 에너지 소비를 줄이는 데 도움이 될 수 있다. 열화상 카메라의 속도와 정밀도로 인해 야금 분야에서 적외선 카메라의 이점을 쉽게 얻을 수 있다.

| 그림 9.12 | 팬의 열화상 이미지[89]

89) TECHIMAGING, https://www.techimaging.com/applications/infrared-thermal-imaging-applications

(11) 공장 검사용 적외선 카메라

공장 검사는 사고를 일으키거나 직원의 안전을 위협할 수 있는 모든 가능한 결함을 확인하기 위해 최고 수준의 모니터링이 필요하다. 예측 유지보수에 적외선열화상을 사용하는 것은 종종 두 전자 광고 제조 회사의 결함을 찾는데 사용된다. 적외선 시스템은 정상/일상 작업 또는 위험 유지 보수 인력과 접촉하거나 방해하지 않고 효율적인 검사를 제공한다. 적외선 카메라는 개요 및 초기 결과를 제공하고 프로세스를 더 안전하고 효율적으로 만든다.

| 그림 9.13 | 변압기 상태 모니터링[90]

90) TECHIMAGING, https://www.techimaging.com/applications/infrared-thermal-imaging-applications

(12) 보안용 적외선 카메라

적외선 카메라는 전투 현장에서 단순한 위협 탐지 및 적의 움직임보다 더 많은 것을 보안 분야에 제공한다. 보안 분야의 열화상 응용 프로그램은 연기로 가득 찬 방을 감지하고 효과적인 가정 보안을 제공하거나 감옥이나 카운티 감옥으로 밀수되는 무기와 화학 물질의 위치를 찾는데 사용할 수 있다.

| 그림 9.14 | 침입자 감시용 적외선 카메라[91]

9.2 모델링 기법

최근 적외선열화상 기술은 다양한 분야와 응용 분야에서도 비파괴검사 기술로 폭넓게 활용되고 있다. 유한 요소 모델링 FEM(Finite Element Method)는 여러 적외선열화상 기술의 모델링에 성공적으로 사용되었다. 능동 적외선열화상 기법을 기반으로 외부의 열원을 활용한 시뮬레이션 연구가 활발히 수행되었으며, 대표적으로 ANSYS, ABAQUS, COMSOL 등의 소프트웨어를 사용한다.

91) TECHIMAGING, https://www.techimaging.com/applications/infrared-thermal-imaging-applications

9.3 시뮬레이션 사례 및 활용

9.3.1 이면 결함

본 연구에서는 STS 시험편에서 인공 표면 결함의 크기와 깊이를 감지하고 추정하기 위해 전산 설계 기반의 위상잠금 적외선열화상 기법 연구를 수행하였다. 금속 시험편 표면의 실제 방사율을 해석에서 그대로 구현하였으며, 주위의 환경 온도와 시험편의 온도, 위상잠금 적외선열화상에서 할로겐 램프의 열유속을 계산하여 열 입력값을 설정하였다. 그림 9.15는 모델링한 시험편을 보여주며, 그림 9.16은 실험과 시뮬레이션의 열화상 이미지를 보여준다.[92)]

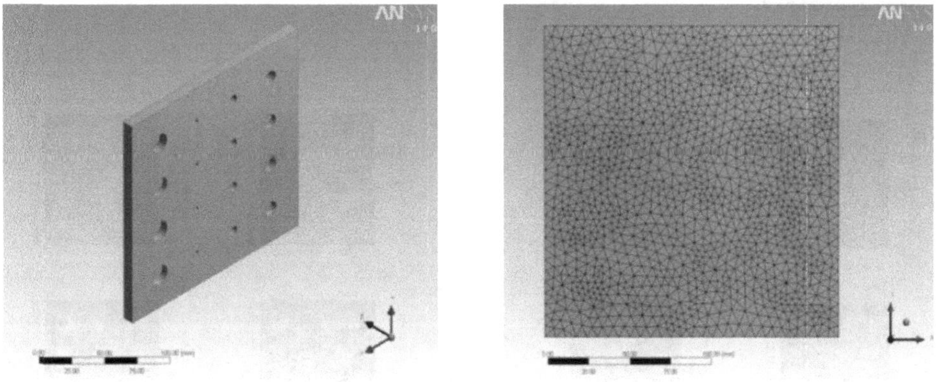

(a) (b)

| 그림 9.15 | STS 시험편의 모델링

92) Investigation of lock-in infrared thermography for evaluation of subsurface defects size and depth, International Journal of Precision Engineering and Manufacturing, 2015.

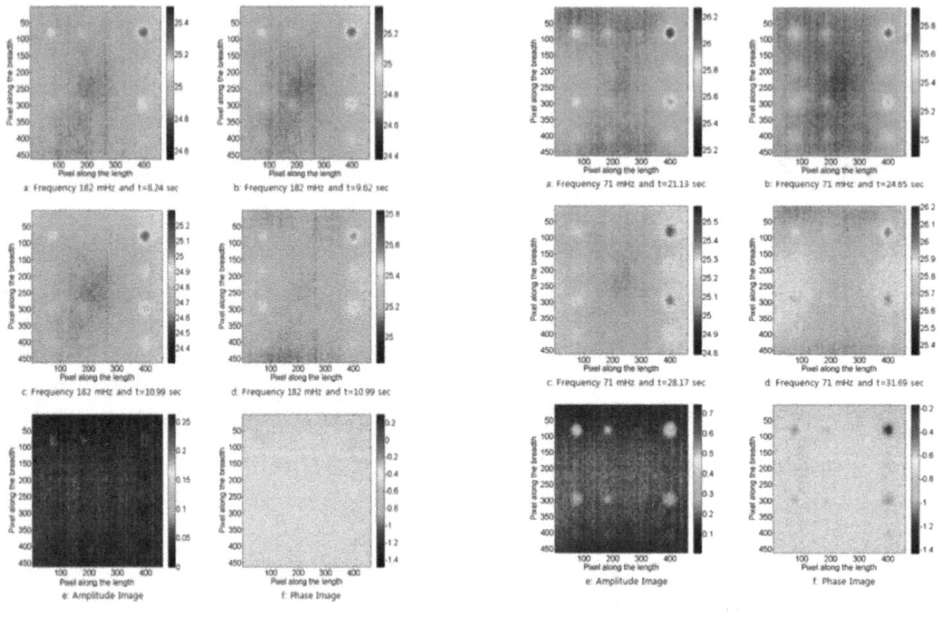

(a)

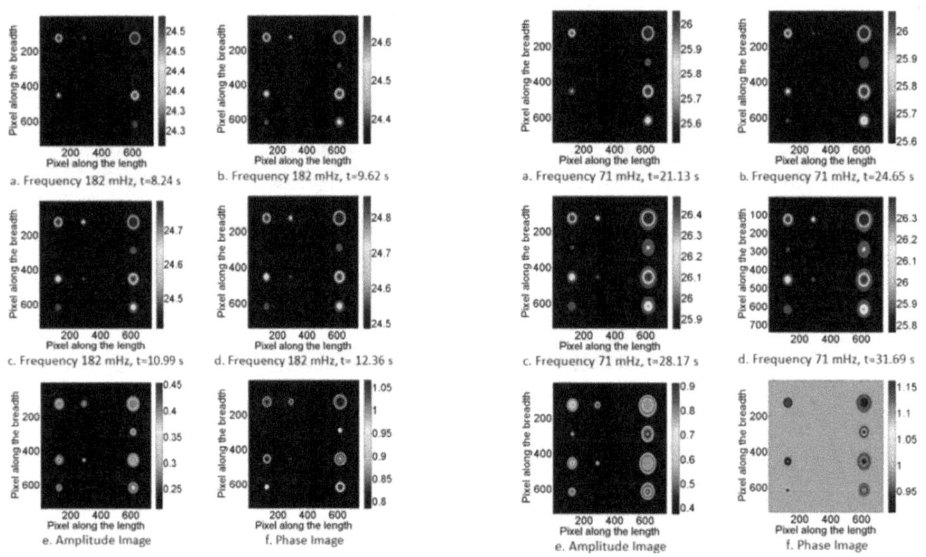

(b)

| 그림 9.16 | 실험과 시뮬레이션의 열화상 이미지

9.3.2 코팅 두께

본 연구에서는 열파 이미징 방법을 사용하여 불균일한 코팅 두께를 평가하였으며, 예측된 코팅 두께의 정확도 평가를 기반으로 PT와 LIT의 비교 연구를 수행하였다. 전산 소프트웨어를 활용하여 과도 열 유한 요소 모델을 생성하였으며, 시뮬레이션 모델은 PT와 LIT에 대한 실험 설정 매개변수를 설정하는 수단을 제공하였다. 그림 9.17은 PT와 LIT의 TBC 모델링 시험편에 대한 열화상 이미지를 보여준다.

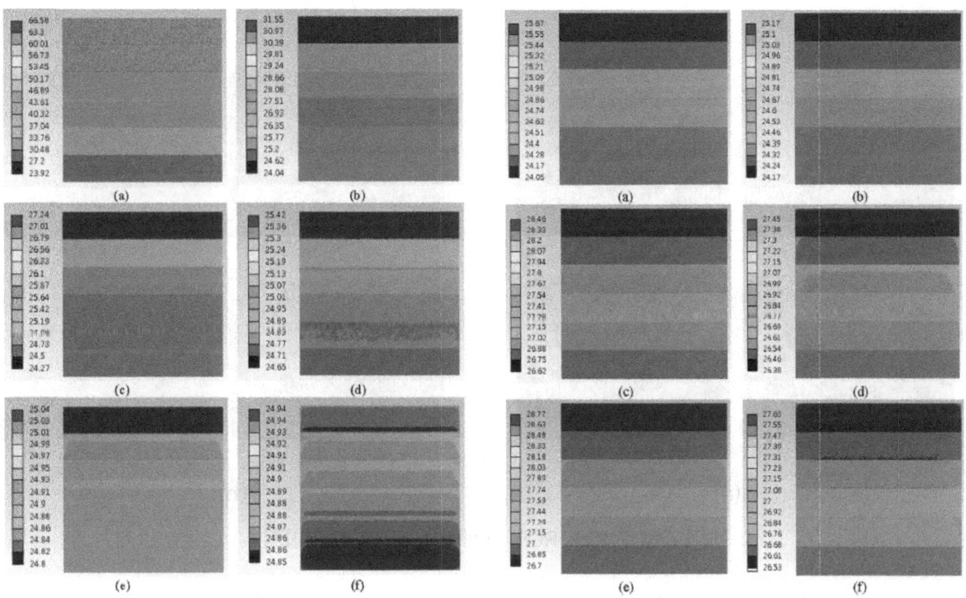

(a) (b)

| 그림 9.17 | TBC 모델링의 PT와 LIT 열화상 분포 이미지[93]

9.3.3 레일 RCF 분석

RCF는 레일의 대표적인 결함 중 하나로 과도한 응력에 의해 발생한다. 이로 인해 레일의 내구성과 피로 수명에 영향을 미쳐 큰 파단으로 이어질 수 있다. 따라서 와전류 열화상 기반의 시뮬레이션을 활용하여 레일 표면의 RCF 결함 검출 연구를 수행하였다. 그림 9.18은 레일과 유도 코일의 모델링 및 그림 9.19는 표면의 온도 분포를 보여준다.

---

93) Evaluation of coating thickness by thermal wave imaging: A comparative study of pulsed and lock-in infrared thermography-Part I: Simulation, Infrared Physics & Technology, 2018

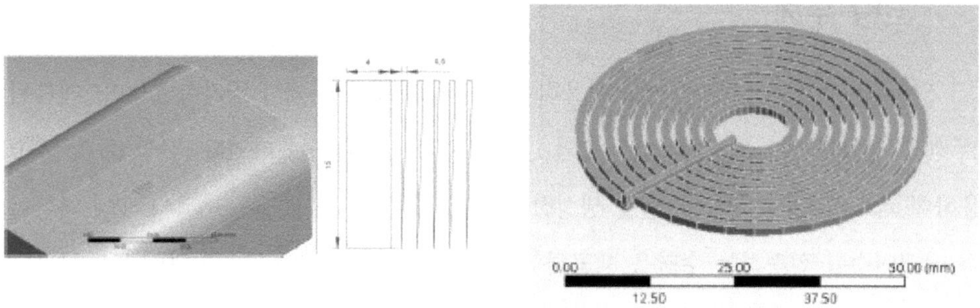

(a) (b)

| 그림 9.18 | RCF 결함 레일 모델링

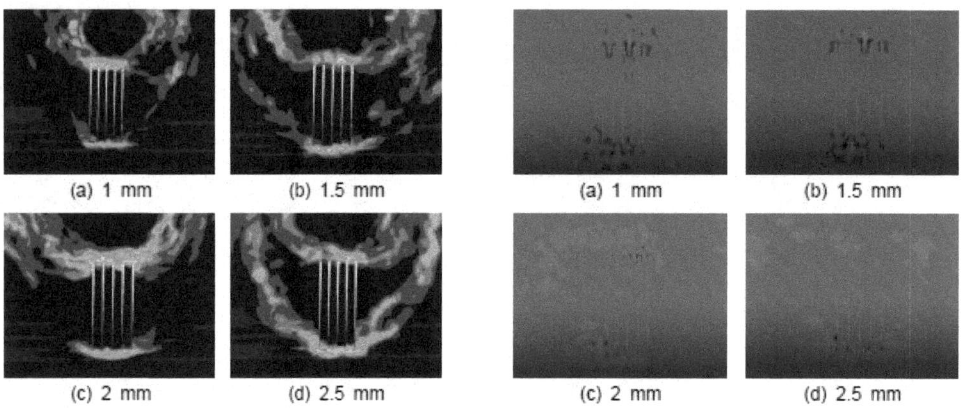

(a) (b)

| 그림 9.19 | RCF 크랙의 온도 분포 이미지

9.3.4 복합재 연구

GFRP는 산업 분야에서 폭넓게 활용되는 재료로써, 상태 감시와 내구성 관리는 매우 중요하다. 따라서 실험에 존재하는 물리적 현상을 복제하기 위해 유한 차분법에 기만한 ThermoCalc-3D 소프트웨어를 사용하여, 개재물의 크기와 깊이에 따라 적용된 열유속과 시간의 영향을 분석하여 열응답을 분석하였다. 그림 9.20은 GFRP의 치수, 그림 9.21은 LIT 데이터 기반의 위상각 이미지를 보여준다.

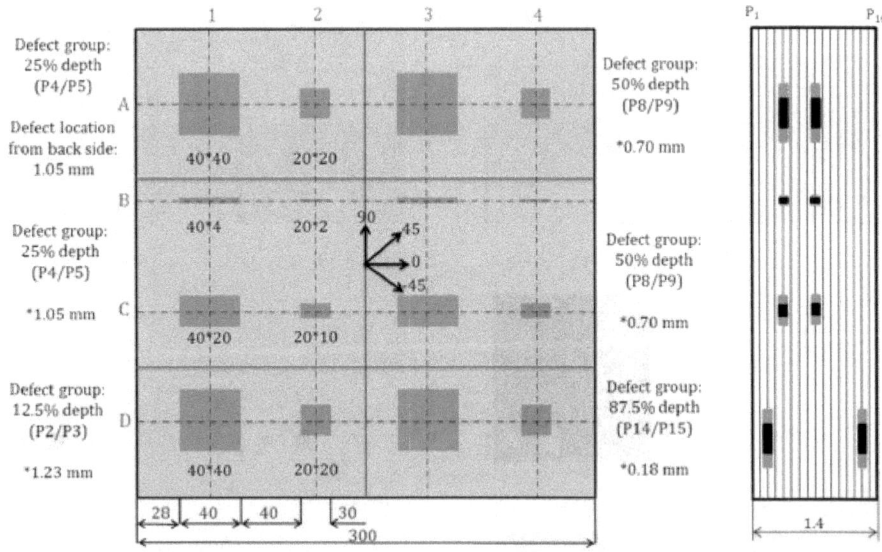

| 그림 9.20 | GFRP시편에 존재하는 결함 정보

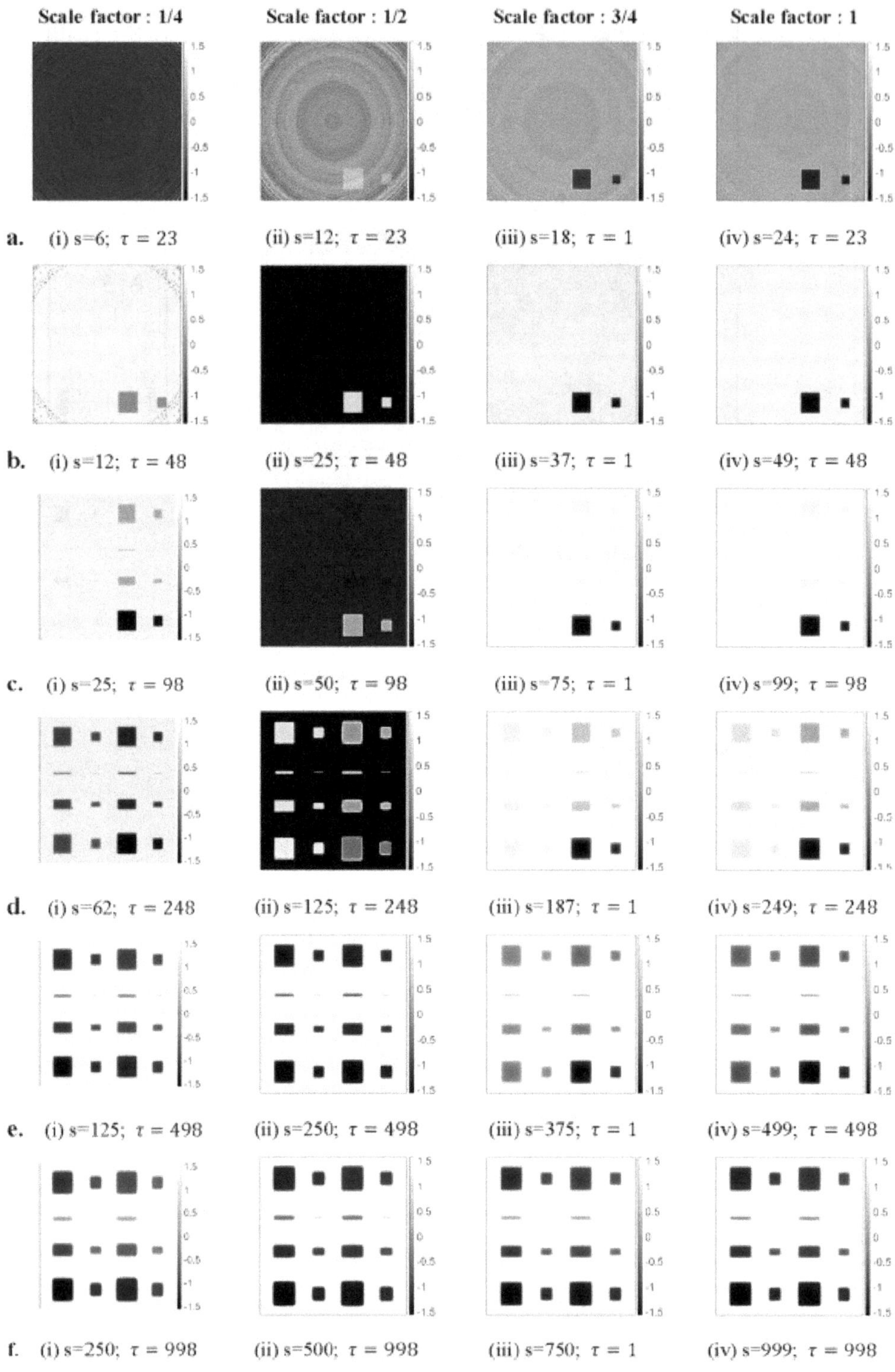

| 그림 9.21 | 웨이블릿 변환을 적용한 LIT의 위상각 이미지

9.3.5 콘크리트 구조물

본 연구에서는 콘크리트 구조물 내부의 결함 위치를 감지하기 위해 2개의 할로겐 램프에 의해 유도된 열전달 과정을 3D 모델로 시뮬레이션을 수행하기 위해 유한 요소 기법을 사용하였으며, 기존에 입력했던 열유속 값을 시험편 표면에 설정하는 것이 아닌 할로겐 램프를 모델링하여 가진 시간에 의한 온도 분포 연구를 수행하였다. 그림 9.22는 콘크리트 구조물과 할로겐 램프의 모델링, 그림 9.23은 온도 분포 이미지를 보여준다[94].

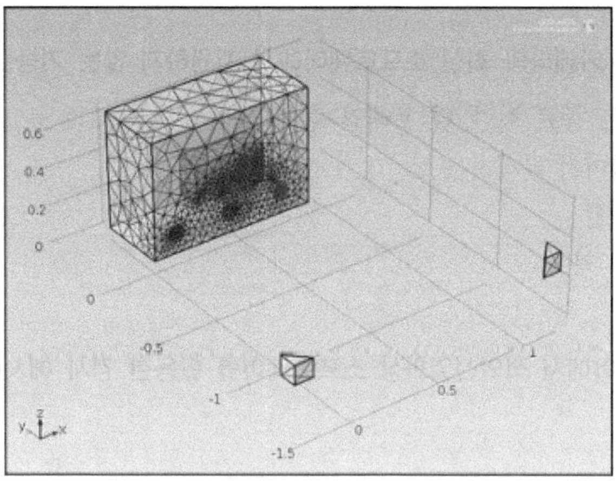

| 그림 9.22 | 콘크리트 구조물 모델링

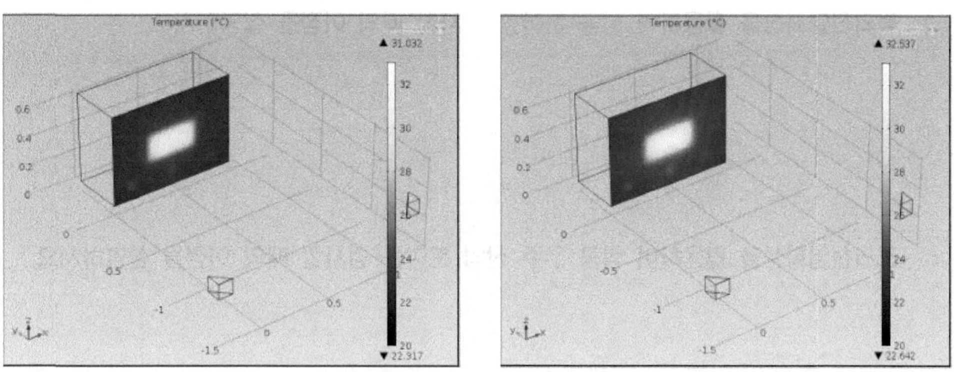

(a) (b)

| 그림 9.23 | 시간에 의한 콘크리트 표면의 온도 분포

---

94) Modeling of active infrared thermography for defect detection in concrete structures, Proceedings of the 2012 COMSOL Conference, 2012.

연습문제

1. 적외선열화상 카메라의 소프트웨어에서 지원하지 않는 기능은?

① 통합 작업 공간
② 실시간 기록 및 온라인 분석
③ 이미지 데이터베이스
④ De-noising

2. 적외선열화상 카메라의 최신 소프트웨어에서 지원하지 않는 기능은?

① 시작 시간, 종료 시간 및 프레임 수의 설정
② 실시간 이미지 분석
③ 이미지 융합
④ CSV 파일 지원

3. 산업/연구 분야에서 적외선열화상 소프트웨어를 활용한 검사 예시에 대해 설명하시오.

4. 적외선열화상을 활용하여 항공 분야를 검사할 때의 이점을 설명하시오.

5. 적외선열화상을 활용하여 항공 우주 산업 분야를 검사할 때의 이점을 설명하시오.

6. 적외선열화상을 활용하여 자동차 산업 분야를 검사할 때의 이점을 설명하시오.

7. 적외선열화상을 활용하여 고속 측정이 필요한 경우에 대해 설명하시오.

8. 적외선열화상을 활용하여 화학 산업 분야를 검사할 때의 이점을 설명하시오.

9. 적외선열화상을 활용하여 전자 및 전기 산업 분야를 검사할 때의 이점을 설명하시오.

10. 적외선열화상을 활용하여 기계 부품 분야를 검사할 때의 이점을 설명하시오.

11. 적외선열화상을 활용하여 재료 시험 분야를 검사할 때의 이점을 설명하시오.

12. 적외선열화상을 활용하여 의학 분야를 검사할 때의 이점을 설명하시오.

13. 적외선열화상을 활용하여 공장 검사용 분야를 검사할 때의 이점을 설명하시오.

14. 적외선열화상을 활용하여 보안용 분야를 검사할 때의 이점을 설명하시오.

15. 시뮬레이션을 활용한 위상잠금 적외선열화상 검사의 예시를 설명하시오.

16. 시뮬레이션을 활용한 펄스 적외선열화상 검사의 예시를 설명하시오.

17. 시뮬레이션을 활용한 와전류 적외선열화상 검사의 예시를 설명하시오.

18. 시뮬레이션을 활용한 초음파 적외선열화상 검사의 예시를 설명하시오.

10 표준화

10.1 표준화 개요 및 동향

비파괴검사는 다양한 산업 분야에서 사용되는 재료들에 대해 결함 및 이상부위를 검출하기 위해 활용되고 있다. 최근에는 비파괴검사 기법 중 적외선열화상을 활용한 재료의 검사 및 상태감시에 적용되고 있다. 기존 비파괴검사에 활용되는 시험편에 대한 기준과 표준, 유지 보수 및 사고 방지 대책 등의 규정들이 있지만 적외선열화상에 관련된 표준 규격은 현재 개발되고 있다.

국제 표준은 주어진 맥락에서 최적의 질서를 달성하기 위한 활동 또는 결과에 대한 규칙, 지침 또는 특성을 제공한다. 제품 표준 외에도 검사 방법, 코드 또는 관행이 있으며 점점 더 관리 표준이 늘어나고 있으며, 일반적이고 반복적인 사용이 가능하도록 설계되어 있다. 국제 표준화의 가장 중요한 목표는 무역에 대한 기술적 장벽을 제거하여 상품과 서비스의 교환을 촉진하는 것이다. 무역의 세계화는 국가 간 및 이해 관계자 간의 이중 수준 합의에 기반한 표준이 그 어느 때보다 요구되고 있음을 의미한다.

국제 표준이 개발되는 정치적 맥락은 급격하게 발전하였다. 156개 국가 기관과 580개의 조직이 연계된 네트워크에 15,000개 이상의 국제 표준 컬렉션이 있는 ISO(International Organization for Standardization)는 국제 표준 생산의 선두 주자이다. ISO는 필요한 기술 표준을 제공하고 기술의 발전, 환경 또는 보안에 대한 관심 증가, 정보 및 통신 기술의 보급에 맞게 조정함으로써 산업 부문의 바퀴를 효율적으로 유지하는 것이 전통적인 역할이라 간주한다. ISO의 사명은 조직이 지속 가능한 비즈니스의 차원 모두에서 문제를 해결하는데 도움이 되는 전 세계적으로 관련성이 있는 합의 기반 표준을 개발하기 위한 정보를 제공하는 것으로 발전하였다.

미국의 AT, ASTM, 영국의 BS, 일본의 JSNDI, 독일의 DIN 등에서는 관련 측정용어에 대해 표준화를 개발 및 완료하였으며 일부 진단대상별로 단체규격을 활용하고 있다.

기존의 비파괴검사 적외선열화상의 국제 규격에 대한 표준화는 다음과 같다.

10.2 적외선열화상 표준

10.2.1 American Society for Testing and Materials (ASTM)

- ASTM C1060, Standard Practice for Thermographic Inspection of Insulation Installations in Envelope Cavities of Frame Buildings
- ASTM C1153, Standard Practice for the Location of Wet Insulation in Roofing Systems Using Infrared Imaging
- ASTM E1213, Standard practice for minimum resolvable temperature difference for thermal imaging systems
- ASTM E1311, Standard practice for minimum detectable temperature difference for thermal imaging systems
- ASTM E1316, Standard terminology for nondestructive examinations
- ASTM E1543, Standard test method for noise equivalent temperature difference of thermal imaging systems
- ATSM D4788, Standard Test Method for Detecting Delamination in Bridge Decks Using Infrared Thermography
- ASTM E1186, Standard Practices for Air Leakage Site Detection in Building Envelopes and Air Barrier Systems
- ASTM E1897, Standard practice for measuring and compensating for transmittance of an attenuating medium using infrared imaging radiometers
- ASTM E1933, Standard practice for measuring and compensating for emissivity using infrared imaging radiometers
- ASTM E1934, Standard Guide for Examining Electrical and Mechanical Equipment with Infrared Thermography

- Standard for Infrared Inspection of Electrical Systems and Rotating Equipment
- Standard for Infrared Inspection of Insulated Roofs
- Standard for Infrared Inspection of Building Envelopes
- Standard for Infrared Inspections to Detect Pests and Pest Related Damage
- Standard for Infrared Inspection of Installed Photovoltaic (PV) Systems
- Standard for Infrared Inspection of Recreational Yachts and Small Craft Constructed of Fiberglass Reinforced Plastic and Composite Materials
- Standard for Infrared Thermal Imaging of Horses
- Standard for Measuring and Compensating for Emittance Using Infrared Imaging Radiometers
- Standard for Measuring and Compensating for Reflected Temperature Using Infrared Imaging Radiometers
- Standard for Measuring and Compensating for Transmittance of an Attenuating Medium Using Infrared Imaging Radiometers
- Standard for Measuring Distance/Target Size Values for Infrared Imaging Radiometers

10.2.2 International Organization for Standardization (ISO)

- ISO 22290:2020 Non-destructive testing – Infrared thermography testing – General principles for thermoelastic stress measuring method
- ISO 18251-1:2017 Non-destructive testing – Infrared thermography – Part 1: Characteristics of system and equipment
- ISO 10880:2017 Non-destructive testing – Infrared thermographic testing – General principles
- ISO 10878:2013 Non-destructive testing – Infrared thermography – Vocabulary
- ISO/DIS 18251-2 Non-destructive testing – Infrared thermography – System and equipment – Part 2: Test method for integrated performance
- ISO/AWI 5750 Non-destructive testing – Infrared thermography – Electrical

equipment testing

- ISO 9712:2012 Non-destructive testing – Qualification and certification of NDT personnel
- ISO 18434-1:2008 Condition monitoring and diagnostics of machines – Thermography – Part 1: General procedures
- SO 18434-2:2019 Condition monitoring and diagnostics of machine systems – Thermography – Part 2: Image interpretation and diagnostics
- ISO 18436-7:2014 Condition monitoring and diagnostics of machines – Requirements for qualification and assessment of personnel – Part 7: Thermography
- ISO 6781:1983 Thermal insulation – Qualitative detection of thermal irregularities in building envelopes – Infrared method
- ISO 80000-5 Quantities and units – Part 5: Thermodynamics
- ISO 80000-7, Quantities and units – Part 7: Light

10.2.3 International Electrotechnical Commission (IEC)

- IEC 60068-2-1:2007, Environmental testing – Part 2-1: Tests – Test A: Cold
- IEC 60068-2-2:2007, Environmental testing – Part 2-2: Tests – Test B: Dry heat
- IEC 60068-2-6:2007, Environmental testing – Part 2-6: Tests – Test Fc: Vibration (sinusoidal)
- IEC 60068-2-7:2008, Environmental testing – Part 2-27: Tests – Test Ea and guidance: Shock
- IEC 60068-2-78:2012, Environmental testing – Part 2-78: Tests – Test Cab: Damp heat, steady state
- IEC TS 62446-3:2017, Photovoltaic (PV) systems – Requirements for testing, documentation and maintenance – Part 3: Photovoltaic modules and plants – Outdoor infrared thermography

10.2.4 NF

- NF A09-400:1991, Non destructive testing – Infrared thermography – Vocabulary concerning the designation of the equipment
- NF A09-420:1993, Non destructive testing – Infrared thermography – Characterization of equipment
- NF A09-421, Non destructive testing – Infrared thermography – Methods for characterization of equipment

10.2.5 Deutsches Institut für Normung (DIN)

- DIN EN 17119:2018, Non-destructive testing – Thermographic testing – Active thermography
- DIN EN 16714-1:2016, Non-destructive testing – Thermographic testing – Part 1: General principles
- DIN 54183:2018, Non-destructive testing – Thermographic testing – Eddy-current excited thermography
- DIN 54190-1:2004, Non-destructive testing – Thermographic testing – Part 1: General principles
- DIN 54190-2:2011, Non-destructive testing – Thermographic testing – Part 2: Equipment
- DIN 54190-3:2006, Nondestructive testing – Thermography testing – Part 3 : Terms and definitions

적외선열화상 기술은 비파괴검사 분야에서 대상체의 마찰력 증가에 의한 발열 및 전력설비 열화에 의한 이상발열 등을 검출하는 기법으로 알려져 있다. 최근 국외에서는 기존에 사용되는 적외선열화상의 검출능을 향상시키기 위해 외부 열원을 변조하여 입사하는 신호처리 기술 개발에 중점을 두고 있다.

국외의 경우 정부 지원 하에 비파괴진흥 특별위원회를 구성하여 적외선열화상 검사 및 진단 방법을 개발하고 있으며 진단 시스템의 시험체계 및 교정을 구축하고 있다.

향후 적외선열화상의 규격 개발을 위한 세부 목표 및 추진 전략은 다음과 같다.

- 적외선열화상 기술 정량화 관련 자료수집
- 적외선열화상 기술관련 시험환경 구축
- 적외선열화상 기술관련 기준시편 설계 및 개발 : 적외선열화상 기준시험편 물질 및 형상 설계, 기준시험편 불확도 및 신뢰도 구축
- 적외선열화상 측정시험규격서 작성 및 단체규격 개발 : 측정시험규격 제안, 기준시험편 제조 및 인증절차서 작성, 단체규격 작성 및 제안
- 국제 표준규격 : 국제 공동연구개발 협의제 추진, 국제표준 전문가 교류 활성화

적외선열화상 기술관련 산업, SOC 안전진단, 국방/항공 산업 등 분야로의 확대를 위해 관련 분야의 기술연구진과의 협동 연구추진 등의 실시를 통해 국내 규격개발 기술의 응용분야를 확대해 나간다.

적외선열화상 기술 관련의 표준 규격 시험편을 설계하고 내부결함측정 규격을 개발하여 표준화 국제 활동에 적극 참여함으로써 적외선열화상 정량화 기술 관련의 표준화 활동을 국제화를 시켜나간다.

적외선열화상 시스템 및 장비개발 등에 선행연구로 국제표준화를 기반으로 함으로써 향후 국내외 적외선열화상을 비롯한 비파괴 정량화 기술의 선구자가 되도록 시스템기술 개발의 국제표준화에 적용하도록 한다.

10.2.6 ASTM 규격 개발

(1) ASTM E1316

본 규격은 E07 비파괴검사 위원회에서 준비한 표준에서 사용되는 용어를 정의한다. 이러한 비파괴검사 방법에는 음향 방출, 전자기 검사, 감마 및 X-방사선, 누설 검사, 액체 침투 검사, 자기 입자 검사, 중성자 방사선 및 측정, 초음파 검사 및 기타 기술 방법이 포함되어 있다.

(2) ASTM E543

본 규격은 비파괴검사를 수행하는 기관에 대한 최소 요구 사항을 다룬다. 시험, 검사 기관, 적격성, 인가, 공공, 민간 시험, 검사 기관 모두에 사용하기 위한 평가 기준으로 사용될 수 있다.

비파괴검사 기관의 기능에는 자분, 침투, 방사선/투시 검사, 초음파, 와전류 및 누출 검사 중 하나 이상의 방법이 포함되지만 이에 국한되지 않는다. 최소 요구 사항에 포함된 항목은 다음과 같다.

- 기관과 계약된 작업 유형에 대한 서면 절차 매뉴얼
- 재료 검사에 필요한 다양한 활동을 통제하는데 필요한 정보를 포함해야 하는 공정 통제 또는 운영 절차
- 교육, 인증 및 재인증 절차를 포함하는 인사 자격
- 재고 목록을 포함해야 하는 장비 유지 관리 및 교정
- 장비 작동 및 기술 파일
- 중앙 파일 및 필요에 따라 기타 접근 가능한 파일에 유지되어야 하고 전거 조사에 사용할 수 있어야 하는 기록 및 문서

(3) ASTM E213-20

본 규격은 초음파 방법을 사용하여 체적 검사 중에 금속 파이프 및 튜브의 불연속성을 감지하는 절차를 제시한다. 본 규격이 적용되는 초음파 방법의 특정 기술에는 접촉 및 비접촉 펄스 반사 기술 및 각도 빔 침지 기술이 포함된다. 세로로 구성된 인공 반사판과 검사자가 지정한 경우 기준 표준의 표면에 배치된 가로 기준 노치가 초음파 시스템을 표준화하는 주요 수단으로 사용된다.

10.2.7 ISO/TC 135/SC 8 규격 개발

(1) 개발 완료 규격

(가) ISO 22290:2020 Non-destructive testing – Infrared thermography testing – General principles for thermoelastic stress measuring method

ISO 22290:2020 규격은 재료의 열탄성 특성을 활용하는 열탄성 응력 측정 방법이며, 재료 및 구조의 표면 응력 맵핑을 위한 "full-field", "non-contact" 기술에 대해 기술하였다. 스트레인 게이지 방법과 같은 기존 기술과 달리 이 방법의 고유한 장점은 시험편의 전체 표면 응력($\Delta(\sigma_1 + \sigma_2)$) 분포를 쉽게 이미지화할 수 있는 특성을 가지고 있다.

열탄성 응력 측정 방법의 산업적 응용은 열화상 기술의 눈부신 발전과 함께 확대되고 있다. 열탄성 응력 측정의 효과는 적절한 사용법에 달려 있다. 이 규격의 목적은 자동차, 항공 우주 제품, 전자 기기, 의료 기기, 산업 자재 등과 같은 다양한 산업 비파괴 시험에 정확하고 효과적인 적용을 촉진하기 위해 열탄성 응력 측정 방법에 대한 일반 원리를 제공한다.

(나) ISO 18251-1:2017 Non-destructive testing - Infrared thermography - Part 1: Characteristics of system and equipment

ISO 18251-1:2017 규격의 목적은 산업용 비파괴검사 분야의 적외선열화상 측정 시스템 및 장비에 대한 특성 설명을 제공한다. 이 규격의 개발은 적외선 장비 및 시스템에 대한 국제 표준의 부족의 해결을 도와준다. 또한 본 규격의 혜택을 받는 주요 이해 당사자는 해당 장비 및 시스템의 제조업체와 사용자가 해당된다.

(다) ISO 10880:2017 Non-destructive testing - Infrared thermographic testing - General principles

현재 비파괴검사에서 적외선열화상 검사의 산업적 활용도의 관심이 증가되고 있는 상황에 따라 적절하고 올바른 사용법의 중요성이 대두되고 있다. ISO 10880:2017 국제 표준은 산업 및 연구 분야에서 적외선열화상 검사의 정확하고 올바른 사용법을 위한 일반 원칙을 제공한다.

(라) ISO 10878:2013 Non-destructive testing - Infrared thermography - Vocabulary

ISO 10878:2013 규격은 적외선열화상 측정 및 열/적외선 비파괴검사에 대한 정확한 이해 및 해석을 제공하기 위한 용어 및 정의를 제공한다. 이는 학계 및 산업계 내에서 적외선열화상 기술 성장의 기반을 확보하는 역할을 수행한다.

(2) 개발 중 규격

(가) ISO/DIS 18251-2 Non-destructive testing - Infrared thermography - System and equipment - Part 2: Test method for integrated performance

적외선열화상 검사의 산업적 응용은 열화상 기술의 눈부신 발전과 함께 점점 더 확대되고 있다. 적외선열화상 검사의 효과는 시스템과 장비의 적절하고 올바른 사용에 달려 있다. ISO 18251-2 규격의 목적은 산업용 비파괴검사 분야에서 적외선열화상 측정을 위한 시스템 및 장비의 통합 성능에 대한 시험 방법을 제공한다. 또한 적외선 장비 및 시스템의 성능 시험 방법에 대한 ISO 표준이 없다는 문제를 해결할 수 있다.

(나) ISO/AWI 5750 Non-destructive testing – Infrared thermography – Electrical equipment testing

전기 장비에 대한 적외선열화상 검사의 산업적 응용은 기술의 눈부신 발전과 함께 더욱 광범위해졌다. 적외선열화상 적용의 효율성은 장비 및 검사 방법의 적절하고 올바른 사용에 달려있다. 또한 기존의 국제 적외선열화상 표준에는 검사 결과를 평가하고 등급을 정하는 방법이 부족하다. ISO/AWI 5750 규격의 목적은 산업용 비파괴검사 분야에서 전기 장비의 적외선열화상에 대한 장비 요구 사항, 검사 방법, 검사 결과의 평가 및 등급 지정 방법을 제공하는 것이다. 또한 전기기기용 적외선열화상에 대한 ISO 표준이 없다는 문제를 해결할 수 있다.

10.2.8 적외선열화상 측정에 관한 국제 표준

(1) ISO 9712:2012 Non-destructive testing – Qualification and certification of NDT personnel

ISO의 비파괴검사/개인 자격/성과 기반 자격 및 인증 작업 그룹에서 개발한 국제 표준 ISO 9712:2005 (1999년에 첫 발행)는 비파괴검사에 관련된 검사자의 자격 및 인증을 지정한다. 다음 방법 중 하나 이상에 대한 숙련도에 적용된다 : 음향 방출 검사, 와전류 검사, 적외선열화상 검사, 누설 검사, 자분탐상, 침투 검사, 방사선 검사, 스트레인 검사 및 초음파 검사.

(2) ISO 18434-1:2008 Condition monitoring and diagnostics of machines – Thermography – Part 1: General procedures

ISO 18434-1:2008 규격은 밸브, 유체 및 전기 구동 기계, 기계 관련 열교환기 장비와 같은 기계 보조 장치를 포함한 기계 상태 모니터링 및 진단에 적외선열화상 측정을 적용하는 방법을 제공한다. 또한 기계 성능 평가와 관련된 적외선열화상 응용 프로그램을 제시한다.

- 상태 모니터링 및 기계 진단과 관련된 적외선열화상 용어의 소개
- 적외선열화상 검사 절차의 유형과 장점

- 적외선열화상이 식별한 이상에 대한 심각도 평가 기준 설정에 대한 지침 제공
- 안전 권장 사항을 포함하여 기계의 열화상 측정을 수행하기 위한 방법 및 요구 사항의 소개
- 데이터 해석, 평가 기준 및 보고 요건에 대한 정보 제공
- 반사된 겉보기 온도, 방사율 및 감쇠 매체를 결정하고 보상하는 절차 제공
- 정량적 열화상 카메라로 대상의 표면 온도를 측정할 때 반사된 겉보기 온도, 방사율 및 감쇠 매체를 결정하고 보상하기 위한 검사 절차 제공

(3) ISO 18434-2:2019 Condition monitoring and diagnostics of machine systems - Thermography - Part 2: Image interpretation and diagnostics

ISO 18434-2:2008 규격은 기계 시스템의 상태 모니터링 및 진단을 위한 프로그램의 일부로 적외선 온도 기록도 해석에 대한 구체적인 지침을 제공한다. 또한 기계 성능과 관련된 적외선 열화상 응용 프로그램을 제시하며, 목적은 다음과 같다.

- 적외선열화상이 식별한 이상에 대한 심각도 평가 기준 설정에 대한 지침 제공
- 안전 권장 사항을 포함하여 기계 시스템의 열화상 측정을 수행하기 위한 개요 방법 및 요구 사항
- 이미지 해석, 평가 기준 및 보고 요구 사항에 대한 정보 제공

(4) ISO 18436-7:2014 Condition monitoring and diagnostics of machines - Requirements for qualification and assessment of personnel - Part 7: Thermography

ISO 18436-7:2014 규격은 적외선열화상을 이용하여 기계의 상태 감시 및 진단 업무를 수행하는 검사자의 자격 및 평가에 대한 요구사항에 대한 규정을 제공한다. 이 표준에 부합하는 인증서 또는 신고서는 휴대 가능한 열화상 장비를 사용하여 기계의 상태 감시를 위한 열적 측정과 분석을 수행할 수 있는 검사자의 자격과 능력을 어떻게 인증할 것인지에 대한 내용을 제시한다. 또한 본 규격에 서술된 기술 영역에 기초하여 3단계 기반의 프로그램에 대하여 규정한다.

(5) ISO 6781:1983 Thermal insulation – Qualitative detection of thermal irregularities in building envelopes – Infrared method

Thermal Insulation 위원회에서 개발한 ISO 6781은 적외선열화상 검사를 활용하여 건물 외피의 열적 불규칙성을 감지하는 정성적인 방법을 제공한다. 이 방법은 건물의 외피를 구성하는 구성요소의 기밀성을 포함한 열적 특성의 광범위한 변화를 식별하는데 사용된다. 구조의 단열 및 기밀 정도의 결정에는 적용되지 않는다.

10.3 자격취득

적외선열화상 비파괴검사에 대하여 검사 결과에 대한 충분한 검증이 필요하다. 비파괴검사 절차서에 따라 검사를 실시하였는지, 검사를 시행했던 검사자의 자격이 충분한지, 적합한 표준, 코드, 지시에 따라 검사를 수행하였는지에 대해 면밀히 검토해야 하며 정해진 절차서 및 보고서에 따라 문서를 작성해야 한다.

10.3.1 검사자 자격

산업 비파괴검사를 수행하는 기술자는 자격 인증 및 전문 교육 훈련을 반드시 받아야한다. 검사 자격은 다음과 같은 표준에 의해 자격 인증을 진행할 수 있다.

- ISO 18436-1 Condition monitoring and diagnostics of machines — Requirements for qualification and assessment of personnel — Part 1: Requirements for assessment bodies and the assessment process
- ISO 18436-7:2014 Condition monitoring and diagnostics of machines — Requirements for qualification and assessment of personnel — Part 7: Thermography
- ISO 9712:2012 Non-destructive testing — Qualification and certification of NDT personnel
- ISO/TS 25107:2019 Non-destructive testing — NDT training syllabuses

10.3.2 ISO 9712

'ISO 9712 비파괴검사-기술자의 자격인정 및 인증'은 산업 비파괴검사 검사자 자격에 대한 요건에 대해 서술한다. 산업의 범위에는 의료영역을 제외하며, 다음과 같은 비파괴검사 방법들 중에 하나 또는 하나 이상의 숙련도에 대하여 자격 인증을 한다.

- 음향방출검사(AT)
- 와전류탐상검사(ET)
- 적외선열화상검사(TT)
- 누설검사(LT, 수압검사 제외)
- 자분탐상검사(MT)
- 침투탐상검사(PT)
- 방사선투과검사(RT)
- 스트레인검사(ST)
- 초음파탐상검사(UT)
- 육안검사(VT, 다른 NDT 방법이 적용되는 동안에 수행되는 직접 육안검사와 육안검사는 제외)

이 외에 새로운 NDT 방법 또는 기법이 개발되어 인증기관 만족 측면에서 효과적이거나 적절한 것으로 증명되면 해당 방법 및 기법에 대해서도 적용될 수 있으며, 규격에 따라 적외선열화상 비파괴검사 검사자는 교육 훈련 이수 및 자격 인증 시험을 통해 자격 인증을 받아야 검사 수행을 진행할 수 있다.

인증기관은 ISO/IEC 17024 및 국제표준에 따라 인증 스킴을 제정, 발전 유지, 관리해야한다. 인증기관의 직접적인 책임 하에 자격인정단체를 시설, 장비, 기술자, 시험자료, 기록 등에 대하여 시방서를 발행하는 기관으로서 자격 인정에 대하여 세부적인 관리 업무를 위임할 수 있고, 승인된 자격인정기관에 대한 요건의 적합성을 보장하기 위해 최초 심사 및 주기적인 평가 심사를 실시하여야 한다.

승인된 자격인정기관은 인증기관의 감독하에 업무를 수행하고 인증기관이 발급한 지침서, 승인받은 품질관리시스템 문서를 적용, 장비의 시험, 교정 및 조정을 포함해 시험 센터의 설립과 감시 및 통제에 필요한 전문성과 자원을 가지고 있어야 한다. 다만 자격 인정 기관이 없다면, 인증기관이 자격 인정 기관의 요구사항을 충족해야 한다.

시험 센터는 인증기관 또는 승인된 자격 인정 기관의 통제하에 업무를 수행하며, 승인 받은 품질 문서 및 장비의 교정 및 조정을 포함한 시험 관리에 필요한 자원들을 가지고 있어야 하며, 검증된 직원, 장비, 장소를 가지고 있어야 하고 승인받은 시험 문제 및 시험편만을 사용하여야 한다.

시험 응시자는 교육 훈련 과정 수료 증명서, 필요 경험을 적격한 감독하에 얻었다는 증명서, 요구사항을 만족하는 시력 증명서, 인증 기관이 공표한 행동강령 준수 서약서 등을 제출해야 하며, 자격소지자는 1년마다 시력검사를 수행하고 제출해야하며, 인증기관에서 공표한 행동강령을 준수하고, 자격인증의 유효성이 떨어지는 상태가 발생하면 이를 알릴 의무가 있다.

ISO 9712에 따라 자격 인정 레벨은 Level 1, 2, 3로 나뉘며 Level 1 기술자는 Level 2 또는 3 기술자의 감독하에 지시서에 따라 NDT를 수행할 수 있으며, Level 2 기술자는 NDT 절차서에 따라 비파괴검사를 수행할 수 있으며 Level 2보다 낮은 모든 직무를 실시하거나 감독, 훈련 및 지도를 할 수 있다. Level 3 기술자는 자격을 받은 비파괴검사 작업의 수행과 감독에 대한 자격이 있으며, 현재의 표준, 규칙 및 시방서에 따라 검사 결과에 대한 해석과 평가를 할 수 있으며, NDT 방법의 선정, 기법 수립을 위한 충분한 실무적 지식과 NDT 기법에 대한 전반적인 이해를 갖춰야 한다.

| 표 10.1 | Level에 따른 최소 경력기간

NDT 검사방법	개월단위 경험a		
	Level 1	Level 2	Level 3
AT, ET, LT, RT, UT, TT	3	9	18
MT, PT, ST, VT	1	3	12

a 월로 표시된 경력기간은 주당 40시간 또는 법정 주의 일에 기반한다. 개인이 주당 40시간을 초과하여 근무하는 경우, 총 시간에 근거한 경력을 받게 된다. 다만, 이러한 경력에 대한 증거를 만들 것이 요구된다.

자격을 취득하고자 하는 응시자는 취득해야 할 분야에 대해 표 9.1와 같은 최소 경력기간을 갖춰야 한다. 또한 가능한 감면조건은 다음과 같다.

(a) 경력의 질은 다양하고, 경험이 집중되고, 취득하고자 하는 자격인증과 높은 정도의 관련성이 있는 환경에서 기량은 더 빠르게 향상될 수 있다.

(b) 동시에 둘 또는 그 이상의 표면 NDT 검사방법, 즉 MT, PT 및 VT에서 동시에 경력을 얻는 경우, 어느 NDT 방법의 사용으로 얻는 경험은 하나 또는 그 이상의 다른 표면 비파괴검사법의 경력을 보충할 수 있다.

(c) 이미 보유하고 있는 한 분야의 NDT 검사방법에 대한 경력은 같은 NDT 검사방법 다른 분야에 대하여 보충적일 수 있다.

(d) 응시자의 교육수준 및 질도 고려되어야 한다. 이는 특히 Level 3 응시자의 경우이나, 다른 Level에 대해서도 적용 가능하다.

일반시험 문제는 인증기관 또는 자격인정기관은 시험 당일 유효한 일반시험문제의 모음으로부터 예측 불가능한 방식으로 선정된 문제만 포함되어야 하며, 최소한 표 10.2에 다른 객관식 문제에 답해야 한다.

| 표 10.2 | Level 1, 2 일반시험에 요구되는 최소 문제 수

NDT 방법	문제수
AT, ET, FLT, TT, RT, UT	40
LT, MPT, PT, ST, VT	30

전문시험은 인증기관 또는 자격인정기관으로부터 승인된 최신의 문제 모음으로부터 선정된 문제만 포함되어야 한다. 전문시험은 계산문제와 NDT 절차 및 규칙, 표준, 시방서에 대한 문제가 포함된 최소 20문항의 객관식 문제가 출제되어야 한다.

실기시험은 규정된 시험편에 대해 적절한 비파괴검사 방법의 적용, 요구된 등급에 대한 결과 기록, Level 2의 신청자는 등급에 따라 요구되는 해석 결과, 요구된 형식의 결과 보고를 포함하여야 하며, 교육 훈련 목적으로 사용된 시험편은 시험에는 사용할 수 없다.

ISO 9712:2014의 자세한 내용은 부록 C에서 설명한다.

연습문제

1. 적외선열화상 국제 표준 규격에 해당하지 않는 것을 고르시오.

① ASTM
② ISO
③ IEC
④ QIRT
⑤ DIN

2. ASTM 규격 중 비파괴검사를 수행하는 기관에 대한 최소 요구 사항에 관해 해당하는 것을 고르시오.

① ASTM E1316
② ASTM E543
③ ASTM E213-20

3. ISO 규격 중 적외선열화상 측정 및 비파괴검사의 용어 및 정의를 제공하는 규격에 해당하는 것을 고르시오.

① ISO 22290:2020
② ISO 18251-1:2017
③ ISO 10880:2017
④ ISO 10878:2013

4. 표준화의 중요성과 목적에 대해 서술하시오.

5. 적외선열화상과 관련된 규격을 개발하고 운영중에 있는 기관을 아는데로 나열하시오.

6. ISO / TC 135 / SC 8 Thermographic Testing 에서 개발된 규격을 나열하고, 간략하게 서술하시오.

7. 적외선열화상 비파괴검사 자격취득을 위한 자격에 대해 서술하시오.

8. ISO 9712 비파괴검사 기술자의 자격인정 및 인증에 포함되는 비파괴검사 기술을 나열하시오.

9. ISO 9712 애 따라 Level 1,2,3 로 나뉘어 지는데, 각 등급별 기술자들의 자격을 설명하시오.

10. 미국재료시험협회(ASTM)에서 개발한 관련 규격을 나열하고, 간략하게 서술하시오.

참고문헌

[1] 최만용, 김원태(2013). "적외선열화상 비파괴검사" 노드미디어

[2] 박익근(2013). "비파괴검사개론" 노드미디어

[3] DGZfp(2019). "Thermographic Testing Thermografie"

[4] 고진형, 국정한, 권호영, 박종건(1996). "최신비파괴검사개론", 원창출판사.

[5] 김원태 외(2014)."체열학", 의학출판사.

[6] Y. A. Cengel(2011). "Thermodynamics 7th edition", McGraw–Hill Education.

[7] 김한근, 박선국(2007). "센서공학개론", 기전연구사.

[8] 정용택(2014)."적외선센서의 최신 기술동향", 홍릉과학출판사.

[9] Maldague, X.P. Nondestructive Testing Handbook. 3. Infrared and Thermal Testing; American Society for Nondestructive Testing: Arlingate Lane, OA, USA, 2001.

[10] Maldague, X.P. Introduction to NDT by Active Infrared Thermography. Mater. Eval. 2002, 60, 1060-1073.

[11] https://www.reliableplant.com/infrared–thermography–31572

[12] Minkina, Waldemar. "How Infrared Radiation Was Discovered—Range of This Discovery and Detailed, Unknown Information." Applied Sciences 11.21 (2021): 9824.

[13] Du, Bolun, et al. "Progress and trends in fault diagnosis for renewable and sustainable energy system based on infrared thermography: A review." Infrared Physics & Technology 109 (2020): 103383.

[14] Chehouri, Adam, et al. "Review of performance optimization techniques applied to wind turbines." Applied Energy 142 (2015): 361–388.

[15] https://inspectioneering.com/tag/nondestructive+testing

[16] Liu, W. Y., et al. "The structure healthy condition monitoring and fault diagnosis methods in wind turbines: A review." Renewable and Sustainable Energy Reviews 44 (2015): 466–472.

[17] Saeed, Numan, et al. "Automatic defects detection in CFRP thermograms, using convolutional neural networks and transfer learning." Infrared Physics & Technology 102 (2019): 103048.

[18] Shrestha, Ranjit, and Wontae Kim. "Non-destructive testing and evaluation of materials using active thermography and enhancement of signal to noise ratio through data fusion." Infrared Physics & Technology 94 (2018): 78-84.

[19] International Organization for Standardization (ISO). "ISO 10880: 2017." Non-Destructive Testing—Infrared Thermography Testing—General Principles (2017).

[20] ISO, Thermal Insulation. "Qualitative Detection of Thermal Irregularities in Building Envelopes— Infrared Method. ISO 6781." International Organization for Standardization, Geneva, Switzerland (1983).

[21] ISO 10878: 2013. "Non-destructive testing-Infrared thermography: Vocabulary." (2013).

[22] ISO 9712: 2012 Non-Destructive Testing—Qualification and Certification of NDT Personnel." (2012).

[23] Shrestha, Ranjit, and Wontae Kim. "Evaluation of coating thickness by thermal wave imaging: A comparative study of pulsed and lock-in infrared thermography-Part I: Simulation." Infrared Physics & Technology 83 (2017): 124-131.

[24] Shrestha, Ranjit, and Wontae Kim. "Evaluation of coating thickness by thermal wave imaging: A comparative study of pulsed and lock-in infrared thermography-Part II: Experimental investigation." Infrared Physics & Technology 92 (2018): 24-29.

[25] Sarawade, Akshay A., and Nadir N. Charniya. "Infrared thermography and its applications: a review." 2018 3rd International Conference on Communication and Electronics Systems (ICCES). IEEE, 2018.

[26] Bagavathiappan, Subramaniam, et al. "Infrared thermography for condition monitoring-A review." Infrared Physics & Technology 60 (2013): 35-55.

[27] Kylili, Angeliki, et al. "Infrared thermography (IRT) applications for building diagnostics: A review." Applied Energy 134 (2014): 531-549.

[28] Yang, Ruizhen, and Yunze He. "Optically and non-optically excited thermography for composites: A review." Infrared Physics & Technology 75 (2016): 26-50.

[29] Ciampa, Francesco, et al. "Recent advances in active infrared thermography for non-destructive testing of aerospace components." Sensors 18.2 (2018): 609.

[30] ASNT(2011). "ASNT Standard Topical Outlines for Qualification of Nondestructive Testing Personnel (ANSI/ANST CP-105-2011)"

[31] Tran, Quang Huy, et al. "Detectability of subsurface defects with different

width–to–depth ratios in concrete structures using pulsed thermography." Journal of Nondestructive Evaluation 37.2 (2018): 1–11.

[32] Fernández, Alberto, et al. "Robust detection, classification and localization of defects in large photovoltaic plants based on unmanned aerial vehicles and infrared thermography." Applied Sciences 10.17 (2020): 5948.

[33] Milovanović, Bojan, Ivana Banjad Pečur, and Nina Štirmer. "Quality control of concrete structures using IR thermography." Proceedings of the RILEM International Workshop on Performance–Based Specification and Control of Concrete Durability, Zagreb, Croatia. 2014.

[34] Dumoulin, J., and R. Averty. "Development of an infrared system coupled with a weather station for real time atmospheric corrections using GPU computing: Application to bridge monitoring." Proc of 11th International Conference on Quantitative InfraRed Thermography, Naples Italy. 2012.

[35] He, Yunze, et al. "Impact evaluation in carbon fiber reinforced plastic (CFRP) laminates using eddy current pulsed thermography." Composite Structures 109 (2014): 1–7.

[36] Ranjit, Shrestha, Manyong Choi, and Wontae Kim. "Quantification of defects depth in glass fiber reinforced plastic plate by infrared lock–in thermography." Journal of Mechanical Science and Technology 30.3 (2016): 1111–1118.

[37] Li, Bing, et al. "Gapped smoothing algorithm applied to defect identification using pulsed thermography." Nondestructive Testing and Evaluation 30.2 (2015): 171–195.

[38] Ranjit, Shrestha, Kisoo Kang, and Wontae Kim. "Investigation of lock–in infrared thermography for evaluation of subsurface defects size and depth." International Journal of Precision Engineering and Manufacturing 16.11 (2015): 2255–2264.

[39] Pant, Shashank, et al. "Evaluation and Selection of Video Stabilization Techniques for UAV–Based Active Infrared Thermography Application." Sensors 21.5 (2021): 1604.

[40] He, Yunze, et al. "Dynamic scanning electromagnetic infrared thermographic analysis based on blind source separation for industrial metallic damage evaluation." IEEE Transactions on Industrial Informatics 14.12 (2018): 5610–5619.

[41] Cannas, Barbara, et al. "Modeling of active infrared thermography for defect detection in concrete structures." Proceedings of the 2012 COMSOL Conference. 2012.

[42] Li, Xiao–li, et al. "An effective method to inspect adhesive quality of wind turbine blades

using transmission thermography." Journal of Nondestructive Evaluation 37.2 (2018): 1–11.

[43] Choudhary, Anurag, Deepam Goyal, and Shimi Sudha Letha. "Infrared thermography–based fault diagnosis of induction motor bearings using machine learning." IEEE Sensors Journal 21.2 (2020): 1727–1734.

[44] Krstulovic–Opara, Lovre, et al. "Thermal imaging and thermoelastic stress analysis of impact damage of composite materials." Engineering Failure Analysis 18.2 (2011): 713–719.

[45] Anssi, Laakso, and Leino Marko. "Maintenance Concept in Loviisa Nuclear Power Plant. Fortum Case Study. Annex I." Maintenance Optimization Programme for Nuclear Power Plants. Companion CD–ROM. 2018.

[46] Moskovchenko, Alexey, et al. "Active IR thermography evaluation of coating thickness by determining apparent thermal effusivity." Materials 13.18 (2020): 4057.

[47] Milovanović, Bojan, Ivana Banjad Pečur, and Nina Štirmer. "Quality control of concrete structures using IR thermography." Proceedings of the RILEM International Workshop on Performance–Based Specification and Control of Concrete Durability, Zagreb, Croatia. 2014.

[48] Sakagami, Takahide, and Shiro Kubo. "Development of a new non–destructive testing technique for quantitative evaluations of delamination defects in concrete structures based on phase delay measurement using lock–in thermography." Infrared Physics & Technology 43.3–5 (2002): 311–316.

[49] Dumoulin, J., and R. Averty. "Development of an infrared system coupled with a weather station for real time atmospheric corrections using GPU computing: Application to bridge monitoring." Proc of 11th International Conference on Quantitative InfraRed Thermography, Naples Italy. 2012.

[50] Grammatikos, S. A., et al. "Service and maintenance damage assessment of composite structures using various modes of infrared thermography." IOP Conference Series: Materials Science and Engineering. Vol. 74. No. 1. IOP Publishing, 2015.

[51] Bagavathiappan, Subramaniam, et al. "Infrared thermography for condition monitoring–A review." Infrared Physics & Technology 60 (2013): 35–55.

[52] Doshvarpassand, Siavash, Changzhi Wu, and Xiangyu Wang. "An overview of corrosion

defect characterization using active infrared thermography." Infrared Physics & Technology 96 (2019): 366–389.

[53] Sikora, Ryszard, Tomasz Chady, and Barbara Szymanik. "Infrared thermographic testing of composite materials with adhesive joints." Proceedings of the 18th World Conference on Nondestructive Testing, Durban, South Africa. 2012.

[54] Tequipment, (Dec., 2021), Extech VIR50 Video IR Thermometer, https://www.gotopac.com/extech-vir50.html

[55] ©Noria Corporation, (Dec., 2021), https://www.reliableplant.com/infrared-thermography-31572

[56] ZETEC, (Dec., 2021), The inspection advantage, https://www.zetec.com/blog/is-visual-inspection-an-effective-ndt-method/

[57] PH Tool Reference Standards, (Dec., 2021), Pipersville, PA, USA, https://www.ndt.net/search/docs.php3?id=21252

[58] Joe-Hephz, (Dec., 2021), Technical & Energy Servies Ltd., https://joehephz.com/services-ultrasonic-testing

[59] PRO Integrity NDT, (Dec., 2021), https://prointegrityndt.ca/services/magnetic-particle-inspection/

[60] E.T. MECHANICAL, (Dec., 2021), https://etmech.com/non-destructive-aircraft-testing/

[61] TUV Southwest, (Dec., 2021), https://tuvsw.com/ae/leak-testing/

[62] PT. BONNE INDO TEKNIK, (Dec., 2021), https://bonne-indoteknik.com/

[63] Wikipedia, (Dec., 2021), https://simple.wikipedia.org/wiki/William_Herschel

[64] PCMSENG, (Dec., 2021), https://pcmseng.co.uk/services/condition-monitoring/thermography/

[65] InfraTec, (Dec., 2021), https://www.infratec.eu/thermography/industries-applications/plastics-industry/

[66] InfraTec, (Dec., 2021), https://www.infratec.co.uk/thermography/industries-applications/electronics-electrical/

[67] InfraTec, (Dec., 2021), https://www.infratec.eu/thermography/industries-applications/automotive-industry/

[68] InfraTec, (Dec., 2021),
https://www.infratec.eu/thermography/industries-applications/micro-thermography/
[69] InfraTec, (Dec., 2021),
https://www.techimaging.com/applications/infrared-thermal-imaging-applications
[70] InfraTec, (Dec., 2021),
https://www.infratec.eu/thermography/industries-applications/high-speed-thermography/
[71] Mordor Intelligence, (Dec., 2021),
https://www.mordorintelligence.com/industry-reports/machine-vision-systems-market
[72] Allied Market Research, (Dec., 2021),
https://www.alliedmarketresearch.com/infrared-camera-market
[73] World Nuclear Industry Status Report 2021, (Dec., 2021),
https://www.statista.com/chart/20750/number-of-operational-reactor-units-by-country/
[74] Mordor Ingelligence, (Dec., 2021),
https://www.mordorintelligence.com/industry-reports/global-non-destructive-testing-market-industry
[75] WIKIMEDIA COMMONS, (Dec., 2021),
https://commons.wikimedia.org/wiki/File:EM_Spectrum_Properties_edit.svg
[76] 첨단 & Hellot.net, (Dec., 2021),
https://www.hellot.net/news/article_print.html?no=43409
[77] 센서로세계로미래로 블로그, (Dec., 2021),
https://blog.naver.com/PostView.nhn?blogId=iotsensor&logNo=221584688108&from=search&redirect=Log&widgetTypeCall=true&directAccess=false
[78] SOFRADIR-EC, (Dec., 2021), Access to the world's leading infrared imaging technology, www.sofradir-ec.com
[79] New Technologies Research Centre, (Dec., 2021), University of west bohemia,
https://ttp.zcu.cz/en/laboratories/irndt/methods
[80] Wikipedia, (Dec., 2021), https://en.wikipedia.org/wiki/Thermography
[81] FLIR RESEARCHIR, (Dec., 2021), https://www.flirkorea.com/

부록

A KS B ISO 10878 – 적외선열화상 용어

B ISO 9712: 2014

C 적외선열화상 결과 이미지

D ISO/TS 25107 적외선열화상 비파괴검사 교육 훈련 항목

A KS B ISO 10878 적외선열화상 용어

흡수율[absorptivity]

재료에 의해 흡수되는 표면에 입사한 복사 에너지의 비율(1의 분율로 나타냄)

능동 열화상[active thermography]

추가적인 열자극이 필요한 재료 및 대상체의 적외선열화상 검사

주변 온도[ambient temperature]

검사 대상체(표적물)의 근처에 있는 공기의 온도

주변 온도 보상[ambient temperature compensation]

주변 온도에 영향을 받는 온도 표시 값의 자동 보상을 제공하는 적외선 기기에 내장된 보정

각도 대변[angular subtense]

광 시스템 또는 하위 시스템의 각 지름

비정상 열영상[anomalous thermal image]

예상되는(기준) 열 패턴과 부합하지 않는 구조의 관측된 열 패턴

비정상[anomaly]

시스템의 불일치 또는 비정상 정도

겉보기 온도[apparent temperature]

복사원에 관계없이 검출기에 입사하는 모든 복사를 포함하는 적외선열화상 카메라에서 보여 주는 보상되지 않는 표시 값

대기 흡수[atmospheric absorption]

주로 습기, 대기 기체 및 오염 물질에 의한 태양 복사의 특정 파장의 흡수

대기 온도[atmospheric temperature]

적외선열화상 카메라와 물체 사이의 대기 온도

대기 창[atmospheric window]

〈적외선〉 대기가 복사 에너지를 잘 투과하는 적외선 스펙트럼 내의 모든 스펙트럼 간격(대기 흡수가 최소)

감쇠 매질[attenuating medium]

복사원으로부터 방출된 적외선 복사를 감쇠하는 재료 또는 다른 매질

흑체[blackbody]

모든 파장에서 열복사의 이상적인 완전한 방사체이며 흡수체

흑체 복사체[blackbody radiator]

1에 가까운 유효 방사율 ε를 갖는 복사체(모든 관련 파장에 걸쳐 $\varepsilon \geq 0.98$)

중심 파장[centre wavelength]

적외선 검출기의 스펙트럼 감도 대역의 중간에 있는 파장

냉각 센서[cooled sensor]

열 노이즈의 영향을 감소하여 적외선 복사 에너지의 민감도를 향상하는 냉각이 필요한 센서

검출 소자[detecting element]

측정할 양에 의해 직접적으로 영향을 받는 검출기의 민감한 부분

확산 반사체[diffuse reflector]

모든 방향으로 동일하게 입사한 복사를 반사하는 표면

가장자리 효과[edge effect]

1) 열탄성 응력 측정에서 변화 가능한 부하에 의한 고체의 변위 또는 변형에 기인하는 주로 가장자리에서 측정 오차로 발생되는 효과
2) 열전도 및 대류 특성의 차이의 결과로 표적 대상체의 가장자리에서 일어나는 열 특성의 변화

유효 방사율[effective emissivity]

특정한 온도 표시 값을 교정하는 데 사용될 수 있는 실제 측정 조건(같은 재료에 대한 일반적인 표에 있는 값보다)하에서 특별한 표적 표면의 측정된 방사율 값

유효 픽셀 수[effective number of pixels]

측정된 적외선 영상의 공간분해능

방사율[emissivity]

같은 온도에서 그리고 같은 스펙트럼 범위에 걸쳐 흑체의 복사량에 대한 표적 표면의 복사량의 비

시야각[field of view]

장비가 들어오는 복사 에너지를 적분할 수 있는 범위의 각도 대변

필터[filter]

적외선 검출기의 분광감도를 제한하기 위해 사용되는 일상적으로 투과성을 갖는 광소자

초점면 배열[focal plane array]

수많은 개별적 감응 소자("픽셀"이라고 하는)로 이루어진 1차원 또는 2차원 배열인 적외선 검출기의 유형

초점[focal point]

적외선열화상광축 선상에서 무한히 떨어진 대상체 지점에 대한 영상 점

회색체[grey body]

방사율이 특별한 스펙트럼 범위에서 일정한(1 미만) 대상체

영상 처리[image processing]

컴퓨터 또는 시각적 분석을 위한 영상을 준비하기 위해 영상을 디지털 형태로 변화하고 더 나아가 영상을 개선하는 것

적외선 카메라[infrared camera]

표적으로부터 적외선 복사 에너지를 수집하여 흑백(흑색 및 백색) 또는 컬러 영상을 만드는 기기이며, 회색 음영 또는 색 분포는 표적의 겉보기 온도 분포에 관련

적외선 영상화 시스템[infrared imaging system]

표면 적외선 복사의 공간적 변화를 복사 세기(온도)에 해당하는 회색 톤 또는 색 분포로 변환하는 장치

인듐 안티몬화물[indium antimonide]

인듐 안티몬은 1~5 mm의 범위에서 분광 감도를 갖고 300 K에서 0.17 eV의 에너지 밴드 틈을 갖는 좁은 밴드 틈의 반도체이며, 적외선 열 영상화 시스템에서 센서로서 널리 사용

적외선[infrared]

가시광 복사보다 파장이 긴 광 복사

적외선 볼로미터[infrared bolometer]

전기전도도를 활용한 신호를 제공하는 센서

적외선 검출기[infrared detector]

흡수된 적외선 복사 에너지를 전기적 신호로 변환하는 센서

적외선 초점면 배열[infrared focal plane array]

전형적으로 적외선 영상화 기기에 검출기로서 사용되는 개별적인 적외선 감지 소자의 1차원 또는 2차원 배열

적외선 영상[infrared image]

적외선 복사 에너지의 분포를 색 분포 또는 회색 음영으로 보여 주는 영상

적외선 광 소자[infrared optical element]

적외선 감지 또는 영상화 기기의 일부로서 적외선 에너지를 수집, 전달, 제한, 굴절 또는 반사하는 소자

적외선 복사 에너지[infrared radiant energy]

파장이 가시광선보다 길고 1 mm보다 짧은 전자기파인 적외선으로 복사되고 전파되는 에너지

적외선 복사 온도계[infrared radiation thermometer]

표적(표적 방사율은 "실제" 온도 측정을 위해 알려짐)에 의해 방출되는 열복사를 감지함으로써 비접촉 온도 측정을 하게 하는 적외선 비영상화 장치

적외선 복사계[infrared radiometer]

적외선 복사 에너지를 측정하는 장비

적외선 반사체[infrared reflector]

적외선 영역에서 1.00에 가까운 탁월한 반사율을 갖는 재료

적외선 감지 장치[infrared sensing device]

대상체의 적외선 복사를 포착하여 대상체를 분석하기 위한 기기

적외선 열 검출기[infrared thermal detector]

적외선 복사 에너지를 흡수하여 그 온도 변화에 따라서 전기적 신호를 발생하는 검출기

적외선열화상 검사[infrared thermographic testing]

적외선열화상을 사용한 재료와 제품의 검사

적외선열화상[infrared thermography]

대상체의 방출 적외선(열) 복사를 감지함으로써 대상체의 영상화를 허용하는 기법

순간 시야[instantaneous field of view]

표적 평면에서 검출기 소자의 각도 대변 에너지 또는 각도로 투영된 것

복사 조도[irradiance]

주어진 표면에 입사하는 면적당 복사 선속(복사 세기)

등온선[isotherm]

열분석도에서 같은 겉보기 온도를 구분하여 표시한 영역

한계 해상도[limiting resolution]

영상화 센서가 분해할 수 있는 표적의 가장 높은 공간 주파수

선 스캔율[line scan rate]
1초 동안 적외선 스캐너 또는 영상 장치에 의해 스캔된 표적의 수

부하-주파수 범위[load frequency range]
탄성 응력 측정에서 사용되는 부하 주파수의 범위

위상잠금 기법[lock-in technique]
극한의 잡음 환경에서 알려진 반송파의 신호를 추출하게 하는 기법

장파장 적외선[long-wave infrared]
어떤 적외선 기기가 동작하는 7~14 mm의 파장 범위

측정 공간 분해능[measurement spatial resolution]
각도 대변에 의해 표시되는 적외선 카메라가 측정을 수행할 수 있는 가장 작은 표적 스폿의 크기

수은 카드뮴 텔루라이드[mercury cadmium telluride]
1.5~14 mm의 스펙트럼 범위에서 적외선 복사에 민감하고, 특히 8~14 mm 범위에서 적외선 영상 장치 안의 검출기로서 널리 사용되는 물질

중파장 적외선[mid-wave infrared]
어떤 적외선 기기가 동작하는 3~5 mm의 파장 범위

최소 검출 크기[minimum detectable dimension]
측정될 수 있는 가장 작은 대상체의 크기 또는 길이

최소 검출 온도차[minimum detectable temperature difference]
제한된 시간 동안 모니터에 표적을 표시함으로써 다른 온도를 갖는 광대하고 균일한 배경에 대응하여 알려지지 않은 위치의 특별한 온도에서 표적을 검출하는 적외선 영상화 시스템과 사람 관찰자의 결합된 능력의 척도

최소 분해 온도차[minimum resolvable temperature difference]
적외선 영상 시스템과 사람 관찰자가 영상표시장치에서 주기적인 막대 표적을 인식하는 능력의 척도

변조 전달 함수[modulation transfer function]
표적의 영상을 재생하는 영상화 시스템의 능력의 척도

근적외선[near Infrared]
어떤 적외선 기기가 동작하는 0.075~1.9 mm 파장 범위

잡음 등가 온도차[noise equivalent temperature difference]

특정 적외선 기기에 대해 신호 대 잡음비가 1과 같게 되는 흑체 표적과 흑체 배경 사이의 표적 대 배경 온도차

비-접촉 방식[non-contact style]

전형적으로 대상체 열 복사에 의해 대상체와 센서 사이의 접촉 없이 온도를 측정하는 방법

비회색체[non-grey body]

회색체 및 흑체와 달리 복사 스펙트럼이 모든 파장에서 일정하지 않은 대상체

비균일 보정[non-uniformity correction]

광학 또는 기하학적 특성의 다른 교란뿐만 아니라 배열 검출기(FPA-카메라)에서 개별적인 감지 소자의 다양한 민감도의 보상을 위한 카메라 소프트웨어 초기화 그림 보정

픽셀 수[number of pixels]

모니터에 표시되는 열영상 또는 적외선 영상을 구성하는 화면 소자의 단위 수량

불투명[opaque]

복사 에너지를 통과시키지 않음

수동적 열화상[passive thermography]

열 자극을 위한 추가적인 에너지원을 사용하지 않고 방출된 열복사를 측정함으로써 설비 또는 대상체를 검사하기 위한 열화상 기법

허용 불확도[permissible uncertainty]

흑체 복사체가 의도된 용도에 적합한 것으로 간주되는 기술 문서에 명시된 불확도 값

위상 조정[phase adjustment]

“측정하는 대상체에 대한 열 또는 하중에 동기화되는 신호”와 “실제 온도 변화”의 위상 조정

광 검출기[photodetector]

작동 원리가 내부적 또는 외부적 광효과 사용에 기반된 적외선 검출기

플랑크 법칙[Planck's law]

절대온도 T(K)에서 흑체에 의해 방출된 모든 파장에 대해 비편광 전자기 복사의 분광 복사량을 정하는 법칙

펄스 위상 열화상[pulsed phase thermography]

데이터가 시간 영역보다 주파수 영역에서 분석되는 펄스 열화상에서 사용되는 처리 기법

펄스 열화상[pulsed thermography]

검사 샘플이 에너지 펄스로 자극되고 연속적으로 기록된 적외선 영상은 결함 “가시화”를 향상하며 결함 매개변수를 특징짓기 위해 분석되는 능동 적외선열화상 검사 기법

초전 검출기[pyroelectric detector]

검출기 온도 변화율에 비례하는 출력을 갖는 전류 발생원으로 동작하는 열 적외선 검출기의 유형

고온계[pyrometer]

적외선 온도계로 사용되는 기기

정성적 적외선 검사[qualitative infrared examination]

비정상의 존재 및 위치를 찾기 위해 열 패턴 분석에 의존하는 기법

정량적 적외선 검사[quantitative infrared examination]

수리 우선순위를 설정하기 위해 비정상의 심각성을 결정하는 데 정량적 온도 측정을 사용하는 기법

양자 우물 적외선 광검출기[quantum well infrared photodetector]

양자 우물이라고 불리는 전도 띠(원자가 전자대)의 첫 번째 여기 레벨과 바닥 레벨 사이의 전자(정공)의 광-여기 효과를 사용한 적외선 검출기의 특별한 유형

복사량[radiance]

복사원 또는 일반적으로 기준 표면을 떠나는 입체각 당 투영된 면적당 열 선속

비고 : 복사원의 표면 위의 한 점과 주어진 방향에서

$$L = \frac{dI}{dA}\frac{1}{\cos\alpha}$$

dI : 면적 dA의 표면 요소로부터 방출된 복사 강도

α : 표면의 수직 방향과 주어진 방향 사이의 각도

- **복사 발산도**[radiant exitance]

  표적 표면을 떠나는 총 적외선 에너지

  비고 1 : 표면의 한 점에서

  $$M = \frac{d\Phi}{dA}$$

  $d\Phi$: 면적

  dA : 표면 요소를 떠나는 복사 선속

- **기준 복사원**[radiation reference source]

  최적의 측정 정확도를 얻기 위해 기준으로 사용되는 흑체와 같거나 또는 온도 및 유효 방사율이 알려진 기타 표적, 이상적으로 해당 국가 또는 국제 표준에 따라 추적 가능한 것

- **복사 온도 측정**[radiometric temperature measurement]

  복사 에너지를 온도로 변환하는 적외선 시스템을 사용하여 만들어진 측정

- **인식**[recognition]

보드-쌓임과 사진 틀과 부정형과 같은 다양한 유형의 열 패턴을 구별하는 능력

- **반사 겉보기 온도**[reflected apparent temperature]

  적외선열화상 카메라로 표적에 의해 반사된 다른 대상체의 겉보기 온도

- **반사 계수**[reflection coefficient]

  물체에 입사된 총 복사 에너지에 대한 물체에서 반사된 복사 에너지의 비

- **반사율**[reflectivity]

  표면에 입사한 총 에너지에 대한 표면에서 반사된 총 에너지의 비

  비고 1 : $\rho=1-\varepsilon-\tau$(여기에서 ε는 방사율, τ는 투과율).[완전한] 거울의 경우 반사율은 1.0에 근접하며; 흑체의 경우 r = 0이다.

  비고 2 : 기술적으로 반사율은 총 복사에 대한 반사된 복사의 비율이며; 반사도는 입사 선속에 대한 반사 선속의 비율이다.

  비고 3 : "반사율(reflectivity)", "반사도(reflectance)" 및 "반사 계수(reflection coefficient)"는 종종 교체 사용된다.

  비고 4 : 수학적으로 표현하면

  $$\rho = \frac{\Phi_r}{\Phi_m}$$

  Φ_r : 반사된 복사 유속 또는 반사된 광도 유속

  Φ_m : 복사 유속 또는 입사 복사의 광도 유속

단파장 적외선[short-wave infrared]

어떤 적외선 기기가 동작하는 1~3 mm의 파장 범위

단일 소자 센서[single element sensor]

1개의 적외선 검출기로 구성된 센서

슬릿 응답 함수[slit response function]

스캐닝 적외선의 측정 공간 분해능(IFOVmeas 또는 MFOV)의 척도

공간 주파수[spatial frequency]

동등하고 균일하게 간격을 두고 순환하는 패턴에 의한 세부 사항의 척도

공간 측정 분해능[spatial measurement resolution]

SRF, HRF 등과 연결된 작동 거리에 의한 측정 스폿의 크기

스펙트럼 흡수 계수[spectral absorption coefficient]

파장에 따른 흡수 계수

비고 : 선형 흡수 계수

$$\alpha(\lambda) = \frac{1}{\Phi_\lambda(\lambda)} \frac{d\Phi_\lambda(\lambda)}{dl}$$

여기에서 $d\Phi/\Phi$는 매체의 미소 층을 가로지르는 동안 파장 l에 해당하는 평행 전자기의 스펙트럼 복사 선속 Φ에서 흡수로 인한 상대적 감소이고 dl은 가로지르는 길이

스펙트럼 방사율[spectral emissivity]

파장에 따른 방사율

$$\varepsilon(\lambda) = \frac{M_\lambda(\lambda)}{M_{b,\lambda}(\lambda)}$$

$M_\lambda(\lambda)$: 열복사의 스펙트럼 복사 발산도

$M_{b,\lambda}(\lambda)$: 같은 온도에서 흑체의 스펙트럼 복사 발산도

스펙트럼 반사계수[spectral reflection coefficient]

파장에 따른 반사 계수

스펙트럼 응답[spectral response]

기기 또는 센서가 적외선 복사 에너지에 대해 응답하는 스펙트럼 파장 간격

스펙트럼 투과 계수[spectral transmission coefficient]

파장에 따른 투과 계수

스폿[spot]

기기에 의해 측정할 표적 평면의 순간 영역(달리 명시되지 않는 한 지름으로 정량화됨)

스폿 복사계[spot radiometer]

적외선 복사를 감지하고 열 선속 파워 밀도의 온도에서 교정될 수 있는 영상을 만들지 않는 장치

표준 슬릿 패턴[standard slit pattern]

최소 분해 가능 온도의 평가를 위해 사용된 표준 시험편에 도입된 슬릿 패턴

응력 분해능[stress resolution]

열탄성 응력 측정함에 의해 달성되는 응력 분해능

표면-조정 물질[surface-modifying material]

검사 샘플의 방사율을 조정하는(높이는) 데 사용되는 테이프, 스프레이 또는 페인트

표적 배경[target background]

적외선 카메라에 의해 관찰되고 검사 대상체의 열 패턴에 영향을 미칠 수 있는 검사 대상체 주변의 물체와 대기의 조합

표적 평면[target plane]

복사 온도계에 대해 초점이 맞춰져 있는 복사 온도계가 바라보는 방향에 수직인 평면

표적 크기[target size]

복사 온도계가 바라보는 방향의 중심이고 복사 온도계에 의해 수신되는 복사 파워 입력의 99 %를 포함하는 복사 온도계의 표적 평면에 있는 원의 지름

온도차 영상화 기법[temperature difference imaging technique]

최대 온도 주기와 최저 온도 주기 동안 온도 분포 영상을 측정하고, 영상으로부터 전반적인 "온도 범위 영상"을 만들어서, 주응력 합의 변화된 그림을 얻기 위한 신호 처리 방법

온도 이탈[temperature drift]

온도 변동이 없는 표적을 관찰할 때, 기기 특성과 전압 변화 및 주변 인자의 조합에 의해 일어날 수 있는 시간에 따른 표시값 변화(오차)

온도 유지 불안정성[temperature maintenance instability]

흑체 복사체 온도의 불안정성, 즉 15~20분 동안 매 10~15초마다 측정된 흑체 복사체 온도 값의 산술 평균값을 참조한 같은 주기 동안의 표준 편차

온도 분해능[temperature resolution]

(전형적으로 SNR이 1과 같을 때) 관측자에 의해 식별된 온도 신호를 생성하는 표적 온도의 최소인 것과 같거나 또는 실제 변화

열적 비정상[thermal anomaly]

기준(예상) 열패턴에서 벗어나는 표면 열패턴

열대비[thermal contrast]

특별한 순간에 온도가 같지 않은 인접한 영역 또는 대상체 사이의 검출 가능한 온도차의 정도

열 확산율[thermal diffusivity]

밀도(ρ)와 비열(c_p)의 곱에 대한 열전도 계수(χ)의 비

$$\alpha = \frac{\chi}{\rho c_p}$$

열 패턴[thermal pattern]

특별한 형상과 진폭의 적외선 열분석도 영역

열 복사[thermal radiation]

전자기 복사의 방출과 흡수에 의해 일어나며 빛의 속도로 전파하는 에너지 흐름 모드

열 분해능[thermal resolution]

적외선 감지 장치로 측정할 수 있는 2개의 흑체 사이의 최소 겉보기 온도차

열적 검사 대상체[thermal test object]

대상체와 배경 둘 다의 온도와 방사율이 알려져 상태에서 균일하게 복사되는 배경에 관한 특정 공간 주파수, 형상 또는 온도의 특별한 열 패턴을 생성하는 장치

열적 단층 촬영[thermal tomography]

최대 열대비 시간과 같은 특별한 관심의 순간을 참조하여 데이터를 분석하는 펄스 열화상 기법에 사용되는 데이터처리 기술

열파 영상화[thermal wave imaging]

검사 샘플을 주기적 펄스의 열에너지로 자극하고, 결함 "가시성"을 향상하고 결함 매개 변수를 특성화하기 위해 기록된 연속되는 적외선 영상을 분석하여 능동적 적외선열화상 검사 기법

서미스터[thermistor]

온도가 증가함에 따라 비저항이 예상대로 변하는 일반적으로 반도체인 온도 검출기

열탄성 계수[thermoelastic coefficient]

"온도 변화"와 "대상체 온도와 열탄성 효과에 의한 주응력의 합 변화량의 곱"의 비례 계수
비고 : 열탄성 계수 k_t는 파스칼의 역수로 물질 상수이며 다음과 같다.

$$k_t = \frac{\alpha_l}{\rho c_p}$$

α_l : 선형 열팽창 계수이며 켈빈의 역수
ρ : 밀도로서, m^3당 킬로그램 단위
cc_p : 켈빈당 킬로그램 단위의 정압 비열

열탄성 효과[thermoelastic effect]
대상체의 단열 탄성 변형에 따라 온도가 변하는 현상

$$\Delta T = -k_t T \Delta\sigma$$

k_t : 파스칼의 역수로 열탄성 계수

T : 켈빈 단위의 물체 온도

$\Delta\sigma$: 파스칼 단위의 주응력의 합에서 변화

열탄성 장치(응력 측정)[thermoelastic apparatus(stress measuring)]

열탄성 효과에 기반한 측정하는 대상체 안의 응력 분포를 측정하는 장치

열탄성 기법(응력 측정)[thermoelastic method(stress measuring)]

주응력 변화의 합의 분포를 변환하여 표시하며, 적외선열화상 기기로 열탄성 효과를 사용하여 측

정 대상체의 표면 온도 변화 분포를 측정하는 방법

열화상 신호 재구성[thermographic signal reconstruction]

온도 감쇠의 다항식 맞춤에 기반한 펄스 열화상 재료 검사에 사용되는 시간 분해 열영상을 재구성하고 향상하기 위한 신호 처리 기법

온도계[thermometer]

온도 측정에 사용하는 장치

열전대열[thermopile]

열전 전압을 부가하기 위해 열전대를 직렬로 구성한 장치

총 시야[total field of view]

영상 장치에서 일상적으로 사각형의 단면인 스캔된 보이는 부분의 총 입체각

전달 교정[transfer calibration]

대상체에 인접한 복사 기준을 배치하여 다양한 오차에 대한 온도 측정 또는 열분석도를 보정하는 기법

전달 표준[transfer standard]

기준 복사원을 교정하기 위해 사용되는 국가 표준 또는 국제 표준에 따라 교정이 추적 가능한 정밀 복사 측정 장비

투과 계수[transmission coefficient]

총 입사 복사에너지에 대한 물체를 통해 투과되는 복사 에너지의 비율

투과율[transmissivity]

주어진 스펙트럼 범위에 대해 대상체를 통해 투과되는 대상체 표면에 영향을 끼친 적외선 복사 에너지의 부분

$$\tau = 1 - \varepsilon - \rho$$

τ : 투과율

ε : 방사율

ρ : 반사율

투과 매질[transmitting medium]

복사 에너지가 전파하는 표적과 측정 기기 사이의 측정 경로의 구성품

비고 : 투과 매질은 진공, 기체(공기와 같은), 고체, 액체 또는 이들의 조합일 수 있다.

진동 열화상[vibrothermography]

온도자가 기계적 진동에 의해 발생되는 경우에 대상체를 검사하는 열화상 기법

B ISO 9712: 2014

B.1 일반사항

분야를 만들 때 인증기관은 A.2 및 A.3의 분야 참고 리스트에 따라서 표준화할 수 있다. 이 리스트는 국내의 필요를 만족시키기 위한 추가적인 분야의 개발을 배제하지는 않는다.

B.2 제품분야

a) 주조품(c) (철 및 비철재료)
b) 단조품(f) (모든 형태의 단조품: 철 및 비철재료)
c) 용접품(w) (철 및 비철 재료의 납땜을 포함한 모든 형태의 용접품)
d) 튜브 및 파이프(t) (철 및 비철재료의 심리스, 용접품, 용접된 파이프 제작을 위한 평판제품을 포함)
e) 가공품(wp) 단조품(예: plates, bar, rods) 제외
f) 복합재료(p)

B.3 산업분야

모든 또는 몇 개의 제품분야 또는 명시된 재료(예: 철 및 비철재료, 또는 세라믹, 플라스틱, 복

합재료 같은 비금속)를 조합한 분야

a) 제조

b) 제조를 포함한 사용 전 및 사용 중 검사

c) 철도 유지보수

d) 항공우주

새로운 산업분야를 만들 때, 인증기관은 해당되는 새로운 분야의 범위를 제품, 대상, 품목에 관하여공표된 문서로 정확하게 명시하여야 한다.

산업분야에서 인증된 기술자는 산업분야를 구성하는 각개의 분야에 대한 자격 인증을 가지고 있는 것으로 간주되어야 한다.

분야에 관한 자격 인증은 모든 NDT 방법에서 세 레벨이 모두 가능하게 할 수 있거나, 또는 특정 방법 또는 특정 레벨로 제한할 수 있다. 일단 정해지면 인증의 범위를 자격 인증서에 명시해야 한다.

복합재료에 관해서는 인증기관이 자격 인정 시험의 요구사항을 규정해야 한다.

C 적외선열화상 결과 이미지

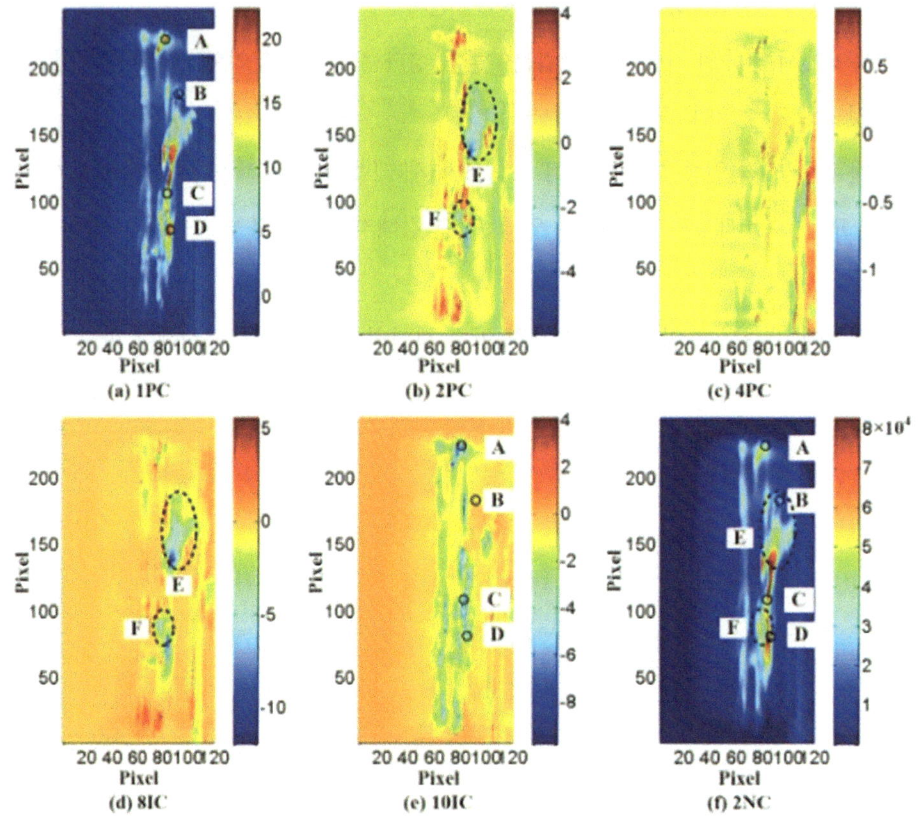

| 그림 C.1 | (a)–(c) The images formed first, second, and fourth PC, respectively. (d) and (e) the images formed by eighth and 10th IC, respectively. (f) The image formed by NC.[95] (그림 2.17)

95) Dynamic scanning electromagnetic infrared thermographic analysis based on blind source separation for industrial metallic damage evaluation. IEEE Transactions on Industrial Informatics, 2018

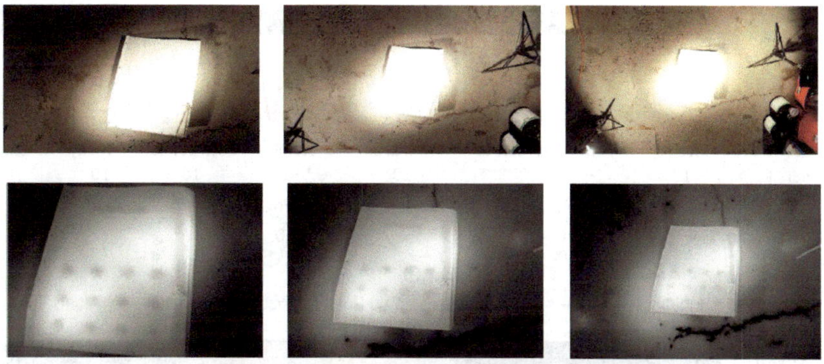

(a)

(b)

(c)

| 그림 C.2 | UAV를 활용한 콘크리트 표면의 열화상 검사[96] (그림 2.22)

96) Evaluation and Selection of Video Stabilization Techniques for UAV-Based Active Infrared Thermography Application, Sensors, 2021.

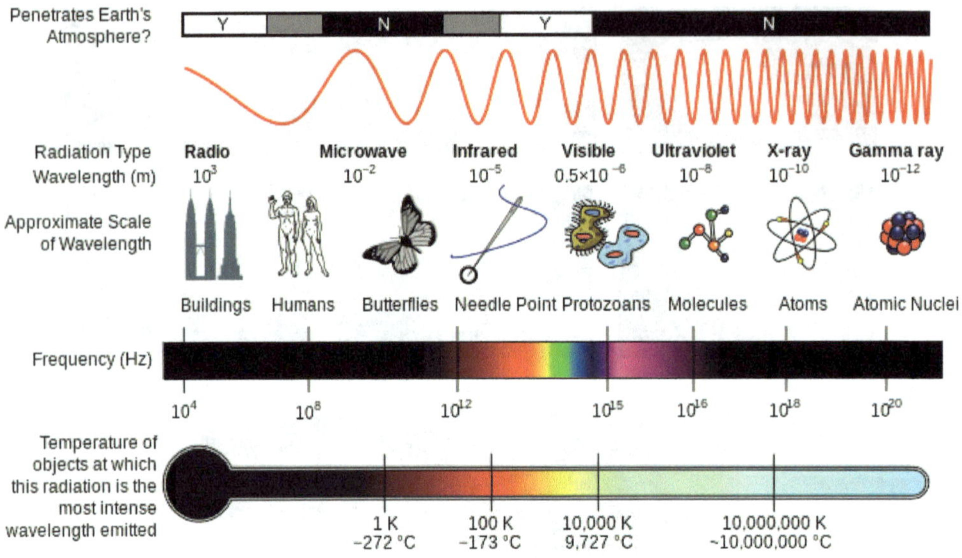

| 그림 C.3 | 전자기장 스펙트럼[97] (그림 4.1)

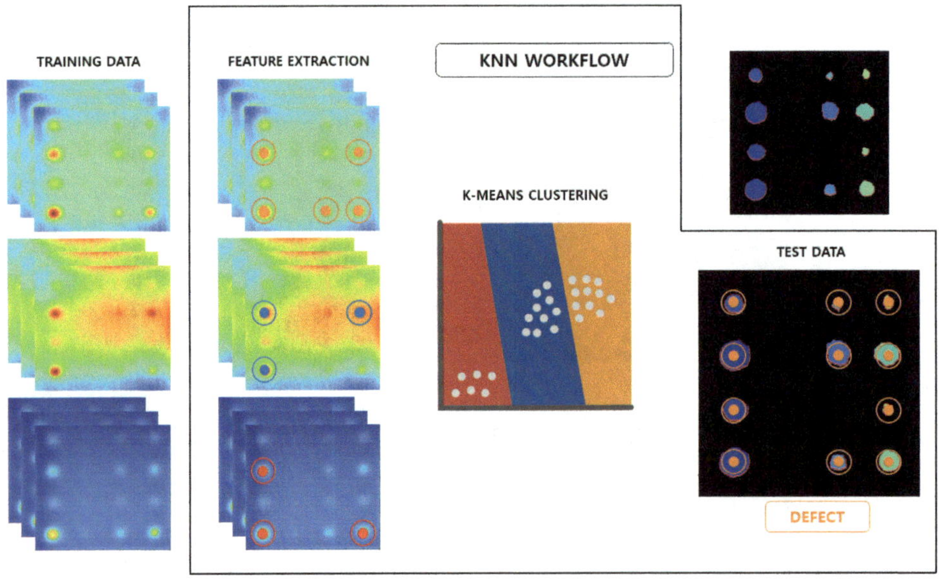

| 그림 C.4 | 딥러닝 기반 적외선열화상 영상처리 (그림 7.7)

97) WIKIMEDIA COMMONS

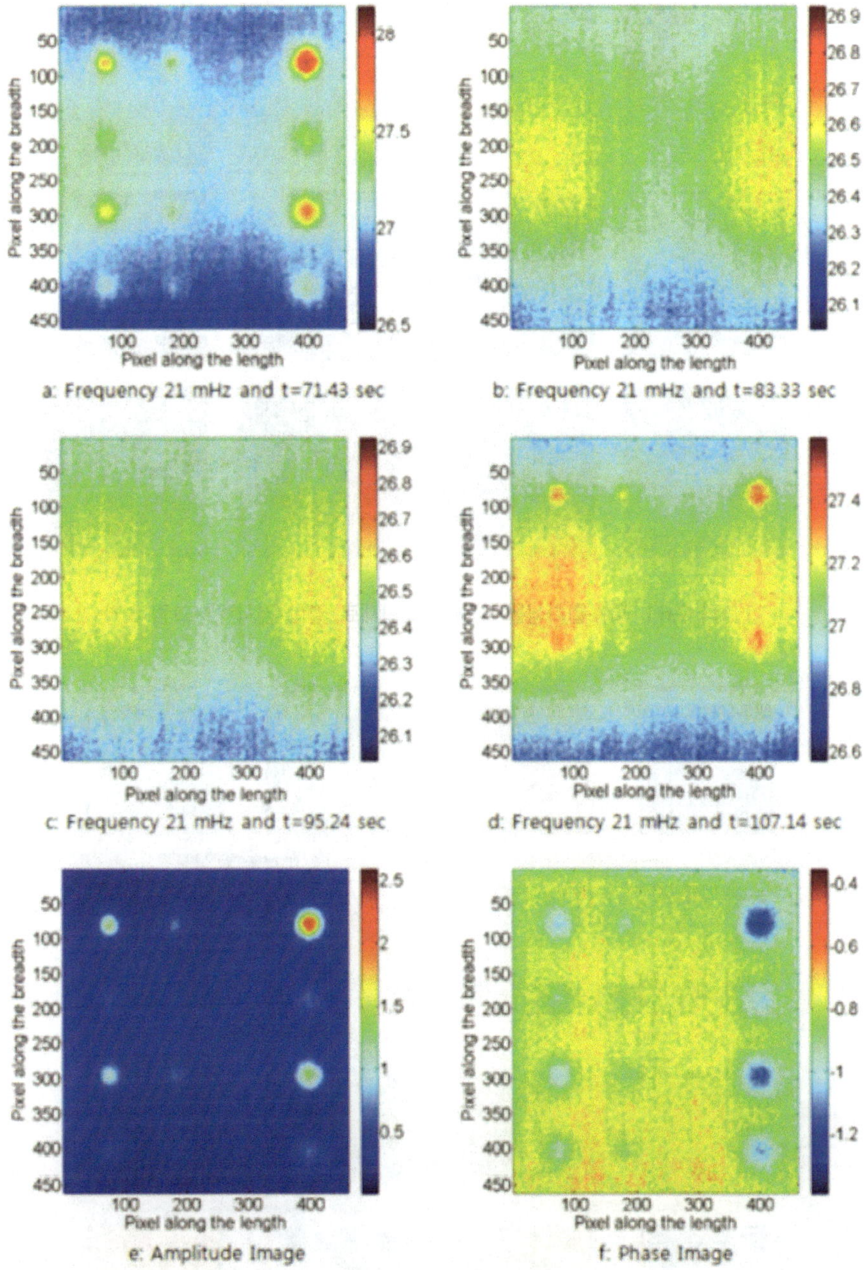

| 그림 C.5 | 위상잠금 열화상을 통한 진폭 및 위상 이미지[98] (그림 8.2)

98) Investigation of lock-in infrared thermography for evaluation of subsurface defects size and depth, IJPEM, 2015

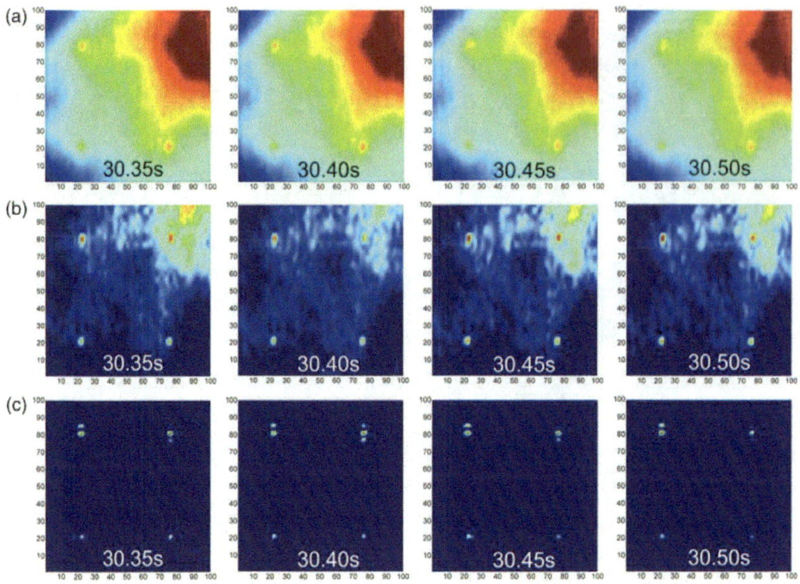

| 그림 C.6 | 펄스열화상을 이용한 복합재료 결함 검사[99] (그림 8.7)

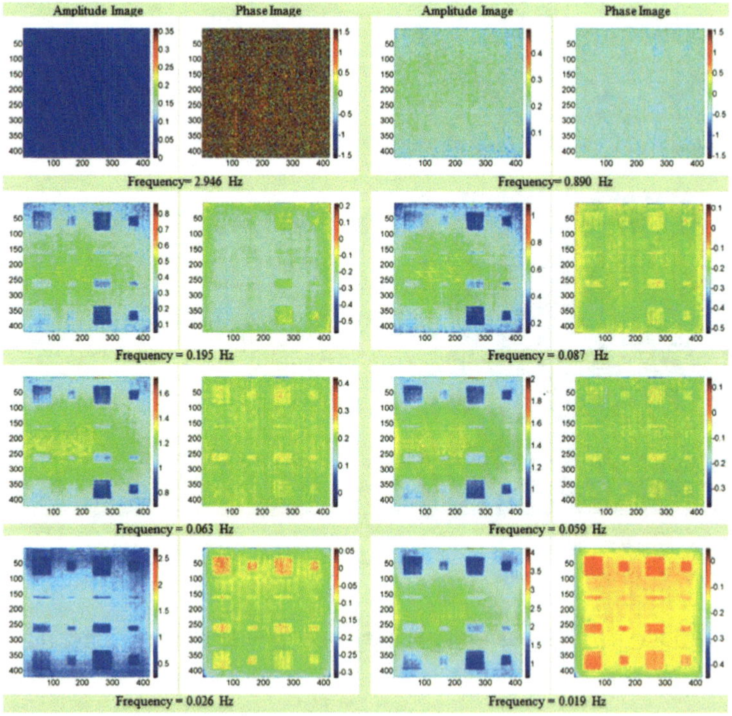

| 그림 C.7 | 위상잠금 열화상을 인공 결함이 있는 GFRP 패널 검사[100] (그림 8.9)

---

99) Gapped smoothing algorithm applied to defect identification using pulsed thermography, Nondestructive Testing and Evaluation, 2015.

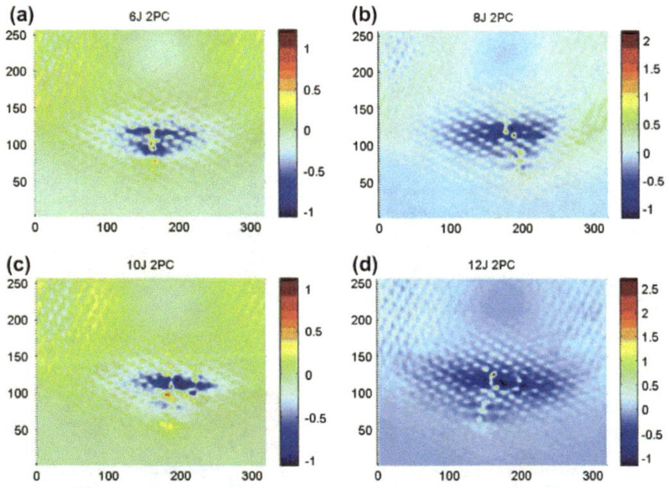

| 그림 C.8 | 와전류열화상을 이용한 CFRP 샘플의 충격 손상 검사 101) (그림 8.10)

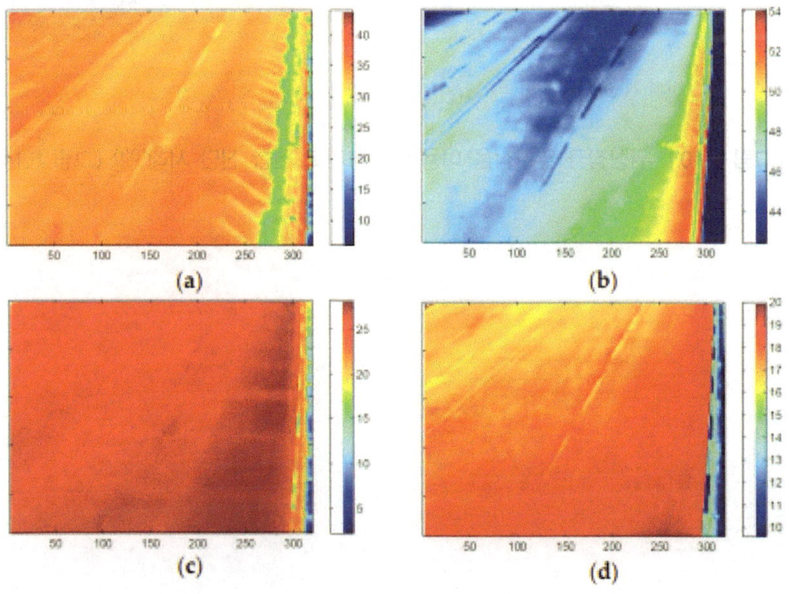

| 그림 C.9 | 적외선열화상을 이용한 햇빛 가열 사이클에 따른 교량 진단 사례 102) (그림 8.13)

---

100) Quantification of defects depth in glass fiber reinforced plastic plate by infrared lock-in thermography. Journal of Mechanical Science and Technology, 2016.

101) Impact evaluation in carbon fiber reinforced plastic (CFRP) laminates using eddy current pulsed thermography. Composite Structures, 2014.

102) Development of an infrared system coupled with a weather station for real time atmospheric corrections using GPU computing: Application to bridge monitoring. Proc of 11th International Conference on Quantitative InfraRed Thermography, 2012.

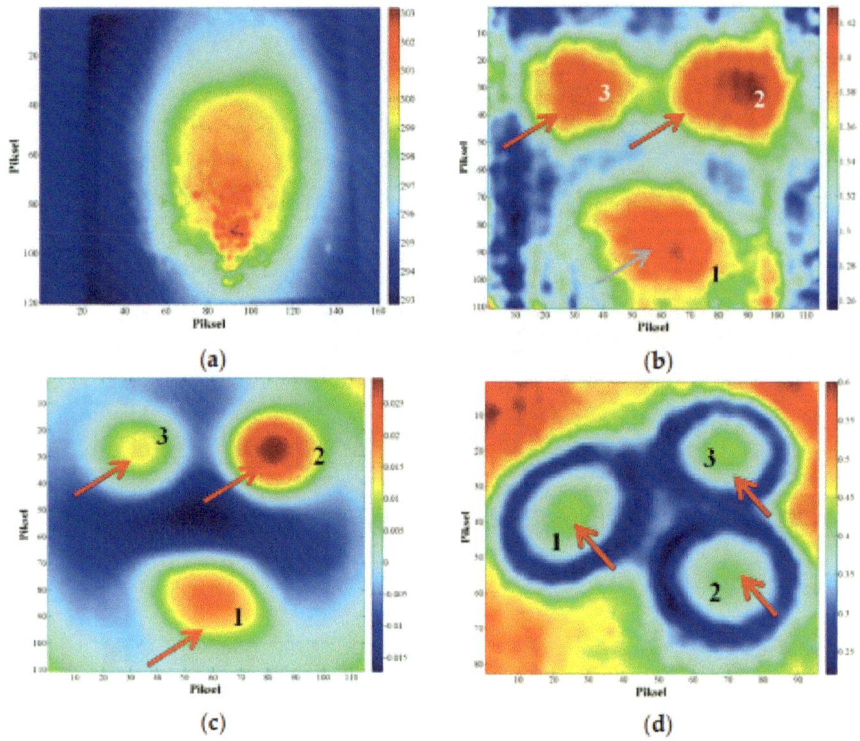

| 그림 C.10 | 위상잠금 열화상을 이용한 콘크리트 결함 진단 사례[103] (그림 8.14)

103) Quality control of concrete structures using IR thermography. Proceedings of the RILEM International Workshop. 2014.

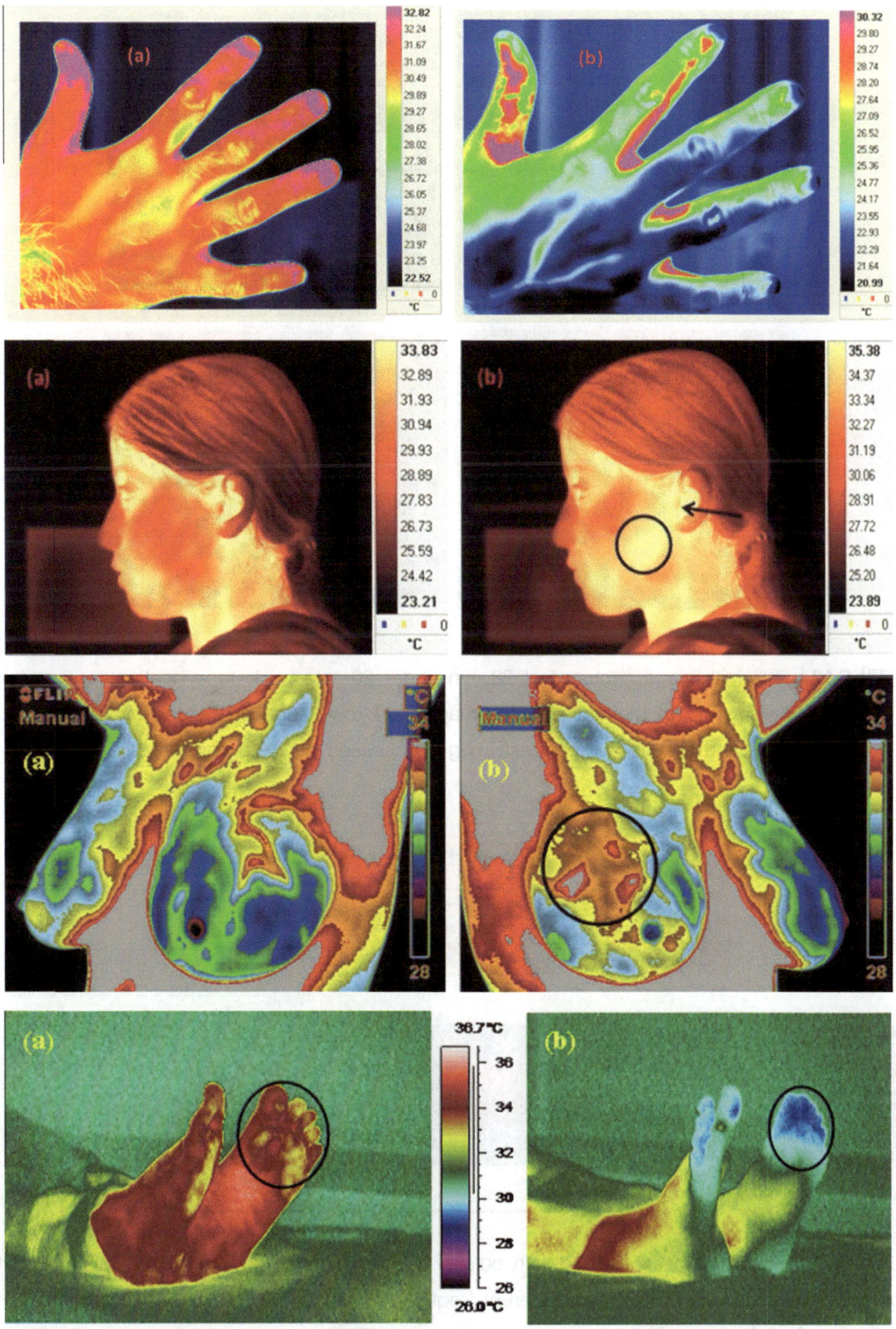

| 그림 C.11 | 적외선 체열 측정을 활용한 다양한 응용 사례[104] (그림 8.25)

---

104) Robust detection, classification and localization of defects in large photovoltaic plants based on unmanned aerial vehicles and infrared thermography. Applied Sciences, 2020.

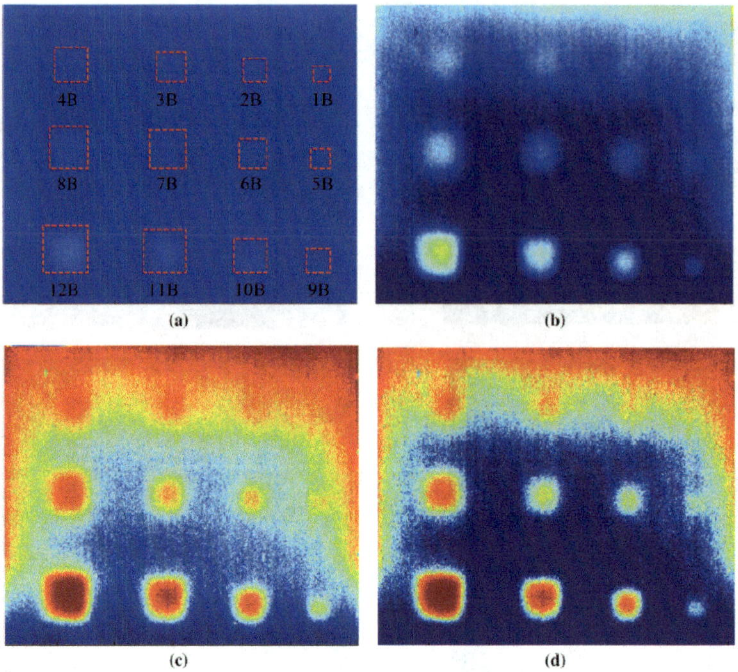

| 그림 C.12 | Thermal image captured at 28 min under 20-min back-face heating regime, (a) a raw thermal image, (b) thermal contrast image, (c) raw image processed by histogram equalization, and (d) thermal contrast image processed by histogram equalization [105]

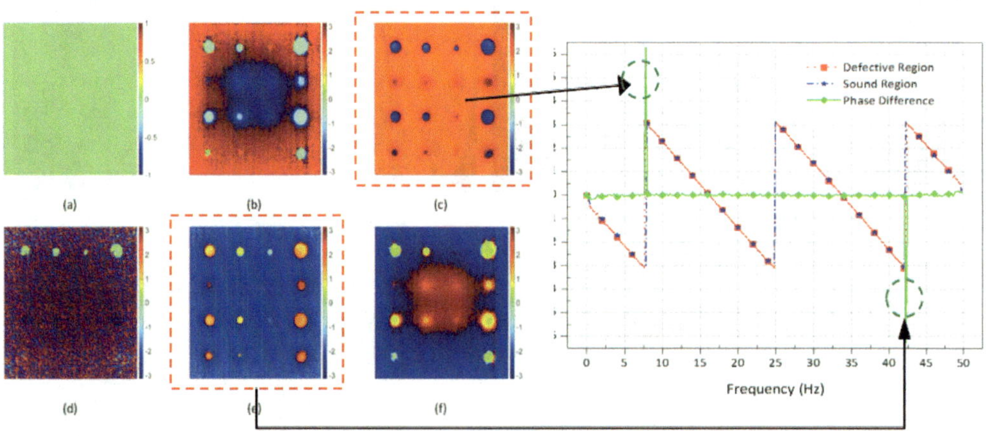

| 그림 C.13 | Phase images obtained with pulsed phase thermography for a steel plate with flat bottomed holes after pulse heating at dierent frequency spectra, (a) 0.2 Hz, (b) 0.4 Hz, (c) 8 Hz, (d) 25 Hz (e) 42.6 Hz and (f) 50 Hz, number of frames =250 frames, truncation window 5 s. Phase angle scales are in radian.

---

105) Tran, Q.H. et al. Detectability of Subsurface Defects with Different Width-to-Depth Ratios in Concrete Structures using Pulsed Thermography. 2018.

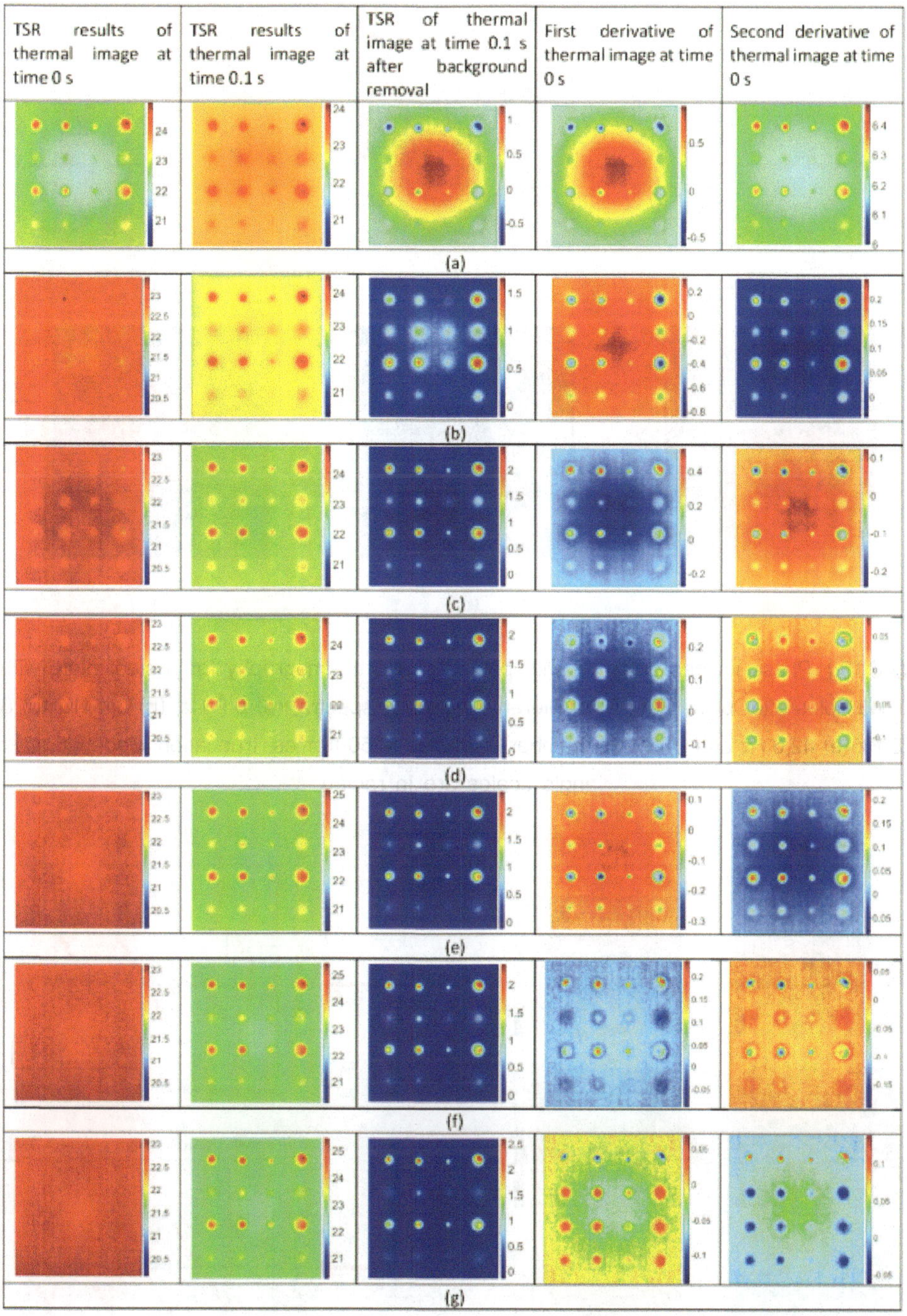

| 그림 C.14 | Comparison of experimental pulsed thermography images processed with thermal signal reconstruction for the times corresponding to order of polynomial fitting, (a) 2nd order, (b) 3rd order, (c) 4th order, (d) 5th order, (e) 6th order, (f) 7th order and (g) 8th order [Frequency = 50 Hz, number of frames = 250, truncation window = 5 s]. Temperature scales are in degree Celsius.

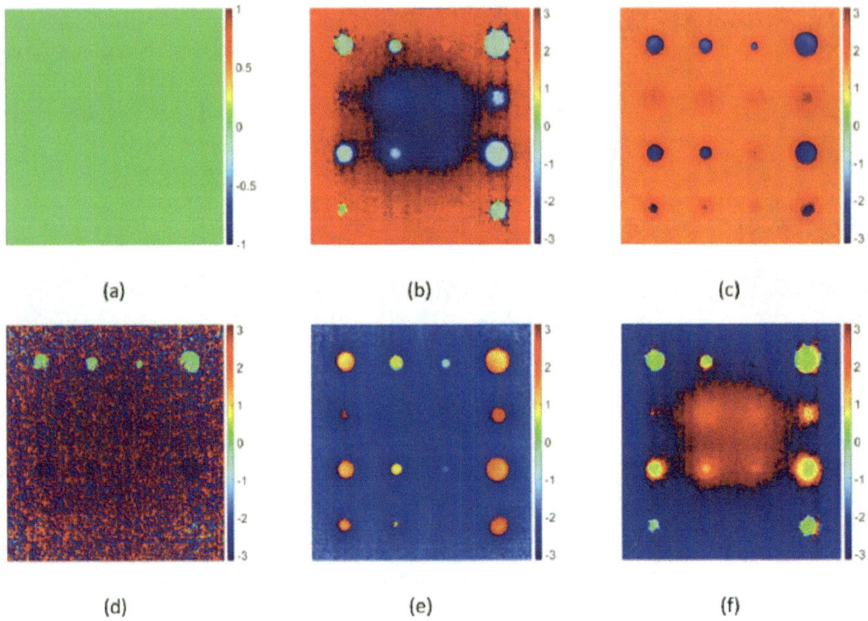

| 그림 C.15 | Phase images obtained with pulsed phase thermography for a steel plate with flat bottomed holes after pulse heating at dierent frequency spectra, (a) 0.2 Hz, (b) 0.4 Hz, (c) 8 Hz, (d) 25 Hz (e) 42.6 Hz and (f) 50 Hz, number of frames =250 frames, truncation window 5 s. Phase angle scales are in radian.

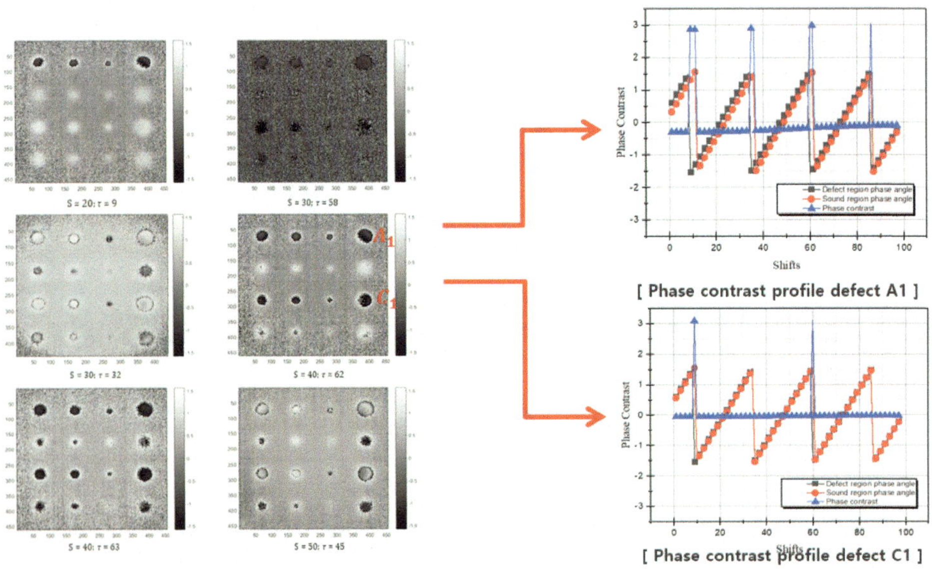

| 그림 C.16 | Phase images from PT data by Wavelet Trasfrom with different wavelet parameters.

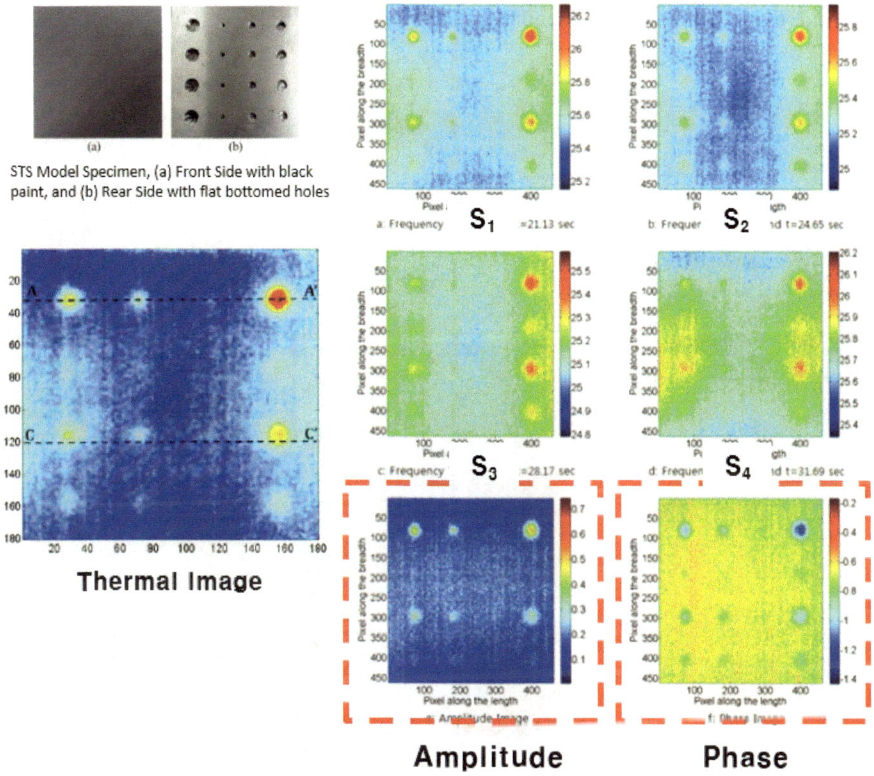

| 그림 C.17 | Amplitude & phase image from LIT data from 4-point method.

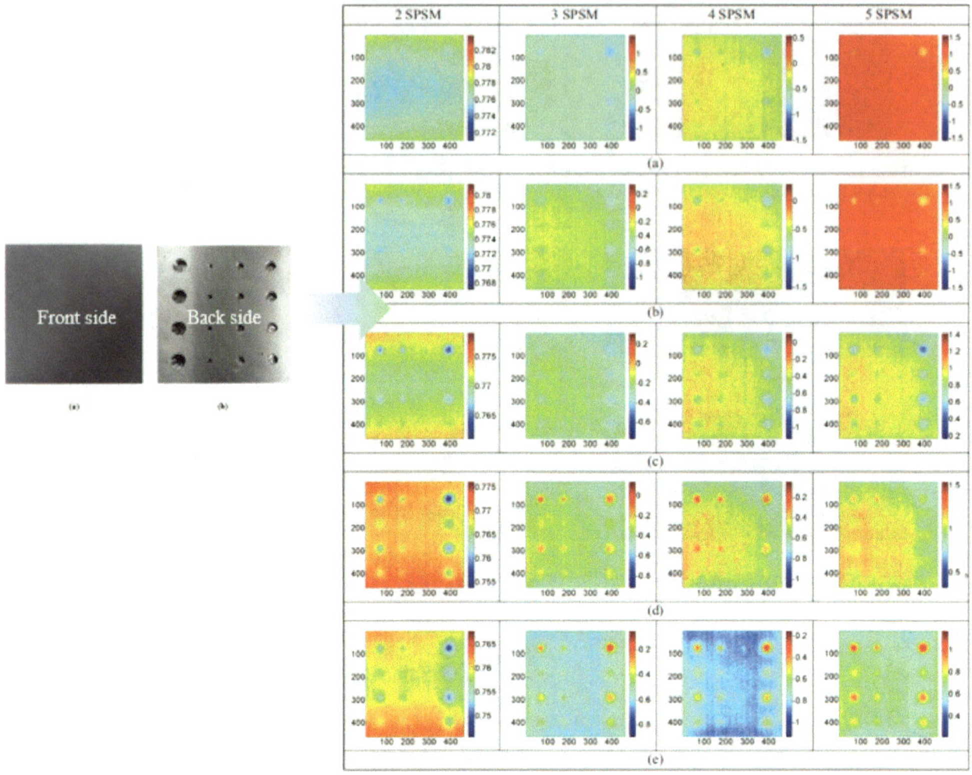

| 그림 C.18 | Phase images using different phase shifting methods at different frequencies, (a) 0.182 Hz, (b) 0.093 Hz, (c) 0.055 Hz, (d) 0.028 Hz and (e) 0.01 Hz.

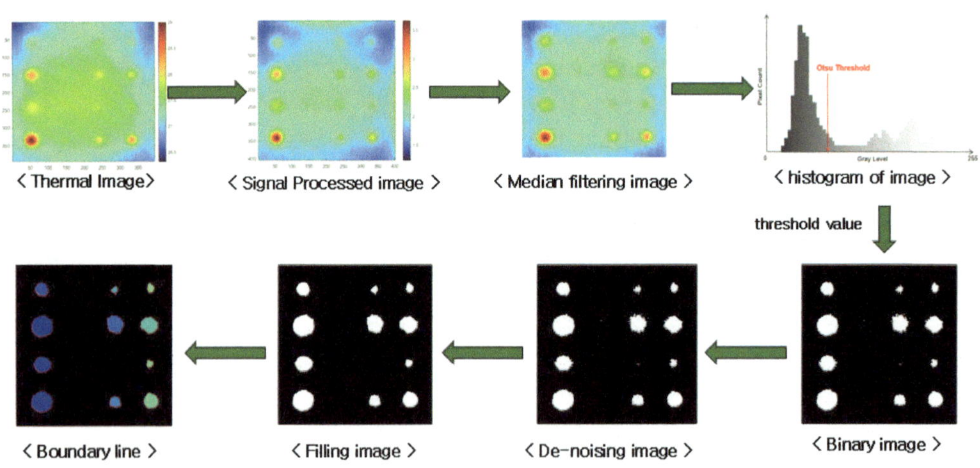

| 그림 C.19 | Automatic detection process by binary and de-nosing technique.

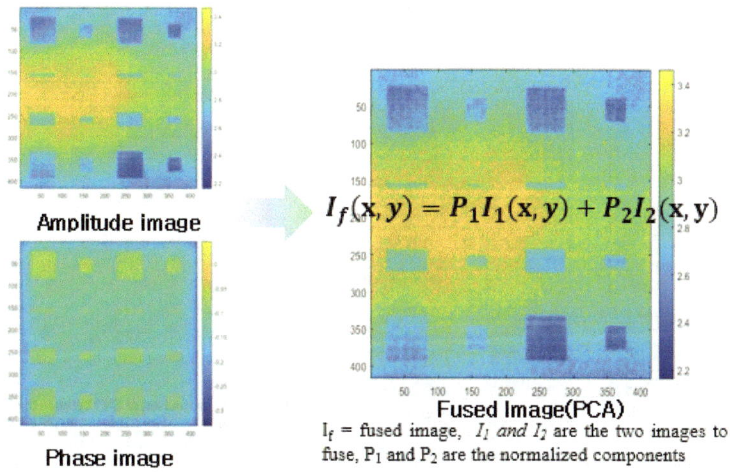

| 그림 C.20 | Fusion images by PCA data fusion technique.

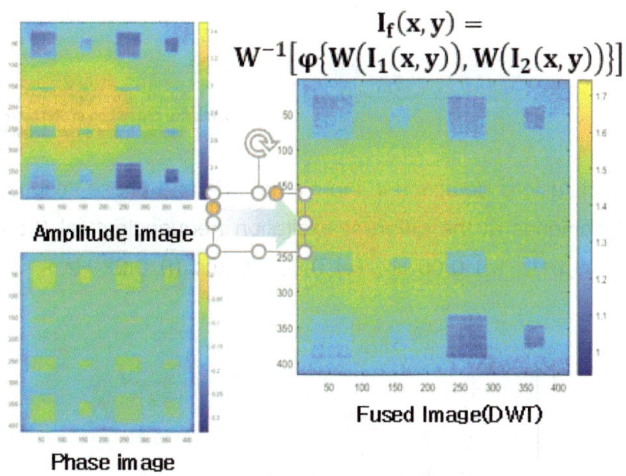

| 그림 C.21 | Fusion images by DWT data fusion technique.

$$\mathrm{SNR} = 20\log_{10}\left(\frac{|\mathrm{DROI_{mean}} - \mathrm{SROI_{mean}}|}{\sigma}\right)$$

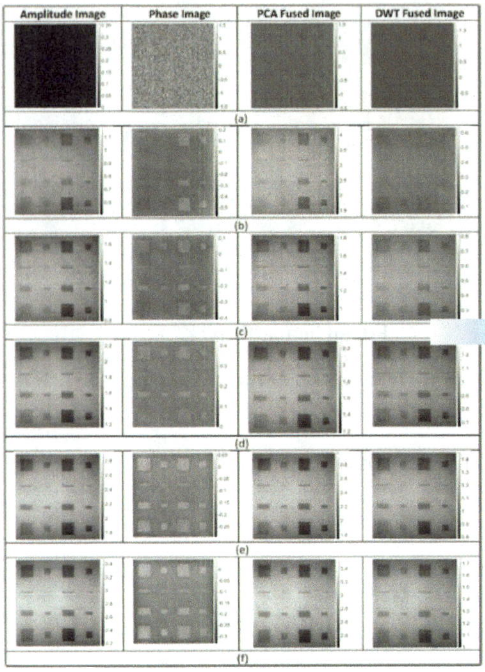

Inclusions	Amplitude contrast optimum frequency	SNR			
		Amplitude	Phase	PCA	DWT
A_1	0.02 Hz	27.44	12.03	27.66	20.11
A_2		23.74	7.98	23.94	14.59
A_3		28.88	12.51	30.39	21.14
A_4		27.02	12.49	27.23	19.23
B_1		24.84	8.08	25.05	17.84
B_2		20.59	−1.62	20.78	13.90
B_3		24.71	6.93	24.76	17.41
B_4		17.59	7.24	17.83	8.98
C_1		28.20	13.84	28.42	20.64
C_2		23.71	11.64	23.94	14.86
C_3		28.35	13.20	28.57	20.71
C_4		27.40	13.44	27.62	19.70
D_1		24.88	14.85	25.12	16.14
D_2		23.04	13.80	23.29	13.70
D_3		30.19	9.82	28.69	23.48
D_4		27.69	12.41	27.90	19.92

Quantitative comparison of SNR between the fused and input images based on maximum amplitude contrast.

Inclusions	Phase contrast optimum frequency	SNR			
		Amplitude	Phase	PCA	DWT
A_1	0.03	23.94	15.68	24.18	16.05
A_2	0.03	23.00	12.32	23.94	14.54
A_3	0.1	24.80	19.92	33.50	15.10
A_4	0.1	18.37	14.85	30.18	3.18
B_1	0.03	23.33	11.81	23.55	14.92
B_2	0.03	19.48	1.12	19.67	12.43
B_3	0.1	20.99	10.88	21.85	11.92
B_4	0.02	17.59	7.24	17.83	8.98
C_1	0.02	28.20	13.84	28.42	20.64
C_2	0.02	23.71	11.64	23.94	14.86
C_3	0.1	23.81	19.35	30.64	6.88
C_4	0.06	23.77	13.62	23.97	14.20
D_1	0.02	24.88	14.85	25.12	16.14
D_2	0.02	23.04	13.80	23.29	13.70
D_3	0.2	21.32	17.85	34.47	5.77
D_4	0.2	19.19	16.19	32.50	3.69

Quantitative comparison of SNR between the fused and input images based on maximum phase contrast

| 그림 C.22 | Result of inclusions detection in input amplitude and phase images, and fused images with PCA and DWT techniques at the different excitation frequencies: (a) 0.5 Hz, (b) 0.2 Hz, (c) 0.1 Hz, (d) 0.06 Hz, (e) 0.03 Hz and (f) 0.02 Hz.

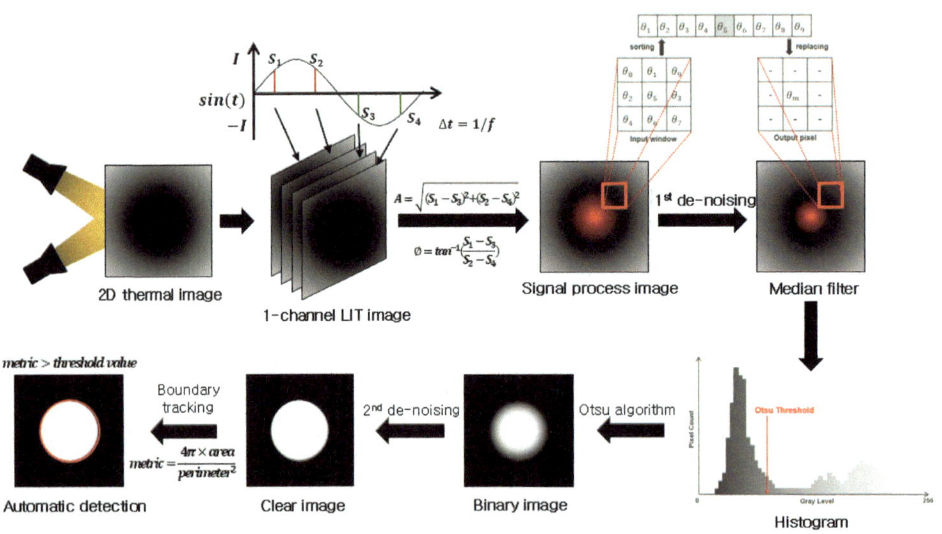

| 그림 C.23 | Automatic detection process by thermography testing

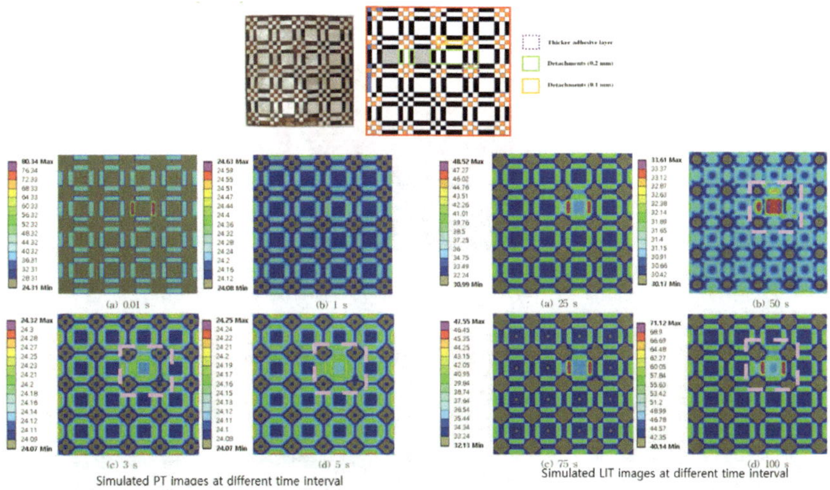

| 그림 C.24 | Comparison of results of PT and LIT in traditional tile samples

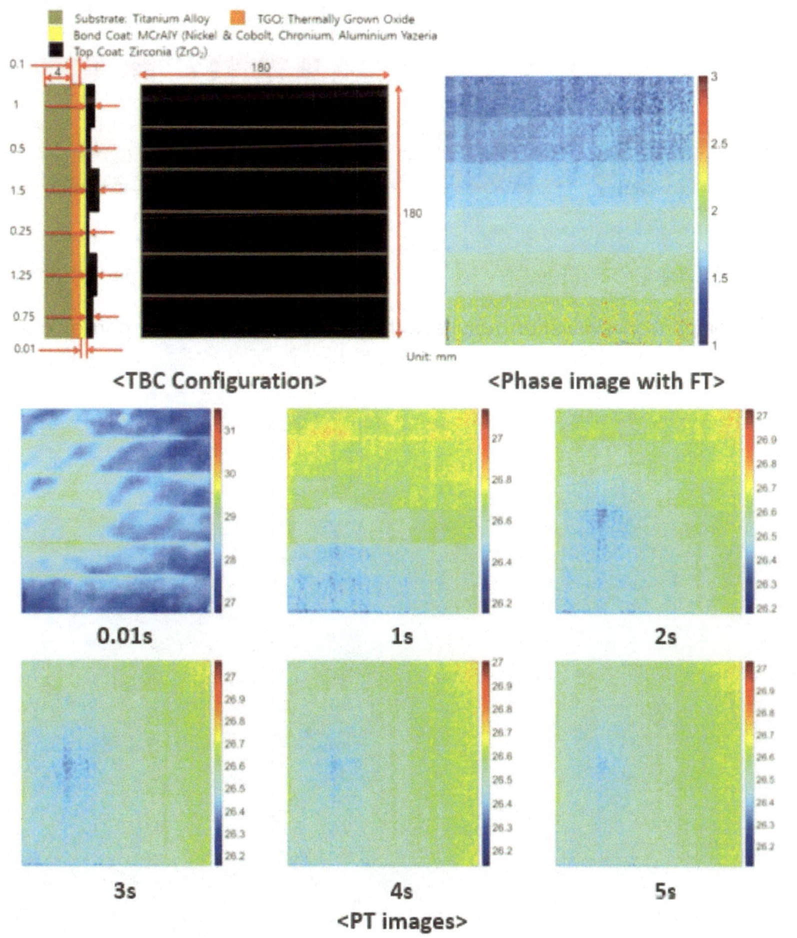

| 그림 C.25 | PT experiment results by Fourier's transform in thermal barrier coating (TBC).

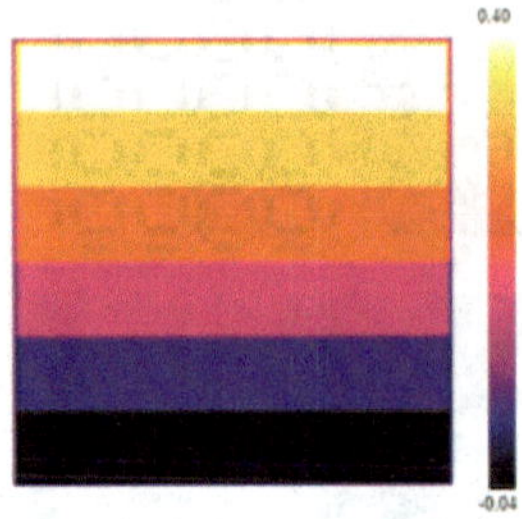

Percentage error for different coating thickness as a function of modulation frequency

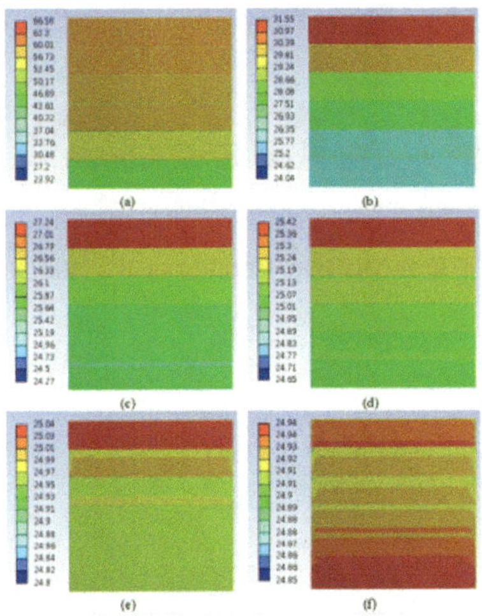

Simulated PT images at different time interval, (a) time 0.01 s, (b) time 1 s, (c) time 2 s, (d) time 3 s, (e) time 4 s and (f) time 5 s.

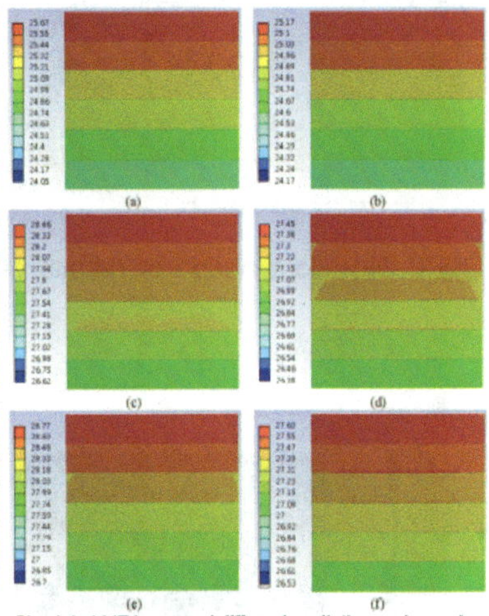

Simulated LIT images at different excitation cycles and time interval, (a) 1st cycle, time 2.5 s, (b) 1st cycle, time 4.9 s, (c) 8th cycle, time 37.5 s, (d) 8th cycle, time 39.3 s, (e) 15th cycle, time 72.5 s and (f) 15th cycle, time 75 s.

| 그림 C.26 | Comparison simulation results with PT and LIT in thermal barrier coating (TBC).

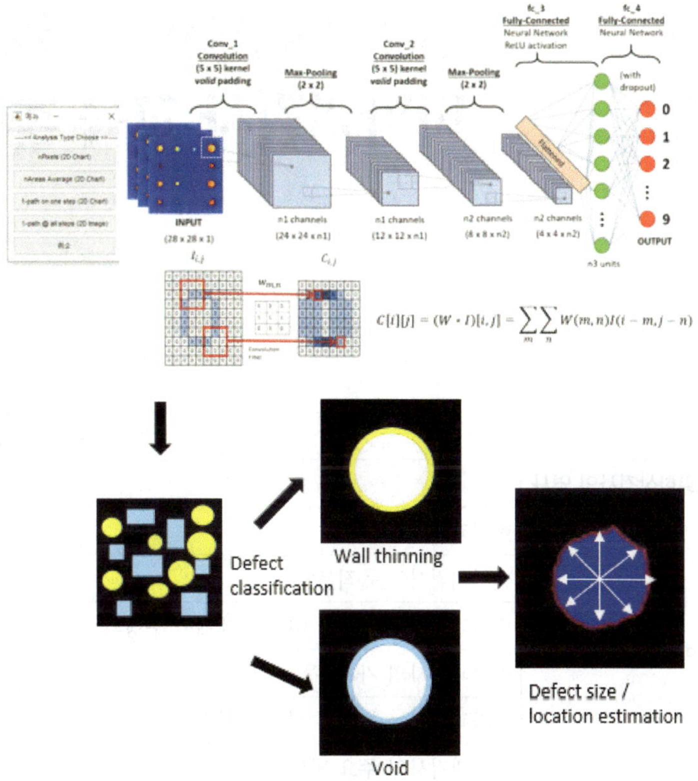

| 그림 C.27 | Schematic of deep learning with thermography testing technique

D ISO/TS 25107 적외선열화상 비파괴검사 교육 훈련 항목

			L1	L2	L3
13.1 열화상검사 역사 및 용어	열화상검사의 역사		x	x	x
	비파괴검사의 목적	비파괴검사란?	x	x	x
		비파괴검사의 목적은?	x	x	x
		비파괴검사는 제조의 어느 단계에서 수행되는가?	x	x	x
		비파괴검사의 가치는?	x	x	x
		비파괴검사는 누가 수행하는가?	x	x	x
		비파괴검사의 주요 방법	x	x	x
	적외선열화상 비파괴검사의 목적	정의	x	x	x
		적용성 및 한계	x	x	x
	용어		x	x	x
13.2 열전달 및 적외선 이론	열전달	열/온도/에너지	x	x	
		열역학 법칙	x	x	
		상태	x	x	
		– 고체	x	x	
		– 액체	x	x	
		– 기체	x	x	
		온도 눈금의 변화	x	x	
		전도의 기초	x	x	
		– 푸리에 법칙	x	x	
		대류의 기초	x	x	
		– 뉴턴의 냉각법칙	x	x	
		복사의 기초	x	x	
		– 플랑크 법칙	x	x	

		– 비인 법칙	x	x	
		– 스테판볼츠만 법칙	x	x	
		증발	x	x	
		– 개요	x		
		– 기초		x	
	적외선 공학	전자기장 스펙트럼	x		
		– 적외선 범위의 정의	x		
		용어	x		
		방사율	x		
		반사율	x		
		투과율	x		
		흡수율	x		
		흑체/회색체	x		
		– 선택적 복사체		x	
		키르히호프 법칙	x		
		공동 방사선 효과	x		
		대기 영향	x		
		재료의 열적 물성치	x		
		재료의 방사율	x		
		정상 상태와 과도 상태	x	x	x
		열확산도		x	x
		열접촉 저항		x	x
		이론적 온도 추정 및 계산		x	x
		흡수		x	x
		– 대기 구성		x	x
		– 다양한 기체			x
		램버트 비어 법칙		x	x
		온도 측정의 방법		x	x
		– 접촉 유무에 따른 센서의 종류		x	x
		재료의 특수 방사율			x
		광도계			x
		기하 광학			x

13.3 적외선열화상 검사 기술과 파생기술	열화상 원리	열화상 기술의 특징	x	x	
		탐지 기반의 기술	x	x	
		– 단열 온도장	x	x	
		– 박리/균열	x	x	
		– 자가 발열	x	x	
		– 공동 방사선 효과	x	x	
		– 능동적 기법	x	x	
		– 수동적 기법	x	x	
		– 정성적 열화상	x	x	
		– 정량적 열화상	x	x	
		기술의 선택 기준		x	x
		기타 온도 측정 장비와 측정 원리			x
		조정	x	x	x
	열탄성 응력 측정 방법	열탄성 효과		x	x
		기법의 원리		x	x
		위상잠금 기법			x
		온도차 영상화 기술			x
		재료의 열탄성 성질			x
		응력 분해능			x
		부하 주파수 범위			x
	결함 종류 및 발생 원인	전력 시설 및 전기 장치	x	x	
		기계 설비	x	x	
		공장 시설	x	x	
		건축물과 구조물	x	x	
		재료	x	x	
		신소재의 설계 및 구성(CFRP, GFRP, 샌드위치 구조물 등)			x
		검사기법의 능력, 검출확률(POD)			x
		기법의 결합(다른 열부하방법, 타 비파괴검사 기법)			x
13.4 검사 장비	열화상 기기	기본 요소 및 구성	x		
		센서의 특성	x		
		양자형	x		
		열형	x		

		방사율에 영향을 미치는 요인	x		
		최소 검출 크기(MDD)	x	x	
		공간 분해능	x		
		거리	x		
		최소 검출 온도차(MDTD)		x	x
		최소 분해 온도차(MRTD)		x	x
		시야각(FOV)	x		
		이미지 처리 이론	x		
		색상 팔레트	x		
		프레임 평균처리	x	x	
		픽셀 보정	x		
		신호 처리 절차		x	
		센서의 메커니즘과 원리		x	
		센서의 선택 기준		x	
		볼로미터		x	
		열전대		x	
		열전대열		x	
		초전형 센서		x	
		센서의 스캐닝 기법		x	
		센서 파장 대역		x	
		단파장 유형		x	
		장파장 유형		x	
		센서 파장 대역의 선택 기준		x	
		잡음 등가 온도차(NETD)		x	
		픽셀수		x	
		노출 시간		x	
		동적 범위			x
		표준 시험편			x
	부속품	필터	x		
		필터의 종류 및 역학	x		
		필터의 선택 기준		x	
		적외선 렌즈의 종류 및 역할	x		
		적외선 렌즈의 선택 기준		x	

		기초 광학			x
		접사 렌즈			x
		첨지 렌즈			x
		기타 부속품의 종류 및 역할	x		
		– 적외선 블랙 페인트 및 반사 테이프의 방사율		x	
		적외선 거울의 선택 기준		x	
		센서 창 물질		x	
		비–반사 코팅을 포함한 센서 창의 선택 기준			x
		이중 대역 및 이중 컬러 IR 카메라			x
	열부하 장치	종류	x		
		접촉 가열	x		
		복사 가열	x		
		플래시 램프 가열/스탭 가열	x		
		전기적 가열	x		
		– 기타 열부하 장치	x		
		열부하 장치의 선택 기준		x	
		열탄성 응력 측정 기법		x	
		효율성			x
		균일성			x
		재현성			x
		안전성			x
13.5 시험 전 정보	**검사 대상에 대한 정보**	식별 또는 지정 자료	x	x	x
		– 검사 대상	x	x	x
		– 제조 종류	x	x	x
		– 결함 카탈로그		x	x
		– 검사 적용 범위	x	x	x
	시험조건 및 규격 적용	접근성		x	x
		하부 구조			x
		특정 시험 조건		x	x
		적용기준		x	x
		검사를 수행할 때의 제조 단계 또는 서비스 수명			x
		검사 대상에 할당된 표준		x	x

		검사 인력 요구사항		x	x
		허용 기준			x
	검사 수행 기술 및 절차	표면 상태		x	
		표면 처리		x	
		검사 후 문서		x	
	지침	서면 절차 준비			x
		서면 지시 준비		x	
		서면 지시에 따른 검사 수행	x		
		서류			x
		표준, 코드 및 절차의 프레젠테이션			x
13.6 검사 수행	검사 상태	주변 환경 조건	x		
		오차 요소의 인지	x		
		인지 및 보정		x	
		대기 흡수율	x	x	
		배경 복사	x	x	
		누명체 검사 절차		x	
		대상체의 라인 스캔을 위한 자동화 검사			x
		제품 제조 라인과의 인터페이스			x
		변수 확장, 결과의 예측 및 재구성을 위한 FEM 시뮬레이션			x
	적외선 장비의 작동	방사율 설정	x		
		센서 보정 지식	x		
		공간 분해능의 이해	x		
		방사율의 면각 의존성		x	
		면각의 설정	x		
		방사율의 온도 의존성		x	
		온도 범위의 설정	x		
		온도 디스플레이 스팬 및 레벨 설정	x		
		프레임 시간 설정	x		
		적외선 거울 사용법	x		
		초점 조정	x		
		검사 기준 대상체	x		
		방사율 측정	x	x	

		방사율의 파장 의존성	x	x	
		방사율의 표면 조도 의존성	x	x	
		방사율의 산화 피막 두께 의존성	x	x	
		준-흑체의 방사율	x	x	
	특이 경우	열탄성 응력 분석(TSA)			x
		반-투명 물질의 검사			x
		고온 적용			x
		고속 측정			x
		기체 검출			x
	결함의 종류와 발생 원인	전력 시설	x	x	
		전기 장치	x	x	
		기계 설비	x	x	
		공장 시설	x	x	
		건물 및 구조물	x	x	
		재료	x	x	
13.7 평가 및 보고	데이터 처리	종류 및 역할	x		
		임계값		x	
		평균		x	
		배경 추출		x	
		추출		x	
		위상 잠금		x	
		동작 보상		x	
		경향 처리		x	
		데이터 처리 절차의 선택 기준		x	
	기록	요구 항목	x	x	
	보고	요구 항목	x	x	
		특징		x	
		지시서의 해석		x	
		지시서의 평가		x	
	보조 비파괴검사 기법의 사용	관련 표준 및 코드의 해석			x
		평가(기존의 접근법, 검증된 기법)			x
		식별 가능한 결함 및 인공결함			x
		채택 기준			x

		중요 변동 레벨			x
		저장 및 기록 과정			x
13.8 검사 결과 검증	검사 기록의 평가 및 확인	채택 적용		x	
		표준, 코드 및 절차서에 따른 기준		x	
		– 채택 및 분류 기준			x
		불연속점의 중요성			x
		코드 및 표준의 유무			x
13.9 품질 측면	인사자격	ISO 9712	x	x	x
		기타 NDT 자격 및 인증 시스템			x
	문서	작업 절차의 형식 및 범위			x
		NDT 절차의 자격			x
		승인(NDT 지침, 절차 및 인원)			x
		지침 개발		x	
		서면 지시에 따른 올바른 작동	x		
		문서 추적성		x	x
		측정 신뢰성		x	x
	적용 가능한 NDT 애플리케이션 및 제품 표준에 대한 지식	Correct technique selection		x	
		올바른 기술 선택		x	
		NDT 방법 선택		x	x
		직무별 교육	x	x	x
		장비 검증	x	x	x
13.10 신기술 응용	일반 정보			x	
	신기술	산업 응용			x
		과학 응용			x

찾아보기